# 建筑系统门窗设计

ARCHITECTURAL

SYSTEMS

DOOR & WINDOW

DESIGN

王波　孙文迁　著

中国电力出版社

CHINA ELECTRIC POWER PRESS

## 内 容 提 要

本书内容共分十三章，包括系统门窗设计基础知识、性能设计、研发设计、结构设计、热工性能计算优化、工程设计规则、加工工艺设计、性能测试优化、安装工艺设计及使用与维护保养等内容；本书还详细描述了系统门窗技术设计文件输出和系统门窗评价的内容及要求。

本书理论与实例相结合，实用性较强，可作为系统门窗技术研发设计人员、管理人员实用参考资料，还可作为相关专业学生的学习用书。

**图书在版编目（CIP）数据**

建筑系统门窗设计 / 王波，孙文迁著．—北京：中国电力
出版社，2022.3
ISBN 978-7-5198-6439-2

Ⅰ．①建… Ⅱ．①王… ②孙… Ⅲ．①门－建筑设计
②窗－建筑设计 Ⅳ．①TU228

中国版本图书馆 CIP 数据核字（2022）第 015741 号

出版发行：中国电力出版社
地　　址：北京市东城区北京站西街 19 号（邮政编码 100005）
网　　址：http://www.cepp.sgcc.com.cn
责任编辑：乐　苑（010-63412380）
责任校对：黄　蓓　李　楠　郝军燕
装帧设计：唯佳文化
责任印制：杨晓东

印　　刷：北京天宇星印刷厂
版　　次：2022 年 3 月第一版
印　　次：2022 年 3 月北京第一次印刷
开　　本：710 毫米×1000 毫米　16 开本
印　　张：25.75
字　　数：495 千字
定　　价：88.00 元

# 前　言

随着我国建筑节能要求的不断提高，推动了建筑门窗行业的快速发展。我国建筑门窗生产企业众多，中小型企业占多数。门窗生产状况基本是以甲指乙采、来料加王为主，因此造成了门窗设计环节技术性欠缺，门窗产品的质量和性能得不到有效的保证。

系统门窗是建筑门窗完整的技术表达形式，主要特征是针对门窗全部关联要素，采用系统理念研发、设计和制造，形成标准化、系列化产品，满足工程个性化选用需求。

系统门窗通过严谨的设计程序确认构成窗的材料、构造、形式、设计规则、加工工艺、安装工艺、性能及其使用维护要求，并用相似原理确定材料允许调整的范围及替换规则，最终以文件形式加以确定。

经系统化设计的建筑门窗能够全面满足建筑要求，且技术成熟、性能稳定、质量可靠，有利于标准化和工业化生产。

性能化设计系统门窗是作者首次提出。针对系统门窗的性能要求，提出了以室内环境参数和标准规范设计参数为性能目标，利用模拟计算工具，对系统门窗设计方案进行优化设计，最终达到系统门窗预定性能目标要求的设计过程。

系统门窗的研发设计包括提出研发设计目标、确定设计方案、性能模拟优化、设计加工工艺、样品试制与性能测试优化及方案确定和设计安装工艺等完整的产品技术体系优化设计过程。

目前，市面上尚无系统门窗研发、设计的系统性的专业教材及技术资料，本书作者经过多年的潜心研究与实践，具有丰富的系统门窗设计理论知识和系统门窗研发实际经验，在总结系统门窗的研发与设计经验基础，编著了本书。

本书就系统门窗的研发、设计等系统门窗技术、设计理念、研发程序等内容进行了详细的阐述与分析，可作为高等学校建筑门窗专业学生学习教材，也可作为系统门窗研发单位、技术人员及相关专业人员参考技术资料。

本书由济南大学土木建筑学院王波副教授、南昌职业大学孙文迁研究员编著。

编　者

2021 年 5 月

# 目　录

# 第1章

# 概　　述

## 1.1　系统门窗概述

系统门窗是指由材料、构造、门窗形式、技术、性能等要素构成的相互关联的技术体系要求生产和安装的建筑门窗。

### 1.1.1　系统门窗技术

系统门窗按其研发设计及生产模式可分为系统门窗技术和系统门窗产品两部分。

**1. 系统门窗技术**

系统门窗技术是指由材料、构造、门窗形式、技术、性能等要素构成的相互关联的技术体系。其中：

（1）材料。包括型材、增强型材、附件、密封、五金、玻璃等构成门窗的各种原、辅材料。

（2）构造。包括各材料组成的节点构造、角部以及中竖框和中横框连接构造、拼樘构造、安装构造、各材料与构造的装配逻辑关系等构成门窗的所有构造。

（3）门窗形式。包括门窗的材质、功能结构（如形状、尺寸、材质、颜色、开启形式、组合、分格等）及延伸功能结构（如纱窗、遮阳、安全防护、新风及智能开启等）。

（4）技术。包括系统门窗的工程设计规则、加工工艺与工装及安装工法等所有设计、加工及安装方面的技术。

（5）性能。包括安全性、节能性、适用性和耐久性。

安全性主要包括抗风压性能、平面内变形性能、耐火完整性、耐撞击性能、抗风携碎物冲击性能、抗爆炸冲击波性能等；节能性能包括气密性能、保温性能、遮阳性能等；适用性能包括启闭力、水密性能、空气声隔声性能、采光性能、防沙尘性能、耐垂直荷载性能、抗静扭曲性能等；耐久性包括反复启闭性能等。

不同的气候分区、不同地理环境对系统门窗的性能要求不同，因此，系统门窗有其气候及地域适用性。

### 2. 系统门窗产品

系统门窗产品是指按照系统门窗技术要求生产和安装的建筑门窗。

系统门窗将建筑门窗设计分为系统门窗研发设计和系统门窗工程设计两个阶段。第一个阶段：系统门窗研发设计，即系统门窗技术供应商采用设计、计算、试制、测试等研发手段，针对不同地域气候环境和用户要求预先研发出一个或数个系统门窗；第二个阶段：系统门窗工程设计，即门窗制造商根据具体建筑工程对门窗材质、开启方式、尺寸、颜色、风格、外观、有无纱窗及各项延伸功能的要求，以及对门窗的安全性、适用性、节能性、耐久性等性能要求，在已研发完成的系统门窗的基础上，选择符合建筑工程要求的某系统门窗产品族。然后按照该系统门窗的系统描述，完成系统门窗的开启形式、尺寸、颜色、分格、节点与连接构造的选用设计；抗风压、节能等性能校核以及加工工艺、安装工法的选用设计。

系统门窗能实现按设定性能选用建筑门窗。系统门窗技术研发的对象不是单个的、标准尺寸的门窗，而是设定性能范围的、一个系统门窗产品族。按照相似设计的原理，在系统门窗的研发过程中，通过研发一个产品族中具有最不利性能条件组合的系统门窗的性能，来覆盖同一产品族中其他不同尺寸系统门窗的性能。然后将所研发的系统门窗用图集或软件表达出来。因此，开发商只需根据建筑物对建筑门窗性能指标、材质、开启形式等要求，选择图集中涵盖所要求的性能指标的系统门窗产品族，即可获得满足使用要求的系统门窗。

系统门窗能解决同一地区、同类型建筑工程中，不同尺寸、不同开启形式门窗性能一致性的问题。因为根据所设定的性能范围，系统门窗有明确的工程设计规则，包括能够实现的开启方式、允许的尺寸变化范围、相应的材料和构造的替换规则等。在面对具体建筑工程时，门窗制造商可根据建筑工程对门窗性能和开启形式的要求，按照系统门窗中制定的工程设计规则，选用设计系统门窗的开启方式和尺寸，选择相应的材料和构造，并遵循所规定的加工工艺和工装及安装工法。从而保证了不同开启形式和不同尺寸的门窗的性能都达到设定的要求，并且保证了质量不冗余。

"系统门窗技术"是为设计、制造和安装达到设定性能和质量的建筑门窗，经系统研发而成的由材料、构造、门窗形式、技术这一组要素构成的相互关联的一个技术体系。"系统门窗产品"则是严格按照"系统门窗技术"的要求制造的产品，是有技术支撑和质量保障的门窗产品。

## 1.1.2　系统门窗的发展

### 1. 系统门窗的发展潜力

（1）房地产市场向买方市场转变后，系统门窗将成重要卖点。

我国房地产行业从起步发展开始，基本属于卖方市场。随着房地产行业逐渐走向买方市场，消费者拥有越来越多的选择权，开始重视能源环境及生活质量和挑剔住宅使用功能，房地产商就需要在住宅的质量与功能上去寻求卖点。建筑门窗作为建筑整体功能的一个重要组成部分，在房屋的使用过程中体现房屋功能及性能起着重要的作用，越来越多的房地产商重视提升门窗的性能与功能，使用系统门窗也将成为房地产商的选择。

（2）随着生活品质的提高和对生存环境的关注，消费者开始重视住宅性能。

门窗作为耐用品的发展历史较短，大多数人对现代建筑门窗性能认识不足，缺乏对门窗性能体验，消费者意识形态中高质量门窗就等于高性能的门窗。

高质量材料组成的门窗产品的质量、性能不一定达到最优状态，但高性能的系统门窗产品一定是质量上乘、性能一流。

随着生活质量的不断提高，人们对赖以生存的环境越来越关注，消费意识也发生了重大改变，对住宅质量与性能有了明确要求，建筑门窗的节能性、安全性、隔声降噪、遮阳、舒适度、耐用性越来越多地受到重视，在购买建筑门窗产品时除了注重门窗明显部位如型材、玻璃、配件等的质量外，也注重这些门窗部件组合后一个综合性能的实现。

当消费者开始为性能买单时，得到消费者认可的系统门窗将迎来巨大市场空间，发展前景会越来越广阔。

（3）复杂气候条件为系统门窗在我国提供了广阔的成长空间。

我国地域辽阔，气候差异大，严寒地区冬夏温差 70℃以上、冬季室内外温差 50℃以上，建筑节能设计标准不是完全按照各地区人们生活习惯差异制定，而是按照不同气候条件下应达到节能标准要求的门窗平均传热系数制定。门窗性能的实现除了需要因地而异采用不同节能技术指标外，还要考虑一些特殊的气候条件，如南方及沿海地区炎热多雨多台风，门窗应注重水密性、抗风压能力以及遮阳性能；西部地区多风沙，门窗应注重气密性、防尘功能；东北及北方严寒寒冷地区，门窗应注重保温隔热性能。因此不同地区需要不同侧重功能的系统门窗。

（4）逐渐完善的建筑节能标准与建筑节能的推广实施，使系统门窗受到重视。

节能减排、建设低碳社会使我国在建筑节能推广方面采取了前所未有的力度，除了立法强制要求外，还通过完善建筑节能标准与建立建筑能效测评与标识大力推广节能。

未来，建筑节能必然会成为房地产市场重要的竞争手段之一，将建筑节能科学准确量化并以信息标识明示，供市场直接识别。它可以促使建设商将建筑物是否节能作为一种市场营销技术性指标，并通过认证取得如下效果：量化节能标准、节约能源、指导消费者。

建筑门窗节能性能标识就是将反映建筑门窗用能系统效率或能源消耗量等热性能指标以信息标识的形式进行明示。业主在购房时希望了解居室的冷热情况，会把建筑门窗热性能指标作为重要参考。也就是说，建筑门窗能耗标识会引导购房者买到节能建筑。

**2. 门窗企业的发展方向**

促进我国建筑门窗技术升级的动力将使系统门窗距离我们越来越近，并逐渐走进我们的生活。

（1）系统门窗公司的价值体现。

1）门窗制造企业进入系统门窗领域，有三个途径：

①自己独立开发系统门窗。独立开发就意味着需要花费高昂的资金成本去建实验室，做系统门窗相应的试验、测试、认证，而且绝大部分门窗企业现在普遍规模较小，独立开发系统门窗长期的高成本运作是否有足够的利润保证企业能持续研发与维护系统运转。

②加盟大型系统门窗公司。应对当前快速形成的系统门窗市场需求较好的办法就是门窗企业加盟大型系统门窗公司，以较短的时间成本获得成熟的系统门窗技术，借助系统公司较大的品牌影响力和系统产品形成更强的市场竞争力，获得高附加值订单，并能快速占领系统门窗市场，通过与品牌系统公司合作获得更强的市场议价能力。

一旦门窗企业加盟系统公司形成规模化发展之后，系统门窗市场将形成较强的整合效应，也将有助于我国的系统公司的崛起。

③"共享"系统门窗。在这个"共享"经济时代，对于绝大多数建筑门窗企业，特别是广大中小型企业，"没有研发能力""技术力量不足"，走"共享"之路，抱团发展，即技术共享、生产共享、供应共享。

技术共享即"共享技术"或叫"共享工程师"。根据生产需求，联合研发设计出适应市场需求的通用型系统门窗技术，授权给型材生产企业加工生产通过型系统门窗型材，研发配套玻璃、五金件、密封材料等。技术可靠，型材稳定，定制辅助配件。

生产共享即"共享生产线"或叫"共享工艺"。针对通用系统门窗技术，研发设计专门的加工工艺及安装工艺，授权给门窗生产企业，进行加工、安装，工艺稳定、质量稳定、性能稳定。

供应共享即"共享供应链"。通过选配与研发系统门窗技术配套的原辅材料生产企业，供应企业相对集中，既有利于降低成本，又利于门窗生产企业集中采购。

通过"共享"，利于技术研发力量薄弱的中小型材生产企业及中小门窗生产企业共享设计技术、生产工艺及原材料的统一供应；利于设计部门、地产开发商对系统门窗的统一认知；利于系统门窗产品的统一规格、型号。

2）随着建筑门窗节能性能标识的推广，系统门窗公司取得的各种性能认证更容易获得客户认可与满足客户需求。

建筑门窗节能性能标识将建筑门窗用能系统效率或能源消耗量等热性能指标以信息标识的形式进行明示，供市场直接识别。系统门窗公司取得的各种性能认证有助于门窗企业为消费者量化节能标准、节约能源，指导消费者购买到真正的高性能的系统门窗产品。

（2）型材是国内系统公司产生增值效应的重要环节。

当系统门窗公司的价值得到充分体现之后，国内系统公司也将迎来快速发展时期。型材作为建筑门窗的"集成系统"，真正的节能系统门窗与这个"集成系统"的设计与选择息息相关。因此，型材成为系统厂商产生增值效应的重要环节。

国外系统公司德国旭格、阿鲁克除了通过型材断面的开发与设计获取增值效应外，还利用独特系统门窗技术单独开发配件槽口，客户必须使用其专用配件，在配件上获得特有的附加值。国内系统公司模仿国外部分系统公司单独开发配件槽口并不现实，单独开发配件槽口就意味着要选用专业厂商为其生产独特配件，在市场不够大的情况下将增加大量配件的研发与维护成本。

国内系统公司最可能实现增值的环节就是型材的设计与断面选择。如果门窗企业使用了他们的型材设计与断面专利，门窗企业在系统门窗型材上增加的部分成本却能凭借其带来的高性能获得更高的溢价。系统公司也能凭借型材的溢价增值部分支撑整个系统良性运营。

（3）系统门窗时代门窗企业的发展。

我国建筑门窗行业高速发展的这些年来，行业内的企业更注重的是分工，缺少了相互之间的协作。型材企业只注重型材的质量与性能，配件企业只注重配件的质量与功能，玻璃企业也是注重玻璃的质量与性能，设备企业更只是注重设备的质量与产能。很少有企业从加工工艺、加工设备及型材、玻璃、配件、密封材料等内在性能关联与安装工法上去系统研发设计、生产、安装系统门窗。

系统门窗需要考虑加工工艺、设备、型材、配件、玻璃、密封等及包括安装工法各环节性能的综合结果，需要做大量的包括水密性、气密性、抗风压、机械力学强度、隔热、隔声、防盗、遮阳、耐候性、操作等一系列功能测试与认证，通过系统的完美有机组合，最终才能形成高性价比的系统门窗。

目前，国内大多数门窗企业还主要是以加工安装为主。真正主宰我国门窗市场，以设计生产制造为主的还是市场上众多大型铝型材企业。对于广大中小门窗生产企业如何才能在这个系统门窗时代规模化是门窗企业发展方向。我国门窗市场存在着企业规模小、数量多的特点，是一个典型的"碎片市场"。未来随着房地产行业整合效应加剧，大型房地产商占有的市场比例越来越大，规模效应越来越明显，当它达到一定的规模后，在需求客户合作时是越来越倾向讲究"门当户对"，这些企业将非常希望与规模大、信誉有保证的门窗企业合作。

随着房地产格局变化，建筑节能减排、低碳社会已成为世界的共识，社会经济的发展促进人们在生活品质上有越来越多的要求的时候，系统门窗离我们的生活也越来越近。

如果我们将门窗作为一个工业化生产的整体性产品，所有门窗都会经过前述系统门窗全生命周期的过程（如目标定位、设计、制造、认证、安装、使用和维护的完整过程），因而也就不存在系统门窗和非系统门窗之别。

在国外，特别是欧美、日本、澳大利亚等国家，门窗都是系统门窗。都是按系统门窗的理念设计、制造和使用的。

随着我国建筑门窗行业的发展，系统门窗也得到了较快发展，涌现出了一批有实力的系统门窗品牌。如广东的贝克洛、希洛，沈阳的乐道、正典，北京的木兰之窗，河北的墨瑟等。

我国建筑门窗行业的发展经历了引进、消化、吸收和再创新的历程，在人才培养、技术创新、经营管理和工程实践等方面都取得了辉煌的发展成就。未来几年，我国建筑门窗行业还将继续保持稳步增长的态势。在未来的发展过程中，建筑门窗技术将以倡导节能环保与追求绿色建筑、满足用户个性化需求、提高产品质量和性能、体现建筑主体风格和提供健康舒适室内空间为主要特点，建筑门窗新材料、新技术、新装备等关键前沿技术将取得更大突破，我国建筑门窗行业及相关行业在主要技术领域将达到国际先进水平。

## 1.2 系统门窗的分类及商业模式

### 1.2.1 系统门窗分类

按门窗框材质划分：铝系统门窗、木系统门窗、塑料系统门窗、铝术复合系统门窗等。

按产品族划分：同一个门窗框材质下，按照门、窗框（边界框体）厚度结构划分，结构相同或相近的一组门窗或在密封设计构造相同且开启形式相同或相近的情况下，性能相同或相近的组窗。

### 1. 系统分类和代号

（1）常见的系统门窗分类及代号见表 1-1。

表 1-1　　　　　　　　　　　常见的系统门窗分类及代号

| 分类 | 系统窗 | 系统门 | | |
|---|---|---|---|---|
| | | 玻璃系统门 | | 非玻璃系统门 |
| | | 无框 | 有框 | |
| 代号 | XTC | WKBXTM | BXTM | XTM |

（2）系统窗按框材质划分，常见系统窗分类及代号见表 1-2。

表 1-2　　　　　　　　　　　常见系统窗分类及代号

| 框材质 | 铝合金 | 塑料 | 木 | 钢 | 复合 | | | |
|---|---|---|---|---|---|---|---|---|
| | | | | | 铝木复合 | 铝塑复合 | 钢塑共挤 | 铝塑共挤 |
| 代号 | L | SL | M | G | LM | LS | GS | LSG |

（3）有框玻璃系统门按框材质划分，常见有框玻璃系统门分类及代号见表 1-3。

表 1-3　　　　　　　　　常见有框玻璃系统门分类及代号

| 框材质 | 铝合金 | 塑料 | 木 | 钢 | 复合 | | | |
|---|---|---|---|---|---|---|---|---|
| | | | | | 铝木复合 | 铝塑复合 | 钢塑共挤 | 铝塑共挤 |
| 代号 | L | SL | M | G | LM | LS | GS | LSG |

（4）非玻璃系统门按面板划分，常见非玻璃门系统分类及代号见表 1-4。

表 1-4　　　　　　　　　常见非玻璃门系统分类及代号

| 材质 | 钢 | 木 | 铝合金 | 塑料 |
|---|---|---|---|---|
| 代号 | G | M | L | S |

### 2. 产品族分类和代号

（1）系统窗产品族按主要开启方式划分为平开旋转族、推拉平移族、折叠族，常见系统窗产品族分类及代号见表 1-5。

表 1-5 常见系统窗产品族分类及代号

| 产品族 | 平开旋转族 | | | | | | | |
|---|---|---|---|---|---|---|---|---|
| 代号 | PX | | | | | | | |
| 分类 | （合页）平开 | 滑轴平开 | 上悬 | 卜悬 | 中悬 | 滑轴卜悬 | 平开下悬 | 立转 |
| 产品族 | 推拉平移族 | | | | 折叠族 | | | |
| 代号 | TP | | | | Z | | | |
| 分类 | （水平）推拉 | 提升推拉 | 平开推拉 | 推拉下悬 | 提拉 | 折叠提拉 | | |

（2）系统门产品族按主要开启方式划分为平开旋转族、推拉平移族、折叠族，常见系统门产品族分类及代号见表1-6。

表 1-6 常见系统门产品族分类及代号

| 产品族 | 平开旋转族 | | | 推拉平移族 | | | 折叠族 | |
|---|---|---|---|---|---|---|---|---|
| 代号 | PX | | | TP | | | Z | |
| 分类 | （合页）平开 | 地弹簧平开 | 平开下悬 | （水平）推拉 | 提升推拉 | 推拉下悬 | 折叠平开 | 折叠推拉 |

### 3. 产品系列分类

（1）系统窗产品系列按窗框在洞口深度方向的设计尺寸（窗框厚度构造尺寸，单位为毫米，mm）划分。

（2）无框玻璃系统门产品系列按玻璃厚度尺寸（单位为毫米，mm）划分。

（3）有框玻璃系统门产品系列按门框在洞口深度方向的设计尺寸（窗框厚度构造尺寸，单位为毫米，mm）划分。

（4）非玻璃系统门产品系列按门扇厚度（单位为毫米，mm）划分。

### 4. 标记

（1）系统窗的标记由系统窗代号、产品系列代号、产品族代号、系统分类代号、标准号组成，如图1-1所示。

（2）有框玻璃系统门的标记由有框玻璃系统门代号、产品系列代号、产品族代号、系统分类代号、标准号组成，如图1-2所示。

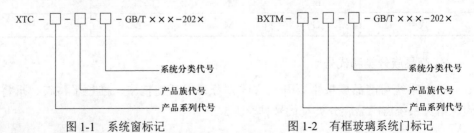

图 1-1 系统窗标记　　　　图 1-2 有框玻璃系统门标记

（3）无框玻璃系统门的标记由无框玻璃系统门代号、产品系列代号、产品族代号、标准号组成，如图1-3所示。

（4）非玻璃系统门的标记由非玻璃系统门代号、产品系列代号、产品族代号、系统分类代号、标准号组成，如图1-4所示。

图1-3　无框玻璃系统门标记　　　　图1-4　非玻璃系统门标记

## 1.2.2　系统门窗表达

### 1. 系统门窗总体表达

系统门窗供应商应对所研发的系统门窗进行一个总体的描述，包括该系列系统门窗的材质、所属系列、门窗形式、型材颜色、特点、性能指标（抗风压性能、气密性能、水密性能、启闭力、抗扭曲变形性能、耐久性能、耐冲击性能等）、玻璃、窗框和整窗传热系数等，见表1-7。

表1-7　　　　　　　　　系统门窗总体表达

| | | | | | | |
|---|---|---|---|---|---|---|
| 系统门窗<br>基本信息 | 门窗系列 | | | | | |
| | 门窗产品族 | | | | | |
| | 样窗编号 | 1 | 2 | 3 | 4 | 5 |
| | 样窗图示 | | | | | |
| | 样窗尺寸 | | | | | |
| 系统门窗<br>性能信息 | 抗风压性能 | | | | | |
| | 气密性能 | | | | | |
| | 水密性能 | | | | | |
| | 启闭力 | | | | | |
| | 抗扭曲变形性能 | | | | | |
| | 耐久性能 | | | | | |
| | 耐冲击性能 | | | | | |
| | …… | | | | | |

### 2. 系统门窗子系统表达

（1）型材子系统描述。

型材子系统描述应能唯一确定型材配置。型材子系统表达时不可缺少的信息有：供应商名称；型材截面的宽高尺寸、壁厚；力学参数（截面惯性矩、抵抗矩等）；型材配件（如隔热条、钢衬等）参数及型材断面图。

（2）玻璃子系统描述。

玻璃子系统描述应能唯一确定玻璃配置。玻璃子系统表达时不可缺少的信息：

1）该系统门窗的玻璃供应商列表。

2）单层玻璃配置列表，包括物料编码、玻璃配置、厚度、质量、颜色、可见光透射比、太阳红外热能总透射比、遮阳系数、传热系数、综合隔声量。

3）中空玻璃配置列表，包括物料编码、玻璃配置、厚度、质量、颜色、可见光透射比、太阳红外热能总透射比、太阳热能总透射比、遮阳系数、传热系数、综合隔声量、内部气体、中空玻璃间隔条的材质、间隔条角部构造。

4）不同玻璃构造所用垫块列表，包括物料编码、名称、规格、材质、组合关系、硬度、尺寸和应用位置；在门窗上的玻璃垫块的位置、数量图示；防止玻璃垫块移动的方法。

（3）五金子系统描述。

五金子系统描述应能唯一确定五金配置。五金子系统表达时不可缺少的信息有供应商名称，常用开启形式门窗五金件的选用，包括各类五金系统的配置简图、配件名称、型号、数量及安装位置等。

（4）密封子系统描述。

密封子系统描述应能唯一确定密封产品或构造。密封子系统表达时不可缺少的信息：供应商名称、材质、安装位置、自由状态和压缩后的尺寸、颜色、硬度及相应断面图。

## 1.2.3 系统门窗商业模式

### 1. 传统门窗的商业模式

目前国内传统门窗的销售模式一般是"甲指乙采"，即开发商指定型材、密封胶条、五金、玻璃等主要门窗材料，门窗厂则根据开发商要求的门窗材料进行门窗设计、参与投标报价。中标后，门窗厂再按照开发商的要求组织材料采购，完成门窗的制造和安装。

由于每一个工程开发商对入围的各种材料的不确定性，门窗生产厂无法深入进行技术设计和附件配套，使得门窗生产厂的加工组装工艺不能稳定，也即"技术不厚实，工艺不稳定"，最终门窗产品的性能和质量不能保证持久稳定性。

### 2. 系统门窗的商业模式

系统门窗的销售模式是开发商根据设计规范和地方法律法规的要求，提出对门窗的性能指标以及材质、开启方式、颜色和纱窗、防盗、遮阳、智能开启等延伸功能的要求。门窗制造企业向开发商提供经过认证的、达到设定性能指标的、不同系列和产品族的系统门窗。开发商的采购部门则从系统门窗中选择符合要求的系统门窗产品进行采购。

系统门窗的商业模式是由系统门窗技术供应商主导，首先联合多家子系统供应商共同参与、协同研发，研发出适用于不同目标市场的系统门窗技术；然后再以系统门窗的专有技术、品牌等知识产权为核心，联合数家门窗制造商，为其提供材料、技术服务、与其共享品牌等方式，由门窗制造商按照所研发的系统门窗的技术要求完成系统门窗的工程设计、制造和安装；并由系统门窗供应商为门窗制造商提供系统门窗制造、安装的培训、指导和监督。有的系统门窗供应商会自建门窗厂，除了研发系统门窗之外，还制造和安装系统门窗。

（1）"系统门窗技术供应商 + 门窗制造企业"模式。

"系统门窗技术供应商 + 门窗制造企业"模式，顾名思义，就是系统门窗技术供应商与门窗制造企业相互独立，由系统门窗技术供应商提供相应的门窗技术，取得授权的门窗企业按照相应的系统技术进行系统门窗产品的制造。该模式下，系统门窗技术供应商不需要拥有实体的产品制造企业，研发过程的性能测试样窗均可委托第三方按照要求加工完成。门窗制造企业则需要拥有系统门窗技术供应商的全套技术，并严格按照相应的加工组装工艺和安装工法进行制造和施工。

（2）系统门窗技术与门窗制造一体化模式。

该模式下，系统门窗技术供应商与门窗制造企业为同一家企业，既进行系统门窗技术研究开发，又进行系统门窗生产制造。则该家企业既要获得系统门窗技术评定证书，又要取得系统门窗产品的认证证书。

对于系统门窗供应商、制造商的关系，根据对欧洲系统门窗调研，一般情况下，木窗一般是由木窗厂自研自制，也有少量专业的系统公司进行木窗系统的研发。塑窗行业一般是由型材厂进行系统门窗的研发，然后由外部的门窗厂进行门窗的制造与安装。而铝窗行业则一般是由型材厂或者专业的系统公司进行系统门窗的研发。

系统供应商通常会使用系统门窗专业软件辅助自己进行系统门窗研发，并通过软件将自己所研发的系统门窗技术传递给门窗厂客户，以此为门窗厂客户提供从门窗工程设计、计划、原材料采购到门窗制造和安装全过程的技术支持，以确保工艺标准得到实施。

工程门窗市场的商业模式宜采用图1-5所示"系统门窗供应商—门窗制造商—开发商模式"。定制门窗市场的商业模式宜采用图1-6所示"系统门窗供应商—门窗制造商—经销商—门店—业主"模式。

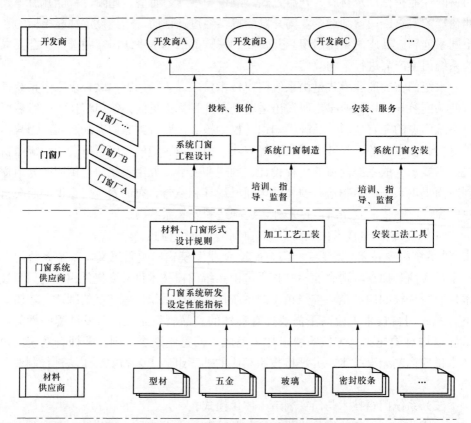

注: 1. 上述商业模式中的系统门窗供应商可以是: ①型材厂(研发系统门窗技术并生产型材); ②有研发能力的门窗厂(研发系统门窗并制造系统门窗, 定制型材); ③独立的系统公司(研发系统门窗技术, 定制型材)。
2. 系统供应商应为门窗厂提供系统门窗制造和安装的培训、指导和监督。

图1-5　工程系统门窗的商业模式

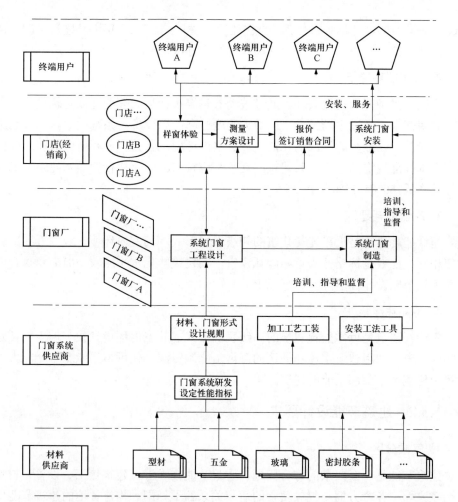

注：1. 上述商业模式中的系统门窗供应商可以是：①型材厂（研发系统门窗技术并生产型材）；②有研发能力的门窗厂（研发系统门窗并制造系统门窗，定制型材）；③独立的系统公司（研发系统门窗技术，定制型材）。
2. 系统供应商应为门窗厂提供系统门窗制造和安装的培训、指导和监督，并为经销商的门窗安装队伍提供系统门窗安装的培训、指导和监督。

图 1-6 定制系统门窗的商业模式

# 1.3 建筑节能要求

## 1.3.1 低能耗建筑分类

### 1. 低能耗建筑

以 2016 年为基准，在此基础上，建筑能耗降低 25%～30%的建筑可称为"低能耗建筑"。已经修订实施的《严寒和寒冷地区居住建筑节能设计标准》

（JGJ 26—2018），其修订目标为 75%节能率，相对于 2016 年国家建筑节能设计标准，其能耗降低 30%，属于"低能耗建筑"标准。

### 2. 近零能耗建筑

适应气候特征和场地条件，通过被动式建筑设计最大幅度降低建筑供暖、空调、照明需求，通过主动技术措施最大幅度提高能源设备与系统效率，充分利用可再生能源，以最少的能源消耗提供舒适室内环境，且其室内环境参数和能效指标符合本标准规定的建筑，其建筑能耗水平应较 2016 年执行的国家建筑节能设计标准降低 60%～75%以上。

### 3. 超低能耗建筑

超低能耗建筑是近零能耗建筑的初级表现形式，其室内环境参数与近零能耗建筑相同，能效指标略低于近零能耗建筑，其建筑能耗水平应较 2016 年执行的国家建筑节能设计标准降低 50%以上。

### 4. 零能耗建筑

零能耗建筑是近零能耗建筑的高级表现形式，其室内环境参数与近零能耗建筑相同，充分利用建筑本体和周边的可再生能源资源，使可再生能源年产能大于或等于建筑全年全部用能的建筑。

## 1.3.2 建筑节能设计要求

### 1. 气候分区

建筑节能是一个复杂的综合问题，建筑节能技术涉及建筑热工、设备、材料等诸多方面，各个方面与气候要素的适应关系各不相同。构建各地的建筑节能体系，加强各地及国内外的交流，都不能忽视气候差异性的影响。合理地利用当地气候资源，构建适宜不同气候的建筑节能技术路线和关键技术，需要按建筑节能体系和建筑节能气候要素进行分区。

我国现有关于建筑的气候分区主要依据 GB 50178—1993《建筑气候区划标准》的建筑气候区划和 GB 50176—2016《民用建筑热工设计规范》的建筑热工设计分区。

建筑气候区划反映的是建筑与气候的关系，主要体现在各个气象基本要素的时空分布特点及其对建筑的直接作用。建筑气候区划以累年 1 月和 7 月平均气温、7 月平均相对湿度等作为主要指标，以年降水量、年日平均气温≤5℃和≥25℃的天数等作为辅助指标，将全国划分成 7 个一级区。

建筑气候区划中一级区的各个区气候的定性描述如下：

（1）Ⅰ区。冬季漫长严寒，夏季短促凉爽，气温年较差较大，冻土期长，冻土深，积雪厚，日照较丰富，冬半年多大风，西部偏于干燥，东部偏于湿润。

（2）Ⅱ区。冬季较长且寒冷干燥，夏季炎热湿润，降水量相对集中。春秋季短促，气温变化剧烈。春季雨雪稀少，多大风风沙天气，夏季多冰雹和雷暴。气温年较差大，日照丰富。

（3）Ⅲ区。夏季闷热，冬季湿冷，气温日较差小。年降水量大，日照偏少。春末夏初为长江中下游地区的梅雨期，多阴雨天气，常伴有大雨和暴雨天气出现。沿海及长江中下游地区夏秋常受热带风暴及台风袭击，易有暴雨天气。

（4）Ⅳ区。夏季炎热，冬季温暖，湿度大，气温年较差和日较差均小，降雨量大，大陆沿海及台湾地区、海南诸岛多热带风暴及台风袭击，常伴有狂风暴雨。太阳辐射强，日照丰富。

（5）Ⅴ区。立体气候特征明显，大部分地区冬湿夏凉，干湿季节分明，常年有雷暴雨，多雾，气温年较差小，日较差大，日照较强烈，部分地区冬季气温偏低。

（6）Ⅵ区。常年气温偏低，气候寒冷干燥，气温年较差小而日较差大，空气稀薄，透明度高，日照丰富强烈。冬季多西南大风，冻土深，积雪厚，雨量多集中在夏季。

（7）Ⅶ区。大部分地区冬季长而严寒，南疆盆地冬季寒冷。大部分地区夏季干热，吐鲁番盆地酷热。气温年较差和日较差均大。雨量稀少，气候干燥，冻土较深，积雪较厚。日照丰富强烈，风沙大。

建筑节能气候分区以降低建筑冷热耗量、提高供暖空调能源利用效率为主，为合理构建建筑节能技术提供指导，从而实现降低建筑能耗的目的。

### 2. 热工分区

建筑热工分区反映的是建筑热工设计与气候的关系，主要体现在气象基本要素对建筑物及围护结构的保温隔热设计的影响。建筑热工设计分区用累年最冷月（即 1 月）和最热月（即 7 月）平均温度作为分区主要指标，累年日平均温度≤5℃和≥25℃的天数作为辅助指标，将全国划分成 5 个区，即严寒（A、B 和 C）、寒冷（A 和 B）、夏热冬冷（A 和 B）、夏热冬暖（A 和 B）和温和地区（A 和 B），并提出相应的设计要求。具体热工气候区划见表 1-8。

表 1-8　　　　　　　　　　主要城市所处气候分区

| 气候分区及气候子区 | | 代表性城市 |
| --- | --- | --- |
| 严寒地区 | A 区 | 博克图、伊春、呼玛、海拉尔、满洲里、阿尔山、玛多、黑河、嫩江、海轮、齐齐哈尔、富锦、哈尔滨、大庆、牡丹江、安达、佳木斯、二连浩特、多伦、大柴旦、阿勒泰、那曲 |
| | B 区 | |
| | C 区 | 长春、通化、延吉、通辽、四平、抚顺、阜新、沈阳、本溪、鞍山、呼和浩特、包头、鄂尔多斯、赤峰、额济纳旗、大同、乌鲁木齐、克拉玛依、酒泉、西宁、日喀则、甘孜、康定 |

| 气候分区及气候子区 | | 代表性城市 |
| --- | --- | --- |
| 寒冷地区 | A区 | 丹东、大连、张家口、承德、唐山、青岛、洛阳、太原、阳泉、晋城、天水、榆林、延安、宝鸡、银川、平凉、兰州、喀什、伊宁、阿坝、拉萨、林芝、 |
| | B区 | 北京、天津、石家庄、保定、邢台、济南、德州、兖州、郑州、安阳、徐州、运城、西安、咸阳、吐鲁番、库尔勒、哈密 |
| 夏热冬冷地区 | A区 | 南京、蚌埠、盐城、南通、合肥、安庆、九江、武汉、黄石、岳阳、汉中、安康、上海、杭州、宁波、温州、宜昌、长沙、南昌、株洲、永州、赣州、韶关、桂林、重庆、达县、万州、涪陵、南充、宜宾、 |
| | B区 | 成都、遵义、凯里、绵阳、南平 |
| 夏热冬暖地区 | A区 | 福州、莆田、龙岩、梅州、兴宁、英德、河池、柳州、贺州、泉州、 |
| | B区 | 厦门、广州、深圳、湛江、汕头、海口、南宁、北海、梧州、三亚 |
| 温和地区 | A区 | 昆明、贵阳、丽江、会泽、腾冲、保山、大理、楚雄、曲靖、泸西、屏边、广南、兴义、独山 |
| | B区 | 瑞丽、耿马、临沧、澜沧、思茅、江城、蒙自 |

建筑热工设计分区是为使建筑热工设计与地区气候相适应,保证室内基本的热环境要求,符合国家节约能源的方针,提高效益。

建筑节能除了要求建筑热工性能的气候适应性外,还要求供暖空调技术的气候适应性。建筑气候分区和建筑热工分区所涉及的要素与建筑节能技术不完全一致,建筑节能体系的建设不能简单地按建筑气候分区和建筑热工分区来确定。

### 3. 不同气候分区热工设计要求

我国幅员辽阔,地形复杂,各地区气候差异悬殊。空气温度、空气湿度、太阳辐射、风、降水、积雪、日照以及冻土等都是影响气候的要素,也是影响建筑特性的重要因素。所以各地区房屋建筑设计也不尽相同,房屋的内外结构、高度、造型及建筑材料等也大相径庭。不同建筑热工分区及设计要求不同。

(1)严寒和寒冷地区。

严寒与寒冷地区的气候特征是冬季寒冷(最冷月平均温度 0~−10℃和<−10℃),建筑外围护结构承受低温和风、雪的侵扰,夏季炎热,建筑外围护结构承受高温和太阳辐射及雨水的侵扰。建筑节能设计标准对外墙保温性能的要求也高于其他地区。

(2)夏热冬冷地区。

夏季白天外围护结构受到太阳辐射,被加热升温,向室内传递热量,夜间围护结构散热,即存在建筑围护结构内、外表面日夜交替变化方向传热。冬季则主要通过外围护结构向室外传递热量。这一地区节能建筑围护结构重点是解决夏季建筑的隔热,兼顾冬季保温。

（3）夏热冬暖地区。

对夏热冬暖地区建筑的基本要求：建筑物必须充分满足夏季防热、通风、防雨要求，冬季可不考虑防寒、保温。建筑物的夏季防热：应采取自然通风、窗户遮阳、围护结构隔热和环境绿化等综合措施。

（4）温和地区。

一个途径是可以通过块（砖）型的优化设计改善热工性能。另一个途径是采取轻质高效的保温板材与砌块复合成一个整体，或将轻质保温材料填充在矩形孔洞内，有效地提高砌块的热工性能。

### 4. 门窗节能设计要求

（1）门窗节能的性能参数。

在建筑设计中，要根据建筑所处城市的建筑气候分区，选择适当的门窗材料和构造方式，建筑外门窗的热工性能符合相应地区建筑节能设计标准的相关规定。影响建筑外门窗节能指标主要有：

1）传热系数。影响外门窗的传热系数主要有组成门窗的框扇材料、玻璃及玻璃镶嵌缝长度。外门窗传热系数应经设计计算初步确定，并最终经性能检验检测确定。

2）太阳得热系数（SHGC）。门窗太阳得热系数 SHGC 是指通过门窗进入室内的太阳辐射室内得热量与投射在其表面的太阳辐射能量之比值，也称为太阳能总透射比。

太阳得热系数（SHGC）=SC×0.87。

3）门窗综合遮阳系数（SC）。对于南方炎热地区，在强烈的太阳辐射条件下，阳光直射室内，将严重影响建筑室内热环境，因此外窗应采取适当遮阳措施，以降低建筑空间能耗。门窗遮阳包括玻璃遮阳和建筑外遮阳，建筑外遮阳分为水平遮阳、垂直遮阳、综合遮阳以及挡板遮阳。

门窗遮阳效果用综合遮阳系数来衡量，其影响因素是本身的遮阳性能和外遮阳的遮阳性能。

当有外遮阳时：综合遮阳系数=玻璃的遮阳系数×外遮阳系数；

当无外遮阳时：综合遮阳系数=玻璃遮阳（遮蔽）系数（SC）。

4）门窗气密性能。外门窗应具有良好的气密性能。外门窗的气密性能应满足相应热工地区节能设计标准对门窗气密性能的要求。

（2）门窗节能的设计要求。

按照 GB 50189—2015《公共建筑节能设计标准》和《居住建筑节能设计标准》规定的指标要求，不同的地区对于门窗有不同的节能指标要求，而相关建筑节能设计标准不仅规定了指标，而且在各个地区还细分了气候分区，这样规定的目的就是细化不同地区的节能指标。

1）公共建筑。

GB 50189—2015《公共建筑节能设计标准》根据建筑物类型及建筑所处城市的建筑气候分区、窗墙比及体形系数对单一朝向门窗的传热系数和遮阳系数作出了相应的规定，见表1-9～表1-11。

表1-9　严寒、寒冷地区甲类公共建筑单一立面外窗传热系数和太阳得热系数限值

| 气候分区 | 窗墙面积比 C | 体形系数≤0.30 | | 0.30<体形系数≤0.50 | |
|---|---|---|---|---|---|
| | | 传热系数 $K/[\mathrm{W}/(\mathrm{m}^2 \cdot \mathrm{K})]$ | 太阳得热系数 SHGC（东南西向/北向） | 传热系数 $K/[\mathrm{W}/(\mathrm{m}^2 \cdot \mathrm{K})]$ | 太阳得热系数 SHGC（东南西向/北向） |
| 严寒地区 A区B区 | C≤0.20 | ≤2.7 | — | ≤2.5 | — |
| | 0.20<C≤0.30 | ≤2.5 | — | ≤2.3 | — |
| | 0.30<C≤0.40 | ≤2.2 | — | ≤2.0 | — |
| | 0.40<C≤0.50 | ≤1.9 | — | ≤1.7 | — |
| | 0.50<C≤0.60 | ≤1.6 | — | ≤1.4 | — |
| | 0.60<C≤0.70 | ≤1.5 | — | ≤1.4 | — |
| | 0.70<C≤0.80 | ≤1.4 | — | ≤1.3 | — |
| | C>0.80 | ≤1.3 | — | ≤1.2 | — |
| 严寒地区 C区 | C≤0.2 | ≤2.9 | — | ≤2.7 | — |
| | 0.2<C≤0.3 | ≤2.6 | — | ≤2.4 | — |
| | 0.3<C≤0.4 | ≤2.3 | — | ≤2.1 | — |
| | 0.4<C≤0.5 | ≤2.0 | — | ≤1.7 | — |
| | 0.50<C≤0.60 | ≤1.7 | — | ≤1.5 | — |
| | 0.60<C≤0.70 | ≤1.7 | — | ≤1.5 | — |
| | 0.70<C≤0.80 | ≤1.5 | — | ≤1.4 | — |
| | C>0.80 | ≤1.4 | — | ≤1.3 | — |
| 寒冷地区 | C≤0.20 | ≤3.0 | — | ≤2.8 | — |
| | 0.20<C≤0.30 | ≤2.7 | ≤0.52/— | ≤2.5 | ≤0.52/— |
| | 0.30<C≤0.40 | ≤2.4 | ≤0.48/— | ≤2.2 | ≤0.48/— |
| | 0.40<C≤0.50 | ≤2.2 | ≤0.43/— | ≤1.9 | ≤0.43/— |
| | 0.50<C≤0.60 | ≤2.0 | ≤0.40/— | ≤1.7 | ≤0.40/— |
| | 0.60<C≤0.70 | ≤1.9 | ≤0.35/0.60 | ≤1.7 | ≤0.35/0.60 |
| | 0.70<C≤0.80 | ≤1.6 | ≤0.35/0.52 | ≤1.5 | ≤0.35/0.52 |
| | C>0.80 | ≤1.5 | ≤0.30/0.52 | ≤1.4 | ≤0.30/0.52 |

表 1-10 夏热冬冷、夏热冬暖、温和地区公共建筑单一立面外窗传热系数和太阳得热系数限值

| 气候分区 | 窗墙面积比 C | 传热系数 $K/[W/(m^2 \cdot K)]$ | 太阳得热系数 SHGC（东南西向/北向） |
|---|---|---|---|
| 夏热冬冷地区 | $C \leqslant 0.20$ | $\leqslant 3.5$ | — |
| | $0.20 < C \leqslant 0.30$ | $\leqslant 3.0$ | $\leqslant 0.44/0.48$ |
| | $0.30 < C \leqslant 0.40$ | $\leqslant 2.6$ | $\leqslant 0.40/0.44$ |
| | $0.40 < C \leqslant 0.50$ | $\leqslant 2.4$ | $\leqslant 0.35/0.40$ |
| | $0.50 < C \leqslant 0.60$ | $\leqslant 2.2$ | $\leqslant 0.35/0.40$ |
| | $0.60 < C \leqslant 0.70$ | $\leqslant 2.2$ | $\leqslant 0.30/0.35$ |
| | $0.70 < C \leqslant 0.80$ | $\leqslant 2.0$ | $\leqslant 0.26/0.35$ |
| | $C > 0.80$ | $\leqslant 1.8$ | $\leqslant 0.24/0.30$ |
| 夏热冬暖地区 | $C \leqslant 0.20$ | $\leqslant 5.2$ | $\leqslant 0.52/-$ |
| | $0.20 < C \leqslant 0.30$ | $\leqslant 4.0$ | $\leqslant 0.44/0.52$ |
| | $0.30 < C \leqslant 0.40$ | $\leqslant 3.0$ | $\leqslant 0.35/0.44$ |
| | $0.40 < C \leqslant 0.50$ | $\leqslant 2.7$ | $\leqslant 0.35/0.40$ |
| | $0.50 < C \leqslant 0.60$ | $\leqslant 2.5$ | $\leqslant 0.26/0.35$ |
| | $0.60 < C \leqslant 0.70$ | $\leqslant 2.5$ | $\leqslant 0.24/0.30$ |
| | $0.70 < C \leqslant 0.80$ | $\leqslant 2.5$ | $\leqslant 0.22/0.26$ |
| | $C > 0.80$ | $\leqslant 2.0$ | $\leqslant 0.18/0.26$ |
| 温和地区 | $C \leqslant 0.20$ | $\leqslant 5.2$ | — |
| | $0.20 < C \leqslant 0.30$ | $\leqslant 4.0$ | $\leqslant 0.44/0.48$ |
| | $0.30 < C \leqslant 0.40$ | $\leqslant 3.0$ | $\leqslant 0.40/0.44$ |
| | $0.40 < C \leqslant 0.50$ | $\leqslant 2.7$ | $\leqslant 0.35/0.40$ |
| | $0.50 < C \leqslant 0.60$ | $\leqslant 2.5$ | $\leqslant 0.35/0.40$ |
| | $0.60 < C \leqslant 0.70$ | $\leqslant 2.5$ | $\leqslant 0.30/0.35$ |
| | $0.70 < C \leqslant 0.80$ | $\leqslant 2.5$ | $\leqslant 0.26/0.35$ |
| | $C > 0.80$ | $\leqslant 2.0$ | $\leqslant 0.24/0.30$ |

表 1-11 乙类公共建筑单一立面外窗热工性能限值

| 传热系数 $K/[W/(m^2 \cdot K)]$ | | | | | 太阳得热系数 SHGC | | |
|---|---|---|---|---|---|---|---|
| 严寒A、B区 | 严寒C区 | 寒冷地区 | 夏热冬冷地区 | 夏热冬暖地区 | 寒冷地区 | 夏热冬冷地区 | 夏热冬暖地区 |
| $\leqslant 2.0$ | $\leqslant 2.2$ | $\leqslant 2.5$ | $\leqslant 3.0$ | $\leqslant 4.0$ | — | $\leqslant 0.52$ | $\leqslant 0.48$ |

2）居住建筑。

对于居住建筑，根据建筑物所处不同的气候分区，分别制定了不同的建筑节能设计标准，其中 JGJ 26—2018《严寒和寒冷地区居住建筑节能设计标准》和 JGJ 134—2010《夏热冬冷地区居住建筑节能设计标准》分别对应与所在气候分区的建筑物节能设计要求，节能指标规定为达到 65%。JGJ 75—2012《夏热冬暖地区居住建筑节能设计标准》对应的节能设计指标为达到 50%。

①严寒和寒冷地区。JGJ 26—2018《严寒和寒冷地区居住建筑节能设计标准》规定了不同气候分区居住建筑外窗热工性能限值，见表 1-12、表 1-13。

表 1-12　　　　　　　严寒、寒冷地区外窗传热系数 $K$ 限值　　　　[W/(m²·K)]

| 气候分区 | 窗墙面积比 $C$ | 建筑 | |
|---|---|---|---|
| | | ≤3 层 | ≥4 层 |
| 严寒 A 区 | $C$≤0.30 | 1.4 | 1.6 |
| | 0.30<$C$≤0.45 | 1.4 | 1.6 |
| 严寒 B 区 | $C$≤0.30 | 1.4 | 1.8 |
| | 0.30<$C$≤0.45 | 1.4 | 1.6 |
| 严寒 C 区 | $C$≤0.30 | 1.6 | 2.0 |
| | 0.30<$C$≤0.45 | 1.4 | 1.8 |
| 寒冷地区 | $C$≤0.30 | 1.8 | 2.2 |
| | 0.30<$C$≤0.50 | 1.5 | 2.0 |

表 1-13　　　　寒冷 B 区（2B 区）夏季外窗太阳得热系数的限值

| 外窗窗墙面积比 | 夏季太阳得热系数 SHGC(东、西向) |
|---|---|
| 0.20<窗墙面积比≤0.30 | — |
| 0.30<窗墙面积比≤0.40 | 0.55 |
| 0.40<窗墙面积比≤0.50 | 0.50 |

从表 1-12 和表 1-13 中可以看出，对于严寒、寒冷地区，建筑外窗的热工性能主要考虑传热系数即保温性能，但在寒冷（B）区，当窗墙面积比大于 0.3 时，外窗的热工性能还要兼顾遮阳系数即遮阳性能。这主要是处于寒冷（B）区的建筑，在夏季太阳的辐射热对空调负荷能耗影响较大，因此对于窗墙面积比较大的建筑应考虑外窗的遮阳性能对建筑节能的影响。

②夏热冬冷地区。JGJ 134《夏热冬冷地区居住建筑节能设计标准》规定了不同朝向、不同窗墙面积比的外窗传热系数和太阳得热系数限值，见表 1-14。

表 1-14　　　　　夏热冬冷地区居住建筑透光围护结构热工性能参数限值

| 外窗 | | 传热系数<br>$K/[W/(m^2 \cdot K)]$ | 太阳得热系数 SHGC<br>（东、西向/南向） |
|---|---|---|---|
| 夏热冬冷<br>A 区 | 窗墙面积比≤0.25 | ≤2.80 | —/— |
| | 0.25＜窗墙面积比≤0.40 | ≤2.50 | 夏季≤0.40 |
| | 0.40＜窗墙面积比≤0.60 | ≤2.20 | 夏季≤0.25/冬季≥0.50 |
| 夏热冬冷<br>B 区 | 窗墙面积比≤0.25 | ≤2.80 | —/— |
| | 0.25＜窗墙面积比≤0.40 | ≤2.80 | 夏季≤0.40 |
| | 0.40＜窗墙面积比≤0.60 | ≤2.50 | 夏季≤0.25/冬季≥0.50 |
| | 0.20＜窗墙面积比≤0.30 | 3.2 | —/— |

注：1 表中的"东、西"代表从东或西偏北30°（含30°）至偏南60°（含60°）的范围；
"南"代表从南偏东30°至偏西30°的范围。
楼梯间、外走廊的窗不按本表规定执行。

③夏热冬暖地区。夏热冬暖地区城镇的气候区属应符合 GB 50176《民用建筑热工设计规范》的规定，夏热冬暖地区应分为 2 个二级区(4A、4B 区)。夏热冬暖 A 区内建筑节能设计应主要考虑夏季空调，兼顾冬季供暖。夏热冬暖 B 区内建筑节能设计应考虑夏季空调，可不考虑冬季供暖。

JGJ75《夏热冬暖地区居住建筑节能设计标准》对 A 区、B 区的外窗（包括透光的阳台门）的传热系数和太阳得热系数作了不同的规定。分别见表 1-15 和表 1-16。

表 1-15　　　　　　夏热冬暖地区居住建筑外窗的传热系数限值

| 外窗的窗墙面积比 | 传热系数 $K/[W/(m^2 \cdot K)]$ | |
|---|---|---|
| | A 区 | B 区 |
| 窗墙面积比≤0.35 | ≤3.5 | ≤4.0 |
| 0.35＜窗墙面积比≤0.40 | ≤3.2 | ≤3.5 |

表 1-16　　　　　夏热冬暖地区居住建筑外窗的太阳得热系数限值

| 外窗的窗墙面积比 | 夏季太阳得热系数 SHGC | |
|---|---|---|
| | A 区（西向/东、南向/北向） | B 区（西向/东、南、北向） |
| 窗墙面积比≤0.25 | ≤0.35/≤0.35/≤0.35 | ≤0.35/≤0.35 |
| 0.25＜窗墙面积比≤0.35 | ≤0.30/≤0.30/≤0.35 | ≤0.30/≤0.30 |
| 0.35＜窗墙面积比≤0.60 | ≤0.20/≤0.30/≤0.35 | ≤0.20/≤0.30 |

④温和地区。JGJ 475—2019《温和地区居住建筑节能设计标准》规定了温

和 A 区不同朝向、不同窗墙面积比的外窗传热系数（表 1-17）及温和地区外窗综合遮阳系数（表 1-18）的限值。当外窗为凸窗时，凸窗的传热系数限值应比表 1-17 规定的限值小 10%。温和 B 区居住建筑外窗的传热系数应小于 4.0W/(m²·K)。

表 1-17　温和 A 区不同朝向、不同窗墙面积比的外窗传热系数限值

| 建筑 | 窗墙面积比 | 传热系数 $K$/[W/(m²·K)] |
|---|---|---|
| 体形系数≤0.45 | 窗墙面积比≤0.30 | 3.8 |
| | 0.30＜窗墙面积比≤0.40 | 3.2 |
| | 0.40＜窗墙面积比≤0.45 | 2.8 |
| | 0.45＜窗墙面积比≤0.60 | 2.5 |
| 体形系数＞0.45 | 窗墙面积比≤0.20 | 3.8 |
| | 0.20＜窗墙面积比≤0.30 | 3.2 |
| | 0.30＜窗墙面积比≤0.40 | 2.8 |
| | 0.40＜窗墙面积比≤0.45 | 2.5 |
| | 0.45＜窗墙面积比≤0.60 | 2.3 |
| 水平向（天窗） | | 3.5 |

注：温和 A 区南向封闭阳台内侧外窗遮阳系数不做要求，但封闭阳台透光部分的综合遮阳系数在冬季应≥0.50。

表 1-18　温和 B 区不同朝向、不同窗墙面积比的外窗传热系数和综合遮阳系数限值

| 部位 | | 外窗综合遮阳系数 SC | |
|---|---|---|---|
| | | 夏季 | 冬季 |
| 外窗 | 温和 A 区 | — | 南向≥0.50 |
| | 温和 B 区 | 东、西向≤0.40 | — |
| 天窗（水平向） | | ≤0.30 | ≥0.50 |

3）近零能耗建筑节能设计要求。

GB/T 51350—2019《近零能耗建筑技术标准》规定了居住建筑外窗和公共建筑外窗传热系数 $K$ 和太阳得热系数 SHGC 限值，见表 1-19 和表 1-20。

表 1-19　居住建筑外窗传热系数（$K$）和太阳得热系数（SHGC）限值

| 性能参数 | | 严寒地区 | 寒冷地区 | 夏热冬冷地区 | 夏热冬暖地区 | 温和地区 |
|---|---|---|---|---|---|---|
| 传热系数 $K$/[W/(m²·K)] | | ≤1.0 | ≤1.2 | ≤2.0 | ≤2.5 | ≤2.0 |
| 太阳得热系数 SHGC | 冬季 | ≥0.45 | ≥0.45 | ≥0.40 | — | ≥0.40 |
| | 夏季 | ≤0.30 | ≤0.30 | ≤0.30 | ≤0.15 | ≤0.30 |

表 1-20　近零能耗公共建筑外窗传热系数（K）和太阳得热系数（SHGC）限值

| 性能参数 | | 严寒地区 | 寒冷地区 | 夏热冬冷地区 | 夏热冬暖地区 | 温和地区 |
|---|---|---|---|---|---|---|
| 传热系数 $K$/[W/(m²·K)] | | ≤1.2 | ≤1.5 | ≤2.2 | ≤2.8 | ≤2.2 |
| 太阳得热系数 SHGC | 冬季 | ≥0.45 | ≥0.45 | ≥0.40 | — | — |
| | 夏季 | ≤0.30 | ≤0.30 | ≤0.15 | ≤0.15 | ≤0.30 |

注：太阳得热系数为包括遮阳（不含内遮阳）的综合太阳得热系数。

# 1.4　性能化设计

## 1.4.1　概念

　　健康、舒适的室内环境是建筑节能的基本前提，也是建筑设计的最终目标。室内热湿环境参数主要是指建筑室内的温度、相对湿度，这些参数直接影响室内的热舒适水平和建筑能耗。空间环境参数以满足人体热舒适为目的。

　　性能化设计系统门窗是以建筑室内环境参数和规范设计参数为性能目标，利用模拟计算工具，对系统门窗设计方案进行逐步优化，最终达到系统门窗预定性能目标要求的设计过程。

## 1.4.2　性能化设计方法

　　（1）采用协同设计的组织形式。

　　（2）根据设定目标（建筑地区）要求，设定室内环境参数及节能指标要求，并利用模拟计算软件等工具，优化设计方案。

　　（3）性能化设计程序

　　1）设定室内环境参数。

　　2）制订设计方案。

　　3）利用模拟计算软件等工具进行设计方案的定量分析及优化。

　　4）制订加工工艺和工装。

　　5）试制产品并进行性能测试、优化，直至满足目标设计要求。

　　6）确定优选设计方案。

　　7）制订工程设计规则。

　　8）制订安装工艺。

　　9）技术总结。

外门窗是影响建筑节能效果的关键部件，其影响能耗的性能参数主要包括传热系数（$K$ 值）、太阳得热系数（SHGC 值）以及气密性能。影响外窗节能性能的主要因素有玻璃层数、Low-E 膜层、填充气体、边部密封、型材材质和截面设计及门窗开启方式等。

性能化设计是以定量分析及优化为核心，进行系统门窗组成要素的关键参数对门窗性能的影响分析，在此基础上，结合门窗的经济效益分析，进行技术措施和性能参数的优化。

# 第 2 章

# 系统门窗设计基础知识

## 2.1　型材及节能设计

### 2.1.1　基本术语与材料性能

#### 1. 基本术语

（1）主要受力杆件。承受并传递门窗自重力和水平风荷载等作用力的中横框、中竖框、扇梃等主型材和组合门窗拼樘框等型材构件。

（2）主型材。组成门窗框、扇杆件系统的基本构架，在其上装配开启扇或玻璃、辅型材、附件的门窗框和扇梃型材，以及组合门窗的拼樘框型材。

（3）辅型材。门窗框、扇杆件体系中，镶嵌或固定于主型材杆件上，起到传力或某种功能作用的附加型材（如玻璃压条、披水条等）。

（4）装配式结构。门窗框扇等主型材之间采用专用连接件进行连接的结构。

（5）热阻（$R$）。热阻是表征围护结构本身或其中某层材料阻抗传热能力的物理量。单一材料围护结构热阻 $R=\delta/\lambda_c$。式中，$\delta$ 为材料厚度(m)；$\lambda_c$ 为材料导热系数计算值[W/(m·K)]。多层材料围护结构热阻 $R=\sum(\delta/\lambda_c)$，单位为：(m²·K)/W。

（6）铝木复合型材是指室外侧使用铝合金型材，内侧使用木材，通过连接卡件或螺钉等方式，复合为一体的门窗用型材。

（7）隔热型材是指以隔热材料连接铝合金型材而制成的具有隔热功能的复合型材。

（8）隔热材料是指用于连接铝合金型材的低导热率的非金属材料。

（9）穿条式隔热铝合金型材是指由建筑铝合金型材和建筑用硬质塑料隔热条(简称隔热条)通过开齿、穿条、滚压等工序进行结构连接而形成有隔热功能的复合型材。

（10）浇注式隔热型材是指将液态隔热材料注入铝合金型材预留的隔热槽中，待胶体固化后，除去铝型材隔热槽上的临时铝桥，形成有隔热功能的复合铝合金型材。

（11）横向抗拉值是指在平行于隔热型材横截面方向作用的单位长度的拉力

极限值。

（12）纵向抗剪值是指在垂直隔热型材横截面方向作用的单位长度的纵向剪切极限值。

（13）抗剪强度是指在垂直隔热型材横截面方向施加的单位长度的纵向剪切力。

（14）传热系数（$K$）。门窗的传热系数表示在稳定传热条件下，门窗两侧空气温差为 1℃（或 $K$）时，单位时间内通过单位面积的传热量，以 W/(m²·K)计。传热系数（$K$ 值）越小，说明门窗的保温性能越好。反之，传热系数（$K$ 值）越大，门窗的保温性能就越差。

（15）导热系数（$\lambda$）。（又称热导率或导热率）是指在稳定传热条件下，1m 厚的材料，两侧表面的温差为 1℃（或 K），在 1h 内，通过 1m² 面积传递的热量，单位是 W/(m·K)，此处 K 可用℃代替。

### 2. 常用材料导热性能

我国国家标准规定，凡平均温度不高于 350℃时，导热系数不大于 0.12W/(m·K)的材料称为保温材料，导热系数在 0.05 W/(m·K)以下的材料称为高效保温材料。

导热系数是表征材料导热能力大小的量，单位是 W/(m·K)，导热系数与材料的密度、温度、湿度、组成结构等因素有关。各种材料导热系数的大致范围：气体：0.006～0.6 W/(m·K)；液体：0.07～0.7 W/(m·K)；金属：2.2～420 W/(m·K)；建筑材料和绝热材料：0.025～3 W/(m·K)。

空气在常温、常压下导热系数很小，围护结构空气层中静止的空气具有良好的保温能力。

（1）密度。

密度（或比重、容重）是材料孔隙率的直接反映，由于气相材料的导热系数通常均小于固相材料的导热系数，所以保温隔热材料往往具有很高的孔隙率，即具有较小的容重。一般情况下，增大材料孔隙率或减少容重都将导致材料导热系数减小。

但对于表观密度很小的材料，特别是纤维状材料（如超细玻璃纤维）和发泡材料，当其表观密度低于某一极限值时，导热系数反而会增大，这是由于孔隙率增大时互相连通的孔隙大大增多，从而使对流作用得以加强。因此这类材料存在一个最佳表观密度，即在这个表观密度时导热系数最小。

（2）湿度。

绝大多数的保温绝热材料都具有多孔结构，容易吸湿。材料吸湿受潮后，其导热系数增大。当含湿率大于 5%～10%时，导热系数的增大在多孔材料中表现得最为明显。

这是由于当材料的孔隙中有了水分（包括水蒸气）后，孔隙中蒸汽的扩散和水分子的运动将起主要传热作用，而水的导热系数是空气的导热系数的 20 倍左右，故引起其有效导热系数的明显升高。如果孔隙中的水结成了冰，冰的导热系数更大，其结果是使材料的导热系数更加增大。所以，非憎水型隔热材料在应用时必须注意防水避潮。

建筑材料含水后，水或冰填充了材料孔隙中空气的位置，导热系数将显著增大，在建筑保温、隔热、防潮设计时，都必须考虑到这种影响。

（3）温度。

温度对各类绝热材料导热系数均有直接影响，大多数材料的导热系数随温度的升高而增大。因为温度升高时，材料固体分子的热运动增强，同时材料孔隙中空气的导热和孔壁间的辐射作用也有所增加。但这种影响，在温度为 0～50℃范围内并不显著，只有对处于高温或负温下的材料，才要考虑温度的影响。工程计算中，导热系数常取使用温度范围内的算术平均值，并把它作为常数看待。

（4）热流方向。

导热系数与热流方向的关系，仅仅存在于各向异性的材料中，即在各个方向上构造不同的材料中。纤维质材料从排列状态看，分为纤维方向与热流向垂直和纤维方向与热流向平行两种情况。传热方向和纤维方向垂直时的绝热性能比传热方向和纤维方向平行时要好一些。一般情况下纤维保温材料的纤维排列是后者或接近后者，同样密度条件下，其导热系数要比其他形态的多孔质保温材料的导热系数小得多。

对于各向异性的材料（如木材、玻璃纤维等），当热流平行于纤维方向时，受到阻力较小；而垂直于纤维方向时，受到的阻力较大。以松木为例，当热流垂直于木纹时，导热系数为 0.17W/(m·K)；平行于木纹时，导热系数为 0.35W/(m·K)。

部分气体导热系数和常用固体材料导热系数见表 2-1 和表 2-2。

表 2-1　　　　　　　　　　　　气体导热系数

| 气体 | 温度/℃ | 导热系数/[W/(m·K)] |
|---|---|---|
| 空气 | 0 | 0.024 |
|  | 100 | 0.032 |
| 氢气 | 0 | 0.17 |
|  | 100 | 0.22 |
| 氧气 | 0 | 0.025 |
|  | 100 | 0.032 |
| 氩气 | 0 | 0.017 |
|  | 100 | 0.022 |

续表

| 气体 | 温度/℃ | 导热系数/[W/(m·K)] |
|---|---|---|
| 氮气 | 0 | 0.024 |
| | 100 | 0.032 |
| 二氧化碳 | 0 | 0.015 |
| | 100 | 0.022 |

表 2-2　　　　　　　常用固体材料导热系数

| 用途 | 材料名称 | 密度/(kg/m³) | 导热系数/[W/(m·K)] | 表面发生率 | |
|---|---|---|---|---|---|
| 窗框 | 铝 | 2700 | 237 | 涂漆 | 0.90 |
| | | | | 阳极氧化 | 0.20～0.80 |
| | 铝合金 | 2800 | 160 | 涂漆 | 0.90 |
| | | | | 阳极氧化 | 0.20～0.80 |
| | 铁 | 7800 | 50 | 镀锌 | 0.20 |
| | | | | 氧化 | 0.80 |
| | 不锈钢 | 7900 | 17 | 浅黄 | 0.20 |
| | | | | 氧化 | 0.80 |
| | 建筑钢材 | 7850 | 58.20 | 镀锌 | 0.20 |
| | | | | 氧化 | 0.80 |
| | | | | 涂漆 | 0.90 |
| | PVC | 1390 | 0.17 | 0.90 | |
| | 硬木 | 700 | 0.18 | 0.90 | |
| | 建筑构件软木 | 500 | 0.13 | 0.90 | |
| | UP 树脂玻璃钢 | 1900 | 0.40 | 0.90 | |
| 热断桥 | 聚酰胺尼龙 | 1150 | 0.25 | 0.90 | |
| | 聚酰胺隔热条 | 1450 | 0.30 | 0.90 | |
| | 高密度聚乙烯 HD | 980 | 0.50 | 0.90 | |
| | 低密度聚乙烯 LD | 920 | 0.33 | 0.90 | |
| | 固体聚丙烯 | 910 | 0.22 | 0.90 | |
| | 25%玻纤聚丙烯 | 1200 | 0.25 | 0.90 | |
| | 聚亚氨酯树脂 PU | 1200 | 0.25 | 0.90 | |
| | 刚性 PVC | 1390 | 0.17 | 0.90 | |

续表

| 用途 | 材料名称 | 密度 /(kg/m³) | 导热系数 /[W/(m·K)] | 表面发生率 | |
|---|---|---|---|---|---|
| 透明材料 | 建筑玻璃 | 2500 | 1.0 | 玻璃面 | 0.84 |
| | | | | 镀膜面 | 0.03～0.80 |
| | 有机玻璃 PMMA | 1180 | 0.18 | 0.90 | |
| | 聚碳酸酯 | 1200 | 0.20 | 0.90 | |
| | 丙烯酸（树脂玻璃） | 1050 | 0.20 | 0.90 | |
| 密封胶 | 刚性聚氨酯 PU | 1200 | 0.25 | 0.90 | |
| | 固体/热融异丁烯 | 1200 | 0.24 | 0.90 | |
| | 聚硫胶 | 1700 | 0.4 | 0.90 | |
| | 纯硅胶 | 1200 | 0.35 | 0.90 | |
| | 聚异丁烯 | 930 | 0.20 | 0.90 | |
| | 聚酯树脂 | 1400 | 0.19 | 0.90 | |
| | 硅胶（干燥剂） | 720 | 0.13 | 0.90 | |
| | 分子筛 | 650～750 | 0.10 | 0.90 | |
| | 低密度硅胶泡沫 | 750 | 0.12 | 0.90 | |
| | 中密度硅胶泡沫 | 820 | 0.17 | 0.90 | |
| 密封条 | 氯丁橡胶 PCP | 1240 | 0.23 | 0.90 | |
| | 三元乙丙 EPDM | 1150 | 0.25 | 0.90 | |
| | 纯硅胶 | 1200 | 0.35 | 0.90 | |
| | 柔性 PVC | 1200 | 0.14 | 0.90 | |
| | 聚酯马海毛 | — | 0.14 | 0.90 | |
| | 柔性橡胶泡沫 | 60～80 | 0.05 | 0.90 | |

### 3. 常用材料力学性能

（1）铝合金型材的强度设计值。

铝合金型材的抗拉、抗压、抗弯强度设计值是根据材料的强度标准值除以材料性能分项系数取得的，按照 GB 50429—2007《铝合金结构设计规范》规定，铝合金材料性能分项系数 $\gamma_f$ 取 1.2，因此相应的铝合金型材强度设计值：

$$f_a = f_{ak}/\gamma_f = f_{ak}/1.2 \qquad (2\text{-}1)$$

式中　$f_a$——铝合金型材强度设计值（N）；

$f_{ak}$——铝合金型材强度标准值（N）;

$\gamma_f$——铝合金型材性能分项系数。

抗剪强度设计值：
$$f_v = \frac{f_a}{\sqrt{3}}$$

铝合金型材强度标准值 $f_{ak}$ 可按 GB/T 5237.1—2017《铝合金建筑型材 第 1 部分：基材》的规定取用。为便于设计应用，将计算得到的数值取 5 的整数倍，按照这一要求计算出铝合金门窗常用铝型材的强度设计值，见表 2-3。

表 2-3　　　　　　　铝合金型材的强度设计值 $f_a$　　　　　　N/mm²

| 铝合金牌号 | 状态 | | 壁厚/mm | 强度设计值 $f_a$ | | |
|---|---|---|---|---|---|---|
| | | | | 抗拉、抗压强度 | 抗剪强度 | 局部承压强度 |
| 6005 | T5 | | ≤6.3 | 200 | 115 | 300 |
| | T6 | 实心型材 | ≤5 | 185 | 105 | 310 |
| | | 空心型材 | ≤5 | 175 | 100 | 295 |
| 6060 | T5 | | ≤5 | 100 | 55 | 185 |
| | T6 | | ≤3 | 125 | 70 | 220 |
| | T66 | | ≤3 | 130 | 75 | 250 |
| 6061 | T4 | | 所有 | 90 | 55 | 210 |
| | T6 | | 所有 | 200 | 115 | 305 |
| 6063 | T5 | | 所有 | 90 | 55 | 185 |
| | T6 | | 所有 | 150 | 85 | 240 |
| | T66 | | ≤10 | 165 | 95 | 280 |
| 6063A | T5 | | ≤10 | 135 | 75 | 220 |
| | T6 | | ≤10 | 160 | 90 | 255 |
| 6463 | T5 | | ≤50 | 90 | 55 | 170 |
| | T6 | | ≤50 | 135 | 75 | 225 |
| 6463A | T5 | | ≤12 | 90 | 55 | 170 |
| | T6 | | ≤3 | 140 | 80 | 240 |

（2）门窗常用钢材的强度设计值。

建筑门窗中钢材主要用于连接件，如连接钢板、螺栓及 PVC 塑料门窗钢衬等，其计算和设计要求应按 GB 50017—2017《钢结构设计规范》的规定进行。其常用钢材的强度设计值同样按《钢结构设计规范》的规定采用。建筑门窗常用钢材的强度设计值见表 2-4。

表 2-4 　　　　　　　　　　　　钢材的强度设计值 $f_s$ 　　　　　　　　　　　N/mm²

| 钢材牌号 | 厚度或直径/mm | 抗拉、抗压、抗弯强度 | 抗剪强度 | 端面承压强度 |
|---|---|---|---|---|
| Q235 | $d \leqslant 16$ | 215 | 125 | 320 |
| | $16 < d \leqslant 40$ | 205 | 120 | |

注：表中厚度是指计算点的钢材厚度，对轴心受力构件是指截面中较厚板件的厚度。

（3）门窗常用材料的弹性模量。

材料在弹性变形阶段，其应力和应变成正比关系（即符合胡克定律），其比例系数称为弹性模量。弹性模量可视为衡量材料产生弹性变形难易程度的指标，其值越大，材料发生一定弹性变形的应力也越大，即材料刚度越大，亦即在一定应力作用下，发生弹性变形越小。弹性模量 $E$ 是指材料在外力作用下产生单位弹性变形所需要的应力。它是反映材料抵抗弹性变形能力的指标，相当于普通弹簧中的刚度。门窗常用材料的弹性模量见表 2-5。

表 2-5 　　　　　　　　　门窗常用材料的弹性模量 $E$ 　　　　　　　　　N/mm²

| 材 料 | $E$ |
|---|---|
| 玻 璃 | $0.72 \times 10^5$ |
| 铝合金 | $0.70 \times 10^5$ |
| 钢、不锈钢 | $2.06 \times 10^5$ |
| 落叶松、橡木 | $1.0 \times 10^4$ |
| 门窗用玻璃钢 | $0.1 \times 10^5$ |
| PVC-U 塑料 | $0.22 \times 10^4$ |
| 聚酰胺膈热条 | $0.45 \times 10^5$ |
| 红松、樟子松、云杉、楸木 | $0.9 \times 10^4$ |

（4）门窗常用材料的泊松比。

泊松比是材料在单向受拉或受压时，横向正应变与轴向正应变绝对值的比值，也叫横向变形系数，它是反映材料横向变形的弹性常数。门窗常用材料的泊松比见表 2-6。

表 2-6 　　　　　　　　　　门窗常用材料的泊松比 $v$

| 材 料 | $v$ |
|---|---|
| 玻 璃 | 0.20 |
| 铝合金 | 0.33 |
| 钢、不锈钢 | 0.30 |

（5）门窗常用材料的线膨胀系数。

线膨胀系数也称为线弹性系数，指温度每变化1℃材料长度变化的百分率，以 $\alpha$ 表示。建筑门窗常用材料的线膨胀系数按表2-7规定采用。

表2-7 材料的线膨胀系数 $\alpha$（1/℃）

| 材料 | $\alpha$ | 材料 | $\alpha$ |
|---|---|---|---|
| 玻璃 | $1.00 \times 10^{-5}$ | 不锈钢材 | $1.80 \times 10^{-5}$ |
| 铝合金 | $2.35 \times 10^{-5}$ | 混凝土 | $1.00 \times 10^{-5}$ |
| 钢材 | $1.20 \times 10^{-5}$ | | |
| PVC-U 塑料 | $8.0 \times 10^{-5}$ | 聚酰胺膈热条 | $3.50 \times 10^{-5}$ |

（6）建筑门窗常用材料的重力密度标准值见表2-8。

表2-8 材料的重力密度标准值 $\gamma_g$ N/mm³

| 材料 | $\gamma_g$ |
|---|---|
| 普通玻璃、夹层玻璃、钢化玻璃、半钢化玻璃 | 25.6 |
| 夹丝玻璃 | 26.5 |
| 钢材 | 78.5 |
| 铝合金 | 28.0 |
| 硬木 | 7.0 |
| 门窗用玻璃钢 | 19.0 |
| PVC-U 塑料 | 13.7 |
| PA66GF26 | 14.5 |

（7）五金件、连接件的强度设计值。

在建筑门窗的实际使用中，失效概率最大的即为门窗的五金件、连接构件，如门窗锁紧装置、连接铰链和合页等。因此，受力的门窗五金件、连接构件其承载力须满足其产品标准的要求，对尚无产品标准的受力五金件、连接件须提供由专业检测机构出具的产品承载力的检测报告。

门窗五金件、连接件主要用于门窗的框与扇的连接、锁固和门的连接，因此一旦出现失效，将影响门窗的正常启闭，甚至导致窗扇的坠落，应具有较高的安全度。根据目前国内工程的经验，一般情况下，门窗五金件、连接构件的总安全系数可取 2.0，故抗力分项系数 $\gamma_R$（或材料性能分项系数 $\gamma_f$）可取为 1.4。所以，当门窗五金件产品标准或检测报告提供了产品承载力标准值（产品正常使用极限状态所对应的承载力）时，其承载力设计值可按承载力标准值除以相应的抗

力分项系数 $\gamma_R$（或材料性能分项系数 $\gamma_f$）1.4 确定。特殊情况下，可按总安全系数不小于 2.0 的原则通过分析确定相应的承载力设计值。

（8）常用紧固件和焊缝强度设计值。

门窗计算常用紧固件材料不锈钢螺栓、螺钉的强度设计值时所取的抗力分项系数 $\gamma_R$（或材料性能分项系数 $\gamma_f$）分别为总安全系数 $K=3$，抗拉：$\gamma_f =2.15$，抗剪：$\gamma_f =2.857$。

①不锈钢螺栓、螺钉的强度设计值可按表 2-9 采用。

表 2-9　　　　　　　　不锈钢螺栓、螺钉的强度设计值　　　　　　　　N/mm²

| 类别 | 组别 | 性能等级 | $\sigma_b$ | 抗拉强度 $f_t$ | 抗剪强度 $f_v$ |
|---|---|---|---|---|---|
| （A）奥氏体 | A1、A2、A3、A4、A5 | 50 | 500 | 230 | 175 |
| | | 70 | 700 | 320 | 245 |
| | | 80 | 800 | 370 | 280 |
| （C）马氏体 | C1 | 50 | 500 | 230 | 175 |
| | | 70 | 700 | 320 | 245 |
| | | 110 | 1100 | 510 | 385 |
| | C3 | 80 | 800 | 370 | 280 |
| | C4 | 50 | 500 | 230 | 175 |
| | | 70 | 700 | 320 | 245 |
| （F）铁素体 | F1 | 45 | 450 | 210 | 160 |
| | | 60 | 600 | 275 | 210 |

②焊缝材料强度设计值按 GB 50017—2017《钢结构设计规范》的规定采用，见表 2-10。

表 2-10　　　　　　　　　　焊缝的强度设计值　　　　　　　　　　N/mm²

| 焊接方法和焊条型号 | 构件钢材 | | 对接焊缝 | | | | 角焊缝 |
|---|---|---|---|---|---|---|---|
| | 牌号 | 厚度或直径 $d$/mm | 抗压 $f_c^w$ | 抗拉和抗弯受拉 $f_t^w$ | | 抗剪 $f_v^w$ | 抗拉、抗压、抗剪 $f_t^w$ |
| | | | | 一级、二级 | 三级 | | |
| 自动焊、半自动焊和 E43 型焊条的手工焊 | Q235 | $d\leqslant16$ | 215 | 215 | 185 | 125 | 160 |
| | | $16<d\leqslant40$ | 205 | 205 | 175 | 120 | |
| 自动焊、半自动焊和 E50、E55 型焊条手工焊 | Q390 | $d\leqslant16$ | 345 | 345 | 295 | 200 | 200（E50） |
| | | $16<d\leqslant40$ | 330 | 330 | 280 | 190 | 220（E55） |

### 2.1.2 铝合金型材

#### 1. 铝合金型材基础知识

隔热型材作为铝系统门窗的框扇构成材料，与普通铝合金型材的区别在于采用断桥隔热材料将铝合金室内外侧热桥断开，具有普通铝合金型材所不具有的隔热功能，普通铝合金型材所具有的合金牌号和状态、物理和力学性能、表面处理方式及尺寸偏差等隔热型材均需具备。因此，铝合金隔热型材的性能要求应满足铝合金建筑型材的相关标准要求。

铝合金型材的基材力学性能应符合标准要求，经过表面处理后的铝合金型材的力学性能应符合铝合金型材的基材力学性能要求。

（1）基材。

基材是指表面未经处理的铝合金建筑型材。

1）合金牌号、状态。铝合金建筑型材的合金牌号及状态应符合表 2-11 的规定。

表 2-11　　　　　　　　　　合金牌号及供应状态

| 合金牌号 | 时效状态 |
|---|---|
| 6061 | T4、T6 |
| 6005、6063A、6463、6463A | T5、T6 |
| 6060、6063 | T5、T6、T66 |

2）物理性能。铝合金建筑型材物理性能见表 2-12。

表 2-12　　　　　　　　　铝合金建筑型材物理性能

| 弹性模量/MPa | 线膨胀系数 $\alpha$（以每摄氏度计） | 密度/(kg/m³) | 泊松比 $v$ |
|---|---|---|---|
| $7×10^4$ | $2.35×10^{-5}$ | 2710 | 0.33 |

（2）阳极氧化型材。

经阳极氧化、电解着色的铝合金热挤压型材，简称阳极氧化、着色型材。

阳极氧化处理工艺是生产装饰性、稳定性和持久颜色的铝表面处理的传统工艺。阳极氧化膜适用于强紫外线辐射的环境，污染较重或潮湿的环境宜选用 AA20 或 AA25 的膜厚，海洋环境慎用。

1）阳极氧化膜的厚度级别应符合表 2-13 的规定。

表 2-13　　　　　　　　　阳极氧化膜的厚度级别

| 级别 | 单件平均膜厚/μm | 单件局部膜厚/μm |
|---|---|---|
| AA10 | ≥10 | ≥8 |

续表

| 级别 | 单件平均膜厚/μm | 单件局部膜厚/μm |
|---|---|---|
| AA15 | ≥15 | ≥12 |
| AA20 | ≥20 | ≥16 |
| AA25 | ≥25 | ≥20 |

2）阳极氧化膜的厚度级别、典型用途、表面处理方式见表 2-14。

表 2-14　　　　　阳极氧化膜的厚度级别所对应的使用环境

| 厚度等级 | 典型用途 | 表面处理方式 |
|---|---|---|
| AA10 | 室内、外建筑或车辆部件 | 阳极氧化<br>阳极氧化加电解着色<br>阳极氧化加有机着色 |
| AA15 | 室外建筑或车辆部件 | |
| AA20 | 室外苛刻环境下使用的建筑部件 | |
| AA25 | | |

（3）电泳涂漆型材。

表面经阳极氧化和电泳涂漆（水溶性清漆）复合处理的铝合金热挤压型材，简称电泳涂漆型材。电泳涂漆型材保护膜为阳极氧化膜和电泳涂层的复合膜，其耐候性优于阳极氧化型材。电泳涂漆型材表面光泽柔和，能抵抗水泥、砂浆酸雨的侵蚀，热带海洋环境宜选用Ⅲ级或Ⅳ级复合膜。电泳涂漆型材外观华丽，但漆膜易划伤。

1）阳极氧化复合膜厚度应符合表 2-15 的规定。

表 2-15　　　　　　　　　　　复合膜厚度

| 厚度级别 | 膜厚/μm | | |
|---|---|---|---|
| | 阳极氧化局部膜厚 | 漆膜局部膜厚 | 复合膜局部膜厚 |
| A | ≥9 | ≥12 | ≥21 |
| B | ≥9 | ≥7 | ≥16 |
| S | ≥6 | ≥15 | ≥21 |

2）阳极氧化复合膜膜厚级别、漆膜类型、典型用途见表 2-16。

表 2-16　　　　阳极氧化复合膜膜厚级别、漆膜类型、典型用途

| 膜厚级别 | 表面漆膜类型 | 典型用途 |
|---|---|---|
| A | 有光或亚光透明漆 | 室外苛刻环境下使用的建筑部件 |
| B | | 室外建筑或车辆部件 |
| S | 有光或亚光有色漆 | 室外建筑或车辆部件 |

（4）粉末喷涂型材。

1）以热固性饱和聚酯粉末作涂层的铝合金热挤压型材简称粉末喷粉型材，粉末喷涂又称静电喷涂，是根据电泳的物理现象，使雾化了的油漆微粒在直流高压电场中带上负电荷，并在静电场的作用下，定向地被流向带正电荷的工件表面，被中和沉积成一层均匀附着牢固的薄膜的涂装方法。静电喷涂分为空气雾化式喷涂和旋杯雾化式喷涂两种。

粉末涂层装饰面局部厚度应不小于 50μm，平均膜厚宜控制在 60~120μm。

粉末喷涂型材的特点是抗腐蚀性能优良，耐酸碱盐雾大大优于阳极氧化、着色型材，潮湿的热带海洋环境宜选用Ⅱ级或Ⅲ级喷涂膜。

2）木纹处理。木纹处理主要采用转印法，它是在经过粉末静电喷涂合格的铝型材表面贴上一层印有一定图案（木纹、大理石纹）的渗透膜，然后抽真空，使渗透膜完全覆盖在铝型材表面，再经过加热，使渗透膜上的油墨转移，渗入粉末涂层，从而使铝型材表面形成与渗透膜上图案完全一样的外观。木纹处理是在粉末涂层上进行的，因此，粉末涂层的准备与粉末喷涂型材的生产工序完全相同，只是所用粉末必须与热渗透膜匹配，否则可能不易上纹，其膜厚宜控制在60～90μm。

（5）氟碳漆喷涂型材。

以聚偏二氟乙烯漆作涂层的建筑用铝合金热挤压型材简称氟碳喷涂型材。

氟碳涂料以聚偏二氟乙烯树脂（PVDF）为基料，加以金属粉合成，具有金属光泽。氟碳涂层耐紫外线辐射，其耐蚀性能优于粉末涂层，一般用于高档铝型材的表面处理。氟碳漆膜适用于绝大多数太阳辐射较强、大气腐蚀较强的环境，特别是靠近海岸的热带海洋环境。

装饰面上的漆膜厚度应符合表 2-17 的规定。

表 2-17　　　　　　　　装饰面上的漆膜厚度

| 涂层种类 | 平均膜厚/μm | 最小局部膜厚/μm |
| --- | --- | --- |
| 二涂 | ≥30 | ≥25 |
| 三涂 | ≥40 | ≥34 |
| 四涂 | ≥65 | ≥55 |

（6）隔热型材。

1）穿条式产品复合性能。产品纵向剪切试验、横向拉伸试验及高温持久荷载横向拉伸试验结果应符合表 2-18 的规定。

表 2-18　　　　　　　　　　穿条式产品复合性能

| 试验项目 | 试验结果 | | | | | | |
|---|---|---|---|---|---|---|---|
| | 纵向抗剪特征值/(N/mm) | | | 横向抗拉特征值/(N/mm) | | | 隔热型材变形量平均值/mm |
| | (23±2)℃ | (−30±2)℃ | (80±2)℃ | (23±2)℃ | (−30±2)℃ | (80±2)℃ | |
| 纵向剪切试验 | ≥24 | | | — | — | — | — |
| 横向拉伸试验 | — | | | ≥24 | | | — |
| 高温持久荷载横向拉伸试验 | — | — | — | — | | ≥24 | ≤0.6 |

2）浇注式产品复合性能。产品纵向剪切试验、横向拉伸试验及热循环试验结果应符合表 2-19 的规定。

表 2-19　　　　　　　　　　浇注式产品复合性能

| 试验项目 | 试验结果 | | | | | | |
|---|---|---|---|---|---|---|---|
| | 纵向抗剪特征值/(N/mm) | | | 横向抗拉特征值/(N/mm) | | | 隔热材料变形量平均值/mm |
| | (23±2)℃ | (−30±2)℃ | (80±2)℃ | (23±2)℃ | (−30±2)℃ | (80±2)℃ | |
| 纵向剪切试验 | ≥24 | | | — | — | — | — |
| 横向拉伸试验 | — | | | ≥24 | | ≥12 | — |
| 热循环试验 60次 / 90次 | ≥24 | | | | | | ≤0.6 |

3）隔热型材的传热系数级别及推荐使用环境。隔热型材的传热系数按隔热效果分为Ⅰ级、Ⅱ级、Ⅲ级和Ⅳ级，推荐的各级别使用环境见表 2-20。

表 2-20　　　　　　　　　传热系数各级别及推荐使用环境

| 传热系数级别 | 推荐使用环境 | 推荐的聚酰胺型材高度/mm | 推荐的浇注型材槽口型号 |
|---|---|---|---|
| Ⅰ | 温和地区或对产品隔热性能要求不高的环境（如昆明） | ≤12 | AA |
| Ⅱ | 夏热冬暖地区（如广州、厦门） | >12~14.8 | BB |
| Ⅲ | 夏热冬冷地区（如上海、重庆） | >14.8~24 | CC |
| Ⅳ | 严寒寒冷地区（如哈尔滨、北京） | >24 | CC 以上 |

注：浇注型材槽口型号参见 GB/T 5237.6—2017 附录 C.1。

4）隔热型材传热系数。隔热型材的传热系数级别与传热系数要求对应关系见表 2-21。

表 2-21               传热系数级别与传热系数要求

| 传热系数级别 | 传热系数/[W/(m²·K)] |
|:---:|:---:|
| I | ＞4.0 |
| II | ＞3.2~4.0 |
| III | 2.5~3.2 |
| IV | ＜2.5 |

### 2. 隔热铝型材的复合方式

普通铝合金是热的良导体，其导热系数为 203 W/(m·K)，为了保证铝合金门窗的节能达到设计要求，铝合金门窗用型材必须采用隔热型材。

铝合金隔热型材按其隔热材料和生产工艺不同分为浇注式和穿条式。

（1）浇注式。

把隔热材料浇注入铝合金型材的隔热腔体内，经过固化，去除断桥金属等工序形成"隔热桥"，称为"浇注式"隔热型材，如图 2-1 所示。

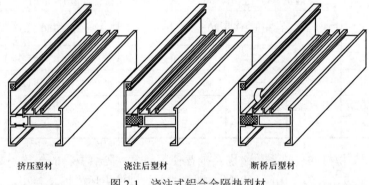

挤压型材           浇注后型材           断桥后型材

图 2-1   浇注式铝合金隔热型材

（2）穿条式。

采用条形隔热材料与铝型材，通过机械开齿、穿条、滚压等工序形成"隔热桥"，称为"穿条式"隔热型材，如图 2-2 所示。

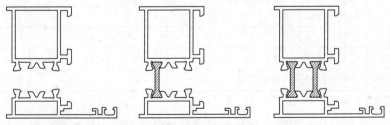

图 2-2  穿条式铝合金隔热型材

从隔热效果与复合强度方面考虑，隔热条对穿条式隔热型材的影响尤其重要。在铝合金隔热型材开发初期，曾选用过导热系数为 0.16W/(m·K)的硬质 PVC 隔热条，由于强度、刚性等问题，而改用导热系数 0.30W/(m·K)的玻璃纤维增强尼龙 66 隔热条。

不同隔热条材料与铝型材性能对比表见表 2-22。

表 2-22　　　　　　　不同隔热条材料与铝型材性能对比表

| 序号 | 项目 | PVC 隔热条 | ABS 隔热条 | PA66GF25 隔热条 | 铝型材 |
|---|---|---|---|---|---|
| 1 | 密度/(g/cm$^3$) | 1.1～1.4 | 1.2 | 1.3 | 2.7 |
| 2 | 抗拉强度/(N/mm$^2$) | 35～55 | 35～60 | ≥80 | ≥157 |
| 3 | 弹性模量/(N/mm$^2$) | 2200 | 2200 | ≥4500 | 70000 |
| 4 | 线性膨胀系数/(1/K) | 6.8×10$^{-5}$ | 7.57×10$^{-5}$ | (2.3～3.5)×10$^{-5}$ | 2.4×10$^{-5}$ |
| 5 | 导热系数/[W/(m·K)] | 0.17 | 0.22 | 0.3 | 203 |
| 6 | 热变形温度/℃ | 85 | 93 | 230 | 600 |
| 7 | 热分解温度/℃ | 100 | 250 | 300 | 670 |
| 8 | 断裂伸长率/% | 40 | 25 | 2.5 | 8 |
| 9 | 耐紫外线性能 | 差 | 差 | 良 | 优 |
| 10 | 耐有机溶剂性能 | 差 | 差 | 优 | 优 |

### 3. 铝合金型材复合惯性矩计算

门窗的受力构件在材料、截面面积和受荷状态确定的情况下，构件的承载能力主要取决于与截面形状有关的两个特性，即截面的惯性矩与抵抗矩。

截面的惯性矩（$I$）与材料的弹性模量（$E$）共同决定着构件的挠度（$u$）。截面的抵抗矩（$W_j$），当荷载条件一定时，它决定构件应力的大小。

（1）截面的惯性矩（$I$），它与材料的弹性模量（$E$）共同决定着构件的挠度（$u$）。

（2）截面的抵抗矩（$W_j$），当荷载条件一定时，它决定构件应力的大小。

（3）弯曲刚度为材料的弹性模量与惯性矩的乘积。

（4）剪切刚度为剪切模量与截面面积的乘积。

（5）截面特性的确定。当门窗用料采用标准型材时，其截面特性可在《材料手册》中查得。当门窗用料采用非标准型材时，其截面特性需要通过计算来确定：简单矩形截面的惯性矩：$I=bh^3/12$；截面的抵抗矩：$W_j=2I/h$。

计算铝合金隔热型材的挠度时，应按铝合金型材和隔热材料弹性组合后的等效惯性矩计算。铝合金隔热型材分为穿条式和浇注式，其等效惯性矩计算方法如下：

1）穿条式隔热型材的等效惯性矩计算。

穿条式隔热型材截面如图 2-3 所示，图中：

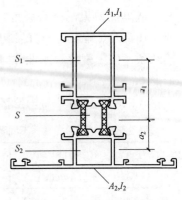

$A_1$——铝型材 1 区截面面积（$mm^2$）；

$A_2$——铝型材 2 区截面面积（$mm^2$）；

$S_1$——铝型材 1 区形心；

$S_2$——铝型材 2 区形心；

$S$——隔热型材形心；

$I_1$——1 区型材惯性矩（$mm^4$）；

$I_2$——2 区型材惯性矩（$mm^4$）；

$a_1$——1 区形心到隔热型材形心距离（mm）；

图 2-3　穿条式隔热型材截面

$a_2$——2 区形心到隔热型材形心距离（mm）。

穿条式隔热型材等效惯性矩 $I_{ef}$ 按式（2-2）计算：

$$I_{ef} = \frac{I_s(1-v)}{(1-v\beta)} \qquad (2\text{-}2)$$

其中，

$$I_s = I_1 + I_2 + A_1\alpha_1^2 + A_2\alpha_2^2$$

$$v = \frac{\left(A_1\alpha_1^2 + A_2\alpha_2^2\right)}{I_s}$$

$$\beta = \frac{\lambda^2}{\left(\pi^2 + \lambda^2\right)}$$

$$\lambda^2 = \frac{c_1\alpha^2 L^2}{(EI_s)v(1-v)}$$

式中　$I_{ef}$——有效惯性矩（$cm^4$）；

$I_s$——刚性惯性矩（$cm^4$）；

$v$——作用参数；

$\beta$——组合参数；

$\lambda$——几何形状参数；

$L$——隔热型材的承载间距（mm）；

$\alpha$——1 区形心到 2 区形心的距离（mm）；

$E$——组合弹性模量（$N/mm^2$）；

$c_1$——组合弹性值，是在纵向抗剪试验中负载—位移曲线的弹性变形范围内的纵向剪切力增量$\Delta F$ 与相对应的两侧铝合金型材出现的相对位移增量$\Delta\delta$ 和试样长度 $l$ 乘积的比值，按下式计算：

$a_1$——铝型材 1 区截面面积（$mm^2$）；

$a_2$——铝型材 2 区截面面积（$mm^2$）；

$$c_1 = \frac{\Delta F}{\Delta \delta l}$$

式中　$\Delta F$——负荷-位移曲线上弹性变形范围内的纵向剪切力增量，牛顿（N）；

　　　$\Delta \delta$——负荷-位移曲线上弹性变形范围内的纵向剪切力增量相对应的两侧铝合金型材的位移增量，（mm）；

　　　$l$——试样长度，（mm）。

从式（2-2）可以看出，$\lambda$ 取决于梁的跨度，因此隔热铝合金的有效惯性矩是跨度的函数。对于较大的跨度，$\lambda$ 值则接近刚性值。

2）浇注式隔热型材的等效惯性矩计算。

穿条式隔热型材截面如图 2-4 所示，图中：

$I_{01}$——铝型材 1 区惯性矩（$mm^4$）；

$I_{02}$——铝型材 2 区惯性矩（$mm^4$）；

$c_{11}$——1 区形心轴线与型材表面的距离（mm）；

$c_{22}$——2 区形心轴线与型材表面的距离（mm）；

$D_c$——隔热槽最大宽度（mm）；

$T_w$——铝型材加强轴边的厚度（mm）；

$D$——两区形心轴线之间距离（mm）；

$b$——隔热胶平均厚度（mm）；

$g$——隔热槽两个凸点间距（mm）；

$h$——铝型材截面宽度（mm）。

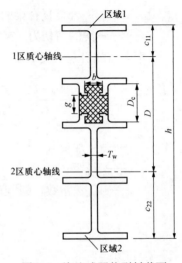

图 2-4　浇注式隔热型材截面

等效惯性矩结合值 $I_c$（$mm^4$），按式（2-3）计算：

$$I_c = \frac{a_1 a_2 D^2}{a_1 + a_2} \tag{2-3}$$

等效惯性矩下限值 $I_0$（$mm^4$），按式（2-4）计算：

$$I_0 = I_{01} + I_{02} \tag{2-4}$$

等效惯性矩上限值 I（$mm^4$），按式（2-5）计算：

$$I = I_c + I_0 \tag{2-5}$$

复合结构几何参数 $G_p$（N），按式（2-6）计算：

$$G_p = \frac{I b D^2 G_c}{I_c D_c} \tag{2-6}$$

式中　$G_c$——隔热胶的剪切模量（N/mm²），（值为 552 N/mm²）。

参分值 $c_2$（mm⁻²），按式（2-7）计算：

$$c_2 = \frac{G_p}{EI_0} \tag{2-7}$$

式中　$E$——铝合金的弹性模量（N/mm²），（值为 70000 N/mm²）。

施加荷载引起的变形量 $y$（mm），按式（2-8）计算：

$$y'''' - c_2 y'' = \frac{-c_2 M}{EI} + \frac{V'}{EI_0} \tag{2-8}$$

式中　$M$——铝合金复合梁的弯曲力矩（N·mm）；

　　　$V$——梁的剪切力（N）。

集中荷载引起的变形量 $y$（mm），按式（2-9）计算：

$$y = \frac{PL^3}{90EI} - \frac{PLI_e}{4G_pI} - \frac{PL^3}{32EI} + \frac{PI_e e^p}{2G_pI\sqrt{c_2}\left(e^r + e^{-r}\right)} - \frac{PI_e}{2G_pI\sqrt{c_2}\left(e^r + e^{-r}\right)e^p} \tag{2-9}$$

式中　$P$——外加荷载（N）；

　　　$L$——跨距（mm）；

　　　e——自然常数，（其值约为 2.71828）。

$$r = \frac{L\sqrt{c_2}}{2}$$

预估等效惯性矩 $I_e$（mm⁴），按式（2-10）计算：

$$I_e = \frac{PL^3}{48Ey} \tag{2-10}$$

式中　$P$——外加荷载（N）；

　　　$L$——跨距（mm）。

考虑复合梁的两个铝材截面受到外部荷载作用时有形变的发生，校正后的等效惯性矩 $I'_e$(mm⁴)，按式（2-11）计算：

$$I'_e = \frac{I_c}{1 + \dfrac{32I_c}{L^2 A}} \tag{2-11}$$

式中　$L$——跨距（mm）；

　　　$A$——铝合金的截面面积（mm²）。

#### 4. 隔热铝型材的节能设计

铝合金隔热型材的隔热性能主要取决于中间的隔热材料。因此，隔热条的形状及长度是影响穿条式铝合金隔热型材隔热性能的主要因素。穿条式隔热型材各部分位置及名称如图 2-5 所示。

铝合金隔热型材的节能设计应遵循如下原则：①多腔设计，冷热腔体独立，气密水密腔室分隔，空腔密封处理；②隔热腔优化设计，降低腔体内部的对流传热；③隔热条优化设计，降低隔热型材的传热系数；④等温线优化设计，提高门窗整体的隔热性能。

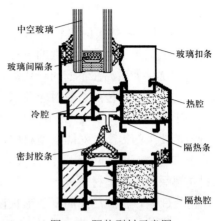

图 2-5　隔热型材示意图

铝合金型材的节能设计是通过型材隔热及其构成的节点构造的隔热整体考虑的，因此，铝合金型材的节能设计分为型材隔热设计和节点构造隔热设计两部分。

（1）型材断面隔热设计。

隔热条承担着铝合金隔热型材的主要隔热性能，隔热条的隔热性能高低决定了型材的隔热性能高低，因此，隔热条设计是铝合金型材隔热设计的重点。

1）增加隔热条间隔宽度是降低隔热型材传热系数的手段之一。

隔热条的间隔宽度 $d$ 决定隔热金属型材传热系数大小（图 2-6）。

根据 GB 5237.6—2017《铝合金建筑型材 第 6 部分：隔热型材》对穿条隔热型材槽口设计规定（图 2-7），型材穿条槽口高度为 2.5mm，因此，穿条隔热型材实际隔热条的间隔宽度 $d$ 应为隔热条的宽度减去 5mm。

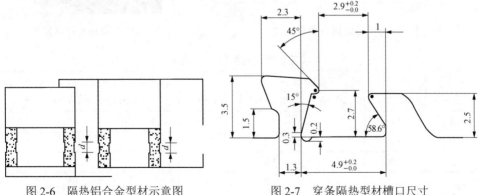

图 2-6　隔热铝合金型材示意图　　　　图 2-7　穿条隔热型材槽口尺寸

隔热条宽度尺寸越大，隔热型材的传热系数越小。隔热条宽度与隔热型材传热系数的关系如图 2-8 所示。

当隔热条尺寸达到一定宽度后，还需要解决型材隔热腔内空气对流传热的问题。

2）改变隔热条的形状，增加隔热腔室也是降低隔热型材传热系数的手段之一。

图 2-9 为欧洲在不同的年代隔热条发展变化与隔热型材传热系数对应关系图。从图 2-9 中可以看出，1980～2010 年，随着对门窗节能要求的提高，对隔热型材的传热系数要求有着大幅度的降低，此时，影响隔热型材传热系数的关键材料——隔热条从早期的 I 型到 C 型，再到后期的复杂形状设计，最终使得隔热型材的传热系数从 4.0W/(m²·K) 减小到后期的 1.2W/(m²·K)左右。

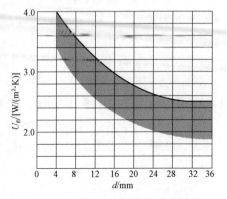

图 2-8　隔热铝合金窗框的传热系数

表 2-23 是基于 Bisco 软件，依据标准 BS EN ISO 10077—2—2003《门窗和百叶窗的热性能—热传递系数的计算　第 2 部分：框架的数值法》，以图 2-10 所示的左固定右平开型铝合金窗为例计算出的隔热条宽度与型材传热系数 $K_f$ 对应关系表。

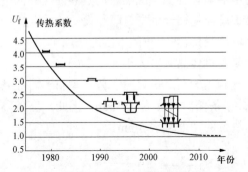

图 2-9　隔热型材传热系数与隔热条关系

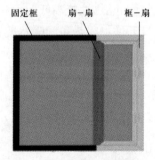

图 2-10　隔热窗计算窗型

表 2-23　　　　　　　　　隔热条宽度与型材 $K_f$ 对应表

| 隔热条宽度 | $K_f[W/(m^2 \cdot K)]$ | | | | 隔热腔添泡沫，使用空腔胶条等改进措施后 $K_f[W/(m^2 \cdot K)]$ |
| --- | --- | --- | --- | --- | --- |
| | 框-扇 | 扇-扇 | 固定框 | 平均 | |
| 14.8 | 3.6 | 3.7 | 3.3 | 3.6 | — |
| 16 | 3.4 | 3.5 | 3.1 | 3.4 | — |
| 18.6 | 3.2 | 3.3 | 2.9 | 3.2 | 3.0～3.15 |
| 20 | 3.0 | 3.1 | 2.7 | 3.0 | 2.8～2.95 |
| 22 | 2.8 | 2.9 | 2.6 | 2.8 | 2.65～2.75 |
| 24 | 2.7 | 2.8 | 2.5 | 2.7 | 2.5～2.6 |
| 27.5 | 2.6 | 2.7 | 2.4 | 2.6 | 2.4～2.5 |

对表 2-23 分析可以看出，隔热条的间隔宽度 $d$ 和隔热条分隔形状对隔热型材的传热系数起到决定性的影响。假设铝合金隔热型材框厚度一定，当 $d$ 增大，则隔热型材铝合金部分减小，当隔热条的间隔宽度 $d$ 增大到与型材框厚度一致时，则隔热型材变成单纯的聚酰胺隔热条（或其他隔热材料）型材，当 $d$ 减小，则隔热型材铝合金部分增大，当隔热条的间隔宽度 $d$ 减小为 0 时，则型材变成单纯的铝合金型材。

基于上面的分析，铝合金隔热型材的隔热设计，就是通过对隔热条的综合设计，来降低型材的传热系数，以满足对隔热型材传热系数的设计要求。

（2）型材节点构造隔热设计。

铝合金型材节点构造隔热设计是指门窗框扇开启腔和固定腔内的框扇配合构造隔热设计。节点构造隔热设计应遵循"三线"（热密线、气密线和水密线）原则，分别对开启腔和固定腔进行保温综合设计。

铝合金型材节点构造隔热设计的发展经过三个阶段：第一阶段（图 2-11a），I 形隔热条和中间密封胶条配合，将开启腔分隔成冷热两腔，但中间胶条和铝合金型材搭接，热密线存在热桥，不能完全实现隔热；第二阶段（图 2-11b），T 形隔热条和中间密封胶条搭接，形成了完整的热密线，但隔热条和胶条的截面设计比较简单，隔热效果不够完美；第三阶段（图 2-12a、b），采用的隔热条、胶条截面形状比较复杂，隔热间距也比较大，热密线将开启腔全部分开，开启腔隔热效果有较大提升。

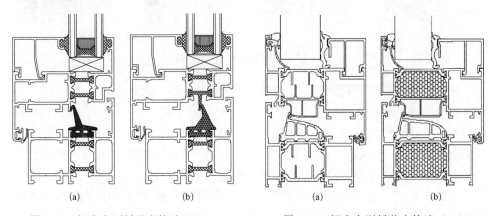

图 2-11　铝合金型材节点构造（一）　　图 2-12　铝合金型材节点构造（二）

热工计算时，冷热端温度变化梯度线中温度相同点连线称为等温线，如图 2-13 所示。等温线图是反映某一气温空间分布的重要手段和方法。图 2-14 为不同节点构造隔热设计的等温线图。图 2-14（a）为单腔隔热，隔热条宽度为 14.8mm，等压腔内外型材可以通过对流传热，等温线起伏较大（图中圆圈部分）；图 2-14（b）

为双腔隔热，隔热条宽度为 14.8mm，T 形隔热条和鸭嘴形胶条搭接，形成内外冷热两腔，等温线起伏较图（a）情况平缓，框、扇及玻璃的节点之间已能形成较平缓连贯的等温线；图 2-14（c）与图（b）隔热型材的结构形式一样，只是 T 形隔热条宽度增加到 24mm，从图（c）可以看出，隔热条加宽，等温线更加平缓；图（d）为图 2-12（b）等温线图。从图（d）中可以看出，随着隔热条的加宽及多腔设计，各节点等温线连接平缓，接近在框扇型材、开启腔、固定腔及玻璃的中位线上。

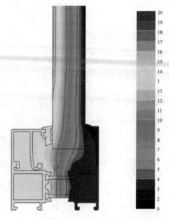

图 2-13　等温线图

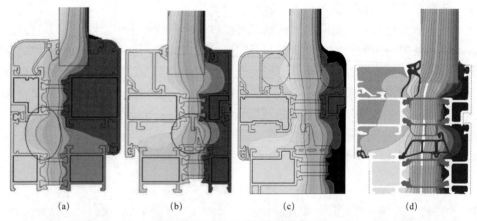

(a)　　　　　(b)　　　　　(c)　　　　　(d)

图 2-14　不同节点构造等温线图

镶嵌玻璃的固定腔隔热设计是很多人忽视的地方，如图 2-11（a）、（b），由于玻璃内外侧贯通，易引起室内外侧热量流失。图 2-12（a）、（b）在玻璃内外侧利用镶嵌条延长搭接于型材中间隔热条上，将镶嵌玻璃的固定腔分隔为 3 腔，与框扇型材隔热设计一致，可以阻隔空气在固定腔内的对流传热，符合多腔设计、冷热腔体独立的节能设计原则，有利于在固定腔形成完整热密线。

从铝合金门窗热工设计及检测得出，当由门窗框扇型材、开启腔/固定腔隔热条和中空玻璃等节点产生的等温线形成密闭完整的热密线，并在一条直线上，此时整窗的传热系数最小，也即保温隔热性能最佳。

### 2.1.3　PVC 塑料型材

聚氯乙烯塑料门窗是以聚氯乙烯（PVC）树脂为主要原料，添加一定比例的稳定剂、改性剂、填充剂、紫外线吸收剂等多种助剂配方，经过挤出成型为各种断面结构的中空异型材，在其内腔衬以钢质型材加强筋，经专门加工组装工艺构成门窗成品。为了增加 PVC 塑料中空异型材的刚性，在其内腔衬加型钢增强，形成塑钢结构，故也称塑钢门窗。

PVC 是聚氯乙烯的英文缩写。在"塑料门窗"之前冠以 R 或 U 写成"RPVC"或"UPVC"（"PVC-U"），实际属同一种材料，即"硬质聚氯乙烯"或"未增塑聚氯乙烯"。

### 1. PVC 塑料型材的分类

（1）按结构分类。

塑料异型材按结构分为平开和推拉，包含门和窗型材，其规格比较常见的有：60、65、70、75、85 平开，70、80、85、88 推拉等，典型代表如图 2-15 所示。

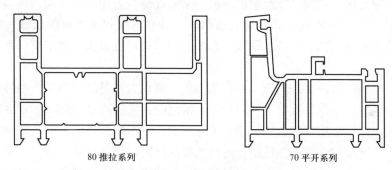

80 推拉系列　　　　　　70 平开系列

图 2-15　PVC 塑料异型材

（2）按腔室分类。

塑料异型材按腔可分为二腔、三腔、四腔、五腔、六腔等多腔结构，如图 2-16 所示。腔体越多，型材的保温、隔声的效果就越好；衬钢腔体比较大，可以提高门窗的强度及稳固性能。

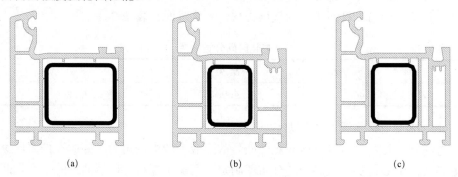

(a)　　　　　　　　　(b)　　　　　　　　　(c)

图 2-16　型材按腔室分类

(a) 两腔型材；(b) 三腔型材；(c) 四腔型材

随着建筑节能标准的不断提高,对门窗的节能要求提出了较高的要求,PVC塑料型材的腔室数量和断面规格必须要有更高的设计要求。

(3)按颜色分类。

塑料异型材按颜色可以分为白色和彩色两种。

(4)按生产工艺分类。

彩色塑料异型材按生产工艺分为通体、喷涂、覆膜和共挤四种,其中,共挤又可分为高光、亚光和雕花这三种,只是在生产工艺上与白色料有所区别。

目前,通体着色的型材直接用于建筑外窗的使用还存在很多问题,由于通体染色的 PVC 材料,在户外使用时存在普遍变色的现象,所以通体着色型材不宜用于建筑外窗。

覆膜是将彩色带木纹效果的合成膜,经过涂胶、加热,利用热压和机械覆膜的方法,通过压合将膜贴在型材的表面,从而在型材表面产生不同的装饰效果。质量较好的膜主要由底膜和带有表面肌理(具有木纹效果外观的纹理)的上膜组成,可在型材的内、外表面覆膜,覆膜后的内外可视效果犹如木质门窗,形式多样。

共挤型材一般户外是彩色,户内为白色。双色共挤是通过添加一些特定的有机物与白色型材在型材模具上共同挤出。常用的共挤材料是 PMMA。PMMA 是有机玻璃无定形热塑性聚合物,主要成分为聚甲基丙烯酸甲酯,但其缺少硬度和耐磨性,通过添加一些增强硬度及耐磨性的原材料,将 PMMA 改性,使其达到抗老化、抗污染、耐腐蚀及美化型材的作用,共挤彩色面达到 0.2~0.25mm。还有用 ASA 作为共挤面材料,这种材料硬度略差,色泽相对不稳定。

(5)按老化时间分类。

老化时间是衡量 PVC 型材耐候性的一项重要指标。GB/T 28886—2012《建筑用塑料门》和 GB/T 28887—2012《建筑用塑料窗》规定了外门窗用型材老化时间应满足 6000h,内门窗用型材老化时间应满足 4000h 的要求,通体着色型材不宜用于建筑外门窗。针对不同的气候类型,老化时间见表 2-24。

表 2-24　　　　　　　　　　　　老化时间分类

| 项　　目 | M 类 | S 类 |
| --- | --- | --- |
| 老化试验时间/h | 4000 | 6000 |

(6)按主型材落锤冲击分类。

考虑到在特定的气候分区对脆性断裂故障应有较大的耐力,因此,按照国家气象局气候中心提供的气温平均分布图制定了两类主型材对落锤冲击的耐力,两个类别具体见表 2-25。

| 表 2-25 | 主型材在−10℃时落锤冲击分类 | |
|---|---|---|
| 项　目 | Ⅰ级 | Ⅱ级 |
| 落锤质量/g | 1000 | 1000 |
| 落锤高度/mm | 1500 | 1500 |

（7）按主型材壁厚分类。

从壁厚上来分类，可将型材分成三个类别，分别是 A 类、B 类和 C 类，具体分类见表 2-26。

| 表 2-26 | 型材壁厚分类 | | |
|---|---|---|---|
| 项　目 | A 类 | B 类 | C 类 |
| 可视面壁厚/mm | ≥2.8 | ≥2.5 | 不规定 |
| 非可视面壁厚/mm | ≥2.5 | ≥2.0 | 不规定 |

从表 2-26 看出，型材的可视面壁厚大于非可视面壁厚，A 类壁厚大于 B 类壁厚，对于 C 类型材壁厚不做规定。

（8）产品标记。

型材产品的标记方式如下图 2-17 所示，门窗生产企业和设计人员可根据型材的产品标记确定型材产品的性能等级。

示例：老化时间 6000h，落锤高度 1500mm，壁厚 2.5mm 的塑料型材，标记为：S-Ⅱ-B。

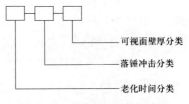

图 2-17　型材产品的标记方式

一般，塑料型材在非可视面上沿长度方向上标有永久性产品标识，可通过查看此产品标识确定型材的性能等级。

### 2. PVC 塑料型材的性能

（1）维卡软化温度。

聚合物的耐热性能，通常是指在温度升高时保持其物理机械性能的能力。聚合物材料的耐热温度是指在一定负荷下，其到达某一规定形变值时的温度。发生形变时的温度通常称为塑料的软化点 $T_s$。

维卡软化温度测试的目的主要是测试材料在哪个温度下快速软化。塑料在液体传热介质中，在一定的负荷（试样承受静荷载 $G=50N\pm1N$）、一定的等速升温速率下，试样被 $1mm^2$ 压针头压入 1mm 时的温度，即维卡软化温度。型材材料的维卡软化温度（VST）应≥75℃。

（2）简支梁冲击强度。

我国对塑料型材使用的是简支梁式摆锤冲击实验方法测试冲击强度。基本原理是把摆锤从垂直位置挂于机架的扬臂上以后，此时扬角为 $\alpha$（图 2-18），它便获得了一定的位能，如任其自由落下，则此位能转化为动能，将试样冲断，冲断以后，摆锤以剩余能量升到某一高度，升角为 $\beta$。

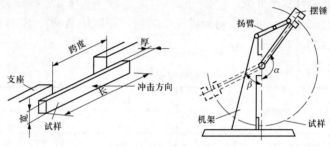

图 2-18　摆锤式冲击实验机工作原理

缺口冲击强度已经成为比较材料冲击韧性的标准测试。冲击测试主要是用来表征材料对缺口的敏感性而非抗冲能力。缺口冲击测试对于一些带有尖角、尖的拐角、加强肋的制品的冲击韧性有很大的实际意义。

图 2-19 所示冲击试样尺寸为：

$l=(80\pm2)\text{mm}$

$b=(10.0\pm0.2)\text{mm}$

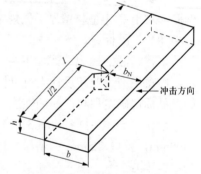

图 2-19　简支梁冲击试样

式中　$h$——型材可视面厚度（mm）；

$b_N=(8.0\pm0.2)\text{mm}$；

$r_N=(0.25\pm0.05)\text{mm}$，缺口底部半径。

简支梁冲击强度应≥20 kJ/m$^2$。

（3）主型材的弯曲弹性模量。

弯曲强度是用来测量材料抵抗挠曲变形的能力或者是测试材料的刚性。在测试弯曲时，所有的应力加载在一个方向上。用压头压在试样的中部使其形成一个 3 点的负载，在标准测试仪上，恒定的压缩速度为 2mm/min。

通过计算机收集的数据，测绘出试样的压缩负荷-变形曲线，来计算压缩模量。在曲线的线性区域至少取5个点的负载和变形。

弯曲模量（应力与应变的比值）是表征材料弯曲性能的重要指标。压缩模量是指在应力-应变的曲线线性范围内，压缩应力与压缩应变之比。塑料型材的弯曲弹性模量应≥2200MPa。

（4）拉伸冲击强度。

拉伸冲击试验主要用于考核材料在受到高速、瞬间拉伸冲击作用时发生的破损行为。拉伸冲击强度取决于材料特性，与型材配方、加工工艺密切相关。

塑料型材的拉伸冲击强度应≥600kJ/m²。

（5）加热后尺寸变化率（R）。

型材的加热后尺寸变化率（R）反映了型材的受热变化性能情况，实际上反映的是型材的热胀冷缩性能，对门窗成品后的尺寸变化起到一个关键作用。

主型材两个相对可视面的最大加热后尺寸变化率为±2.0%；每个试样两可视面加热后的尺寸变化率之差应≤0.4%。辅型材的加热尺寸变化率为±3.0%。

测量方法。用机械加工的方法，从三根型材上各截取长度为（250±5）mm 的试样一个，在每个试样规定的可视面上画两条间距为 200mm 的标线，标线应与纵向轴线垂直相交，用精度为 0.05mm 的量具测量两交点并记录下尺寸数据（$L_0$）。主型材在两个相对最大可视面各做一对标线，辅型材只在一面做标线。然后将试样在（100±2）℃的电热鼓风箱内放置 60min 取出，冷却至室温，测量两交点间的尺寸（$L_1$），将加热前后的尺寸差除以加热前的尺寸数值，得出加热后的尺寸变化率，即

$$R = \frac{L_0 - L_1}{L_0} \times 100\% \tag{2-12}$$

对于主型材，要计算每一可视面的加热后尺寸变化率（R），取三个试样的平均值；并计算每个试样两个相对可视面的加热后尺寸变化率的差值（△R），取三个试样中的最大值。

（6）主型材的落锤冲击。

型材的落锤冲击，又称低温落锤冲击。落锤冲击性能的好坏，直接反映了型材的韧性好坏或型材的低温脆裂性能的好坏。主型材冲击落锤分类见表 2-25。

检测方法是用机械加工的方法，从三根型材上共截取长度为（300±5）mm 的试样 10 个，将试样在–10℃条件下放置 1h 后，在标准环境（23+2）℃下测试。将试样的可视面向上放在支撑物上（图 2-20），使落锤冲击在试样可视面的中心位置上，上下可视面各冲击五次，每个试样冲击一次。将 1000g 落锤从高度 1000mm（Ⅰ类）或 1500mm（Ⅱ类）高的位置上自由落到型材上，观察可视面破裂与否。

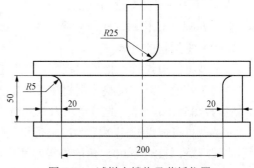

图 2-20　试样支撑物及落锤位置

试验应在 10s 内完成，否则性能会有所变化，影响试验结果。

在可视面上破裂的试样数≤1 个。对于共挤的型材，共挤层不能出现分离。

（7）150℃加热后状态。

将型材试样放于（150±2）℃的电热鼓风箱内，放置 30min 后取出冷却至室温。观察是否出现气泡、裂纹、麻点或分离。

试样应无气泡、裂痕、麻点。对于共挤的型材，共挤层不能出现分离。

（8）耐候老化性能。

1）型材的耐候老化性能反映了塑料门窗使用寿命的长短。型材的老化时间分类见表 2-24，型材的老化性能包括两方面的内容：①老化后冲击强度保留率应≥60%；②颜色变化：老化前后试样的颜色变化用 $\triangle E^{※}$、$\triangle b^{※}$ 表示，$\triangle E^{※}$≤5，$\triangle b^{※}$≤3。

2）老化后冲击强度保留率检测方法。试样采用双 V 形缺口，长度 $l$ 为 (50±1)mm，宽度 $b$ 为(6.0±0.2)mm，厚度 $h$ 取型材的原厚，缺口底部半径 $r_N$ 为 (0.25±0.05)mm，缺口剩余宽度 $b_N$ 为 (3.0±0.1)mm，试样数量至少六个。试验时跨距 $L=40_0^{+0.5}$ mm，试样的冲击方向如图 2-21 所示。冲击强度按式（2-13）计算：

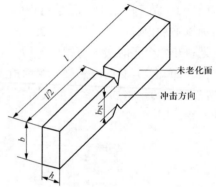

图 2-21　双 V 形缺口试样及冲击方向

$$a_{cN} = \frac{E_c}{h \times b_N} \times 10^3 \qquad (2-13)$$

式中　$a_{cN}$——冲击强度（kJ/m²）；

$E_c$——试样断裂时吸收的已校准的能量（J）；

$h$——试样厚度（mm）；

$b_N$——试样缺口底部剩余宽度（mm）。

（9）主型材的可焊性。

主型材的可焊接性指型材在一定的焊接条件下，形成符合使用要求的完整的焊接接头的能力，它反映了型材焊接后的力学性能指标。其指标要求：焊角的平均应力≥35MPa，焊角的最小应力≥30MPa。

主型材可焊性检测（图 2-22）是将试件底部锯成 45°切口，两型材焊接后不清理焊缝，只清理 90°角的外缘，两中心线距(400±2)mm，并将试样两端放在活动的支撑座上，用测量范围为 0～20kN 的角强度测定仪，以(50±5)mm/min

的加荷速度对试件焊角或 T 形接头施加压力，直至断裂为止，记录试件受压弯曲断裂的最大力值 $F_C$，然后通过式（2-14）计算受压弯曲应力 $\sigma_c$，以受压弯曲应力 $\sigma_c$ 作为衡量型材可焊性的"度量值"。

受压弯曲应力 $\sigma_c$ 按式（2-14）计算：

$$\sigma_c = F_c \times \frac{a - \sqrt{2}e}{4W} \tag{2-14}$$

式中　　$\sigma_c$——受压弯曲应力，MPa；

　　　　$F_c$——受压弯曲的最大力值，N；

　　　　$a$——试样支撑面的中心长度，mm；

　　　　$e$——临界线 $AA'$ 与中性轴 $ZZ'$ 的距离（图2-23），mm；

　　　　$W$——应力方向的倾倒矩 $I/e$，mm³；

　　　　$I$——型材横断面中性轴的惯性矩，T 形焊接的试样应使用两面中惯性矩的较小值，mm⁴。

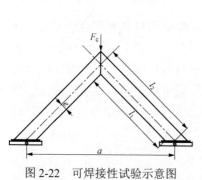

图 2-22　可焊接性试验示意图

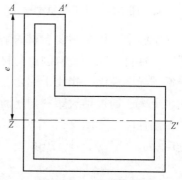

图 2-23　$e$ 值示意图

受压弯曲应力或焊接角最小破坏力不仅与型材焊接性能有关，也与型材 Y 向惯性矩与中轴线至临界线的距离，即型材壁厚、规格、截面结构有关。如果型材壁厚薄、规格偏小，结构不合理，即使焊接性能再好，其受压弯曲应力或焊接角最小破坏力也难以达到标准值要求。

### 3. PVC 塑料型材的节能设计

建筑外门窗型材的节能设计，包含两方面的内容：型材的隔热设计和组成门窗的节点构造隔热设计。随着对建筑门窗性能要求的提高，铝合金门窗和塑料门窗的节能构造设计有很多相通和相互借鉴之处。

塑料型材的隔热设计不同于铝合金隔热型材的隔热设计之处，在于铝合金型材本身的保温隔热性能不佳，需要复合隔热设计来弥补材料本身的缺陷，因此，铝合金型材的隔热设计中，重点放在了隔热材料的设计上。而塑料型材本身就具有铝合金型材无法比拟的保温隔热优势，因此，塑料型材的隔热设计可以同整个型材断面设计一起综合考虑。

（1）型材断面隔热设计。

塑料型材节能设计首先应满足型材断面各部位功能要求，图 2-24 为平开窗框型材，图 2-25 为平开窗扇型材。

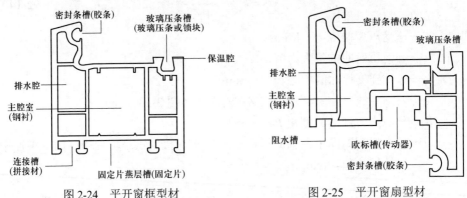

图 2-24　平开窗框型材　　　　　图 2-25　平开窗扇型材

中空腔室结构是塑窗型材的基本特征。塑料型材具有铝合金型材无法比拟的保温隔热优势，在于塑料因自身材质导热系数低，加上空腔结构设计，更大程度上降低了导热性能。相比于铝合金型材，塑料型材保温性能提高比较容易，提高空间也更大。通过增大塑料型材断面厚度，同时增加空腔数量，能进一步提高型材的保温性能，如图 2-26 中几种型材断面厚度与腔室数量成正比增加，（a）为三腔 60 系列，（b）为五腔 70 系列，（c）为 7 腔 82 系列。

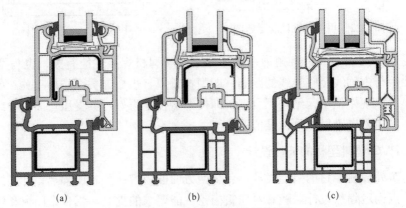

图 2-26　不同型腔塑料型材断面图

(a) 三腔 60 系列；(b) 五腔 70 系列；(c) 七腔 82 系列

1）塑料型材保温性能的影响因素。

2010 年 1 月，中国建筑金属结构协会塑料门窗委员会组织本行业十家塑料型材企业的 15 种平开系列型材进行了传热系数的模拟计算及实测工作，由中国建筑科学研究院建筑幕墙门窗研究中心按照 JGJ/T 151—2008《建筑门窗玻璃幕墙热工计算规程》模拟计算，并按照 GB/T8484—2008《建筑外门窗保温性能分级及检测方法》进行检测，计算及检测结果见表 2-27。

表 2-27　　　　　　　不同腔室、不同厚度的 PVC 型材传热系数　　　　　　W/(m²·K)

| 结果 | PVC 型材 | 60 系列 | | 65 系列 | | 70 系列 | |
|---|---|---|---|---|---|---|---|
| | | 3 腔 | 4 腔 | 4 腔 | 5 腔 | 4 腔 | 6 腔 |
| 计算结果 | 无增强型钢 | 1.5 | 1.4 | 1.3～1.4 | 1.3 | 1.3 | 1.3 |
| | 装增强型钢 | 1.8 | 1.6 | 1.5～1.7 | 1.5～1.6 | 1.6 | 1.5 |
| 检测结果 | 无增强型钢 | 1.7～1.8 | 1.6 | 1.5～1.6 | 1.5～1.6 | 1.5 | 1.5 |
| | 装增强型钢 | 2.0 | 1.8 | 1.7-1.9 | 1.7～1.8 | 1.8 | 1.7 |

根据上表结果，得出以下结论：

①厚度及腔数对于型材传热系数有影响。对于 4 腔室型材框厚从 60～70mm 时，传热系数约减少 0.1W/(m²·K)，如果进一步增大型材的厚度尺寸，传热系数还会继续减少。随着型材厚度的增加，如果不增加腔室数，只是型材内原有腔室宽度尺寸增加，则腔室内空气层厚度同时也增大，这会增加空气对流传热。因此增大型材厚度的同时，还应增加型材腔室数量，从而减少空气对流传热作用。

②安装增强型钢增大型材传热系数。在塑料型材主腔内安装增强型钢后，由于钢材的导热系数大，在型材主腔内增加传热效果，因此会增大型材的传热系数。如图 2-27 中有限元分析模拟出的等温线图显示，型材两侧的等温线分布很密，说明两侧的传热引起的温度变化很小，保温性能很好；而在装有增强型钢的主腔位置，等温线分布很疏，说明型材受增强型钢传热影响温度变化大，传热系数增大。

③检测结果与计算结果有偏差。实际检测值比模拟计算值偏高约 0.2～0.3W/(m²·K)，这是由于计算时环境条件仅是模拟实际环境条件，总是

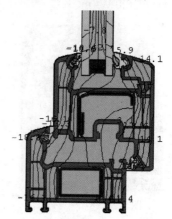

图 2-27　有限元分析模拟出的等温线图

会有一定的误差。在实际设计门窗的传热系数时应注意考虑模拟计算结果产生的偏差，才能保证门窗的实际传热系数达到设计要求。

2）塑料型材提高保温性能的方法。

型材断面厚度越大，其保温性能越好；型材的腔体数量越多，阻止热流传递

的能力越强，保温性能越好。

德国于 2002 年制订并实施《德国节能规范》（全称 Energiee in sparver ordnung 简称 EnEV）。EnEV2002 版规定整窗传热系数 $U$ 值≤1.7W/(m²·K)，为进一步提高节能要求，EnEV2009 版标准又规定整窗 $U$ 值≤1.40 W/(m²·K)，2010 年达到 1.10 W/(m²·K)，2012 年达到 0.9 W/(m²·K)。2010 年 3 月在德国纽伦堡国际门窗幕墙展览会上，大量的节能窗产品被展出。这些国外塑料型材展示了提高保温性采用的各种方法。

①增大型材厚度及增加腔室数。图 2-28 是 8 腔三道密封结构的 PVC 型材，保温性能 U 值达到 0.67 W/(m²·K)。窗扇型材内采用了 8 腔均布结构，在型材厚度增大的同时，采用超多腔室层来分割空气层，使隔热层增加的同时，减少空气对流情况，而且扇型材设计不安装增强型钢，进一步提高了扇的保温效果。

②采用聚氨酯发泡材料填充型材空腔。图 2-29 是维卡 90 系列型材，采用了 6 腔三道密封结构，在框型材主腔室外侧的较大空腔中填充聚氨酯泡沫材料，由于聚氨酯泡沫属于高效保温材料，其导热系数比空气还低，且不产生对流传热，型材保温性能进一步提升至 1.2 W/(m²·K)。

图 2-30 是维卡高保温型材，虽然型材腔室层数仅有 5 层，但在窗框和窗扇型材的室外侧均设计了超大空腔（比安装增强型钢的主腔还大），并在该空腔内填充了聚氨酯泡沫材料，其效果如同在外墙室外侧安装保温层一样。其保温性能 $U$ 值达到 0.8 W/(m²·K)。

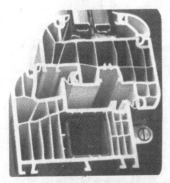 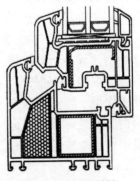 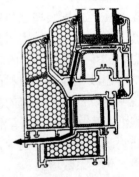

图 2-28　8 腔型材　　　　图 2-29　6 腔型材　　　　图 2-30　5 腔型材

③采用型材增强结构取代型钢或者采用断热式增强型钢。由于安装增强型钢后，塑料型材的传热系数会增加 0.2~0.3 W/(m²·K)。为了进一步提高 PVC 型材的保温性能，国外还开发了断热式的增强型钢，也有对型材进行增强设计，从而减少增强型钢的使用。如图 2-28 中的扇型材和图 2-31。图 2-31 是 86 系列高性能型材，采用 6 腔三密封结构，突出之处是其型材主腔两侧改为格式双壁结构，并采用内层纤维材质，极大提高了型材的刚性和强度。对于一般的窗型，不安装

增强型钢，利用型材自身的强度就能满足抗风压和自承重要求。取消钢衬后减少了型材内部热量的传递，等温线分布更加均匀（图 2-32）。因而其保温性能 $U$ 值能达到 1.0 W/(m²·K)。另外，在主腔内还可以填充隔热保温材料（图 2-33），其保温性能能进一步提高，$U$ 值达到 0.85 W/(m²·K)。

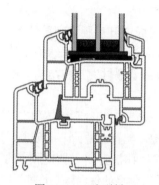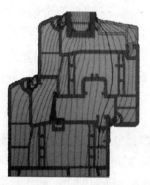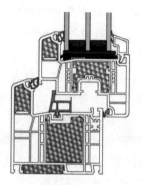

图 2-31　6 腔型材　　　　图 2-32　6 腔型材的等温线图　　　图 2-33　6 腔 3 密封型材

除了型材改进结构外，还有对增强型钢进行隔热设计，比如维卡公司开发的 6 腔 3 密封型材（图 2-34），框型材主腔安装了断热式增强型钢，并将扇主腔及框和扇的其他部分空腔填充满聚氨酯发泡材料，其保温性能 $U$ 值达到 0.82 W/(m²·K)。而瑞好公司开发的 70 系列 5 腔型材（图 2-35），框扇装配的均为断热式增强型钢，并对主腔填充聚氨酯发泡材料，其保温性能 $U$ 值也达到 1.2 W/(m²·K)。

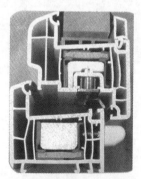

图 2-34　维卡公司开发的 6 腔 3 密封型材　　　图 2-35　70 系列 5 腔型材

（2）型材节点构造的隔热设计。

塑料型材节点构造的隔热设计是指组成门窗框扇开启腔和固定腔内的框扇构造隔热设计。塑料型材的构造隔热设计应遵循"三线"（热密线、气密线和水密线）原则，分别对开启腔和固定腔进行保温综合设计。

对于镶嵌玻璃的固定腔的隔热设计，基本设计思路可参考铝合金型材固定腔隔热设计，下面主要讲述型材组成的开启腔节点构造的保温设计。

对于平开塑料型材组成的节点构造，如早期的 50 系列甚至现在依然大量应用的 60 系列，其节点构造如图 2-36（a）所示，型材腔室数为三腔，框扇组成的开启腔为单腔结构，达不到冷热腔室分离。虽然型材部分的传热系数能达到 1.8 W/(m²·K)，但框扇组成的开启腔通过对流传热损失较大，水密腔与气密腔共用一室，不符合冷热腔体独立，气密、水密腔室分隔的设计原则。

在图 2-36（b）中，型材依然为三腔结构，但框扇组成的开启腔为双腔结构，外腔为水密腔（冷腔），内腔为气密腔（热腔），框扇采用三道密封结构，符合冷热腔体独立，气密、水密腔室分隔的设计原则，但由于型材为三腔结构，不能满足更低传热系数要求的门窗节能设计要求。

在图 2-36（c）、(d) 中，框扇组成的开启腔保持了三道密封和冷暖腔体独立及气密水密腔室分隔，但框扇型材分别采用五腔和六腔结构，配置合适的节能玻璃，能够组成具有较低的传热系数的节能窗。进一步优化节点断面构造设计及固定腔室的节点设计，保持整窗的等温线在一条直线上，则外窗将具有优良的保温隔热性能。

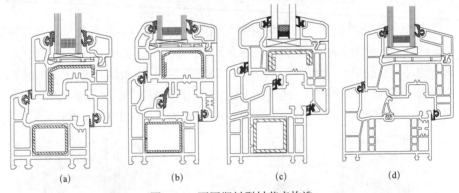

(a)　　　　　(b)　　　　　(c)　　　　　(d)

图 2-36　不同塑料型材节点构造

图 2-37 为德国瑞好不同厚度的塑料型材模拟计算等温线图。其对应的型材框厚、腔体数量、密封情况及计算传热系数见表 2-28。

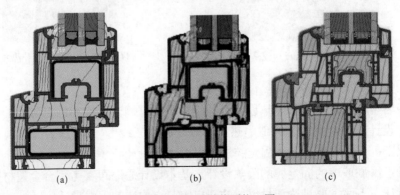

(a)　　　　　(b)　　　　　(c)

图 2-37　不同型材截面热工图

表 2-28　　　　　　　　型材厚度、腔体数量、密封与传热系数关系

| 图例 | （a） | （b） | （c） |
|---|---|---|---|
| 框厚/mm | 60 | 70 | 86 |
| 腔体 | 3 | 5 | 6 |
| 密封 | 2 | 3 | 3 |
| 传热系数（$K_f$）/[W/(m²·K)] | 1.80 | 1.45 | 0.79 |

由于 PVC 塑料型材具有较低的导热系数，因此，组成门窗框扇的塑料型材的传热系数取决于型材的厚度及腔室数量。一般情况下，型材腔室越多，则型材传热越低。而对于框扇组成的开启腔、固定腔，则适合同样的道理。

### 4. 塑料型材的热工性能分析

塑料型材的热工性能与型材厚度及腔室数量等因素有关，下面运用门窗热工性能模拟软件，对三腔、四腔、五腔和六腔系列塑料型材的热工性能进行模拟计算，对计算结果进行分析，找出塑料型材的热工性能与型材厚度及腔室数量的关系。

模拟软件采用美国能源部劳伦斯伯克利国家实验室研究开发的门窗热工性能模拟软件 Therm。

计算边界条件采用我国建筑门窗节能性能标识实验室统一采用的标准环境边界条件：室内空气温度 20℃，室内对流换热系数 3.6 W/(m²·K)，室内平均辐射温度 20℃，室外空气温度 0℃，室外对流换热系数 20 W/(m²·K)，室外平均辐射温度 0℃。

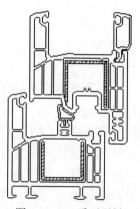

图 2-38　66 系列型材

（1）型材传热系数模拟计算。

模拟计算分别采用中大 66、70 系列塑料型材。中大 66、70 系列型材均为不同腔室数量的三玻三密封平开窗型材，腔室数量分别为四、五和六腔。为研究腔室(除型钢腔)空气层厚度对型材热工性能的影响，特设计型材的型钢腔室、可视面与非可视面壁厚、间隔壁厚、密封构造等相应结构的尺寸均相同，从而得到了腔室的数量和尺寸不同的系列型材（图 2-38、图 2-39）。66、70 系列型材的腔室数量及尺寸见表 2-29。

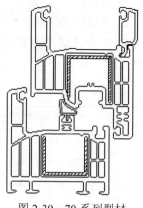

图 2-39　70 系列型材

表 2-29　66、70 系列型材腔室数量及相应尺寸

| 腔室数量 | | 三 | 四 | 五 | 六 |
|---|---|---|---|---|---|
| 腔室尺寸/mm | 66 系列 | 12.7 | 8.1 | 5.9 | 4.4 |
| | 70 系列 | 14.7 | 9.5 | 6.9 | 5.3 |

模拟中采用的材料性能参数来自 Them 软件的材料数据库。

（2）模拟计算结果及分析。

1）模拟计算结果。

将 66 系列和 70 系列的三腔、四腔、五腔和六腔型材均按照相应的方法和步骤进行设置和计算，型材传热系数 $K$ 值模拟计算结果见表 2-30。

表 2-30　66、70 系列型材热工性能计算结果　[W/(m²·K)]

| 腔室数量 | | 三 | 四 | 五 | 六 |
|---|---|---|---|---|---|
| 传热系数 $K$ | 66 系列 | 1.9371 | 1.8716 | 1.8184 | 1.8288 |
| | 70 系列 | 1.8870 | 1.8224 | 1.7300 | 1.7797 |

按计算数据绘制曲线图（图 2-40）。

从图 2-40 中可看出，66系列和 70 系列型材，随着腔室数量的增加，同时腔室尺寸的减小，型材的传热系数均先呈下降趋势，随后又出现上升趋势。

2）模拟计算结果分析。

模拟计算结果分析汇总见表 2-31。

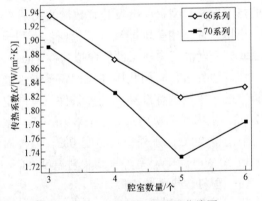

图 2-40　热工性能计算结果曲线图

表 2-31　模拟计算结果分析汇总

| 型材 \ 结果 | 三腔到四腔 | | 四腔到五腔 | | 五腔到六腔 | |
|---|---|---|---|---|---|---|
| | $\triangle K$ /[W/(m²·K)] | $\triangle K/K$ (%) | $\triangle K$ /[W/(m²·K)] | $\triangle K/K$ (%) | $\triangle K$ /[W/(m²·K)] | $\triangle K/K$ (%) |
| 66 系列 | −0.0655 | −3.38 | −0.0532 | −2.84 | 0.0104 | 0.57 |
| 70 系列 | −0.0646 | −3.42 | −0.0924 | −5.07 | 0.0497 | 2.87 |

以 66 系列型材为例：

三腔到四腔：型材的传热系数降低了 0.0655 W/(m²·K)，降低比例为 3.38%。

四腔到五腔：型材的传热系数降低了 0.0532 W/(m²·K)，降低比例为 2.84%。

五腔到六腔：型材的传热系数上升了 0.0104 W/(m²·K)，上升比例为 0.57%。

70 系列型材也有和 66 系列型材类似的现象。

通过分析得出：对于同一系列型材，腔室数量并非越多越好。适当的腔室数量会降低型材的传热系数，而过多的腔室数量反而会起到相反作用。当型材壁厚相同时，增加腔室数量会相应减少腔室的空气层厚度。空气层厚度的减小会减少空气层的对流传热，会在一定范围内减小型材的传热系数值。当空气层厚度的减小超出一定范围时，即减少了隔热层厚度，从而导致型材总体传热系数的上升。对比表 2-31 和表 2-32 中的数据，66、70 系列型材腔室最佳尺寸应为 5.9mm 和 6.9mm 之间。

根据上述分析，设计 66、70 系列型材时，采用五腔、六腔设计隔热效果最佳。

### 2.1.4　铝木复合型材

#### 1. 铝木复合型材分类

铝木复合门窗是指采用铝合金型材与木型材通过卡件或螺钉等连接方式制作的框、扇构件的门窗。铝木复合门窗按结构分类有以铝合金型材为主要受力杆件（a 型）和以木型材为主要受力杆件（b 型）两类，如图 2-41 所示。

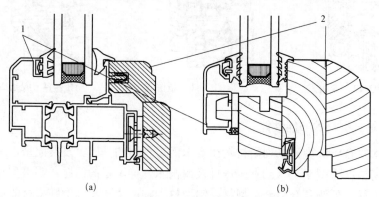

图 2-41　铝木复合门窗型材截面示意图

1—铝合金型材；2—木材

(a) 铝合金型材为主要受力杆件；(b) 木型材为主要受力杆件

（1）铝木复合（b 型）型材。

如图 2-41（b）所示，又称铝包木型材，铝材与木材两种不同材料通过专用高强度耐候尼龙卡件连接在一起。这种连接属于一种弹性连接，有效避免了铝材与木材两种不同材料在受温度变化时由于不同膨胀系数引起的变形。铝材与木材复合在一起后形成一道 3.5mm 的空气腔，铝材与木材并没有真正接触，从而避免了长期接触冷凝水对木材的腐蚀，同时这个 3.5mm 的空气腔也是空气循环的通道，把潮湿的空气带走，避免了潮湿空气与木材长期接触。

（2）铝木复合（a 型）型材。

目前我国铝木复合（a 型）型材的复合型式有三种，即卡扣式、塑桥式、胶条压合式。

1）卡扣式。卡扣式铝木复合（a 型）型材是目前被最广泛采用的铝木复合形式，其铝木结合方式是通过尼龙卡扣来完成，如图 2-42 所示。

2）塑桥式。塑桥式铝木复合（a 型）型材是通过一个塑料桥式部件，将铝合金及木材连接在一起，是除卡扣式以外被最多采用的铝木复合型材的结构形式，如图 2-43 所示。

3）胶条压合式。胶条压合式铝木复合（a 型）型材是通过卡接胶条将铝木两种材料连接在一起，少数厂家采用这种结构形式，其典型结构如图 2-44 所示。

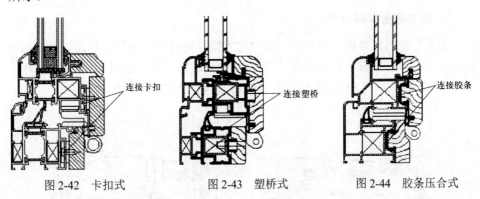

图 2-42　卡扣式　　　　　图 2-43　塑桥式　　　　　图 2-44　胶条压合式

### 2. 复合型材的节能性能

铝木复合（b 型）系列型材是在实木门窗型材的基础上发展而来，主要解决实木门窗型材 [图 2-45（a）] 耐候性及耐雨水性能不足的问题。铝木型材内侧以木材为主材，外侧复合铝合金型材，铝型材为辅，主要起到增强型材的耐候性作用，如图 2-45（b）所示，二者用卡扣或螺钉连接。

铝木复合（a 型）系列为在铝合金型材基础上发展而来，外侧以铝合金型材为主材，内侧复合木材，木材为辅，主要起到增强门窗型材的装饰性和保温隔热性能的作用，如图 2-45（c）所示。

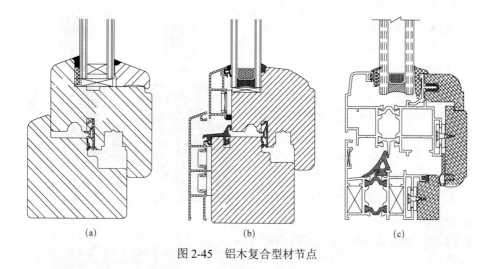

图 2-45　铝木复合型材节点

木窗框的保温性能与窗框厚度尺寸及木材含水量有关，按照 JGJ/T 151—2008 标准中给出的木窗框的保温性能与窗框厚度的关系图如图 2-46 所示，该数据是在水汽含量为 12% 的情况下获得。

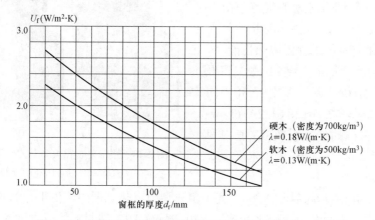

图 2-46　木窗框及金属-木窗框保温性能与窗框厚度 $d_f$ 的关系

利用"MQMC"建筑门窗幕墙热工性能计算软件，依据《建筑门窗玻璃幕墙热工计算规程》（JG/J T151—2008）对图 2-45 所示铝木复合门窗框节点的热工性能进行模拟计算分析，计算冬季标准条件。

木窗框的保温隔热性能。

木窗是所有外窗类型中使用历史最悠久、使用时间最长的一种，木窗产品可分为传统木窗和欧式木窗。目前，建筑外门窗的节能选用中，木窗更多指欧式木窗。对典型木窗节点进行热工性能分析计算，典型木窗用木材采用雪杉，导热系数为 0.11W/(m·K)，窗框厚度 $d_f$ 为 68mm，计算结果为配用不同的中空玻璃（6+12A+6

和 6+12A+6Low-E)，节点窗框的传热系数 $K_f$ 值均为 1.15(W/m$^2$·K)，图 2-46 为木窗典型节点热工图。

由于木窗框导热系数很小，仅为 0.11W/(m·K)，较一般建筑用硬木导热系数小，由图 2-47 等温线图和温度分布图可知，窗框的等温线均匀分布在窗框木材上，且典型木窗节点的传热系数约为 1.15W/(m$^2$·K)，具有良好的保温隔热性能。

（1）铝木复合（b 型）窗框的保温隔热性能。

铝木复合（b 型）窗的窗框是以内侧木材为主要受力构件，外侧铝材通过特殊结构与木材复合在一体，同时具有木窗和铝合金窗的优点。由于木材作为窗框主体材料，因此，复合型材具有木材良好的保温隔热性能。

通过对典型铝木复合（b 型）窗框的热工性能分析计算，结果为配用不同的中空玻璃（6+12A+6 和 6+12A+6Low-E），节点窗框的传热系数 $K_f$ 值均为 1.42W/(m$^2$·K)，图 2-48 为铝木复合窗典型节点热工图。

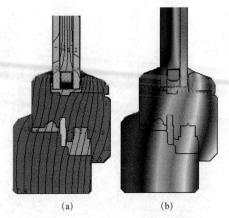

图 2-47　木窗典型节点热工图
(a) 节点等温线图；(b) 节点温度分布图

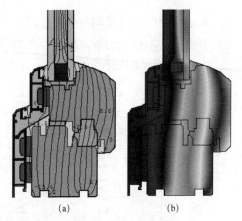

图 2-48　铝木复合窗典型节点热工图
(a) 节点等温线图；(b) 节点温度分布图

在图 2-48 所示的铝木复合（b 型）窗典型节点热工图中，由于计算的框节点以木材为主，木材与铝合金之间连接采用 PA66GF25 热材料，所以铝木复合（b 型）窗框结构形式的热工性能优异，传热系数略大于木窗。

（2）铝木复合（a 型）窗框的保温隔热性能。

铝木复合（a 型）窗的窗框是以外侧铝合金型材为主要受力构件，内侧木材通过特殊结构与铝合金型材复合在一体，同时具有铝合金窗和木窗的优点。由于铝合金型材作为窗框主体材料，且目前铝合金型材主要采用隔热断桥铝型材为主，因此，复合型材具有隔热铝合金型材较好的保温隔热性能，同时复合型材室内侧木材厚度一般在 10～20mm 之间，提高了复合型材的保温隔热性能。铝合金隔热型材的传热系数随隔热材料厚度的增加而降低，不同断面结构设计的铝合金隔热型材，其传热系数也不同。因此，铝木复合（a 型）型材的保温隔热性能与铝合金隔热型材的保温隔热性能密切相关。

通过对典型木铝复合（a 型）窗框的热工性能分析计算，结果为配用不同的中空玻璃（6+12A+6 和 6+12A+6Low-E）时，节点窗框的传热系数 $K_f$ 值均为 2.55W/(m²·K)，图 2-49 为铝木复合（a 型）窗典型节点等温线图。

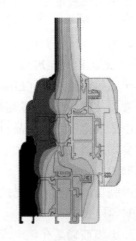

在图 2-49 所示的铝木复合窗典型节点热工图中，计算的窗框节点以铝合金隔热型材为主，且铝型材隔热条采用 PA66GF25 隔热材料，规格为 C 型 18mm 和 CT 型 18mm。木材厚度为 14mm，木材与铝合金之间连接采用 PA66GF25 隔热材料，所以铝木复合（a 型）窗框节点结构形式的热工性能良好，传热系数优于同规格的铝合金隔热型材。

图 2-49　铝木复合（a 型）窗节点
等温线图

通过对实木、铝包木及木包铝三种复合木型材的热工分析可知，实木型材具有优异的保温隔热性能，铝木复合（b 型）型材次之，铝木复合（a 型）型材次于前两种型材。

## 2.2　玻璃及节能设计

### 2.2.1　玻璃分类

#### 1. 镀膜玻璃

镀膜玻璃也称反射玻璃，是通过物理或化学方法在玻璃表面镀一层或多层金属、合金或金属化合物薄膜，以改变玻璃的光学性能，满足特定要求的玻璃制品。

（1）分类。

镀膜玻璃按产品的不同特性，可分为以下几类：阳光控制镀膜玻璃、低辐射镀膜玻璃（又称 Low-E 玻璃）和导电膜玻璃等。

1）阳光控制镀膜玻璃。

阳光控制镀膜玻璃通过膜层改变其化学性能，对波长 300～2500nm 的太阳光具有选择性反射或吸收作用的镀膜玻璃。一般是在玻璃表面镀一层或多层诸如铬、钛或不锈钢等金属或其化合物组成的薄膜，使产品呈丰富的色彩，对于可见光有适当的透射率，对红外线有较高的反射率，对紫外线有较高吸收率，与普通玻璃比较，降低了遮阳系数，即提高了遮阳性能，但对传热系数改变不大。因此，也称为热反射玻璃，主要用于建筑和玻璃幕墙。热反射镀膜玻璃表面镀层不同，颜色也有很大的差别，如灰色、银灰、蓝灰、茶色、金色、黄色、蓝色、绿色、蓝绿、纯金、紫色、玫瑰红、中性色等。

2）低辐射镀膜玻璃。

低辐射镀膜玻璃（Low-E 玻璃）是一种对波长 4.5 ~25μm 红外线有较高反射比的镀膜玻璃。低辐射镀膜玻璃是在玻璃表面镀由多层银、铜或锡等金属或其化合物组成的薄膜系，产品对可见光有较高的透射率，对红外线有很高的反射率，具有良好的隔热性能，主要用于建筑和汽车、船舶等交通工具，但由于低辐射镀膜玻璃的膜层强度较差，一般都制成中空玻璃使用。低辐射镀膜玻璃还可以复合阳光控制功能，称为阳光控制低辐射玻璃。

3）导电膜玻璃。

导电膜玻璃是在玻璃表面涂敷氧化铟、锡等导电薄膜，可用于玻璃的加热、除霜、除雾以及用作液晶显示屏等。

目前，建筑门窗用镀膜玻璃主要是指阳光控制镀膜玻璃和低辐射镀膜玻璃两类。

（2）生产工艺。

镀膜玻璃的生产工艺很多，目前主要有真空磁控溅射法、真空蒸发法、化学气相沉积法以及溶胶–凝胶法等。

1）真空磁控溅射法。

磁控溅射镀膜是指真空环境中，在电场及磁场的作用下，靶材被气体辉光放电产生的荷能离子轰击，粒子从其表面射出，在被镀基体表面沉积或反应成膜的工艺过程。真空磁控溅射镀膜生产示意图如图 2-50 所示。

离线 Low-E 镀膜玻璃表面镀的是一层银膜，由于银膜容易在空气中氧化，因此，应做成中空使用。

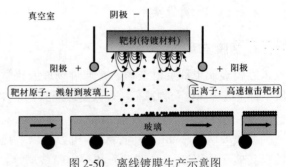

图 2-50　离线镀膜生产示意图

真空磁控溅射（离线）工艺生产镀膜玻璃是利用磁控溅射技术制造多层复杂膜系，可在白色的玻璃基片上镀出多种颜色，膜层的耐腐蚀和耐磨性能较好，热反射性能优良，节能特性明显，但其缺点是膜层易被氧化，热弯加工性能较差，是目前生产和使用最多的产品之一。

单银 Low-E 玻璃表面膜层结构是：保护层+抗氧化层+银膜+抗氧化层+保护层共五层；双银 Low-E 则膜层再增加抗氧化层+银膜+抗氧化层+保护膜共九层。

银膜有很好的反射远红外及红外线的能力，这才是 Low-E 玻璃真正节能的原因。

2）真空蒸发法。

真空蒸发工艺镀膜玻璃的品种和质量与磁控溅射镀膜玻璃相比均存在一定差距，已逐步被真空溅射法取代。

3）化学气相沉积法。

化学气相沉积法是在浮法玻璃生产线上通入反应气体在灼热的玻璃表面分解，均匀地沉积在玻璃表面形成镀膜玻璃。化学气相沉积工艺是一种在线镀膜工艺，镀膜时将镀膜前驱体施加到高温基体表面，在气相—固相界面发生化学反应，在基体表面沉积反应成膜的工艺过程。化学气相沉积镀膜生产流程示意如图 2-50 所示。

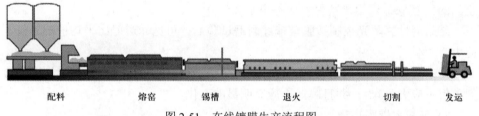

配料　　　　　熔窑　　　　　锡槽　　　　　退火　　　　　切割　　　　　发运

图 2-51　在线镀膜生产流程图

在线 Low-E 镀膜玻璃的膜层用的是一种稳定的锡化合物，抗氧化性好，在线镀膜示意图如图 2-52 所示。在线 Low-E 镀膜玻璃可以做成单片，也可以合成中空。由于在线 Low-E 镀膜玻璃是直接在浮法生产线上、高温环境下镀膜而成，颜色与玻璃原片有很大关系，可选择范围小（普遍偏深），能在镀膜情况下热弯。但在线 Low-E 镀膜的成分与离线 Low-E 镀膜不同，做成中空玻璃后，它的节能效果介于普通玻璃与离线 Low-E 之间。

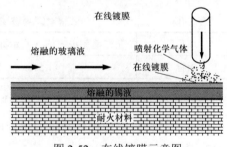

图 2-52　在线镀膜示意图

该方法的缺点是生产的玻璃品种单一、热反射性能较离线法要差，但优点是设备投入少、易调控，产品成本低、化学稳定性好，可进行热加工。

4）溶胶–凝胶法。

溶胶–凝胶法生产的镀膜玻璃工艺简单，稳定性也好，不足之处是产品光透射比太高，装饰性较差。

目前在建筑上应用最多的镀膜玻璃是热反射镀膜玻璃和低辐射镀膜玻璃。基本上采用化学气相沉积（在线）法和真空磁控溅射（离线）法两种生产工艺。

（3）性能要求。

1）阳光控制镀膜玻璃。

①光学性能。阳光控制镀膜玻璃的光学性能包括：紫外线透射比、可见光透射比、可见光反射比、太阳光直接透射比、太阳光直接反射比和太阳能总透射比。光学性能要求见表 2-32。

**表 2-32    阳光控制镀膜玻璃的光学性能要求**

| 检测项目 | 允许偏差最大值（明示标称值） | 允许最大差值（未明示标称值） |
| --- | --- | --- |
| 光学性能 | ±1.5% | ≤3.0% |

注：对于明示标称值（系列值）的产品，以标称值作为偏差的基准，偏差的最大值应符合本表的规定；对于未明示标称值的产品，则取三块试样进行测试，三块式样之间差值的最大值应符合本表的规定。

②颜色的均匀性。阳光控制镀膜玻璃的颜色的均匀性，以 CIELAB 均匀色空间的色差$\Delta E_{ab}^{*}$表示，其色差应不小于 2.5。

③耐磨性。阳光控制镀膜玻璃经耐磨试验后，可见光透射比平均值的差值不应大于 4%。

④耐酸、碱性。阳光控制镀膜玻璃经耐酸、碱试验后，可见光透射比平均值的差值不应大于 4%，并且膜厚不应有明显的变化。

2）低辐射镀膜玻璃。

①光学性能。低辐射镀膜玻璃的光学性能包括：紫外线透射比、可见光透射比、可见光反射比、太阳光直接透射比、太阳光直接反射比和太阳能总透射比。光学性能要求见表 2-33。

**表 2-33    低辐射镀膜玻璃的光学性能要求**

| 项目 | 允许偏差最大值（明示标称值） | 允许最大差值（未明示标称值） |
| --- | --- | --- |
| 指标 | ±1.5% | ≤3.0% |

注：对于明示标称值（系列值）的产品，以标称值作为偏差的基准，偏差的最大值应符合本表的规定；对于未明示标称值的产品，则取三块试样进行测试，三块式样之间差值的最大值应符合本表的规定。

②颜色均匀性。低辐射镀膜玻璃颜色的均匀性，以 CIELAB 均匀色空间的色差$\Delta E_{ab}^{*}$表示，其色差应≤2.5。

③辐射率。低辐射镀膜玻璃的辐射率是指温度 293K，波长 4.5～25μm 波段范围内膜面的半球辐射率。离线低辐射镀膜玻璃辐射率应低于 0.15；在线低辐射镀膜玻璃辐射率应低于 0.25。

④耐磨性及耐酸、碱性。低辐射镀膜玻璃经耐磨、耐酸及耐碱试验后可见光透射比差值不应大于 4%。

由于离线 Low-E 镀膜玻璃采用金属银作为长波辐射反射功能膜层，这既是 Low-E 镀膜玻璃具有较低辐射率的优点又成为其致命的缺点，因为银在空气中易起化学变化的，银与硫元素反应后生成的化合物的膨胀系数与银不同，加剧了耐磨性能恶化。Low-E 玻璃不具有耐酸碱和耐磨性，保有期短，单片输送过程中应对玻璃进行真空包装，开封之后一般应在 48h 内加工成中空玻璃，而且要求在合成中空玻璃时必须除去膜层边部。如果膜层边部不能得到很好的处理，就会造成玻璃膜层从边部开始向中心腐蚀，导致玻璃低辐射性能的逐渐丧失，使玻璃变花，造成玻璃报废。

（4）热学性能。

1）热能的形式及玻璃组件的传热。

自然环境中的最大热能是太阳辐射能，其中可见光的能量仅占约 1/3，其余的 2/3 主要是热辐射能。自然界另一种热能形式是远红外热辐射能，其能量分布在 4～50μm 波长之间。在室外，这部分热能是由太阳照射到物体上被物体吸收后再辐射出来的，夏季成为来自室外的主要热源之一。在室内，这部分热能是由暖气、家用电器、阳光照射后的家具及人体所产生的，冬季成为来自室内的主要热源。

太阳辐射投射到玻璃上，一部分被玻璃吸收或反射，另一部分透过玻璃成为直接透过的能量。被玻璃吸收的太阳能使其温度升高，并通过与空气对流及向外辐射而传递热能，归结为传导、辐射、对流形式的传递。室内热源发出的远红外热辐射，不能直接透过玻璃，只能反射或吸收它，最终又以传导、辐射、对流的形式透过玻璃，因此远红外热辐射透过玻璃的传热是通过传导、辐射及与空气对流实现的。玻璃吸收能力的强弱，直接关系到玻璃对远红外热能的阻挡效果。辐射率低的玻璃不易吸收外来的热辐射能量，从而玻璃通过传导、辐射、对流所传递的热能就少。

以上两种形式的热能透过玻璃的传递可归结为两个途径：太阳辐射直接透过传热及对流传导传热。透过每平方米玻璃传递的总热功率 $Q$ 可由式（2-15）表示：

$$Q=630SC+K(T_{in}\text{-}T_{out}) \tag{2-15}$$

式中　630——透过 3mm 透明玻璃的太阳能强度；

$T_{in}$、$T_{out}$——玻璃两侧的空气温度，均是与环境有关的参数；

　　SC——玻璃的遮阳系数，数值范围 0～1，它反映玻璃对太阳直接辐射的遮蔽效果，遮阳系数越小，阻挡阳光热量向室内辐射的性能越好；

　　　K——玻璃的传热系数，它反映玻璃传导热量的能力。

因此，玻璃节能性能的优劣可以通过 $K$ 和 $SC$ 这两个参数判定。

2）不同玻璃的传热特性。

①透明玻璃。透明玻璃（钠钙硅玻璃）的透射范围正好与太阳辐射光谱区域重合，因此，在透过可见光的同时，阳光中的红外线热能也大量地透过了玻璃，而 3～5μm 中红外波段的热能又被大量地吸收，这导致它不能有效地阻挡太阳辐射能。而对室内热源发出的波长 5μm 以上的热辐射，普通玻璃不能直接透过而是近乎完全吸收，并通过传导、辐射及与空气对流的方式将热能传递到室外。

②热反射镀膜玻璃。热反射镀膜玻璃主要作用就是降低玻璃的遮阳系数 SC，限制太阳辐射的直接透过。热反射膜层对远红外线没有明显的反射作用，故对改善玻璃的 $K$ 值没有大的贡献。在夏季光照强的地区，热反射玻璃的隔热作用十分明显，可有效衰减进入室内的太阳热辐射。但在无阳光的环境中，如夜晚或阴雨天气，其隔热作用与白玻璃无异。从节能的角度来看它不适用于寒冷地区，因为这些地区需要阳光进入室内采暖。

③低辐射镀膜玻璃。低辐射镀膜玻璃（Low-E 玻璃）主要作用是降低玻璃的传热系数 $K$ 值，同时有选择地降低 SC，全面改善玻璃的节能特性。高透型 Low-E 玻璃，遮阳系数 SC≥0.5，对透过的太阳能衰减较少。这对以采暖为主的北方地区极为适用，冬季太阳能波段的辐射可透过这种 Low-E 玻璃进入室内，经室内物体吸收后变为 Low-E 玻璃不能透过的远红外热辐射，并将室内热源发出的热辐射限制在室内，从而降低取暖能耗。遮阳型 Low-E 玻璃，遮阳系数 SC＜0.5，对透过的太阳能衰减较多。这对以空调制冷的南方地区极为适用，夏季可最大限度地限制太阳能进入室内，并阻挡来自室外的远红外热辐射，从而降低空调能耗。不同的 Low-E 玻璃品种适用于不同的气候地区，就节能性而言，其功能已经覆盖了热反射镀膜玻璃。

（5）低辐射镀膜玻璃的选择。

低辐射镀膜玻璃（Low-E）根据不同型号一般分为：高透型 Low-E 玻璃、遮阳型 Low-E 玻璃和双银型 Low-E 玻璃。

1）高透型 Low-E 玻璃。

①具有较高的可见光透射率，采光自然、效果通透，有效避免"光污染"危害。

②具有较高的太阳能透过率，冬季太阳热辐射透过玻璃进入室内增加室内的热能。

③具有极高的中远红外线反射率，优良的隔热性能，较低 $K$ 值（传热系数）。

适用范围：寒冷的北方地区。制作成中空玻璃（膜面在第 3 面），使用节能效果更加优良。

2）遮阳型 Low-E 玻璃。

①具有适宜的可见光透过率和较低的遮阳系数，对室外的强光具有一定的遮蔽性。

②具有较低的太阳能透过率，有效阻止太阳热辐射进入室内。

③具有极高的中远红外线反射率，限制室外的二次热辐射进入室内。

适用范围：南方地区。它所具有的丰富装饰性能起到一定的室外遮蔽的作用，适用于各类型建筑物。从节能效果看，遮阳型不低于高透型，制作成中空玻璃节能效果更加明显。

3）双银型 Low-E 玻璃。

双银型 Low-E 玻璃，因其膜层中有双层银层面而得名，膜系结构比较复杂。它突出了玻璃对太阳热辐射的遮蔽效果，将玻璃的高透光性与太阳热辐射的低透过性巧妙地结合在一起，与普通 Low-E 玻璃相比，在可见光透射率相同的情况下具有更低太阳能透过率。适用范围不受地区限制，适合于不同气候特点的地区。

为了更好地提高玻璃节能指标，甚至生产出三银型 Low-E 玻璃，这对于高性能超低能耗节能门窗提供了选择。

**2. 安全玻璃**

（1）钢化玻璃。

钢化玻璃是经热处理工艺之后的平板玻璃，其实是一种预应力玻璃，为提高玻璃的强度，通常使用化学或物理的方法，在玻璃表面形成压应力，玻璃承受外力时首先抵消表层应力，从而提高了承载能力，增强玻璃自身抗风压性、耐热冲击性、抗冲击性等，具有特殊的碎片标志。

由于钢化玻璃的机械强度和抗热冲击强度比经过良好退火的玻璃要高出好多倍，而且破碎时具有一定的安全性，在建筑上被大量使用。

1）生产工艺。

钢化玻璃是平板玻璃的二次加工产品，钢化玻璃的加工可分为物理钢化法和化学钢化法。即通过采用物理的或化学的方法，在玻璃表面会形成一个压应力层，使玻璃本身具有较高的抗压强度，因此不会造成破坏。当玻璃在受到外力作用的时候，这个压力层可将部分压应力抵消，避免玻璃的碎裂。

建筑玻璃中的应力一般分为三类：热应力、结构应力、机械应力。玻璃中由于存在温度差而产生的应力称为热应力，热应力按存在特点分为暂时应力和永久应力。

暂时应力是玻璃温度低于应变点时处于弹性变形温度范围，当加热或冷却玻璃时，由于温度梯度的存在而产生热应力，当温度梯度消失应力也随之消失。它与热膨胀系数、导热系数、厚度和加热（冷却）速度等有关。

永久应力是玻璃温度高于应变点时，从粘弹形状态冷却下来时，由于温度梯度的存在而产生热应力，当温度梯度消失时仍保留在玻璃中的应力称为永久应力，又称为残余应力。钢化的原理就是形成永久应力的过程。

建筑用钢化玻璃采用物理法钢化，物理法钢化是通过将玻璃加热，然后冷却的方法，以增加玻璃的机械强度和热稳定性的方法，也称为热钢化法。

玻璃在加热炉内按一定升温速度加热到低于软化温度，然后将此玻璃迅速送入冷却装置，用空气、液体或采用其他方法使其淬冷，玻璃外层首先收缩硬化，由于玻璃的导热系数小，这时内部仍处于高温状态，待到玻璃内部也开始硬化时，已硬化的外层将阻止内层的收缩，从而使先硬化的外层产生压应力，后硬化的内层产生张应力。由于玻璃表面层存在压应力，当外力作用于该表面时，首先必须抵消这部分压应力，这就大大提高玻璃的机械强度，经过这样物理处理的玻璃制品就是钢化玻璃。

均质钢化玻璃是指经过特定工艺条件处理过的钠钙硅钢化玻璃，又称热浸钢化玻璃（简称 HST）。对钢化玻璃进行二次热处理的过程，通常称为均质处理或引爆。均质处理是公认的彻底解决自爆问题的有效方法。将钢化玻璃再次加热到 280℃ 左右并保温一定时间，使硫化镍在玻璃出厂前完成晶相转变，让今后可能自爆的玻璃在工厂内提前破碎。这种钢化后再次热处理的方法，国外称作"Heat Soak Test"，简称 HST。我国通常将其译成"均质处理"，也俗称"引爆处理"。

2）性能特点。

①强度高。钢化后玻璃的抗压强度、抗冲击性、抗弯强度能够达到普通玻璃的 4～5 倍。普通玻璃受荷载弯曲时，上表层受到压应力下层受到拉压力，玻璃的抗张强度较低，超过抗张强度就会破裂，所以普通玻璃的强度很低。而钢化玻璃受到荷载时，其最大张应力不像普通玻璃一样位于玻璃表面，而是在钢化玻璃的板中心，所以钢化玻璃在相同的荷载下并不破裂。

如图 2-53 所示，分图（a）为钢化玻璃应力分布图，压应力分布在玻璃表面，张应力在玻璃中间。分图（b）为普通玻璃荷载时应力分布图。分图（c）为钢化玻璃荷载时应力分布图，当玻璃受到压应力时，内部的张应力抵消了部分压应力。表 2-34 为单片钢化玻璃与普通玻璃抗风压性能对比。

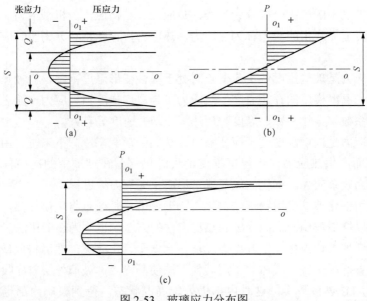

图 2-53　玻璃应力分布图

表 2-34　玻璃抗风压性能（支撑形式：四边支撑；玻璃面积：2000mm×1000mm）

| 玻璃厚度 | 钢化玻璃 | | 普通玻璃 | |
|---|---|---|---|---|
| | 最大风压/kPa | 最大挠度/mm | 最大风压/kPa | 最大挠度/mm |
| 6 | 11.2 | 34.3 | 2.1 | 12.3 |
| 8 | 16.5 | 30.2 | 3.2 | 9.2 |
| 10 | 18.6 | 22.7 | 4.8 | 7.4 |
| 12 | 21.5 | 17.5 | 6.8 | 6.1 |
| 15 | 22.5 | 10.3 | 7.5 | 3.5 |
| 19 | 35.5 | 8.2 | 12.0 | 2.8 |

②热稳定性好。钢化玻璃可以承受巨大的温差而不会破损，抗剧变温差能力是同等厚度普通浮法玻璃的 3 倍，一般可承受 220～250℃的温差变化，而普通玻璃仅可承受 70～100℃，因此对防止热炸裂有明显的效果。在火焰温度为 500℃冲击下，钢化玻璃的耐火时间为 5～8min，而普通玻璃的耐火时间小于 1min。

③安全性高。钢化玻璃受强力破损后，迅速呈现微小钝角颗粒，从而最大限度地保证人身安全。钢化之所以能使玻璃具有安全性能，是因为玻璃经过钢化之后，在其表面形成压力，内部形成张应力，提高了玻璃表面的抗拉伸性能。这种玻璃处于内部受拉，外部受压的应力状态，一旦局部发生破损，便会发生应力释放，玻璃被破碎成无数小块，这些小的碎片没有尖锐棱角，不易伤人，如图 2-54所示。普通玻璃破碎时为尖锐的大块片状碎块，容易对人体造成严重的伤害，如图 2-55 所示。

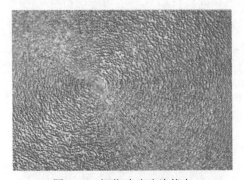

图 2-54　钢化玻璃碎片状态

图 2-55　普通玻璃碎片状态

④易辨别。玻璃经过钢化处理后，由于钢化过程中加热和冷却的不均匀，在玻璃板面上会产生不同的应力分布。由光弹理论可以知道，玻璃中应力的存在会引起光线的双折射现象。把钢化玻璃放在偏振光下，可以观察到在玻璃面板上不同区域的颜色和明暗变化，这就是人们一般所说的钢化玻璃的应力斑。通过偏振

光眼镜或以与玻璃的垂直方向成较大的角度去观察钢化玻璃，钢化玻璃的应力斑会更加明显。也正是这个特点，应力斑特征成为鉴别真假钢化玻璃的重要标志。

3）钢化玻璃的自爆。

钢化玻璃作为安全玻璃在建筑门窗、幕墙上的应用越来越普及，但钢化玻璃在使用过程中自爆现象时有发生，轻则引起使用不便，重则危及人身安全。

自爆是指钢化玻璃在无直接外力作用下发生自动炸裂的现象。普通平板玻璃经钢化处理后，表面层形成压应力，内部板芯层呈张应力，压应力和张应力共同构成一个平衡体。由于玻璃本身是一种脆性材料，耐压但不耐拉，所以玻璃的大部分破碎是由张应力引发的。

①钢化玻璃自爆机理。

钢化玻璃中硫化镍晶体发生相变时，其体积膨胀，处于玻璃板芯张应力层的硫化镍膨胀使钢化玻璃内部产生更大的张应力，当张应力超过玻璃自身所能承受的极限时，就会导致钢化玻璃自爆。

玻璃主料石英砂或砂岩含有镍，燃料及辅料含有硫，在玻璃的生产过程中，经过 1400～1500℃高温熔窑燃烧熔化形成了硫化镍结石，当温度超过 1000℃时，硫化镍结石以液滴形式随机分布于熔融玻璃液中，当温度降至 797℃时，这些小液滴结晶固化。硫化镍处于高温态的 α-NiS 晶相(六方晶体)，当温度继续降至 379℃时，发生晶相转变成为低温状态的 β-NiS（三方晶系），同时伴随着 2%～4%的体积膨胀，在玻璃内引发微裂纹，从而埋下可能导致钢化玻璃自爆的隐患。这个转变过程的快慢，既取决于硫化镍颗粒中不同组成物的百分比含量，还取决于其周围温度的高低。如果硫化镍相变没有转换完全，则即使在自然存放及正常使用的温度条件下，这一过程仍然继续，只是速度很低而已。

典型的 NiS 引起的自爆碎片如图 2-56 所示，玻璃碎片呈放射状分布，放射中心有两块形似蝴蝶翅膀的界面，如图 2-57 所示。图 2-58 是从自爆后玻璃碎片中提取的 NiS 结石的扫描电镜照片，其表面起伏不平、非常粗糙。

图 2-56　自爆碎片形态图　　　　　　　图 2-57　NiS 结石图

当玻璃钢化加热时，玻璃内部板芯温度约 620℃，所有的硫化镍都处于高温态的 α-NiS 相。随后，玻璃进入风栅急冷，玻璃中的硫化镍在 379℃发生相变。与浮法退火窑不同的是，钢化急冷时间很短，来不及转变成低温态 β-NiS 而以高温态硫化镍 α 相被"冻结"在玻璃中。快速急冷使玻璃得以钢化，形成外压内张的应力统一平衡体。在已经钢化了的玻璃中硫化镍相变低速持续地进

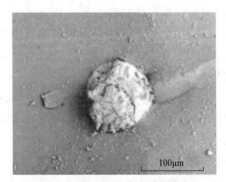

图 2-58　NiS 结石的扫描电镜照片

行着，体积不断膨胀扩张，对其周围玻璃的作用力随之增大。钢化玻璃板芯本身就是张应力层，位于张应力层内的硫化镍发生相变时体积膨胀也形成张应力，这两种张应力叠加在一起，足以引发钢化玻璃的破裂即自爆。

进一步实验表明：对于表面压应力为 100MPa 的钢化玻璃，其内部的张应力为 45MPa 左右。此时张应力层中任何直径大于 0.06mm 的硫化镍均可引发自爆。另外，根据自爆研究统计结果分析，95%以上的自爆是由粒径分布在 0.04～0.65mm 之间的硫化镍引发。根据材料断裂力学计算出硫化镍引发自爆的平均粒径为 0.2mm。

国外研究表明，硫化镍在玻璃中一般位于张应力区，大部分集中在板芯部位的高张应力区，处在压应力区的 NiS，一般不会导致自爆。钢化玻璃内应力越大，NiS 结石临界直径就越小，能引起自爆的 NiS 颗粒也就越多，自爆率相应就越高。

②表面应力对玻璃自爆的影响。

根据玻璃的钢化原理，玻璃钢化后，内部存在的张应力与压应力达到一个整体的应力平衡，无论在生产的过程中或者是成品使用过程中，一旦这种应力平衡被打破，玻璃就会发生爆裂，即玻璃产生自爆。

研究发现，导致玻璃自爆的 NiS 存在一个临界直径 $D_c$，这个临界直径取决于 NiS 包含物周围的应力 $\sigma_0$（玻璃内部 NiS 杂质位置的退火水平）：

$$D_c = \frac{\pi K_{1c}^2}{3.55\sqrt{P_0}\,\sigma_0^{1.5}} \tag{2-16}$$

式中　$K_{1c}=0.76\times10^5 \mathrm{Nm^{-3/2}}$——应力强度因子；

　　　$P_0=615\mathrm{MPa}$——度量相变及热膨胀的因子。

通过式（2-16）计算可知，在玻璃内部张应力为 65MPa 时，破坏玻璃的最小 NiS 直径大约为 0.04mm。

玻璃的钢化其实就是玻璃的重新热处理。在实际使用中发现，玻璃的钢化程

度越高，钢化玻璃的自爆比例就越大。

玻璃的钢化程度实质上可归结于玻璃内应力的大小。国外研究人员给出了钢化玻璃表面压应力值与 50mm×50mm 范围内碎片颗粒数之间的对应关系，如图 2-59 所示。

图 2-59 为按照美国 ASTMC1048 标准确定的钢化玻璃表面应力范围，从图 2-58 中可以看出，SSI 钢化玻璃表面应力仪测出的表面应力为 90MPa 时，对应的碎片数大约为 52 片，并且随着钢化玻璃表面应力的增大，对应的玻璃碎片数也在增多。

《建筑用安全玻璃 第 2 部分：钢化玻璃》（GB 15763.2—2005）规定了平面钢化玻璃在厚度为 4～12mm 时，50mm×50mm 区域内的最少碎片数为 40 片。

板芯应力一般总是张应力，其数值等于玻璃表面压应力的二分之一。钢化玻璃内部张应力与表面压应力关系如图 2-60 所示。

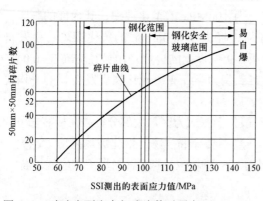

图 2-59　玻璃表面应力与碎片数对照表

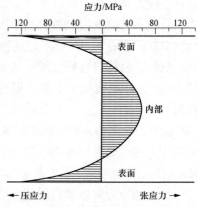

图 2-60　压应力与张应力的关系

我国钢化玻璃标准《建筑用安全玻璃 第 2 部分：钢化玻璃》（GB 15763.2—2005）规定了钢化玻璃的表面应力不小于 90MPa。通过式（2-16）计算得到钢化玻璃在不同的表面应力情况下的 NiS 的临界直径 $D_c$ 见表 2-35。

表 2-35　　　　　　　玻璃表面应力及相应硫化镍结石的临界直径

| 表面应力/MPa | 90 | 100 | 110 | 120 | 130 | 140 |
|---|---|---|---|---|---|---|
| 临界直径 $D_c$/μm | 68 | 58 | 50 | 44 | 39 | 35 |

通过表 2-35 可以看出，玻璃表面应力越大，临界直径就越小，能引起自爆的 NiS 粒子也就越多，自爆率相应也就越高。

③平面应力对自爆的影响。

同一块玻璃由于钢化均匀度的不一致也能导致玻璃的自爆。钢化均匀度是指同一块玻璃不同区域的应力一致性，同一块玻璃平面各部分的加热温度及冷却强度不一致产生平面应力，这种应力叠加在厚度应力上，使一些区域的实际板芯张应力上升，引起临界直径值下降，最终导致自爆率增加。比较图 2-61（a）、（b）所示两个钢化应力图像，左边图像较差，右边图像较好。

钢化均匀度（平面应力）测定较简单，利用平面透射偏振光就能定性分析。但要定量分析，须使用定量应力分析方法，一般常用检偏器旋转法测定应力消光补偿角，根据角度可方便地计算出应力值。

平面应力（钢化均匀度）应越小越好，这样不仅减小自爆风险，而且能提高钢化玻璃的平整度。

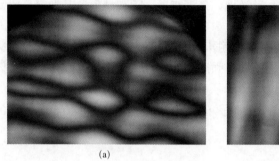

(a)　　　　　　　　　　　　　　(b)

图 2-61　应力仪下钢化均匀度直观图像

均质处理是解决钢化玻璃因自爆引起安全问题的有效方法。均质处理不是解决了钢化玻璃的自爆问题，而是将可能产生自爆隐患的玻璃在工厂内提前引爆，降低在使用过程中发生自爆的概率。

（2）防火玻璃。

防火玻璃是一种特殊的建筑材料，既具有普通玻璃的透光性能，又具有防火材料的耐高温、阻燃等防火性能。建筑用防火玻璃是一种具有防火功能的幕墙和门窗玻璃，是采用物理或化学的方法，对浮法玻璃进行处理而得到的。

按照《建筑用安全玻璃　第 1 部分：防火玻璃》（GB 15763.1—2009）的规定，防火玻璃的相关性能定义如下：

耐火完整性是指在标准耐火试验条件下，当玻璃构件一面受火时，能在一定时间内防止火焰和热气穿透或在背火面出现火焰的能力。

耐火隔热性是指在标准耐火试验条件下，当玻璃构件一面受火时，能在一定时间内使其背火面温度不超过规定值的能力。

耐火极限是指在标准耐火试验条件下，玻璃构件从受火的作用时起，到失去完整性或隔热性要求时止的这段时间。

防火玻璃和其他玻璃相比，在同样的厚度下，它的强度是普通浮法玻璃的

6~12 倍，是钢化玻璃的 1.5~3 倍。

1）分类。

按产品结构分类。防火玻璃按产品结构的不同分为复合防火玻璃（以 FFB 表示）和单片防火玻璃（以 DFB 表示）。

按耐火性能等级分类。防火玻璃按耐火性能等级分为隔热型防火玻璃（A 类）和非隔热型防火玻璃（C 类）。

隔热型防火玻璃（A 类）是指耐火性能同时满足耐火完整性和耐火隔热性要求的防火玻璃。包括复合型防火玻璃和灌注型防火玻璃两种。此类玻璃具有透光、防火（隔烟、隔火、遮挡热辐射）、隔声、抗冲击性能，适用于建筑装饰钢木防火门、窗、上亮、隔断墙、采光顶、挡烟垂壁、透视地板及其他需要既透明又防火的建筑组件中。

非隔热型防火玻璃（C 类）是指耐火性能仅满足耐火完整性要求的防火玻璃。此类玻璃具有透光、防火、隔烟、强度高等特点。适用于无隔热要求的防火玻璃隔断墙、防火窗、室外幕墙等。

按耐火极限分类。防火玻璃按耐火极限可分为五个等级：0.50h、1.00h、1.50h、2.00h、3.00h。

2）性能要求。

①耐火性能。隔热型防火玻璃（A 类）和非隔热型防火玻璃（C 类）的耐火性能应满足表 2-36 的要求。

表 2-36　　　　　　　　　　防火玻璃的耐火性能

| 分类名称 | 耐火极限等级 | 耐火性能要求 |
|---|---|---|
| 隔热型防火玻璃（A 类） | 3.00h | 耐火隔热性时间≥3.00h，且耐火完整性时间≥3.00h |
| | 2.00h | 耐火隔热性时间≥2.00h，且耐火完整性时间≥2.00h |
| | 1.50h | 耐火隔热性时间≥1.50h，且耐火完整性时间≥1.50h |
| | 1.00h | 耐火隔热性时间≥1.00h，且耐火完整性时间≥1.00h |
| | 0.50h | 耐火隔热性时间≥0.50h，且耐火完整性时间≥0.50h |
| 非隔热型防火玻璃（C 类） | 3.00h | 耐火完整性时间≥3.00h，且耐火隔热性无要求 |
| | 2.00h | 耐火完整性时间≥2.00h，且耐火隔热性无要求 |
| | 1.50h | 耐火完整性时间≥1.50h，且耐火隔热性无要求 |
| | 1.00h | 耐火完整性时间≥1.00h，且耐火隔热性无要求 |
| | 0.50h | 耐火完整性时间≥0.50h，且耐火隔热性无要求 |

②弯曲度。防火玻璃的弓形弯曲度不应超过 0.3%，波形弯曲度不应超过 0.2%。

③可见光透射比。防火玻璃的可见光透射比允许偏差最大值在明示标称值时

为±3%，未明示标称值时为不大于 5%。

④耐热、耐寒性能。复合防火玻璃经过耐热、耐寒性能试验后，其外观质量应符合标准的要求。

⑤耐紫外线辐照性。当复合防火玻璃使用在有建筑采光要求的场合时，其耐紫外线辐照性能应满足要求。

⑥抗冲击性能、碎片状态。防火玻璃的抗冲击性能和碎片状态经破坏试验后应满足相应标准要求。

3）防火玻璃的应用。

①单片防火玻璃（DFB）。单片防火玻璃是由单层玻璃构成，并满足相应耐火性能要求的特种玻璃。单片防火玻璃主要有硼硅酸盐防火玻璃、铝硅酸盐防火玻璃、微晶防火玻璃及软化温度高于 800℃以上的钠钙料优质浮法玻璃等。具有玻璃软化点较高、热膨胀系数低、在强火焰下一般不会因高温而炸裂或变形等特点，微晶防火玻璃还具有机械强度高、抗折、抗压强度高及良好的化学稳定性和物理力学性能。

适用于外幕墙、室外窗、采光顶、挡烟垂壁、防火玻璃无框门，以及无隔热要求的隔断墙。

②复合型防火玻璃（干法）。复合防火玻璃是由两层或两层以上玻璃复合而成或由一层玻璃和有机材料复合而成，并满足相应耐火性能要求的特种玻璃。

防火原理。火灾发生时，向火面玻璃遇高温后很快炸裂，其防火胶夹层相继发泡膨胀十倍左右，形成坚硬的乳白色泡状防火胶板，有效地阻断火焰，隔绝高温及有害气体。成品可磨边、打孔、改尺切割。

适用于建筑物房间、走廊、通道的防火门窗及防火分区和重要部位防火隔断墙。适用于外窗、幕墙时，设计方案应考虑防火玻璃与 PVB 夹层玻璃组合使用。

③灌注型防火玻璃（湿法）。由两层玻璃原片（特殊需要也可用三层玻璃原片），四周以特制阻燃胶条密封。中间灌注的防火胶液，经固化后为透明胶冻状与玻璃粘结成一体。

防火原理。遇高温以后，玻璃中间透明胶冻状的防火胶层会迅速硬结，形成一张不透明的防火隔热板。在阻止火焰蔓延的同时，也阻止高温向背火面传导。此类防火玻璃不仅具有防火隔热性能，而且隔声效果出众，可加工成弧形。

适用于防火门窗、建筑天井、中庭、共享空间、计算机机房防火分区隔断墙。由于玻璃四周显露黑色密封边框，适用于周边压条镶嵌安装。

（3）夹层玻璃。

夹层玻璃，就是玻璃与玻璃和/或塑料等材料，用中间层分隔并通过处理使其黏结为一体的复合材料的统称。常见和大多使用的是玻璃与玻璃，用中间层分隔并通过处理使其黏结为一体的玻璃构件，如图 2-62 所示。

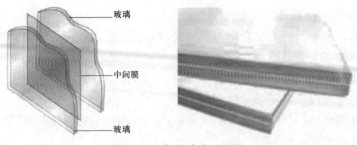

玻璃

中间膜

玻璃

图 2-62　夹层玻璃示意图

1）分类。

夹层玻璃的种类是由组成夹层玻璃的层数、原片玻璃的种类、胶片的种类及层数决定的，不同玻璃的品种、不同的胶片品种及层数形成不同的夹层玻璃。

①按产品形状分类。夹层玻璃按产品形状分为平面夹层玻璃和曲面夹层玻璃。尤以平面夹层玻璃在建筑门窗上的应用最为普遍。夹层玻璃在破碎时，中间层能够限制其开口尺寸并提供残余阻力以减少割伤或扎伤危险的称为安全夹层玻璃。夹层玻璃从两个外表面依次向内，玻璃和/或塑料及中间层等材料在种类、厚度和/或一般特性等均相同的称为对称夹层玻璃。反之，不相同的称为不对称夹层玻璃。

②按霰弹袋冲击性能分为 I 类夹层玻璃、 II-1 类夹层玻璃、II-2 类夹层玻璃和III类夹层玻璃。

I 类夹层玻璃是指对霰弹袋冲击性能不做要求的夹层玻璃。该类玻璃不能作为安全玻璃使用。

II-1 类夹层玻璃是指经霰弹袋自高度 1200mm 冲击后，结果未破坏和/或安全破坏的夹层玻璃。该类玻璃可作为安全玻璃使用。

II-2 类夹层玻璃是指经霰弹袋自高度 750mm 冲击后，结果未破坏和/或安全破坏的夹层玻璃。该类玻璃可作为安全玻璃使用。

III 类夹层玻璃是指经霰弹袋自高度 300mm 冲击后，结果未破坏和/或安全破坏的夹层玻璃。该类玻璃可作为安全玻璃使用。

③按生产方法分胶片法（干法）和灌浆法（湿法）。

胶片法（干法）夹层玻璃是将有机材料夹在两层或多层玻璃中间，经加热、加压而成的复合玻璃制品。夹层玻璃的中间层材料一般有离子性中间层、PVB中间层和 EVA 中间层及有机硅和聚氨酯等。其中离子性中间层是指含有少量金属盐，以乙烯-甲基丙烯酸共聚物为主，可与玻璃牢固地粘结的中间层材料；PVB 中间层是以聚乙烯醇缩丁醛为主的中间层；EVA 中间层是以乙烯-聚醋酸乙烯共聚物为主的中间层材料。

PVB 树脂胶片对无机玻璃有很好的粘结力，具有透明、耐热、耐寒、耐温、机械强度高等特性，用 PVB 胶片制成的特种玻璃在受到外界强烈冲击时，能够吸收冲击能量，不产生破碎片，是当前世界上制造夹层安全玻璃用的最佳黏合材料。PVB 膜还具有很强的过滤紫外线能力，阻隔紫外线率可达 99.9%，可以防止紫外线辐射对各种器具的褪色和破坏。常用的 PVB 膜的种类：透明、茶色、灰色、乳白、蓝绿等，PVB 膜的厚度：0.38mm、0.76mm、1.52mm。

PVB 中间膜能减少穿透玻璃的噪声数量，降低噪声分贝，达到隔声效果，使用 PVB 塑料中间膜制成的夹层玻璃能有效地阻隔常见的 1000～2000Hz 的场合噪声。

灌浆法（湿法）夹层玻璃是将配制好的胶粘剂浆液灌注到已合好模的两片或多片玻璃中间，通过加热聚合或光照聚合而制成的夹层玻璃。由于不同胶水配方体系的差异，固化胶水的方式一般有三种：热固化、室温固化和光固化。

2）性能特点。

①安全性。在受到外来撞击时，由于弹性中间层有吸收冲击的作用，可阻止冲击物穿透，即使玻璃破损，也只产生类似蜘蛛网状的细碎裂纹，其碎片牢固地粘附在中间层上，不会脱落四散伤人，并可继续使用直到更换。

②保安防范特性。标准的"二夹一"玻璃能抵挡一般冲击物的穿透；用 PVB 胶片特制的防弹玻璃能抵挡住枪弹和暴力的攻击，金属丝夹层玻璃能有效地防止偷盗和破坏事件的发生。

③隔声性。PVB 膜具有过滤声波的阻尼功能，有效地控制声音传播。音障产生的声音衰减都与它的单位质量、面积、柔性及气密性有关。PVB 膜有很好的柔性，声音传递的衰减随柔性增加而增加。从声音衰减特性的观点来看，PVB 膜的最佳厚度为 1.14mm。

④控制阳光和紫外线特性。PVB 膜具有过滤紫外线功能，特制的 PVB 膜能减弱太阳光的透射，防止眩目，有效地阻挡紫外线，可保护室内的物品免受紫外线辐射而发生褪色。

⑤良好的节能环保性能。PVB薄膜制成的建筑夹层玻璃能有效地减少太阳光透过。同样厚度，采用深色低透光率PVB薄膜制成的夹层玻璃阻隔热量的能力更强。目前，国内生产的夹层玻璃具有多种颜色。

⑥装饰效果。夹置云龙纸或各种图案的 PET 膜，能塑造典雅的装饰效果。具有别致装饰效果的冰裂玻璃也是夹层玻璃的一种特殊应用。

⑦耐寒性。长时间在≤–50℃的环境下使用，PVB 膜不变硬，不变脆，与玻璃不产生剥离，不产生混浊现象。

⑧耐枪击性能。自动步枪在距 100m 处用穿透爆炸性子弹射击，子弹不能穿透防弹玻璃。

3）建筑上的应用。

①建筑物玻璃对人身安全最容易发生危害的地方使用。

②要求控光、节能、美观的建筑物上使用。

③要求控制噪声或有噪声源的建筑物上使用。

④防弹、防盗的建筑物及构件上使用。

⑤要求防爆、防冰雹的建筑物上使用。

⑥需要装饰的墙面、柱、护板、地板、顶棚及坚固的隔墙使用。

⑦要求防火的建筑物门、窗上使用。

⑧要求调光、防止眩光的建筑物上使用。

⑨要求安装隔离又可观察的场所使用。

### 3. 中空玻璃

中空玻璃是将两片或多片玻璃以有效支撑均匀隔开并周边粘结密封，使玻璃层间形成有干燥气体空间的玻璃制品。中空玻璃主要材料是玻璃、铝间隔条（或胶条）、插接件、丁基胶、密封胶、干燥剂。

（1）中空玻璃的产品分类。

1）按中空腔内气体分类。

普通中空玻璃：中空腔内为空气的中空玻璃。

充气中空玻璃：中空腔内充入氩气、氪气等气体的中空玻璃。

2）按玻璃材料分类。

普通型中空玻璃：以浮法白玻为基片，以一个气塞为主的中空玻璃。它具有中空玻璃的三大基本功能：节能、隔声、防霜露。

复合型中空玻璃：采用镀膜玻璃、安全玻璃或夹层玻璃等为基片，以一个气塞为主的中空玻璃。它除了具有三个基本功能外，还增加了安全性、装饰美化等功能。

3）按间隔条材料分类。

金属间隔条中空玻璃：以铝合金、不锈钢等金属材料或以金属与其他材料组合的材料作为间隔材料制成的中空玻璃。

复合胶条中空玻璃：以复合胶条为间隔材料制成的中空玻璃。

（2）中空玻璃的生产方法。

1）焊接法。

将两片或两片以上玻璃四边的表面镀上锡及铜涂层，以金属焊接的方法使玻璃与铅制密封框密封相连。焊接法具有比较好的耐久性，但工艺复杂，需要在玻璃上镀锡、镀铜、焊接等热加工，设备多，生产需要用较多的有色金属，生产成本高，不宜推广。

2）熔接法。

采用高频电炉将两块材质相同玻璃的边部同时加热至软化温度，再用压机将其边缘加压，使两块玻璃的四边压合成一体，玻璃内部保持一定的空腔并充入干燥气体。熔接法生产的产品具有不漏气、耐久性好的特点。缺点是产品规格小，不易生产三层及镀膜等特种中空玻璃，选用玻璃厚度范围小（一般为 3～4mm），难以实现机械化连续生产，产量低，生产工艺落后。

3）胶接法。

将两片或两片以上玻璃，周边用装有干燥剂的间隔框分开，并用双道密封胶密封以形成中空玻璃的方法。胶接法的生产关键是密封胶，典型代表槽铝式中空玻璃。胶接法中空玻璃具有以下特点：①生产工艺成熟稳定；②产品设计灵活，易于开发特种性能的中空玻璃；③产品适用范围广；④生产所用原材料（如干燥剂、密封胶）在生产现场可以进行质量鉴定和控制。

4）胶条法。

将两片或两片以上的玻璃四周用一条两侧粘有黏结胶的胶条（胶条中加入干燥剂，并有连续或不连续波浪形铝片）黏结成具有一定空腔厚度的中空玻璃。典型代表是复合胶条式中空玻璃。

目前国内市场上中空玻璃产品主要为槽铝式中空玻璃和胶条式中空玻璃，槽铝式中空玻璃生产工艺于 20 世纪 80 年代引入，相对成熟些，但是加工工艺较复杂。胶条式中空玻璃在国内起步较晚，但是生产制造工艺简单，推广很快。

（3）中空玻璃的性能特点。

1）中空玻璃的隔热、隔声性能。

①辐射传递。合理配置的中空玻璃和合理的中空玻璃间隔层厚度，可以最大限度地降低能量通过辐射形式的传递，从而降低能量的损失。

②对流传递。由于在玻璃的两侧具有温度差，造成空气在冷的一侧下降而在热的一侧上升，产生空气的对流，而造成能量的流失。造成这种现象的原因有几个：玻璃与周边的框架系统的密封不良，造成窗框内外的气体能够直接进行交换产生对流，导致能量的损失；中空玻璃的内部空间结构设计得不合理，导致中空玻璃内部的气体因温度差的作用产生对流，带动能量进行交换，从而产生能量的流失；构成整个系统的窗的内外温度差较大，致使中空玻璃内外的温度差也较大，空气借助冷辐射和热传导的作用，首先在中空玻璃的两侧产生对流，然后通过中空玻璃整体传递过去，形成能量的流失。合理的中空玻璃设计，可以降低气体的对流，从而降低能量的对流损失。

③传导传递。玻璃的导热系数是 0.77W/(m·K)，而空气的导热系数是 0.026 W/(m·K)，由此可见，玻璃的导热系数是空气的 27 倍，而空气中的水分子等活性分子的存在，是影响中空玻璃能量的传导传递和对流传递性能的主要因素，因而提高中空玻璃的密封性能，是提高中空玻璃隔热性能的重要因素。

中空玻璃具有极好的隔声性能，其隔声效果通常与噪声的种类和声强有关，一般可使噪声下降 30～44dB，对交通噪声可降低 3l～38dB。因而中空玻璃可以隔离室外噪声，创造室内良好的工作和生活环境条件。

2）中空玻璃的防结露、降低冷辐射和安全性能。

由于中空玻璃内部存在着可以吸附水分子的干燥剂，气体是干燥的，在温度降低时，中空玻璃的内部也不会产生凝露的现象，同时，在中空玻璃的外表面露点温度也会升高。如当室外风速为 5m/s，室内温度 20℃，相对湿度为 60%时，5mm 玻璃在室外温度为 8℃时开始结露，而 16mm（5+6A+5）中空玻璃在同样条件下，室外温度为–2℃时才开始结露，27mm（5+6A+5+6A+5）三层中空玻璃在室外温度为–11℃时才开始结露。

由于中空玻璃的隔热性能较好，玻璃两侧的温度差较大，还可以降低冷辐射的作用；使用中空玻璃，可以提高玻璃的安全性能，在使用相同厚度的原片玻璃的情况下，中空玻璃的抗风压强度是普通单片玻璃的 1.5 倍。

（4）中空玻璃的密封。

在建筑中使用中空玻璃，关键是解决密封结构和密封胶问题，但是要科学合理选择中空玻璃的密封结构和密封胶，必须了解各种中空玻璃密封胶的性能。

1）中空玻璃密封胶的种类。

中空玻璃密封胶是指能粘接固定玻璃，使用时是非定形的膏状物，使用后经一定时间变成具有一定硬度的橡胶状材料的密封材料。按固化方式，可分为反应型和非反应型；按产品形态分类，可分为单组分型和双组分型。对于反应型密封胶，单组分型是从容器中将密封胶挤出后利用空气中的水分进行固化的，涂胶层厚度对固化速度有影响；双组分型是使用时将主剂和固化剂按规定比例充分混合后发生化学反应而固化的，双组分型密封胶的固化不受涂胶厚度的影响。目前中空玻璃用密封胶，主要有聚硫密封胶、硅酮密封胶、聚氨酯密封胶、丁基胶等四种，除丁基胶为非反应型单组分热熔胶外，其他均为反应型密封胶。

2）中空玻璃密封胶的性能特点。

①硅酮密封胶。硅酮密封胶是以有机硅聚合物为主要成分的密封胶。由于原胶骨架中含有高键能的硅氧键，其耐候性、耐久性等性能优良。特征如下：耐候性、耐久性优良；耐热性、耐寒性优良；耐臭氧、耐紫外线老化性能优良；对玻璃的粘接性优良。

②聚硫密封胶。聚硫密封胶是以分子末端具有硫醇基(-SH)、分子中具有二硫键(-SS-)的液态聚硫橡胶为主成分的密封胶。它是弹性密封胶中历史最长、应用实例最多的密封胶。用作中空玻璃密封胶时，使用活性二氧化锰作固化剂，为双组分型。其特性如下：具有较好的粘接性；具有良好的耐候性和耐久性；水蒸气透过率低，仅次于丁基胶；耐油性、耐溶剂性优良。

③聚氨酯密封胶。聚氨酯系密封胶是以聚氨酯为主要成分的密封胶，是弹性

型密封胶中价格较低的密封胶，但其耐候性较差。大部分为双组分型。其特征是：价格便宜；涂装性良好；施工时，温度、湿度高的情况下，易产生气泡；表面易老化变黏。

④丁基密封胶。丁基密封胶是以聚异丁烯聚合物为主成分的单组分型热熔胶。将胶在高温、高压下挤出，作为中空玻璃第一道密封胶，或与波纹铝片做成复合胶条，直接用于中空玻璃密封。其特征是：低温下粘接性下降，因其不是化学粘接；水蒸气透过率最小。

3）中空玻璃的密封结构。

胶接式中空玻璃的密封结构采用双道密封工艺，第一道以丁基胶（或聚异丁烯）为胶粘剂，第二道以聚硫、硅酮、聚氨酯类为胶粘剂。丁基胶具有透气率低和快速固定玻璃与间隔框的特点，聚硫（硅酮等）胶具有优良的结构黏结强度，可以大大提高中空玻璃的密封寿命。

目前仍有部分中空玻璃厂家采用单道密封（不用丁基热熔做内层密封，只用聚硫密封胶做外层密封），这类产品质量欠佳、价格便宜。单道密封中空玻璃的使用寿命只有 5 年左右，而双道密封中空玻璃的使用寿命则可达 15 年以上。

4）中空玻璃密封胶的选择。

①中空玻璃密封胶的作用。密封胶在中空玻璃中的作用，一是起密封作用，保持间隔层内的气体，利于中空玻璃保持长期节能效果；二是起黏结作用，保持中空玻璃的结构稳定。中空玻璃在全寿命周期始终面临着外来的水汽渗透、风吹雨淋、烈日暴晒、紫外线照射、温差变化，以及气压、风荷载等外力的作用等，各种环境因素共同作用使中空玻璃面临较为恶劣的条件，因此要求密封胶必须具有不透水、不透气、耐辐射、耐温差、耐湿气等性能，还要满足中空玻璃生产工艺的要求。

②中空玻璃密封胶的选择。为确保中空玻璃的质量，提高节能和隔声性能，选择优质的密封胶是最基本的保证。试验证明，中空玻璃必须靠双道密封来保证其优良的性能。第一道采用热熔丁基密封胶，起密封作用；第二道采用聚硫或硅酮密封胶，保持中空玻璃结构稳定。

常用中空玻璃密封胶的性能比较见表 2-37。

表 2-37　　　　　　　　中空玻璃密封胶的性能比较

| 密封胶类型 | 黏结性 | 水蒸气透过性 | 结构强度 | 耐候性 |
|---|---|---|---|---|
| 聚硫密封胶 | 良好 | 小 | 大 | 良好 |
| 硅酮密封胶 | 良好 | 大 | 大 | 好 |
| 聚氨酯密封胶 | 良好 | 小 | 大 | 表面易劣化 |
| 热熔丁基胶 | 低温黏结性差、非化学黏结 | 极小 | 小 | 差 |

从表 2-37 中可以看出，中空玻璃一道密封胶选用丁基胶可以保证中空的密封性能，如果仅为了保证中空玻璃的黏结性能，其他三种密封胶均可用做中空玻璃的二道密封胶。但为保证中空玻璃的使用耐久性，可选用耐候性能良好的聚硫密封胶或选用耐候性能优良的硅酮密封胶。

若中空玻璃应用于隐框窗上，则起结构黏结作用的中空玻璃二道密封胶应选用硅酮结构密封胶。且硅酮结构密封胶与中空玻璃的内外片玻璃、铝隔框及丁基胶具有很好的相容性。

5）提高中空玻璃密封寿命的措施。

在中空玻璃构件中，间隔条、干燥剂、密封胶（或复合型材料）与玻璃形成了中空玻璃的边部密封系统。边部密封系统的质量决定了中空玻璃的使用寿命。

①中空玻璃密封失效的原因。

中空玻璃腔体内有可见的水汽或结露现象产生，即为中空玻璃失效。中空玻璃密封失效的直接表现是中空玻璃内框里有水汽凝露（结雾）。

环境中的水汽会从中空玻璃的边部向中空玻璃腔内渗透，边部密封系统的干燥剂会因不断吸附水分而最终丧失水汽吸附能力，导致中空玻璃中空腔内水汽含量升高而失效。因此，边缘密封的质量极大影响了中空玻璃的使用寿命和性能。

中空玻璃所处环境的变化，中空玻璃腔内气体始终处于热胀或冷缩状态，使密封胶长期处于受力状态，同时环境中的紫外线、水和潮气的作用都会加速密封胶的老化，加快水气进入中空玻璃内的速度，最终使中空玻璃失效。中空玻璃暴露在多种环境因素下，例如温度和大气压力波动、风压、工作荷载、阳光、水和水汽等，这些会负面影响中空玻璃的平均寿命。由不同环境因素引起的应力不是简单的叠加，它们的相互作用导致了不均匀的应力作用在边缘密封上，出现所谓的合力现象。研究证实，水、高温和阳光的同时作用会对中空玻璃的边缘密封产生最大的应力。这种降解效果在密封胶与玻璃界面是最显著的，是经常导致有机密封胶部分或完全黏结性失败的原因。影响中空玻璃寿命的因素很复杂，虽然密封胶系统本身的耐久性和有效性是非常重要的，但最基本的还是密封胶对玻璃与间隔条材料的黏结性，造成中空玻璃密封失败的主要原因也是密封胶与玻璃之间黏结脱落。各类密封胶的水汽渗透率 MVTR、渗透率、透气性（氩气）见表 2-38。

表 2-38　各类密封胶的水汽渗透率 MVTR、渗透率、透气性（氩气）

| 密封胶 | MVTR/[g/(m²·h)] | 渗透率 | 透气率（氩气） |
| --- | --- | --- | --- |
| 聚异丁烯胶 | 2.25 | 0.045 | 1 |
| 热熔丁基胶 | 3.60 | 0.073 | 2 |
| 聚硫胶 | 19.0 | 0.380 | 4 |
| 聚氨酯 | 12.4 | 0.250 | 10 |
| 硅酮胶 | 50.0 | 1.000 | ≥100 |

②提高中空玻璃密封寿命的措施。

提高中空玻璃密封寿命，主要是密封胶在使用过程中要尽量减少恶劣环境因素的影响，日常使用中适当加以保护或安装防护设施；在安装设计中空玻璃时，玻璃镶嵌槽应足够高以充分保护中空玻璃边部密封胶免遭紫外线破坏和为玻璃槽排水流畅提供足够的间隙，要考虑玻璃和窗框的尺寸误差等。

对于中空玻璃密封胶的要求是在外界各种荷载（温度、风荷载、地震荷载等）作用下以及高湿度和紫外线照射下，能够保持中空玻璃的结构整体性和防止外界水汽进入中空玻璃空气层内。在建筑门窗结构中使用中空玻璃时，由于热熔密封胶的弹性变形能力小、低温黏结性较差，其在严寒地区、寒冷地区的应用受到限制。

#### 4. 真空玻璃

真空玻璃是将两片或两片以上平板玻璃以支撑物隔开，四周密封，在玻璃间形成真空层的玻璃制品（图 2-63）。支撑物厚度一般为 0.1～0.2mm，起骨架支撑作用的支撑物非常小，由无机材料构成，不会影响玻璃的透光性。保护帽由金属或有机材料制成，安装在排气孔上，对真空玻璃排气孔起到保护作用。

（1）真空玻璃的保温隔热机理。

真空玻璃是新型玻璃深加工产品，在节能、隔声方面有很大的作用，具有良好的发展潜力和前景。

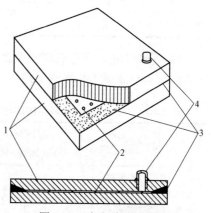

图 2-63　真空玻璃结构图
1—玻璃；2—支撑物；3—封边；4—保护帽

真空玻璃的保温原理基于保温瓶原理，从原理上看真空玻璃可比喻为平板形保温瓶。二者相同点是两层玻璃的夹层均为气压低于 0.1Pa 的真空，使气体传热可忽略不计。二者不同点：一是真空玻璃用于门窗必须透明或透光，二是必须在两层玻璃之间设置"支撑物"方阵来承受每平方米约 10t 的大气压，使玻璃之间保持间隔，形成真空层。为了减小支撑物"热桥"形成的传热并使人眼难以分辨，支撑物直径在 0.3～0.5mm 之间，高度在 0.1～0.2mm 之间。真空玻璃另一个更好的功能是隔声，由于是真空层，无法传导噪声，所以真空玻璃可以隔绝 90%的噪声。

由于真空玻璃中间为真空层，因此，其中心部位传热由辐射传热和支撑物引起的传导传热构成，缺少了气体对流传热。由此可见，要减小因温差引起的传热，真空玻璃也要减小辐射传热，有效的方法是采用低辐射膜玻璃（Low-E 玻璃），在兼顾其他光学性能要求的条件下，其辐射率越低越好。真空玻璃还要尽可能减少点阵支撑物的传热。

真空玻璃和中空玻璃在结构和制作上完全不相同，中空玻璃只是简单地把两片玻璃黏合在一起，中间夹有空气层，而真空玻璃是在内片玻璃中间夹入胶片支撑，在高温真空环境下使两片玻璃完全融合，并且两片玻璃中间是真空的，真空状态下声音是无法传导的。

（2）真空玻璃的性能特点。

1）结构特点。真空玻璃与中空玻璃的结构比较见表 2-39。

表 2-39　　　　　　　　　真空玻璃与中空玻璃的结构比较

| 名称 | 间隔层 | 间隔尺寸/mm | 四周密封方式 | 总厚度 |
|------|--------|------------|--------------|--------|
| 真空玻璃 | 真空 | 0.1～0.2 | 玻璃熔封 | 几乎为两片玻璃的厚度 |
| 中空玻璃 | 空气或氩气 | 9～24 | 铝合金间隔框加胶粘剂 | 最薄 15mm |

2）隔热性能。真空玻璃的保温隔热性能可达中空玻璃的两倍。表 2-40 是真空玻璃与中空玻璃隔热性能比较。

表 2-40　　　　　　　　真空玻璃与中空玻璃隔热性能比较

| 样品类别 | | 厚度/mm（玻璃+间隙+玻璃） | 热阻/[(m²·K)/W] | 表观热导率/[W/(m·K)] | 传热系数/[W/(m²·K)] |
|---------|---|------|------|------|------|
| 真空玻璃 | 普通型 | 3+0.1V+3 | 0.1885 | 0.0315 | 2.921 |
| | 单面低辐射膜 | 4+0.1V+4 | 0.4512 | 0.0155 | 1.653 |
| | 双面低辐射膜 | 4+0.1V+4 | 0.6553 | 0.0122 | 1.23 |
| 中空玻璃 | 普通型 | 3+6A+3 | 0.1071 | 0.112 | 3.833 |
| | 普通型 | 3+12A+3 | 0.1333 | 0.135 | 3.483 |
| | 单面低辐射膜（$e$=0.23） | 6+12A+6 | 0.3219 | 0.0746 | 2.102 |

3）防结露性能。

由于真空玻璃热阻高，与中空玻璃相比具有更好的防结露性能，表 2-41 列出了真空玻璃与中空玻璃防结露性能比较。由表可见在相同湿度条件下，真空玻璃结露温度更低。这对严寒地区冬天的采光更为有利，而且真空玻璃不会像中空玻璃常发生"内结露"现象。"内结露"现象是中空玻璃间隔层内因含有水汽，在较低温度下结露而产生，无法去除，严重影响视觉和采光。

表 2-41　　　　　　真空玻璃与中空玻璃防结露性能比较

| 样品类别 | 厚度/mm | 室外温度（结露温度）/℃ | | |
|---|---|---|---|---|
| | | 室内湿度 60% | 室内湿度 70% | 室内湿度 80% |
| 真空玻璃 | 3+0.1+3≈6 | -21 | -8 | 2 |
| 中空玻璃 | 3+6+3=12 | -5 | -1 | 11 |

注：室温 20℃，室内自然对流，户外风速 3.5m/s，真空玻璃一面为低辐射玻璃。

4）隔声性能。

真空玻璃具有良好的隔声性能，表 2-42 列出了真空玻璃与中空玻璃隔声性能的比较。在大多数频段，特别是低频段，真空玻璃优于中空玻璃。

表 2-42　　　　　　真空玻璃与中空玻璃隔声性能比较

| 样品类别 | 厚度/mm | 不同频段的透过衰减分贝/dB | | | | | | 平均值 | 达到性能等级 |
|---|---|---|---|---|---|---|---|---|---|
| | | 100～160Hz | 200～315Hz | 400～630Hz | 800～1250Hz | 600～2500Hz | 3150～5000Hz | | |
| 真空玻璃 | 3+0.1+3 | 22 | 27 | 31 | 35 | 37 | 31 | 31 | 3 |
| 中空玻璃 | 3+6+3 | 20 | 22 | 20 | 29 | 38 | 23 | 28 | 2 |
| | 3+12+3 | 19 | 17 | 20 | 32 | 40 | 30 | 28 | 2 |

5）抗风压性能。

真空玻璃具有比中空玻璃更好的抗风压性能，以铝合金窗扇为例，见表 2-43、表 2-44。

表 2-43　　　　　　（3+0.1+3）mm 真空玻璃抗风压试验结果

| 名称 | 规格 | 结果 | 性能等级 |
|---|---|---|---|
| A 样品 | （500×1390×6.1）mm | 正压 3.5kPa，负压-3.5kPa | 6 |
| B 样品 | （1129×1347×5.5）mm | 正压 3.5kPa，负压-3.5kPa | 6 |

表 2-44　　　　　　（3+3）mm 中空玻璃抗风压试验结果

| 名称 | 规格 | 结果 | 性能等级 |
|---|---|---|---|
| 与 A 样品面积相近 | 0.7m$^2$ | 2.8kPa | 4 |
| 与 B 样品面积相近 | 1.5m$^2$ | 1.2kPa | 1 |

由上述试验结果可见，同样面积、同样厚度条件下，真空玻璃抗风压性能优于中空玻璃。

6）采光性能。

真空玻璃采光性能优于中空玻璃。表 2-45 是（3+0.1+3）mm 普通真空玻璃铝合金窗扇的采光性能结果。

表 2-45　　　　　　　（3+0.1+3）mm 普通真空玻璃采光性能结果

| 名称 | 规格 | 结果 | 性能等级 |
|---|---|---|---|
| B 样品 | （1129×1347×5.5）mm | 透光折减系数 $T$=0.53 | 4 |

7）耐久性。

真空玻璃性能长期稳定可靠。参照中空玻璃拟定的环境和寿命试验有紫外线照射试验、气候循环试验、高温高湿试验，检测结果见表 2-46。

表 2-46　　　　　　　（3+0.1+3）mm 普通真空玻璃环境试验结果

| 类别 | 检测项目 | 试样处理 | 检测条件 | 检测结果 | 热阻变化 |
|---|---|---|---|---|---|
| 紫外线照射 | 热阻 /[(m²·K)/W] | （23±2）℃，（60%±5%）RH 条件下放置 7d | 平均温度 14℃ | 0.223 | −1.3% |
| | | 浸水-紫外线光照 600h 后在（23±2）℃，（60%±5%）RH 条件下放置 7d | | 0.220 | |
| 气候循环试验 | | （23±2）℃，（60%±5%）RH 条件下放置 7d | 平均温度 13℃ | 0.216 | 0.5% |
| | | （−23±2）℃下 500h（23±2）℃，（60%±5%）RH 条件下放置 7d | | 0.217 | |
| 高温高湿试验 | | （23±2）℃，（60%±5%）RH 条件下放置 7d | 平均温度 13℃ | 0.214 | −2% |
| | | 250 次热-冷却循环（23±2）℃，（60%±5%）RH 条件下放置 7d 循环条件：加热（52±2）℃，RH >95%，（140±1）min；冷却（25±2）℃，（40±1）min | | 0.210 | |

注：RH 为相对湿度。

从上表看出，热阻变化均在 2% 以内，真空玻璃性能长期稳定、可靠。

## 2.2.2　玻璃的节能设计

玻璃面积占铝合金门窗面积约 75%，玻璃的节能性能对门窗节能有着重要的影响。因此，玻璃的节能设计是门窗设计的重要内容之一。

中空玻璃是中、低节能性能门窗的主要玻璃配置，组成中空玻璃的玻璃厚度、类型、间隔层厚度、间隔条类型及间隔层气体类型是影响中空玻璃节能性能的重要因素。真空玻璃及其复合玻璃产品是高节能性能门窗的主要玻璃配置。

### 1. 中空玻璃的节能特性

（1）中空玻璃节能特性的基本指标。

中空玻璃诸多的性能指标中，能够用来判别其节能特性的主要有传热系数 $K$ 和太阳得热系数 SHGC。

中空玻璃的传热系数 $K$ 是指在稳定传热条件下，玻璃两侧空气温度差为 1K 时，单位时间内通过单位面积中空玻璃的传热量，以 $W/(m^2 \cdot K)$ 表示。$K$ 值越低，说明中空玻璃的保温隔热性能越好，在使用时的节能效果越显著。

太阳得热系数 SHGC（也称太阳能总透射比）是指在太阳辐射相同的条件下，太阳辐射能量透过窗玻璃进入室内的量与通过相同尺寸但无玻璃的开口进入室内的太阳热量的比率。玻璃的 SHGC 值增大时，意味着可以有更多的太阳直射热量进入室内，减小时则将更多的太阳直射热量阻挡在室外。SHGC 值对节能效果的影响是与建筑物所处的不同气候条件相联系的，在炎热气候条件下，应该减少太阳辐射热量对室内温度的影响，此时需要玻璃具有相对低的 SHGC 值；在寒冷气候条件下，应充分利用太阳辐射热量来提高室内的温度，此时需要高 SHGC 值的玻璃。在 $K$ 值与 SHGC 值之间，前者主要衡量的是由于温度差而产生的传热过程，后者主要衡量的是由太阳辐射产生的热量传递，实际生活环境中两种影响同时存在，所以在各建筑节能设计标准中，是通过限定 $K$ 值和 SHGC 的组合条件来使窗户达到规定的节能效果。

（2）节能指标的影响因素。

1）玻璃的厚度。

中空玻璃的传热系数，与玻璃的热阻和玻璃厚度的乘积有着直接的联系。当增加玻璃厚度时，必然会增大该片玻璃对热量传递的阻挡能力，从而降低整个中空玻璃系统的传热系数。通过对具有 12 mm 空气间隔层的普通中空玻璃进行计算，当两片玻璃都为 3mm 白玻时，$K$=2.745 $W/(m^2 \cdot K)$；都为 10mm 白玻时，$K$=2.64 $W/(m^2 \cdot K)$，降低了 3.8%左右，且 $K$ 值的变化与玻璃厚度的变化基本为直线关系，如图 2-64 所示。从计算结果可以看出，增加玻璃厚度对降低中空玻璃 $K$ 值的作用不是很大，8+12+8 的组合方式比常用的 6+12+6 组合方式 $K$ 值仅降低 0.03 $W/(m^2 \cdot K)$，对建筑能耗的影响甚微。由吸热玻璃或镀膜玻璃组成的中

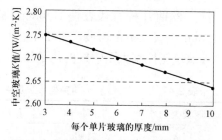

图 2-64  中空玻璃 $K$ 值与玻璃厚度关系

空系统，其变化情况与白玻相近，所以在下面的其他因素分析中将以常用的 6mm 玻璃为主。

当玻璃厚度增加时，太阳光穿透玻璃进入室内的能量将会随之而减少，从而导致中空玻璃太阳得热系数的降低。如图 2-64 所示，在由两片白玻组成中空时，单片玻璃厚度由 3mm 增加到 10mm，SHGC 值降低了 16%；由绿玻（选用典型参数）+白玻组成中空时，SHGC 值降低了 37%左右。不同厂商、不同颜色的吸热玻璃影响

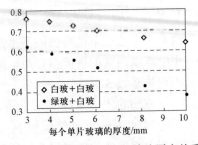

图 2-65　玻璃 SHGC 值与玻璃厚度关系

程度将会有所不同，但同一类型中，玻璃厚度对 SHGC 值的影响都会比较大，同时对可见光透过率的影响也很大。所以，建筑上选用吸热玻璃组成的中空玻璃时，应根据建筑物能耗的设计参数，在满足结构要求的前提下，考虑玻璃厚度对室内获得太阳能强度的影响程度。在镀膜玻璃组成中空时，厚度会依基片的种类而产生不同程度的影响，但主要的因素将会是膜层的类型。

2）玻璃的类型。

组成中空玻璃的玻璃类型有白玻、吸热玻璃、阳光控制镀膜、Low-E 玻璃等，以及由这些玻璃所产生的深加工产品。玻璃被热弯、钢化后的光学热工特性会有微小的改变，但不会对中空系统产生明显的变化，所以此处仅分析未进行深加工的玻璃原片。不同类型的玻璃，在单片使用时的节能特性就有很大的差别，当合成中空时，各种形式的组合也会呈现出不同的变化特性。

吸热玻璃是通过本体着色减小太阳光热量的透过率，增大吸收率。由于室外玻璃表面的空气流动速度会大于室内，所以能更多地带走玻璃本身的热量，从而减少了太阳辐射热进入室内的程度。不同颜色类型、不同深浅程度的吸热玻璃，都会使玻璃的 SHGC 值和可见光透过率发生很大的改变。但各种颜色系列的吸热玻璃，其辐射率都与普通白玻相同，约为 0.84。

所以在相同厚度的情况下，组成中空玻璃时传热系数 $K$ 值是相同的。选取不同厂商的几种有代表性的 6mm 厚度吸热玻璃，中空组合方式为吸热玻璃+12mm 空气+6mm 白玻，表 2-47 列出了各项节能特性参数。计算结果表明，吸热玻璃仅能控制太阳辐射的热量传递，不能改变由于温度差引起的热量传递。

表 2-47　　　　　不同类型吸热玻璃对中空节能特性的影响

| 玻璃类型 | 生产厂商 | $K$ 值/[W/($m^2$·K)] | SHGC 值 | 可见光透过率 |
|---|---|---|---|---|
| 白玻 | 普通 | 2.703 | 0.701 | 0.786 |
| 灰色 | PPG | 2.704 | 0.454 | 0.395 |

续表

| 玻璃类型 | 生产厂商 | $K$ 值/[W/(m²·K)] | SHGC 值 | 可见光透过率 |
|---|---|---|---|---|
| 绿色 | PPG | 2.704 | 0.404 | 0.598 |
| 茶色 | Pilkington | 2.704 | 0.511 | 0.482 |
| 蓝绿色 | Pilkington | 2.704 | 0.509 | 0.673 |

　　阳光控制镀膜玻璃是在玻璃表面镀上一层金属或金属化合物膜，膜层不仅使玻璃呈现丰富的色彩，而且更主要的作用就是降低玻璃的太阳得热系数 SHGC 值，限制太阳热辐射直接进入室内。不同类型的膜层会使玻璃的 SHGC 值和可见光透过率发生很大的变化，但对远红外热辐射没有明显的反射作用，所以阳光控制镀膜玻璃单片或中空使用时，$K$ 值与白玻相近。

　　Low-E 玻璃是一种对波长 4.5～25μm 红外线有较高反射比的镀膜玻璃。在我们周围的环境中，由于温度差引起的热量传递主要集中在远红外波段上，白玻、吸热玻璃、阳光控制镀膜玻璃对远红外热辐射的反射率很小，吸收率很高，吸收的热量将会使玻璃自身的温度提高，这样就导致热量再次向温度低的一侧传递。与之相反，Low-E 玻璃可以将温度高的一侧传递过来的 80%以上的远红外热辐射反射回去，从而避免了由于自身温度提高产生的二次热传递，所以 Low-E 玻璃具有很小的传热系数。

　　3）Low-E 玻璃的辐射率。

　　Low-E 玻璃的传热系数与其膜面的辐射率有着直接的联系。辐射率越小时，对远红外线的反射率越高，玻璃的传热系数也会越小。例如，当 6mm 单片 Low-E 玻璃的膜面辐射率为 0.2 时，传热系数为 3.80 W/(m²·K)；辐射率为 0.1 时，传热系数为 3.45W/(m²·K)。单片玻璃 $K$ 值的变化必然会引起中空玻璃 $K$ 值的变化，所以 Low-E 中空玻璃的传热系数会随着低辐射膜层辐射率的变化而改变。

图 2-66 所示的数据为白玻与 Low-E 玻璃采用 6+12+6 的组合时，中空 $K$ 值受膜面辐射率变化的情况。可以看出，当辐射率从 0.2 降低到 0.1 时，$K$ 值仅降低了 0.17 W/(m²·K)。这说明与单片 Low-E 的变化相比，Low-E 中空的 $K$ 值变化受辐射率的影响不是非常显著。

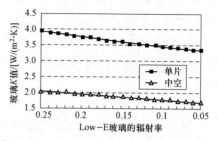

图 2-66　Low-E 玻璃 $K$ 值受辐射率影响程度

　　4）Low-E 玻璃镀膜面位置。

　　由于 Low-E 玻璃膜面所具有的独特的低辐射特性，所以在组成中空玻璃时，镀膜面放置位置的不同将使中空玻璃产生不同的光学特性。以耀华 Low-E 为例，按照与白玻进行 6+12+6 的组合方式计算，将镀膜面放置在 4 个不同的位置上时（室外为 1 号位置，室内为 4 号位置），中空玻璃节能特性的变化见表 2-48。根据结果显示，膜面位置在 2 号或 3 号时的中空玻璃 $K$ 值最小，即保温隔热性能最好。3 号位置时的太阳得热系数要大于 2 号位置，这一区别是在不同气候条件下使用 Low-E 玻璃时要注意的关键因素。寒冷气候条件下，在对室内保温的同时人们希望更多地获得太阳辐射热量，此时镀膜面应位于 3 号位置；炎热气候条件下，人们希望进入室内的太阳辐射热量越少越好，此时镀膜面应位于 2 号位置。

表 2-48                  Low-E 玻璃膜面位置对节能的影响

| 镀膜面位置 | 基本指标 | （室外）1 号 | 2 号 | 3 号 | 4 号（室内） |
|---|---|---|---|---|---|
| 白玻组合 | $K$ 值/[W/(m²·K)] | 2.677 | 1.923 | 1.923 | 2.041 |
| | SHGC 值 | 0.632 | 0.625 | 0.676 | 0.640 |
| 吸热玻璃组合（以浅绿为例） | $K$ 值/[W/(m²·K)] | 2.680 | 1.925 | 1.925 | 2.042 |
| | SHGC 值 | 0.416 | 0.586 | 0.347 | 0.345 |

如果为了建筑节能或颜色装饰的设计需要，在炎热地区采用吸热玻璃与 Low-E 玻璃组成中空时，从表 2-48 中可以看出，膜面在 2 号或 3 号位置时的传热系数都是最小，但 3 号位置的太阳得热系数比 2 号位置小得多，此时 Low-E 膜层应该位于 3 号位置。

5）间隔气体的类型。

中空玻璃的导热系数比单片玻璃低一半左右，这主要是气体间隔层的作用。中空玻璃内部充填的气体除空气以外，还有氩气、氪气等惰性气体。由于气体的导热系数很低，空气 0.026W/(m·K)、氩气 0.016 W/(m·K)，因此极大地提高了中空玻璃的热阻性能。6+12+6 的白玻中空组合，当充填空气时 $K$ 值约为 2.7W/(m²·K)，充填 90%氩气时 $K$ 值约为 2.55W/(m²·K)，充填 100%氩气时约为 2.53 W/(m²·K)，充填 100%氪气时 $K$ 值约为 2.47 W/(m²·K)。两种惰性气体相比，氩气在空气中的含量丰富，提取比较容易，使用成本低，所以应用较为广泛。不论填充何种气体，相同厚度情况下，中空玻璃的 SHGC 值和可见光透过率基本保持不变。

6）气体间隔层的厚度。

常用的中空玻璃间隔层厚度为 6mm、9mm、12mm 等。气体间隔层的厚薄与传热阻的大小有着直接的联系。在玻璃材质、密封构造相同的情况下，气体间隔层越大，传热阻越大。但气体层的厚度达到一定程度后，传热阻的增长率就很小了。因为当气体层厚度达到一定程度后，气体在玻璃之间温差的作用下就会产生一定的对流过程，从而减低了气体层增厚的作用。如图 2-66 所示，气体层从 1mm 增加到 9mm 时，白玻中空充填空气时 $K$ 值下降 37%，Low-E 中空玻璃充填空气时 $K$ 值下降 53%，充填氩气时下降 59%。从 9mm 增加到 13mm 时，下降速度都开始变缓。13mm 以后，$K$ 值反而有轻微的回升。所以，对于 6mm 厚度玻璃的中空组合，超过 13mm 的气体间隔层厚度再增大不会产生明显的节能效果。

从图 2-67 中我们也可以看出，气体间隔层增加时，Low-E 中空玻璃 $K$ 值的下降速度比普通中空玻璃要快。这种特性使得在组成三玻中空玻璃时，如果必须采用两个气体层不一样厚度的特殊组合时，Low-E 部位的间隔层厚度应不小于白玻部位的间隔层厚度。例如，6mm 玻璃中空组合时，白玻+6mm+白玻+12mm+Low-E 的 $K$

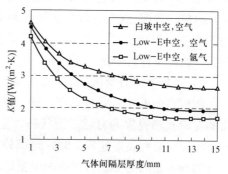

图 2-67　气体间隔层厚度对 $K$ 值的影响

值为 1.48W/(m²·K)；白玻+9mm+白玻+9mm+Low-E 的 $K$ 值为 1.54W/(m²·K)；白玻+12mm+白玻+6mm+Low-E 的 $K$ 值为 1.70W/(m²·K)。

7）间隔条的类型。

中空玻璃边部密封材料的性能对中空玻璃的 $K$ 值有一定影响。通常情况下，大多数间隔使用铝条法，虽然重量轻，加工简单，但其导热系数大，导致中空玻璃的边部热阻降低。在室外气温特别寒冷时，室内的玻璃边部会产生结霜现象。以 Swiggle 胶条为代表的暖边密封系统具有更优异的隔热性能，大大降低了中空玻璃边部的传热系数，有效地减少了边部结霜现象，同时可以将白玻中空玻璃的中央 $K$ 值降低 5%以上，Low-E 中空玻璃的中央 $K$ 值降低 9%以上。表 2-49 为各种边部密封材料的导热系数。

表 2-49　　　　　　　　　各种边部密封材料的导热系数

| 边部材料 | 双封铝条 | 热熔丁基/U 形 | 铝带 Swiggle | 不锈钢 Swiggle |
|---|---|---|---|---|
| 导热系数/[W/(m·K)] | 10.8 | 4.43 | 3.06 | 1.36 |

8）中空玻璃的安装角度。

一般情况下，中空玻璃都是垂直放置使用，但目前中空玻璃的应用范围越来越广泛，如果应用于温室或斜坡屋顶时，其角度将会发生改变。当角度变化时，内部气体的对流状态也会随之而改变，这必将影响气体对热量的传递效果，最终导致中空玻璃的传热系数发生变化。

以常用的 6+12+6 白玻空气填充组合形式为例，图 2-67 显示了不同角度的中空玻璃 $K$ 值变化情况（受不同角度范围采用不同的计算公式影响，图中数据仅供

分析参考），常用的垂直放置（90°）状态
$K$ 值为 2.70W/(m²·K)，水平放置（0°）时
$K$ 值为 3.26 W/(m²·K)，增加了 21%。所
以，当中空玻璃被水平放置使用时，必
须考虑 $K$ 值变大对建筑节能效果的影
响。但应注意图 2-68 中的 $K$ 值变化趋
势是指在室内温度大于室外温度的环境条
件下，相反条件时变化并不明显。

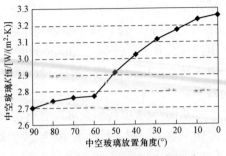

图 2-68　中空玻璃放置角度的影响

9）室外风速的变化。

在按照国内外标准测试或计算一块中空玻璃的传热系数时，一般都将室内表
面的对流换热设置为自然对流状态，室外表面为风速在 3～5m/s 的强制对流状
态。实际安装到高层建筑上时，玻璃外表面的风速将会随着高度的增加而增大，
使玻璃外表面的换热能力加强，中空玻璃的传热系数会略有增大。

对比图 2-69 中的数据，当风速从测试
标准采用的 5m/s 加大到 15m/s 时，白玻中
空的 $K$ 值增加了 0.16W/(m²·K)，Low-E 中
空的 $K$ 值增加了 0.1W/(m²·K)。对于窗墙
比数值较小的高层建筑结构，上述 $K$ 值的
变化对节能效果不会产生大的影响，但对
于纯幕墙的高层建筑来说，为了使顶层房
间也能保持良好的热环境，就应该考虑高
空风速变大对节能效果的影响。

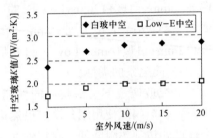

图 2-69　室外风速对节能特性的影响

通过以上对中空玻璃的原片组合、间隔类型、使用环境的详细数据分析可以
看出，影响中空玻璃节能特性的重要因素是玻璃原片的类型和间隔层的厚度及种
类。其中，Low-E 玻璃以其优异的光学热工特性使中空玻璃的节能效果得到了巨
大的飞跃。

## 2. 中空玻璃的暖边技术

（1）暖边技术的产生。

当中空玻璃两侧有两种不同温度的流体时，通过其中间部分和边缘部分的热
量大小是不同的。热量通过玻璃板的方式是传导和辐射，通过玻璃中间的气体主
要方式是传导和对流。中空玻璃的隔热能力主要来自密封着的空气层，在温度为
20℃时，空气的导热系数为 0.026 W/(m·K)，而普通透明玻璃板的导热系数为
1.0W/(m·K)，其比值为 1:38。中空玻璃密封的空气层内，对流换热所占的份额
较小，基本为传导方式，所以能较大程度地提高中空玻璃的热阻。

在中空玻璃的边部，由于密封系统与玻璃板紧密接触，所以是多层平壁之间的传导传热。间隔条材质的导热系数对热阻的影响极大，使用铝质间隔条导热系数大，热阻小。对中空部分而言，空气层厚度与间隔条尺寸接近，它们的热阻之比也近似于它们导热系数的比值。所以，玻璃边部的热阻远远小于中间部分。图 2-70 表示使用不同间隔物时，中空玻璃边部温度的变化。

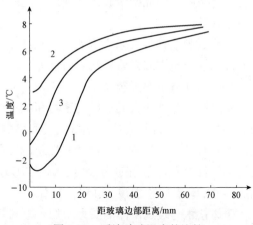

图 2-70　暖边玻璃温度的比较

1—铝；2—硅发泡物；3—波纹金属

冬天时，建筑物中空玻璃其四周部分的热阻小，温度下降明显。由于室内具有一定湿度，空气中的水分碰到较低温度的玻璃板就被冷凝，在中空玻璃的边缘产生结露结霜现象，这既影响美观，又对密封材料造成损害。

为改善中空玻璃四周部分热阻过小、容易结露结霜现象，采用导热系数较低的材料替代传统的铝质间隔条，能使内层玻璃周边温度比过去高，避免内层玻璃边缘处的结露。

因此，导热系数小的各种材料以及各种形状的间隔条被大量研制出来，于是出现暖边技术这一术语。暖边技术是指在中空玻璃边部密封时，采用导热系数较低的材料代替传统的导热系数较高的槽铝式密封构造，在提高玻璃边缘温度的同时，可有效改善玻璃边缘的传热状况从而改善整窗的保温性能。

（2）暖边间隔系统的种类。

中空玻璃间隔系统基本上可分为两大类：一类为低导热系数的金属框与密封胶组成的刚性间隔；另一类是以高分子材料为主制成的非刚性间隔条。

1）框架式刚性间隔系统。

铝合金的导热系数为 160 W/(m·K)，不锈钢的导热系数为 17 W/(m·K)，不锈钢的导热系数大大低于铝合金，用不锈钢材料替代铝质间隔条，可改善中空玻璃边部热阻过小的状况。美国 PPG 公司的产品 Intercept，先用不锈钢带压制成槽型，然后在槽内铺上含分子筛的胶泥，接着在边部涂层胶，再折框，最后合片。其特点是折框设备全自动，生产速度快，适合生产批量大、规格简单的民用建筑的中空玻璃。

该间隔系统能提供足够的强度以保持玻璃片平整，防止绝缘气体外溢和湿气进入，关键技术是密封胶。中空玻璃在使用期间面临着来自外界的温差、气压、风荷载等影响，因此密封胶既要保证系统的结构稳定，还要防止外来水汽渗透进入中空玻璃的空气层内。

对密封胶的性能要求主要有与基材(玻璃、间隔条)的粘接能力、在使用环境下的耐水性、抗太阳光紫外线照射能力、耐高温性和耐低温性。要求密封材料在膨胀收缩的动态下不开裂老化。

密封胶可分外两大类：结构密封和低水汽渗透率密封。用于结构密封的主要为热固性材料，如聚硫胶、聚氨酯胶和硅酮胶等，它们增强了中空玻璃的稳定性，都具有较高的模量值。但气密性差，抗水汽渗透率差。低水汽渗透率密封主要为热塑性材料，常用的为聚异丁烯（PIB），水汽渗透率小于 1W/(m·K)，由于是热熔性的，其操作温度为 150℃左右。

暖边技术与暖边产品的关系密切，不同的暖边产品有其相应的密封工艺。他们都影响到中空玻璃的质量，也与其隔热功能有关。

2）条状式非刚性间隔系统。

由于高分子材料导热系数小，所以采用热固性材料做间隔条得到很大发展。TruSeal 公司的 Swiggle 胶条将干燥剂与塑料做成一体，中间嵌以波纹状金属隔片，在我国很普遍。其另一产品 Insuledge 是非金属的矩形管状隔条（图 2-71），中间是波纹状管形内芯，波纹可抗压，又能适当伸展。外面套一矩形管状箔片，以增强间隔条抗水汽渗透的性

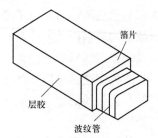

图 2-71 Insuledge 隔条结构示意图

能，边部胶层防湿汽，内层含有干燥剂，造型美观，单道与双道密封均可。其特点是用中空取代了固体材料或发泡材料，充分利用了空气导热系数小的特点，强度则通过波纹管得以增强。其间隔空间为 13mm，导热系数为 0.08W/m·K，水汽渗透率为 0.098g/(m²·d)。产品 DuraSeal 可适用于双层、三层的中空玻璃，用热压方法密封，一步制成，间隔空间为 6～18mm。

Edgetech 公司的产品 Super Spacer 与其他用丁基橡胶包裹不锈钢或铝质间隔条的暖边产品不同，它是完全用高绝缘的热固性材料制成的胶条，不含金属。是一种含有干燥剂、具有抗压缩功能的聚硅酮发泡产品，内含上百万个微型气泡。其导热系数与铝的比值为 1∶950，与不锈钢的比值为 1∶85。

一般而言，含有金属的刚性间隔框比较硬，对自然的膨胀和收缩会产生应力，导致密封失败。该产品尽管由热固性材料制成，但能抵抗风压，并随温度变化而膨胀和收缩，始终保持中空玻璃整个结构的完整和稳定。采用双道密封，结构密封为丙烯酸胶。

此外，塑料间隔框由于导热系数小，也得到大量应用。但其缺点是加工时不

易被弯曲，不易在生产时做成整件。因此，先做成塑料条，然后根据间隔框尺寸被割断成直条，再在直条端连接形成框架。与金属相比，塑料的气密性较差，所以这样连接的间隔框的边角部对气密要求是个薄弱点。

（3）暖边技术与中空玻璃的节能。

铝金属间隔条的应用使中空玻璃的现代生产成为可能，但另一方面，却是以牺牲中空玻璃的节能性为代价的，这是由于铝金属间隔条的导热系数大，形成能源损失的通道。为了解决中空玻璃边部的热损失问题，暖边间隔条应运而生，在发达国家得到了广泛应用。

暖边可以采用三种方法得到：①非金属材料，如超级间隔条、TPS、玻璃纤维条；②部分金属材料，如断桥间隔条、复合胶条；③低于铝金属传导系数的金属间隔条，如不锈钢间隔条。

按节能性能，可将间隔条分为低性能、中等性能和高性能三类。

①低性能间隔条的特点是含有部分金属或采用比铝金属导热系数低的金属。

②中等性能间隔条的特点是含有部分金属或采用比铝金属导热系数低的金属。

③高性能间隔条的特点是采用非金属材料，因此导热系数大大低于铝金属。

传统的槽铝式间隔条和暖边间隔条（TGI 间隔条)中空玻璃室内边缘的最低温度计算结果如图 2-72 所示。

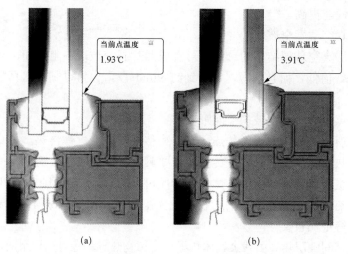

当前点温度 1.93℃

当前点温度 3.91℃

(a)　　　　　　　　　　　(b)

图 2-72　不同间隔条框扇节点内表面最低温度计算结果

(a) 传统槽铝式间隔条；(b) 暖边间隔条

从图 2-72 可以看出，采用暖边间隔条的中空玻璃边缘内表面温度相比传统槽铝式间隔条可提高约 2℃，从而有效地降低了建筑外窗中空玻璃边缘结露的可能性。

### 3. 真空玻璃的节能特性

真空玻璃可以与另一片玻璃、真空玻璃、中空玻璃组合成新的复合节能玻璃产品。

（1）真空夹层玻璃。

真空玻璃产品可做成单面夹层结构，也可以做成双面夹层结构。其特点是安全性和防盗性，同时其传热系数、隔声及抗风压等性能也优于真空玻璃原片，总厚度也比较薄。由于玻璃和夹胶层的热导较大，对热阻贡献较小，因而真空夹层玻璃的传热系数只比真空玻璃略小，但隔声性能会有较大提高。

（2）"真空+中空"组合真空玻璃。

"真空+中空"组合真空玻璃结构相当于把真空玻璃当成一片玻璃再与附加玻璃板合成中空，附加玻璃板厚度一般选 5mm 或 6mm 的钢化玻璃，放在建筑物外侧，也可以做成"中空+真空+中空"的双面中空组合形式。这种组合除解决安全性外，其隔热隔声性能也都有提高。特别是附加玻璃板也选用 Low-E 钢化玻璃时更使传热系数降低。

（3）"真空夹层+中空"结构。

"真空夹层+中空"结构传热系数与上述"真空+中空"相近，但优点除传热系数低并解决了安全性之外，由于真空玻璃两侧不对称，减小了声音传播的共振，使隔声性能提高。

（4）双真空层真空玻璃。

双真空层真空玻璃结构的总热阻可看成两片真空玻璃热阻之和，双真空玻璃的热阻高，$K$ 值低，而且很薄，可做到约 9mm 厚，也可以制成双真空层夹层安全玻璃。

（5）Low-E 膜对真空玻璃节能影响。

真空玻璃的传热包括辐射传热、支撑物传热和残余气体传热，抽真空只是解决了气体传热的问题，降低辐射传热还需要具有低辐射膜的玻璃来发挥作用。另外，对于真空玻璃来说，由于气体传热一般可以忽略不计，因此只剩下辐射传热和支撑物传热，此时辐射传热占的权重较大，因此，使用 Low-E 玻璃，对真空玻璃来说显得更加重要。

真空玻璃间隙层热导由残余气体热导、支撑物热导和辐射热导组成。辐射热导与真空玻璃层两片玻璃内表面的辐射率有直接的关系，辐射率越低，辐射热导越小，进而真空玻璃热导及传热系数越小。普通玻璃的表面辐射率为 0.837，单银镀膜玻璃的辐射率可达 0.08～0.13，双银可降低至 0.05 左右，而三银可降低至 0.02 左右。

Low-E 玻璃可以降低真空玻璃的传热系数 $K$ 值，体现 Low-E 玻璃的价值，同时，真空玻璃腔体内为真空状态，也可以很好地保护 Low-E 膜层，尤其是离线 Low-E 膜层。由此可见，两种节能玻璃密不可分，互相成就。表 2-50 为不同结构玻璃传热系数 $K$ 值。

表 2-50 不同结构玻璃传热系数 $K$ 值

| 中空玻璃结构 | Low-E | 支撑物间距/mm | 传热系数 $K/[W/(m^2 \cdot K)]$ |
|---|---|---|---|
| 无 Low-E 真空玻璃 | 无 Low-E | 40 | 2.15 |
| 无 Low-E 中空玻璃（12Ar） | 无 Low-E | — | 2.52 |
| 无 Low-E 中空玻璃（12A） | 无 Low-E | — | 2.67 |
| 单 Low-E 真空玻璃 | 单银 | 40 | 0.78 |
| 单 Low-E 真空玻璃 | 双银 | 40 | 0.53 |
| 单 Low-E 真空玻璃 | 三银 | 40 | 0.39 |

由表 2-50 中数据可见，在不采用 Low-E 玻璃作为原片玻璃的情况下，真空玻璃的 $K$ 值为 2.15，略小于普通中空玻璃的 $K$ 值，而远远大于 Low-E 真空玻璃的 $K$ 值（0.39～0.78）$W/(m^2 \cdot K)$。

#### 4. Low-E 膜位置对玻璃热工性能的影响

Low-E 玻璃在节能玻璃上得到了大量应用，但 Low-E 膜放置在玻璃不同的位置对遮阳系数、$K$ 值、室内表面温度等参数有很大影响，通过 Window 软件对不同类型的玻璃进行计算，获取 Low-E 膜的位置不同对玻璃热工参数影响。

（1）遮阳系数 SC 和传热系数 $K$ 的影响。

某单银、双银、三银 Low-E 膜放置在中空玻璃、真空玻璃的不同位置，计算遮阳系数 SC 和传热系数 $K$，结果见表 2-52。

由表 2-51 可见，玻璃的遮阳系数 SC 随 Low-E 位置的变化，产生较大的改变，可根据不同气候区的特点及其对玻璃遮阳系数的要求，来选择 Low-E 膜的放置位置，以取得最佳的隔热性能。传热系数 $K$ 值，无论是单银、双银或者三银，Low-E 膜面位于 2 号或者 3 号时，$K$ 值不会发生变化。

表 2-51 玻璃性能参数随 Low-E 膜位置的变化

| 玻璃结构 | Low-E 类型 | Low-E 膜位置 | 遮阳系数 SC | 传热系数 $K/[W/(m^2 \cdot K)]$ |
|---|---|---|---|---|
| 双玻单 Low-E 中空玻璃（氩气含量 85%） | 单银 | 2 号 | 0.626 | 1.61 |
| | | 3 号 | 0.727 | 1.61 |
| | 双银 | 2 号 | 0.400 | 1.45 |
| | | 3 号 | 0.566 | 1.45 |
| | 三银 | 2 号 | 0.318 | 1.37 |
| | | 3 号 | 0.442 | 1.37 |

续表

| 玻璃结构 | Low-E 类型 | Low-E 膜位置 | 遮阳系数 SC | 传热系数 $K$/[W/(m²·K)] |
|---|---|---|---|---|
| 双玻单面 Low-E 真空玻璃 | 单银 | 2 号 | 0.642 | 0.784 |
| | | 3 号 | 0.764 | 0.784 |
| | 双银 | 2 号 | 0.414 | 0.526 |
| | | 3 号 | 0.624 | 0.526 |
| | 三银 | 2 号 | 0.316 | 0.392 |
| | | 3 号 | 0.506 | 0.392 |

注：计算软件：window7.3;计算依据：JGJ/T 151-2008，SC 采用夏季边界条件，$K$ 值采用冬季边界条件。

（2）内表面玻璃温度的影响。

单银、双银、三银 Low-E 膜放置在中空玻璃、真空玻璃的不同位置，计算不同玻璃表面温度，结果见表 2-52。

表 2-52　　　　Low-E 膜面位于 2 号和 3 号时玻璃表面温度的比较

| 玻璃结构 | Low-E 类型 | Low-E 膜位置 | 1 号温度 | 2 号温度 | 3 号温度 | 4 号温度 |
|---|---|---|---|---|---|---|
| 双玻单 Low-E 中空玻璃 （氩气含量85%） | 单银 | 2 号 | 35.8 | 36.2 | 30.2 | 30 |
| | | 3 号 | 33.3 | 33.5 | 35.8 | 35.6 |
| | 双银 | 2 号 | 38 | 38.4 | 28.9 | 28.8 |
| | | 3 号 | 33.9 | 34.2 | 38.1 | 37.8 |
| | 三银 | 2 号 | 37.2 | 37.6 | 28 | 27.8 |
| | | 3 号 | 34 | 34.2 | 34.9 | 34.7 |
| 双玻单 Low-E 真空玻璃 | 单银 | 2 号 | 35.7 | 36 | 24.9 | 24.8 |
| | | 3 号 | 32.8 | 33 | 31.9 | 31.6 |
| | 双银 | 2 号 | 38.3 | 38.8 | 22.9 | 22.8 |
| | | 3 号 | 33.4 | 33.6 | 34.9 | 34.6 |
| | 三银 | 2 号 | 36.6 | 37 | 21.5 | 21.6 |
| | | 3 号 | 33.7 | 33.9 | 32.7 | 32.4 |

注：计算软件 Window7.3；计算依据为 JGJ/T 151—2008，采用夏季边界条件计算。

由表 2-52 可见，无论是单银、双银还是三银，当膜面在 2 号面和 3 号面时，室内侧玻璃表面即 4 号面，玻璃温度差异非常大，最大可达 10℃以上。

因此，在使用 Low-E 玻璃时，Low-E 膜的放置位置应根据设计要求选择。

### 5. 单银、双银及三银 Low-E 玻璃的热工性能

（1）结构区别。

根据银层及功能的不同，Low-E 膜可分为单银、双银和三银，典型结构图如图 2-73～图 2-75 所示。

（2）性能区别。

单银、双银及三银 Low-E 中空玻璃光热参数见表 2-53，表中最下面一行 3mm 玻璃的光热参数作为参考。

图 2-73 单银 Low-E 膜层结构示意图

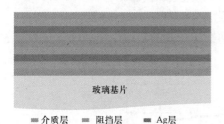

图 2-74 双银 Low-E 膜层结构示意图

图 2-75 三银 Low-E 膜层结构示意图

表 2-53　　　　典型单、双、三银 Low-E 中空玻璃光热参数

| 结构配置 | 可见光透射比（%） | 可见光反射比（%） | | 传热系数 $K/[W/(m^2 \cdot K)]$ | 太阳能总透射比 g | 遮阳系数 SC | 红外热能总透射比 $g_{IR}$ | 光热比 LSG |
|---|---|---|---|---|---|---|---|---|
| | | 室外 | 室内 | | | | | |
| 6sLow-E+12A+6 | 64 | 15 | 11 | 1.83 | 0.50 | 0.57 | 0.36 | 1.28 |
| 6ssLow-E+12A+6 | 66 | 11 | 14 | 1.63 | 0.40 | 0.45 | 0.15 | 1.65 |
| 6sssLow-E+12A+6 | 64 | 11 | 11 | 1.63 | 0.34 | 0.39 | 0.05 | 1.88 |
| 3mm 白玻 | 89 | 8 | 8 | 5.44 | 0.87 | 1.0 | 0.86 | 1.02 |

注：1. Low-E 膜放置在 2# 面，sLow-E 表示单银，ssLow-E 表示双银，sssLow-E 表示三银，$A$ 表示空气。
　　2. 环境边界条件依据标准 JGJ/T 151-2008。

由表 2-53 可见，由单银、双银及三银 Low-E 分别组成的中空玻璃，传热系数 $K$ 值相差不大。此外，在可见光透射比相差不大的情况下，随着银层的增加，$g$ 值、SC 和 $g_{IR}$ 依次递减，尤其是红外热能总透射比 $g_{IR}$，差异非常显著，而光热比 LSG 依次增加。

（3）三银 Low-E 玻璃性能。

根据上面的分析，炎热地区的低能耗建筑或者夏季需遮阳的建筑部位，建议优先选择三银 Low-E 玻璃，三银 Low-E 玻璃的光热比最大，即在可见光透射相同时，透热可以降到最小，真正实现"透光不透热"。由于人体的灼热感是太阳

辐射近红外引起的，$g_{IR}$ 越高，说明红外透过越高；$g_{IR}$ 越低，红外透过越低，三银的红外透射 $g_{IR}$ 可以做到 0.06 以下，即反射掉了绝大部分热量，灼热感得以明显改善，非常适合在炎热地区使用，舒适度大幅提升。

**6. 氩气对中空玻璃的隔热性能的影响**

（1）氩气简介。

氩气是惰性气体的一种，具有无色、无味、无毒的特性，稳定性好。氩气的密度、动态黏度高于空气，导热系数和比热容低于空气，是中空玻璃中最常见的惰性填充气体，中空玻璃充入氩气后，可减缓中空玻璃内的热对流和热传导，从而减弱整体中空玻璃的导热能力，传热系数 $K$ 值得以降低。

（2）充入氩气后传热系数 $K$ 值的变化。

图 2-76 为间隔层厚度为 12mm，不同结构配置的双玻中空玻璃传热系数 $K$ 值随填充氩气浓度变化曲线图。

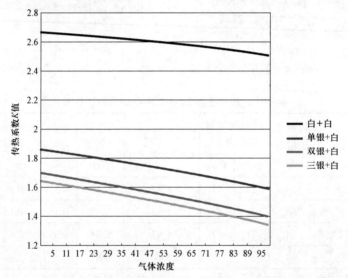

图 2-76　双玻传热系数 $K$ 值随 $A_r$ 浓度的变化曲线图

由图 2-76 可知，随着填充氩气含量的增加，其中空玻璃的传热系数显著降低。以单银+白玻为例，氩气含量从 0～100%，传热系数从 1.86 下降到 1.59；三银+白玻，传热系数从 1.64 下降到 1.34。

图 2-77 为间隔层厚度 12mm，不同结构配置的三玻中空玻璃传热系数 $K$ 值随氩气浓度的变化曲线图。

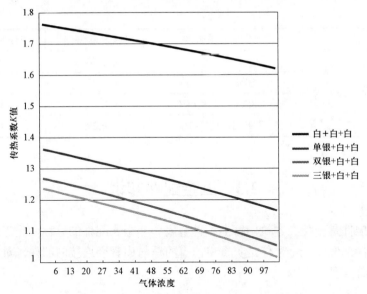

图 2-77　三玻传热系数 $K$ 值随 $A_r$ 浓度的变化曲线图

由图 2-77 可知，随氩气含量的增加，其传热系数显著降低。以单银+白玻+白玻为例，氩气含量从 0～100%，传热系数从 1.36 下降到 1.17；三银+白玻+白玻，传热系数从 1.24 下降到 1.02。

（3）充入氩气后遮阳系数 $S_c$ 和相对增热 RHG 的变化。

不同玻璃结构的 $S_c$ 和相对增热 RHG 随气体成分的变化，见表 2-54。

表 2-54　　　　　　　　　　$S_c$ 及 RHG 随气体成分的变化

| 玻璃结构 | 充入气体及其浓度 | 遮阳系数 $S_C$ | RHG/(W/m²) |
|---|---|---|---|
| 白玻+12A+白玻 | 空气 | 0.862 | 567 |
| | 氩气 50%，空气 50% | 0.863 | 567 |
| | 氩气 85%，空气 15% | 0.863 | 566 |
| | 氩气 95%，空气 5% | 0.863 | 566 |
| 单银+12A+白玻 | 空气 | 0.500 | 331 |
| | 氩气 50%，空气 50% | 0.498 | 328 |
| | 氩气 85%，空气 15% | 0.496 | 326 |
| | 氩气 95%，空气 5% | 0.485 | 325 |
| 双银+12A+白玻 | 空气 | 0.367 | 245 |
| | 氩气 50%，空气 50% | 0.363 | 241 |
| | 氩气 85%，空气 15% | 0.360 | 238 |
| | 氩气 95%，空气 5% | 0.359 | 237 |

续表

| 玻璃结构 | 充入气体及其浓度 | 遮阳系数 $S_C$ | RHG/(W/m²) |
|---|---|---|---|
| 三银+12A+白玻 | 空气 | 0.303 | 204 |
| | 氩气 50%，空气 50% | 0.299 | 200 |
| | 氩气 85%，空气 15% | 0.296 | 197 |
| | 氩气 95%，空气 5% | 0.295 | 196 |

# 2.3　五金配件知识

五金配件是安装在建筑门窗上各种金属和非金属配件的总称，是影响门窗性能的关键性部件。五金配件是负责将门窗的框与扇紧密连接的部件，对门窗的各项性能有着重要的影响。

## 2.3.1　五金件分类

### 1. 五金件

（1）五金件按产品分类。门窗用五金件按产品分为：传动机构用执手、旋压执手、合页（铰链）、传动锁闭器、滑撑、撑挡、插销、多点锁闭器、滑轮、单点锁闭器及平开下悬五金系统等。

（2）按用途分类。按用途可分为推拉门窗五金件、平开窗五金件、内平开下悬窗五金配件。

1）推拉门窗五金配件。

门窗的导轨是在门窗框型材上直接成型，滑轮系统固定在门窗扇底部。推拉门窗的滑动是否自如不仅取决于滑轮系统的质量，而且与型材平直度和加工精度以及门窗框安装精度有关。积尘对轨道和滑轮的磨损也会影响推拉门窗的开关功能。推拉门窗的锁一般是插销式锁，这种锁会因为安装精度不高、积尘等原因而失效。推拉门窗的拉手通常由插销式锁的开关部分所代替，但也有高档推拉窗将窗扇型材做出一个弧形，起拉手的作用。

提升推拉门用五金系统。提升推拉门由外框和门扇组成，其五金配件主要由执手、传动器、滑轮组成。整个系统利用了杠杆力学原理，通过轻轻转动专用长臂执手来控制门扇的提升和下降，实现门扇的固定和开启。当执手向下转动180°时。通过与之相连的传动器的传动，使滑轮落在下框的轨道上并带动门扇向上提起，此时门扇就处于开启状态可以自由推拉滑动。当执手向上转动 180°时，滑轮与下框轨道分离且门扇下降。门扇通过重力作用使胶条紧紧地压在门框上。此时门扇处于关闭状态。

2）平开门窗的五金配件。

平开门窗的基本配件之一是合页。由于合页的单向开启性质，合页总是安装在开启方向，即内开门窗合页安装在室内，外开门窗的合页安装在室外。门窗的锁是一种旋转的锁，把手通常与锁相结合。限位器是外开门窗必备的部件，防止风将门窗扇吹动并产生碰撞。但是，两个合页与限位器三点形成的固定平面的牢固程度有限。

3）内平开下悬窗五金配件。

内平开下悬窗的概念从形式上看，是既能下悬内开，又可以内平开的窗。但是这远不止一种特殊的开窗方式，实际上，它是各种窗控制功能的综合。首先当这种窗内倾时，目的是换气。顶部剪式连接件起着限位器的作用。当内平开时，顶部剪式连接件又是一个合页。底部合页同时是一个供内悬用的轴。内平开的目的一方面是可以清楚地观察窗外景色，更重要的是容易清洗玻璃。可以说内平开下悬窗是对人们进行综合性的满足。内平开下悬窗的五金件包括顶部剪式连接件、角连接件、锁、执手、连杆、多点锁、下角连接件兼下悬窗底轴、底部合页兼内旋底轴。

（3）辅助件。

门窗用辅助件主要有：连接件、接插件、加强件、缓冲垫、玻璃垫块、固定地角、密封盖等。

随着门窗生产的专业化和自动化，对门窗生产企业来说，绝大部分辅助件变成了外购件。甚至为了提高门窗的组装水平，保证门窗的整窗性能，大部分型材生产企业对部分辅助件如连接件、接插件、加强件等都进行配套生产。门窗生产企业只需根据生产门窗型号配套选用即可。

生产门窗用辅助件的材质应满足性能要求，规格尺寸应满足安装配套要求及使用要求。

**2. 执手**

门窗用执手包括"旋压执手""双面执手"和"传动机构用执手"。

（1）旋压执手。

旋压执手是通过传动手柄，实现窗启闭、锁定功能的装置。通过对旋压执手施力，即可控制窗的开、关和窗扇的锁闭或开启，如图 2-78 所示。

旋压执手俗称单点执手、7 字执手，只能在一点上进行锁闭。至于左旋压、右旋压主要用于左开窗、右开窗，

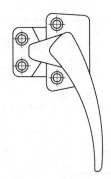

图 2-78　旋压执手

为方便开启用力而设计的。

1）旋压执手的性能要求。

操作力矩，空载时，操作力矩不应大于 1.5N·m；承载时，操作力矩不应大于 4N·m。

强度：旋压执手手柄承受 700N 力作用后，任何部件不能断裂；

反复启闭：反复启闭 1.5 万次后，旋压位置的变化不应超过 0.5mm。

2）性能特点。

只能实现单点锁闭，完成单一平开启闭、通风功能。使用寿命 1.5 万次以上。

适用范围。适用于窗扇面积不大于 $0.24m^2$（扇对角线不超过 0.7m）的小尺寸建筑平开窗，且扇宽应小于 750mm。

（2）双面执手。

执手分别装在门扇的两面，且均可实现驱动锁闭装置的一套组合部件。适用于民用建筑室内门或室外门。

性能要求如下：

操作力矩：操作力矩应满足表 2-55 的规定。

表 2-55　　　　　　　　　　　　　操作力矩

| 双面执手的结构形式 | 操作规程 | 指标 | |
| --- | --- | --- | --- |
| | | 使用频率 I 级 | 使用频率 II 级 |
| 无回位装置的球形双面执手 | 双面执手旋转至不小于 60° 后，返回初始静止位置的过程 | 操作力矩不应大于 0.6N·m | 操作力矩不应大于 0.6N·m |
| 无回位装置的杆形双面执手 | | | 操作力矩不应大于 1.5N·m |
| 带回位装置的双面执手 | 双面执手从初始位置旋转到不小于 40° 或设计最大开启角度的过程 | 操作力矩不应大于 1.5N·m，操作力矩测试后，静止时的位移偏差不应大于 ±2° | 操作力矩不应大于 2.4N·m，操作力矩测试后，静止时的位移偏差不应大于 ±1° |

自由位移：双面执手在 15N 外力作用下，距离旋转轴 75mm 处的位移量应符合表 2-56 的规定。

表 2-56　　　　　　　　　　　　　自由位移

| 项目 | 要求 | |
| --- | --- | --- |
| | 使用频率 I 级 | 使用频率 II 级 |
| 轴向位移 | ≤10 | ≤6 |
| 角位移 | ≤10 | ≤5 |

　　允许变形：使用频率 I 级的双面执手在转动力矩 30N·m 作用后、使用频率 II 级的双面执手在转动力矩 40N·m 作用后，距离执手旋转轴 50mm 处的残余变形量不大于 5mm。

　　反复启闭：在外力作用下，使用频率 I 级的双面执手进行反复启闭 100000 次，使用频率 II 级的双面执手进行反复启闭 200000 次，试验后自由位移和允许变形应符合要求。

　　抗破坏性能：按表 2-57 要求做破坏试验后，不应断裂，且在 75mm 处永久变形不应大于 2mm。

表 2-57　　　　　　　　　　　　　抗破坏性能

| 项目 | 要求 | |
| --- | --- | --- |
| | I 级 | II 级 |
| 50mm 处轴向力 | 600 | 1000 |

　　（3）传动机构用执手。

　　传动机构用执手是指驱动传动锁闭器、多点锁闭器，实现门窗启闭的操纵装置。

　　传动机构用执手本身并不能对门窗进行锁闭，必须通过与传动锁闭器或多点锁闭器一起使用，才能实现门窗的启闭，如图 2-79 所示。因此，它只是一个操纵装置，通过操纵执手，进而驱动传动锁闭器或多点锁闭器完成门窗的启闭与锁紧。

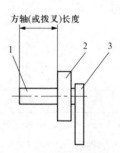

图 2-79　传动机构用执手
1—方轴或拨叉；2—执手基座；3—执手手柄

　　传动机构用执手仅适用与传动锁闭器、多点锁闭器一起使用。

　　1）性能要求。

　　操作力和力矩。应同时满足空载操作力不大于 40N，操作力矩不大于 2N·m。

　　反复启闭。反复启闭 25000 个循环试验后，应满足上述操作力矩的要求，开启、关闭自定位位置与原设计位置偏差应小于 5°。

　　强度。抗扭曲，传动机构用执手在 24～26 N·m 力矩作用下，各部位不应损坏，执手手柄轴线位置偏移应小于 5°；抗拉伸，传动机构用执手在承受 600 N 拉力作用后，执手柄最外端最大永久变形量应小于 5mm。

　　2）适用范围。适用建筑门、窗中与传动锁闭器、多点锁闭器等配合使用。不适用于双面执手。

### 3. 合页（铰链）、滑撑及撑挡

　　（1）合页（铰链）。

合页（铰链）是用于连接门窗框和扇，支撑门窗扇，实现门窗扇向室内或室外产生旋转的装置。分为门用和窗用及明装式和隐藏式。合页（铰链）使用频率分类及代号应符合表 2-58 规定。

表 2-58　　　　　　　　合页（铰链）使用频率分类及代号

| 使用频率 | 用于使用频率较高场所的门合页（铰链） | 用于使用频率较低场所的门合页（铰链） | 用于窗的合页（铰链） |
|---|---|---|---|
| 反复启闭次数 | ≥20 万次 | ≥10 万次 | ≥2.5 万次 |
| 使用频率代号 | I | II | III |

1）性能要求。合页（铰链）的力学性能应符合表 2-59 的要求。

表 2-59　　　　　　　　合页（铰链）力学性能要求

| 项目 | 要求 | 适用产品 | | | |
|---|---|---|---|---|---|
| | | 使用频率 I 的门用合页（铰链） | 使用频率 II 的门用明装合页（铰链） | 使用频率 III 的窗用明装合页（铰链） | 使用频率 III 的窗用隐藏合页（铰链） |
| 转动力 | ≤6N | √ | — | — | — |
| | ≤40N | — | √ | √ | √ |
| 承重性能 | a）一组合页（铰链）在 2 倍的扇质量作用下，门扇水平方向位移应≤2mm，垂直方向位移应≤4mm；<br>b）卸载后，水平方向残余变形和垂直方向残余变形应在图 2-79 承重后的允许变形极限范围所示的阴影区域内；<br>c）在 3 倍的扇重质量作用下，不应有破损、裂纹 | √ | — | — | — |
| | 一组合页（铰链）承受实际承重级别，并附加悬端外力作用后，门窗扇自由端竖直方向位置的变化值应≤1.5mm，试件无变形或损坏，且能正常开启 | — | √ | √ | — |
| | 一组合页（铰链）承受实际承重级别，并附加悬端外力作用后，试件无变形或损坏，能正常启闭 | — | — | — | √ |

续表

| 项目 | 要求 | 适用产品 | | | |
|---|---|---|---|---|---|
| | | 使用频率 I 的门用合页（铰链） | 使用频率 II 的门用明装合页（铰链） | 使用频率 III 的窗用明装合页（铰链） | 使用频率 III 的窗用隐藏合页（铰链） |
| 承受静态荷载 | 门用明装式合页（铰链）承受静态荷载（拉力）应满足表 2-60 的规定，试验后均不应断裂 | — | √ | — | — |
| | 窗用上部合页（铰链）承受静态荷载应满足表 2-61 的规定，试验后均不应断裂 | — | — | √ | √ |
| 反复启闭 | 一组合页（铰链）按实际承载重量，反复启闭 20 万次后，水平方向变形和垂直方向变形应在图 2-80 反复启闭后的允许变形极限范围的阴影区域内，试验前后应转动力矩的要求：在承载级别 3 倍的扇质量作用下，不应有破损、裂纹 | √ | — | — | — |
| | 一组合页（铰链）按实际承载重量，反复启闭 10 万次后，门扇自由端竖直方向位置的变化值应≤2mm，试件无严重变形或损坏 | — | √ | — | — |
| | 一组合页（铰链）按实际承载质量，窗合页（铰链）反复启闭 25000 次后，试件无严重变形或损坏，能正常启闭 | — | — | √ | √ |
| 悬端吊重 | 悬端吊重 1kN 试验后，扇不应脱落 | — | √ | — | √ |
| 撞击洞口 | 通过重物的自由落体进行扇撞击洞口试验，反复 3 次后，扇不应脱落 | √ | √ | √ | √ |
| 撞击障碍物 | 通过重物的自由落体进行扇撞击障碍物试验，反复 3 次后扇不应脱落 | √ | √ | √ | √ |

表 2-60  使用频率 II 的明装式上部门用合页（铰链）承受静态荷载

| 承载级别代号 | 扇质量 WG/kg | 拉力 F/N （允许误差+2%） | 承载级别代号 | 扇质量 WG/kg | 拉力 F/N （允许误差+2%） |
|---|---|---|---|---|---|
| 50 | 50 | 500 | 130 | 130 | 1250 |
| 60 | 60 | 600 | 140 | 140 | 1350 |
| 70 | 70 | 700 | 150 | 150 | 1450 |
| 80 | 80 | 800 | 160 | 160 | 1550 |
| 90 | 90 | 900 | 170 | 170 | 1650 |
| 100 | 100 | 1000 | 180 | 180 | 1750 |
| 110 | 110 | 1100 | 190 | 190 | 1850 |
| 120 | 120 | 1150 | 200 | 200 | 1950 |

表 2-61  使用频率 III 的上部窗用合页（铰链）承受静态荷载

| 承载级别代号 | 窗扇质量 WG/kg | 拉力 F/N （允许误差+2%） | 承载级别代号 | 窗扇质量 WG/kg | 拉力 F/N （允许误差+2%） |
|---|---|---|---|---|---|
| 30 | 30 | 1250 | 120 | 120 | 3250 |
| 40 | 40 | 1300 | 130 | 130 | 3500 |
| 50 | 50 | 1400 | 140 | 140 | 3900 |
| 60 | 60 | 1650 | 150 | 150 | 4200 |
| 70 | 70 | 1900 | 160 | 160 | 4400 |
| 80 | 80 | 2200 | 170 | 170 | 4700 |
| 90 | 90 | 2450 | 180 | 180 | 5000 |
| 100 | 100 | 2700 | 190 | 190 | 5300 |
| 110 | 110 | 3000 | 200 | 200 | 5500 |

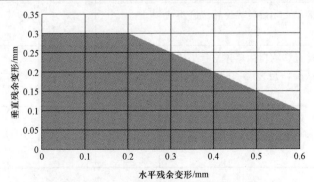

图 2-80  荷载变形的允许极限范围

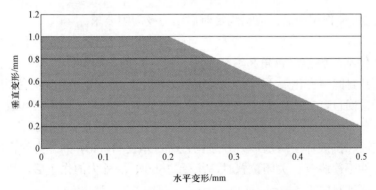

图 2-81　反复启闭后的允许变形极限范围

2）适用范围。适用于建筑平开门、平开窗。实际使用时，可根据产品检测报告中模拟试验门窗型的承载级别、门窗型尺寸、门窗扇的高宽比等情况综合选配。

（2）滑撑。

滑撑是指用于连接窗框和窗扇，支撑窗扇实现向室外产生旋转并同时平移开启多连杆装置，如图 2-82 所示。滑撑分为外平开窗用滑撑和外开上悬窗用滑撑。

1）性能要求。

自定位力。自定位力应可调整，调整时所有测点应可调整到不小于 40N。

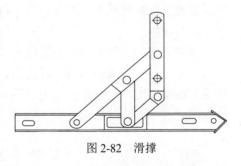

图 2-82　滑撑

启闭。外平开窗用滑撑的启闭力不应大于 40N。外开上悬窗用滑撑的启闭力应符合表 2-62 的规定。

表 2-62　　　　　　　　　　　外开上悬窗用滑撑的启闭力

| 承载质量 $m$/kg | 启闭力/N | 承载质量 $m$/kg | 启闭力/N |
| --- | --- | --- | --- |
| $m \leqslant 40$ | $F \leqslant 50$ | $70 < m \leqslant 80$ | $F \leqslant 100$ |
| $40 < m \leqslant 50$ | $F \leqslant 60$ | $80 < m \leqslant 90$ | $F \leqslant 110$ |
| $50 < m \leqslant 60$ | $F \leqslant 75$ | $90 < m \leqslant 100$ | $F \leqslant 120$ |
| $60 < m \leqslant 70$ | $F \leqslant 85$ | $m > 100$ | $F \leqslant 140$ |

操作力。外平开窗用滑撑操作力应不大于 80N。

间隙。窗扇锁闭状态，在力的作用下，安装滑撑的角部，扇、框间密封间隙变化值不应大于 0.5mm。

刚性。外平开窗用滑撑在规定的试验状态下承受 300N 作用力后，应仍满足对自定位力、启闭力、操作力及间隙的要求；外开上悬窗用滑撑在规定的试验状态下承受 300N 作用力后，应仍满足对启闭力及间隙要求。

反复启闭。外平开窗用滑撑反复启闭过程中各杆件应正常回位，3.5 万次后，各部件不应脱落，包角和滑槽不应开裂，启闭力和操作力不应大于 80N，扇、框间密封间隙变化值不应大于 1.5mm；外开上悬窗用滑撑反复启闭过程中各杆件应正常回位，3.5 万次后，各部件不应脱落，包角和滑槽不应开裂，启闭力仍应满足表 2-62 的要求，扇、框间密封间隙变化值不应大于 1.5mm。

抗破坏。抗破坏应满足最大开启位置时，承受 1000N 的外力的作用后，滑撑所有部件不得脱落；关闭位置时，承受 1500N 的外力的作用后，滑撑所有部件不得脱落且回位正常。

悬端吊重。外平开窗用滑撑在承受 100N 的作用力后，滑撑的所有部件不得脱落。

2）适用范围。

适用于建筑外开上悬窗、外平开窗。实际使用时，可根据产品检测报告中模拟试验窗型的承载质量、滑撑长度、窗型规格等情况综合选配。

（3）撑挡。

撑挡是限制活动扇角度的装置，又称限位器、开启限位器。

撑挡按开启形式分为内平开窗用、内开下悬窗用、外开上悬窗用，如图 2-83 所示；按锁定力产生原理分为无可调功能锁定式、有可调功能锁定式、无可调功能摩擦式。

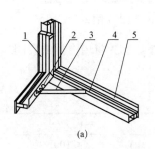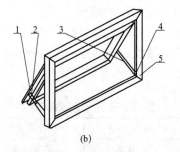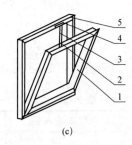

(a)　　　　　　　　　　(b)　　　　　　　　　　(c)

图 2-83　撑挡示意图

(a) 内平开窗用撑挡；(b) 外开上悬窗应撑挡；(c) 内开下悬窗用撑挡

1—窗扇；2—撑挡扇上部件；3—撑挡支撑部件；4—撑挡框上部件；5—窗框

锁定式撑挡是指通过机械卡位固定开启扇角度的撑挡。摩擦式撑挡是指通过摩擦锁紧构造限制窗扇开启角度的撑挡。阻止窗扇在外力作用下沿开启或关闭方向脱离锁定位置的力称为锁定力。

锁定式撑挡可将窗扇固定在任意位置上，摩擦式撑挡靠撑挡上的摩擦力使窗扇在受到外力作用时缓慢进行角度变化，在风大时摩擦式撑挡就难以将窗扇固定在一个固定的位置上。撑挡是一种与合页（铰链）或滑撑配合使用的配件。

1）性能要求。

锁定力。锁定式撑挡的锁定力应不小于 200N，摩擦式撑挡的锁定力应不小于 40N。

反复启闭。锁定式内平开窗用撑挡、外开上悬窗用撑挡经过 1 万次反复启闭后，摩擦式内开上悬窗用撑挡、外开上悬窗用撑挡、无可调功能内开下悬窗用锁定式撑挡经过 1.5 万次反复启闭后，各部件不应损坏，锁定式撑挡的锁定力应不小于 200N，摩擦式撑挡的锁定力应不小于 40N。

抗破坏。内平开窗用撑挡承受 350N 作用力，撑挡不应脱落；外开上悬窗用撑挡，在开启方向承受 1000N 作用力和关闭方向承受 600N 作用力后，撑挡所有部件不应损坏；内开下悬窗用无可调功能锁定式撑挡承受 1150N 作用力后，拉杆不应脱落。

2）适用范围。

适用于建筑内平开窗、外开上悬窗、内开下悬窗。实际使用时，可根据产品检测报告中模拟试验窗型的窗型规格、窗扇重量等情况综合选配。

### 4. 滑轮

滑轮是承受门窗扇重量，并能在外力的作用下，通过滚动使门窗扇沿框材轨道往复运动的装置。滑轮分为窗用滑轮和门用滑（吊）轮，如图 2-84 所示。

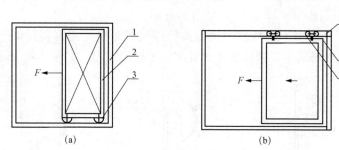

图 2-84　滑轮形式示意

(a) 门窗用滑轮；(b) 门用吊轮

1—门窗框；2—门窗扇；3—滑轮；4—吊轮

滑轮仅适用于推拉门窗用。滑轮是用于推拉门（窗）扇底部使门（窗）扇能轻巧移动的五金件。作为门（窗）用滑轮，首先必须要滑动灵活；其次应有足够的承重能力，足以承受门（窗）扇的重量，且能保证滑动灵活；最后，还应有较长的使用寿命。

（1）性能要求。

1）滑轮运转平稳性。轮体与滑轨的接触表面径向跳动量应不大于 0.3mm，轮体轴向窜动量应不大于 0.4mm。

2）操作力。承载质量 100kg 以下操作力应不大于 40N，承载质量 100～200kg 操作力应不大于 60N，承载质量 200kg 以上操作力应不大于 80N。

3）反复启闭。门用滑轮、吊轮达到 10 万次后，窗用滑轮达到 2.5 万次后，滑轮在承载质量作用下，竖直方向位移量不应大于 2mm；承受 1.5 倍的承载质量时，操作力应不大于规定值得 1.5 倍；吊轮承受 1.5 倍的承载质量时，操作力应不大于规定值得 1.5 倍，2 倍承载质量作用下，不应有损坏、破裂。

4）耐温性。

耐高温性。非金属轮体的一套滑轮或吊舱，在 50℃环境中，承受 1.5 倍承载质量后，启闭力不应大于规定值的 1.5 倍。

耐低温性。非金属轮体的一套滑轮或吊舱，在–20℃环境中，承受 1.5 倍承载质量后，滑轮或吊轮体不破裂，操作力应不大于规定值的 1.5 倍。

5）抗侧向力。吊轮在承受 1000N 的侧向作用力后，不应脱落。

6）抗冲击。吊轮沿扇开启方向承受 30kg，5 次冲击后不应脱落。

（2）适用范围。

适用于推拉门窗。实际使用时，可根据产品检测报告中模拟试验窗型的窗型规格、窗扇重量、实际行程等情况综合选配。

### 5. 锁闭器

（1）单点锁闭器。

单点锁闭器适用于推拉窗、室内推拉门用，对推拉门窗实行单一锁闭的装置。包括锁闭器形式Ⅰ、锁闭器形式Ⅱ和锁闭器形式Ⅲ，如图 2-85 所示。

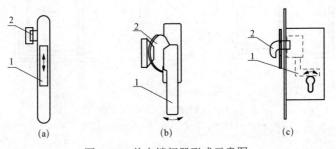

(a)    (b)    (c)

图 2-85　单点锁闭器形式示意图

(a) 单点锁闭器形式Ⅰ；(b) 单点锁闭器形式Ⅱ；(c) 单点锁闭器形式Ⅲ

1—驱动部件；2—锁闭部件

单点锁闭器种类很多，推拉锁、半圆锁及钩锁是单点锁闭器的典型代表。

1）性能要求。

操作力（或操作力矩）。单点锁闭器形式Ⅰ操作力不应大于 20N，单点锁闭器形式Ⅱ操作力矩不应大于 2N·m，单点锁闭器形式Ⅲ操作力矩不应大于 1.5N·m。

抗破坏。锁闭部件的抗破坏，单点锁闭器的锁闭部件在标准规定的试验拉力作用后，不应有损坏，卸载后操作力（或操作力矩）应符合标准要求；驱动部件的抗破坏，单点锁闭器的驱动部件在标准规定的试验拉力作用后，不应有损坏，操作力（或操作力矩）应符合标准要求。

反复启闭。单点锁闭器形式Ⅰ和单点锁闭器形式Ⅱ1.5 万次、单点锁闭器形式Ⅲ 5 万次反复启闭试验后，启闭应正常，操作力（或操作力矩）应满足标准规定的要求。

2）适用范围。单点锁闭器一般适用于推拉窗和室内推拉门。

（2）传动锁闭器。

传动锁闭器是控制门窗扇锁闭和开启的杆形、带锁点的传动装置。传动锁闭器一般与传动机构用执手配套使用，共同完成对建筑门窗的开启和锁闭或上（下）悬功能。

传动锁闭器按驱动原理分为齿轮驱动式传动锁闭器和连杆驱动式传动锁闭器。示意图如图 2-86 所示。

1）性能要求。

操作力。无锁舌的齿轮驱动式传动锁闭器空载转动力矩不应大于 3N·m，连杆驱动式传动锁闭器空载滑动驱动力不应大于 15N；有锁舌的齿轮驱动式传动锁闭器操作力包括由执手驱动锁舌的驱动部件操作力矩不应大于 3N·m，由钥匙驱动锁舌的驱动部件操作力矩不应大于 1.2N·m，斜舌回程力不应小于 2.5N，能够使斜舌和扣板正确啮合的关门力不应大于 25N。

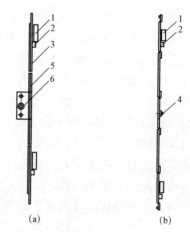

图 2-86　传动锁闭器示意

(a) 齿轮驱动式传动锁闭器；(b) 连杆驱动式传动锁闭器

1—锁座；2—锁点；3—动杆；
4—连杆；5—静杆；6—齿轮

抗破坏。驱动部件抗破坏包括无锁舌齿轮驱动式传动锁闭器承受 $25_0^{+1}$N·m 力矩的作用后，各零部件不应断裂、损坏，无锁舌连杆驱动式传动锁闭器承受 $1000_0^{+50}$N 静拉力作用后，各零部件不应断裂、脱落，使用频率Ⅰ有锁舌齿轮传动锁闭器：斜舌驱动部件承受 60N·m 扭矩后，方舌驱动部件承受 30N·m 扭矩后，传动锁闭器应保持使用功能正常，且操作力应满足标准要求，使用频率Ⅱ有锁舌齿轮传动锁闭器：斜舌驱动部件承受 $25_0^{+1}$N·m 扭矩后；方舌或暗舌驱动部件承受 20N·m 扭矩后，传动锁闭器应保持使用功能正常，且操作力应满足标准的要求；锁闭部件的抗破坏包括锁点、锁座在承受 $1800_0^{+50}$N 破坏力后，各部件应无损坏等。

反复启闭。按使用频率启闭循环后，各构件应无扭曲、无变形、不影响正常使用，且应满足反复启闭后齿轮驱动式传动锁闭器转动力矩不应大于 10N·m，连杆驱动式传动锁闭器驱动力不应大于 100N，在扇开启方向上框、扇间的间距变化值应小于 1mm。

2）适用范围。传动锁闭器仅适用于平开门窗、上悬窗、下悬窗、中悬窗及立转窗等。实际使用时，可根据产品检测报告中模拟试验窗型的门窗型规格等情况综合选配。

（3）多点锁闭器。

多点锁闭器适用于推拉门窗，对推拉门窗实现多点锁闭功能的装置，多点锁闭器分为齿轮驱动式和连杆驱动式两类。

1）性能要求。

抗破坏。齿轮驱动部件在承受 25N·m 力矩的作用后，各零部件不有断裂等损坏，连杆驱动部件在承受 1000N 静拉力作用后，各零部件不应断裂、脱落；单个锁点、锁座的锁闭部件在承受轴向1000N 静拉力后，所有零部件不应损坏。

反复启闭。反复启闭 2.5 万次后，应操作正常，不影响正常使用，且齿轮驱动式多点锁闭器操作力矩不应大于 1N·m，连杆驱动式多点锁闭器滑动力不应大于 15N，锁点、锁座工作面磨损量不应大于 1mm。

2）适用范围。多点锁闭器一般适用于推拉门和推拉窗。

（4）插销。

插销是指具有双扇平开门窗扇锁闭功能的装置，适用于双扇平开门窗，实现对门窗扇的定位和锁闭功能，插销分为单动插销和联动插销两类。

插销的力学性能应符合表 2-63 的要求。

表 2-63 插销的力学性能

| 项目 | 要求 | |
| --- | --- | --- |
| | I 级 | II 级 |
| 操作力矩/操作力 | a）单动插销：空载时，操作力矩应不大于 2N·m 或操作力不大于 50N；承载时，操作力矩应不大于 4N·m 或操作力不大于 100N。<br>b）联动插销：空载时，操作力矩应不大于 4N·m；承载时，操作力矩应不大于 8N·m | |
| 反复启闭 | 反复启闭 1 万次后，应能满足操作力/操作力矩的要求 | 反复启闭 0.5 万次后，应能满足操作力/操作力矩的要求 |
| 驱动部件抗破坏 | 驱动部件承受 100N 作用力后，各部件不应损坏且满足操作力矩/操作力的要求 | 驱动部件承受 50N 作用力后，各部件不应损坏且满足操作力矩/操作力的要求 |

| 项目 | 要求 | |
|---|---|---|
| | I 级 | II 级 |
| 插销杆侧向抗破坏 | 插销杆承受 2500N 侧向作用力后，仍能回缩 | 插销杆承受 1800N 侧向作用力后，仍能回缩 |
| 插销杆轴向抗破坏 | 插销杆承受 2500N 轴向作用力后，伸出量应不小于 12mm | 插销杆承受 700N 轴向作用力后，回缩量应不小于 3mm，应仍能回缩 |

### 6. 内平开下悬五金系统

随着门窗技术的发展，门窗的功能和开启方式发生了很大的变化，为了适应门窗的功能和开启方式的变化，开发出了集多种功能于一身的内平开下悬五金系统。

内平开下悬五金系统是指通过操作执手，就可以使门窗具有内平开、下悬、锁闭等功能的五金系统。它是一套通过各种部件相互配合完成内平开窗的一系列开、关、下悬动作的五金配件的组合。

门窗用内平开下悬五金系统按开启状态顺序不同分为两种类型：

内平开下悬：锁闭——内平开——下悬；下悬内平开：锁闭——下悬——内平开。

内平开下悬五金系统由于实际锁点不少于 3 个，使用后增加了窗户的密封性能。

（1）性能要求。

1）上部合页（铰链）承受静态荷载性能。落地窗用上部合页（铰链）承受静态荷载（拉力）应满足表 2-64 的规定，且试验后不能断裂。常用窗用上部合页（铰链）承受静态荷载（拉力）应满足表 2-65 的规定，且试验后不能断裂。

表 2-64　　　　落地窗用上部合页（铰链）承受静态荷载

| 承载质量代号 | 扇质量/kg | 拉力 $F/N$（允许误差+2%） | 承载质量代号 | 扇质量/kg | 拉力 $F/N$（允许误差+2%） |
|---|---|---|---|---|---|
| 060 | 60 | 600 | 140 | 140 | 1350 |
| 070 | 70 | 700 | 150 | 150 | 1450 |
| 080 | 80 | 800 | 160 | 160 | 1550 |
| 090 | 90 | 900 | 170 | 170 | 1650 |
| 100 | 100 | 1000 | 180 | 180 | 1750 |
| 110 | 110 | 1100 | 190 | 190 | 1850 |
| 120 | 120 | 1150 | 200 | 200 | 1950 |
| 130 | 130 | 1250 | — | — | — |

表 2-65　　　　　　　常用窗用上部合页（铰链）承受静态荷载

| 承载质量代号 | 扇质量/kg | 拉力 $F$/N（允许误差+2%） | 承载质量代号 | 扇质量/kg | 拉力 $F$/N（允许误差+2%） |
|---|---|---|---|---|---|
| 060 | 60 | 1650 | 140 | 140 | 3900 |
| 070 | 70 | 1900 | 150 | 150 | 4200 |
| 080 | 80 | 2200 | 160 | 160 | 4400 |
| 090 | 90 | 2450 | 170 | 170 | 4700 |
| 100 | 100 | 2700 | 180 | 180 | 5000 |
| 110 | 110 | 3000 | 190 | 190 | 5300 |
| 120 | 120 | 3250 | 200 | 200 | 5700 |
| 130 | 130 | 3500 | — | — | — |

2）下部合页（铰链）承受静态荷载性能。落地窗用下部合页（铰链），与压力方向成 11°±0.5° 时，承受静态荷载（压力）应满足表 2-66 的规定，且试验后不能断裂。常用窗用下部合页（铰链），与压力方向成 30°±0.5° 时，承受静态荷载（压力）应满足表 2-67 的规定，且试验后不能断裂。

表 2-66　　　　　　　落地窗用下部合页（铰链）承受静态荷载

| 承载质量代号 | 扇质量/kg | 拉力 $F$/N（允许误差+2%） | 承载质量代号 | 扇质量/kg | 拉力 $F$/N（允许误差+2%） |
|---|---|---|---|---|---|
| 060 | 60 | 3050 | 140 | 140 | 7150 |
| 070 | 70 | 3550 | 150 | 150 | 7650 |
| 080 | 80 | 4000 | 160 | 160 | 8150 |
| 090 | 90 | 4600 | 170 | 170 | 8650 |
| 100 | 100 | 5100 | 180 | 180 | 9150 |
| 110 | 110 | 5600 | 190 | 190 | 9700 |
| 120 | 120 | 6100 | 200 | 200 | 10200 |
| 130 | 130 | 6500 | — | — | — |

表 2-67　　　　　　　常用窗用下部合页（铰链）承受静态荷载

| 承载质量代号 | 扇质量/kg | 拉力 $F$/N（允许误差+2%） | 承载质量代号 | 扇质量/kg | 拉力 $F$/N（允许误差+2%） |
|---|---|---|---|---|---|
| 060 | 60 | 3400 | 090 | 90 | 5100 |
| 070 | 70 | 4000 | 100 | 100 | 5700 |
| 080 | 80 | 4550 | 110 | 110 | 6250 |

| 承载质量代号 | 扇质量/kg | 拉力 $F$/N（允许误差+2%） | 承载质量代号 | 扇质量/kg | 拉力 $F$/N（允许误差+2%） |
|---|---|---|---|---|---|
| 120 | 120 | 6800 | 170 | 170 | 9700 |
| 130 | 130 | 7400 | 180 | 180 | 10300 |
| 140 | 140 | 8000 | 190 | 190 | 10850 |
| 150 | 150 | 8550 | 200 | 200 | 11450 |
| 160 | 160 | 9150 | — | — | — |

3）启闭力性能。平开状态下的启闭力不应大于 50N，下悬状态下的启闭力不应大于表 2-68 的规定。

表 2-68　　　　　　　　　　下悬状态的推入力

| 常用窗推入力 | | 落地窗推入力 |
|---|---|---|
| 扇质量 130kg 以下 | 扇质量 130kg 以上 | 60kg 以上 |
| 180N | 230N | 150N |

4）反复启闭性能。反复启闭 15000 个循环后，所有操作功能正常。执手或操纵装置操作五金系统的转动力矩不应大于 10N·m，施加在执手上的力不应大于 100N；关闭时，框、扇间的间距变化值应小于 1mm；窗扇在平开位置关闭时，推入框内的作用力不应大于 120N。

5）锁闭部件强度。锁点、锁座承受 $1800_0^{+50}$ N 破坏力后，各部件应无损坏。

6）90°平开启闭性能。窗扇反复启闭 10000 个循环试验后，应保持操作功能正常，将窗扇从平开位置关闭时，窗扇推入框内的作用力，不应大于 120N。

7）冲击性能。通过重物的自由落体进行窗扇冲击试验，反复 5 次后，将窗扇从平开位置关闭时，窗扇推入框内的作用力，不应大于 120N。

8）悬端吊重性能。悬端吊重试验后，窗扇不脱落，合页（铰链）应仍然连接在框材上。

9）开启撞击性能。通过重物的自由落体进行窗扇撞击洞口试验，反复 3 次后，窗扇不得脱落，合页（铰链）应仍然连接在框梃上。

10）关闭撞击性能。通过重物的自由落体进行撞击障碍物试验，反复 3 次后，窗扇不得脱落，合页（铰链）应仍然连接在框梃上。

11）各类基材、常用表面覆盖层的耐腐蚀性能应符合标准要求。

12）常用覆盖层膜厚度及附着力应符合标准要求。

（2）适用范围。

实际选配内平开下悬五金系统时，可根据产品承载质量、窗型尺寸及扇的宽高比等情况综合选配。

### 7. 门用提升推拉五金系统

提升推拉五金系统是指由提升机构、锁闭部件等组成的，可以使门具有升降、推拉及锁闭功能的五金系统。提升机构是由执手、多点锁闭器、连接部件等组成的，可实现升降功能的组合，锁闭部件是分别安装在框、扇上，当发生相互作用后能起到阻止扇向开启方向运动的零件。

（1）力学性能。

1）操作力。单个活动扇质量不大于 200 kg 时，系统初始操作力不得大于 100N，单扇活动扇质量大于 200kg 时，由供需双方商定。

2）反复启闭。提升下降过程反复循环 2.5 万次后，系统应工作正常，并满足操作力要求；滑轮组反复推拉 2.5 万循环后，应满足 JG/T 129—2017 中 5.4.3 的要求；升降、推拉、锁闭反复循环 2.5 万次后，系统应能正常工作，操作力应满足要求。

3）抗破坏。对每个锁闭部件分别施加 $100_0^{+50}$N 的力，保持 5 min 后，部件不应损坏，仍能保持正常使用功能；提升机构承受 $100_0^{+50}$N 力作用 5min 后，扇不得脱落，仍能保持正常使用功能；执手承受 300 N 力作用 60s 后，不得损坏。

4）抗撞击。活动扇撞击试验后不得脱落。

（2）适用范围。提升推拉五金系统仅适用于建筑推拉门。

### 8. 智能门窗控制系统

智能门窗系统是指有效融合型材、电动传动、传感器、视频监控、空气质量检测、新风系统、遮阳系统、启闭系统，自动对室内居住环境进行监控，对门窗的启闭、采光及遮阳进行调控。智能门窗控制系统由门窗五金及电控系统组成，五金及电控系统应分别符合相关标准要求。

智能门窗与普通门窗不同，要实现智能控制，必须要由主控单元、各种传感器、各种报警终端、遥控器以及一系列机械传动装置配合门窗组装而成。

智能门窗可根据功能需要设置：自动防风防雨、紧急救助（入室监窃）、自动监控燃气、自动监控火灾、自动调控采光与遮阳、自动净化室内空气等。

智能门窗产品可应用于机场、宾馆酒店、展览中心、会议中心、体育场馆、大剧院、科技馆、购物中心、温室花园、工业厂房、现代物流仓库等公共场所和个人场所的高档别墅、阳光房、普通住宅的上悬窗、下悬窗、中悬窗、平开窗、推拉窗及屋顶天窗，通过与玻璃幕墙、透明屋顶等的结合，有效解决建筑上将美观、实用、便捷、通透性强、节能以及经济性等完美融为一体的技术问题。随着门窗技术的发展及智能技术的普及，智能门窗必将在民用建筑上得到广泛的应用。

## 2.3.2 五金件槽口

门窗配套件槽口是指门窗型材在设计、生产过程中，为了使门窗能够达到预先设定的功能要求而预留的与其他配套材料的配合槽口，包括门窗型材与五金件配合槽口、门窗框扇开启腔的五金件安装空间、门窗型材与密封胶条配合槽口及门窗玻璃镶嵌槽口等。型材槽口首先要满足功能尺寸的设计要求。

我国门窗型材的五金槽口有 U 槽和 C 槽及平槽三种。我国门窗行业发展采用欧洲标准的门窗五金件，其型材槽口也采用欧标槽口。所谓欧标槽口就是欧洲统一使用的安装五金件的标准槽口，标准槽口的使用使得门窗五金和型材的标准化生产及通用性成为必然。在欧洲，铝合金门窗系统中只有欧洲标准槽口，即一种铝合金专用五金槽口，也即我国市场上所谓的"C"槽。U 形五金槽口是塑料门窗欧洲标准槽口，由于铝合金门窗五金的材质和构造的特殊要求导致铝合金门窗五金件价格偏高，而塑料门窗五金配件价格要比铝合金门窗五金配件低约40%，所以就有铝合金型材厂家将塑料门窗的五金槽口移植到铝合金门窗型材上，也就出现了铝合金门窗的 U 形槽口。

**1. C 槽**

C 槽是指门窗型材安装五金件的功能槽口为标准的欧标槽口，因其形似英文字母 C，故称此类型材为 C 槽型材，与之配套的五金件则称为 C 槽五金件。C 槽槽口宽度为 15/20mm。另外也有部分 C 槽槽口为 18/24mm（如旭格型材）及16/23mmC 槽槽口（如 ALUK）。目前市场铝合金门窗用型材主要为 15/20 槽口。

（1）C 槽构造配合尺寸。

C 槽构造尺寸如图 2-87 所示。图中字母符号代表含义为：A—扇槽高；B—扇槽深；C—框槽高；D—框槽深；E—框扇槽口间距；F—扇边高控制尺寸；G—扇槽底宽；H—扇槽口宽；I—框槽口宽；J—框槽底宽；K—框槽口边距；L—合页安装间距；M—执手安装构造尺寸。应该注意的是，C 槽所有的构造配合尺寸均为表面处理后的尺寸。欧式标准槽铝型材生产厂家生产时，阳极氧化和喷涂表面处理型材的生产不要共用一套模具，以免喷涂处理后槽口尺寸变小，影响与五金件的装配。

（2）20mmC 槽框/扇构造配合尺寸要求。

20mmC 槽铝合金门窗框/扇构造尺寸配合要求如图 2-88 所示。20mm 槽的内部空间尺寸为 $20_0^{+0.3}$ mm $\times$ $3_{-0.1}^{+0.2}$ mm，这就构成了绕窗扇一周的滑槽。五金件和铝拉杆是通过窗扇四角上的特殊加工的豁口推进 C 槽的，为了保证可动五金件和铝拉杆在窗扇中能灵活地滑动，所以五金件和滑杆的滑动部位表面处理后的最大尺寸为 19.7mm $\times$ 2.7mm。20mm 槽开口处的尺寸为 $15_0^{+0.3}$ mm，它和五金件以及滑杆的滑动部分相配合，在五金件运动过程中起到定位和导向的作用。窗扇和窗框之间的相对位置靠两个尺寸定位，窗扇和窗框相距在水平方向为 $11.5_0^{+0.5}$ mm，这是安装五金件必需的空间尺寸。

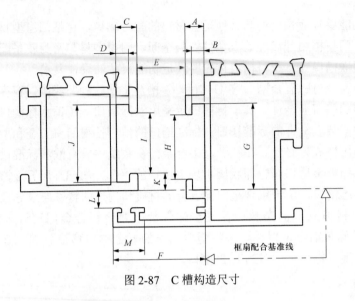

图 2-87  C 槽构造尺寸

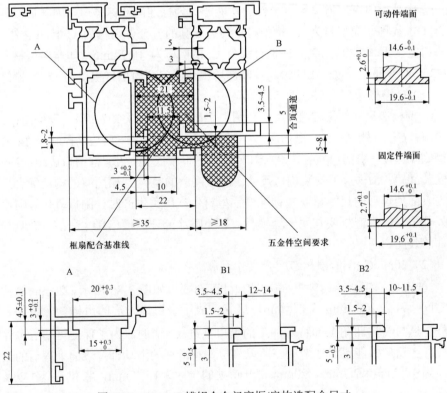

图 2-88  20mmC 槽铝合金门窗框/扇构造配合尺寸

(注：图中所有尺寸均为表面处理后尺寸，单位为 mm)

从图 2-88 可看到窗扇的凸缘尺寸为 22mm，并由此测出窗扇和窗框之间的

搭接量为 $6_{-0.5}^{0}$ mm。在窗扇一周的五金件将通过上部的上悬部件和上下部的悬开铰链固定在窗框型材的内表面，因此在窗扇和窗框 $Y$ 轴方向有 3.5～5mm 的合页通道。合页通道为 3.5mm 时，五金件承受窗扇的重量为 90kg。合页通道为 5mm 时，因为上下铰链的厚度被加大，五金件承受窗扇的重重可以提高到 130kg。

窗框的槽口为图 2-87 中的 B1 和 B2 槽口。这两种槽口的区别在于开口处的尺寸不同，B1 开口尺寸为 12～14mm，适用于厚度较大的型材；B2 开口尺寸为 10～11.5mm，适用于厚度尺寸较小的型材。不同尺寸的锁块、防脱器、固定座等五金件要对应安装在这两种槽口上。

另外，铰链的底条设计也必须保证安装完毕后，底条两侧边与五金件紧密接触，而螺钉孔上端面不能与铰链接触，尽量选用不锈钢冲压加工。这样设计的铰链使用起来既灵活，又可靠。

在传动部件上应该配有可调偏心锁点，通过调整偏心锁点可以调节窗户的密闭度。通过调整上悬部件上的调整螺钉，可以调整搭接量。最好是能达到三维方向都能调节的功能。

（3）23mmC 槽框/扇构造配合尺寸要求。

23mm C 槽口又称阿鲁克槽口，23mm C 槽口铝合金门窗框/扇的构造配合要求如图 2-89 所示。它的内部空间尺寸为 $23_{0}^{+0.5}$ mm × $3_{-0.1}^{+0.2}$ mm，为了保证可动五金件和拉杆在窗扇中能灵活地滑动，它们在经过表面处理后的最大尺寸为 22.7mm × 2.8mm。而固定五金件（连杆、转向角等）只要能够顺利放入扇槽即可，所以它们在经过表面处理后的最大尺寸为 22.7mm × 2.9mm。23 槽开口处的尺寸为 $16_{0}^{+0.5}$ mm，它与五金件的滑动部分相配合，在五金件运动过程中起到定位和导向的作用。窗扇和窗框之间的相对位置靠两个尺寸定位，窗扇和窗框相距在水平方向为 $16_{0}^{+0.5}$ mm，这是安装五金件必需的空间尺寸。

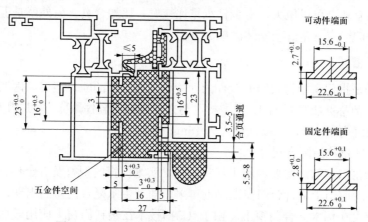

图 2-89　23mmC 槽铝合金门窗框/扇构造配合尺寸

（注：图中所有尺寸均为表面处理后尺寸，单位：mm）

从图 2-88 可以看到窗扇的凸缘尺寸为 27mm，并由此测出窗扇和窗框之间的搭接量为 $6^{0}_{-0.5}$mm。在窗扇一周的五金件将通过上部的上悬部件和悬开铰链固定在窗框型材的内表面，因此在窗扇和窗框搭接处有 3.5～5mm 的合页通道。合页通道为 3.5mm 时，五金件承受窗扇的重量为 90kg。合页通道为 5mm 时，因为上下铰链的厚度被加大，五金件承受窗扇的重重可以提高到 130kg。一般来说窗框的槽口尺寸也为 $23^{+0.5}_{0}$mm×$16^{+0.5}_{0}$mm×$3^{+0.3}_{0}$mm。在传动部件上也要有可调偏心锁点，通过调整偏心锁点可以调节窗户的密闭度。通过调整上悬部件上的调整螺钉，可以调整搭接量。

一般配欧标槽口的执手都为拨叉式的。不同的执手其拨叉外露长度各五金厂家都有几种配置，可根据型材选配。执手安装时，开槽口要保证执手转动 180°或 90°的拨叉活动范围，同时必须使拨叉与槽内的传动杆充分接触，又不破坏滑槽，还能自如地带动传动杆上下移动。执手的内部结构要满足转动是否灵活，有无手感，轴/径向间隙的大小、开启次数等方面检验标准，在符合标准的基础上再要求外形美观来设计产品。

（4）C 槽五金件的安装。

门窗 C 槽五金一般采用嵌入式和卡槽式固定。C 槽五金安装是依靠不锈钢螺钉顶紧力和机螺钉不锈钢衬片与五金槽口夹紧力来保障五金件的安装牢固度，不锈钢螺钉顶紧会在型材表面产生约 0.5～1.0mm 的局部变形使不锈钢螺钉与铝型材紧密地结合在一起保障五金件在受力时不发生位移。

C 槽五金材质通常为锌合金或不锈钢，不同五金组件之间靠铝合金锁条进行联动（也有用 PA66 的）。这种固定方式只能用在金属材料的门窗上。C 槽和 U 槽是不能互换的，因为塑料窗和木窗上不能开 C 槽。

C 槽是欧洲标准槽口，优点是锁点可以任意增加，从而对门窗的气密性等效果好。还有就是可以做大，五金件承重比较好，比如合页。另外就是五金选择面广，最好的一点就是五金安装简单、方便。

### 2. U 槽

U 槽是指门窗型材安装五金件的功能槽口为标准的欧标槽口，因其形似英文字母 U，故称此类型材为 U 槽型材，与之配套的五金件则称为 U 槽五金件。U 槽槽口宽度为 16mm，在欧洲称之为 16mm 槽。

（1）U 槽构造配合尺寸。

U 槽槽口在欧洲主要应用于塑料门窗、实木门窗的型材及五金件。在我国有少部分企业应用于铝合金门窗上，近年来，随着铝木复合门窗的出现，U 槽技术也逐渐应用在铝木复合门窗上。由于 U 槽技术在塑料门窗上应用较成熟、槽口构造尺寸较规范、统一，因此，应用于铝合金门窗后仍然沿用了 U 槽在塑料门窗上的构造尺寸配合，这样的目的是为了保持 U 槽五金配件的通用性和互换性。图 2-90 为铝合金门窗型材 U 槽槽口构造配合尺寸。

图 2-91 为塑料门窗型材典型 U 槽槽口尺寸，图 2-92 为塑料门窗型材 U 槽构造配合尺寸。

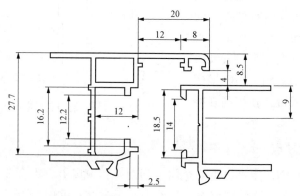

图 2-90　U 槽构造尺寸图（单位：mm）

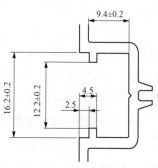

图 2-91　典型 U 槽槽口尺寸

图中 12 表示五金件活动空间为 12mm，20 表示型材的搭接边为 20mm，9（13）表示五金件安装后五金件中心线与框型材小面的距离为 9mm 或 13mm，3（3.5）表示框、扇配合间隙为 3mm 或 3.5mm。

（2）U 槽五金安装。

U 形槽口的五金连接方式采用自攻螺钉螺接的方式安装五金件。铝合金窗由于金属成型

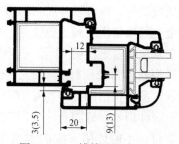

图 2-92　U 槽构造配合尺寸

好，既可以开 C 槽也可以开 U 槽，所以在铝合金门窗上可使用铝合金门窗五金也可以使用塑料门窗五金件，C 槽五金件的安装大多为夹持式，使用方便。但是在木包铝窗上使用 U 槽五金件要优于 C 槽五金。

U 形槽口的五金件需要五金件有定杆和动杆，所以一般为传动器形式。而 C 形槽口的五金件一般是传动件在槽口内滑动安装相对方便。

### 3. 平槽

平槽就是没有任何五金安装槽口的型材，也称为无槽口。早期国内的型材都用这种形式，唯一的优点就是节省型材。平槽铝合金门窗不是隔热门窗，因为用于生产门窗的铝合金型材是普通非隔热型材。随着国家建筑节能政策的实施及对铝合金门窗物理性能要求的提高，平槽铝合金门窗已不能满足要求，因此，平槽铝合金门窗逐渐退出门窗市场。平槽铝合金门窗框扇构造配合尺寸如图 2-93 所示。

#### 4. K 槽

在我国部分地区，铝合金窗以普通外开窗、悬挂外开窗为主。随着窗扇及玻璃重量的增大，为了保证受力强度，必须使用一定强度的摩擦铰链，因 C 槽槽口尺寸所限，在安装重型铰链的过程中需将 C 槽槽口凸筋铣除，且铣加工后不美观及抗腐蚀能力减弱，于是开发出直接安装铰链的铰链槽（K 槽）。K 槽是在原来门窗 C 槽槽口基础上改宽槽口，通用安装铰链，使用高强度锁座起到锁闭防盗效果。

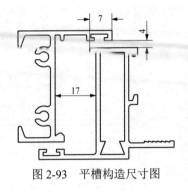

图 2-93　平槽构造尺寸图

#### 5. C 槽与 U 槽五金件的优缺点

塑料窗和木窗只能采用 U 槽，用螺钉将五金固定到钢衬和窗扇上。铝合金窗 C 槽采用嵌入式和卡槽式固定，这种固定方式只能用在金属材料的门窗上。C 槽和 U 槽是不能互换的，因为塑料窗和木窗上不能开 C 槽。铝合金窗由于金属成型好，既可以开 C 槽也可以开 U 槽，所以在铝合金窗上可使用铝合金窗五金也可以使用塑料窗五金件，C 槽五金件的安装大多为夹持式，使用方便。但是在木包铝窗上使用 U 槽五金件要优于 C 槽五金。在选择五金件时首先考虑什么样型材的窗选用什么样的五金件，其次考虑五金件的承重和最大能承受的风荷载。需要指出的是，塑料窗五金件的固定和木窗是有区别的，木窗是实体型材，五金件用木螺钉固定，其固定强度较高。塑料窗一般是壁厚 2~3mm 之间的空腔型材，不能使用一般的木窗用螺钉，必须采用自攻螺钉。五金配件及固定五金件的螺钉必须是表面经防腐防锈，镀锌或是镀铬，执手和门拉手应经过阳极氧化处理。

（1）U 槽五金在欧洲是针对塑料门窗和木门窗的专用五金槽口，U 形槽口的五金连接采用自攻螺钉螺接的方式安装五金件。但是如果应用在铝合金门窗上，当安装 U 槽五金用的自攻螺钉承载由门窗开关所产生的纵向剪切力时，由于自攻钉的硬度远大于铝合金型材，自攻钉的螺扣就会对铝合金型材产生破坏，造成安装孔扩大，长此以往五金件的螺钉连接就会出现脱扣。由于塑料门窗的内衬为钢材，材料硬度与自攻钉相等不会发生安装孔扩大和五金件脱扣现象。但 U 槽技术在塑料门窗上应用较成熟，槽口构造尺寸较规范、统一，实现了 U 槽五金配件的通用性和互换性。

（2）U 形槽口五金的材质主要为钢制，五金件通过钢制自攻钉连接到铝型材上，当受到雨水和潮湿空气的侵蚀时会发生较明显的电化学反应。因此，采用 U 槽时，五金件的安装应注意防腐。

（3）C 槽五金安装是依靠不锈钢螺钉顶紧力和螺钉不锈钢衬片与五金槽口夹紧力来保障五金件的安装牢固度，不锈钢螺钉顶紧会在型材表面产生约 0.5～1.0mm 的局部变形使不锈钢钉与铝型材紧密地结合在一起保障五金件在受力时不发生位移。

（4）C 形槽口五金安装方便。不用打安装孔，不采用自攻钉连接，安装简便，对设备等（电、气）辅助条件的依赖低，可以实现现场安装。

（5）C 形槽口铰链采用高硬度的不锈钢衬片，在紧固螺钉拧紧时衬片上的特殊构造将像牙齿一样咬入铝合金型材的表面，形成若干 0.2～0.5mm 的局部变形（小坑），从而保证了窗扇的安全性能，杜绝由连接螺钉与铝型材硬度不等产生脱扣而出现平开窗（门）的窗（门）扇脱落现象。

### 2.3.3　五金件的配置与安装

#### 1. 五金件的功能配置

门窗是一个系统的工程，它由型材、玻璃、胶条、五金件等材料，通过专门的加工设备，按照严格的设计、制造工艺要求，有机地结合成为一个系统。门窗五金配件是这个系统中连接门窗的框与扇，是实现门窗各种功能、保证门窗各种性能的重要部件。

（1）门窗五金件配置原则。

门窗五金不仅与门窗的性能有关，还与门窗的使用方便性、安全性、装饰性等有关。因此，门窗五金件除满足门窗的抗风压性能、气密性能、水密性能、保温性能等物理性能外，还要满足下列要求：

1）操作简便、单点控制、门窗开启方式多样化。

2）良好的外观装饰效果，主要五金件多隐藏在铝门窗型材结构之间。

3）承重力强，可做成较大、较重的开启扇。

4）具有良好的防盗性能。

5）防误操作功能、防止由于错误操作损坏门窗和五金件。

6）标准化、系列化、配套完善。

7）可靠性好、寿命长、性价比高。

（2）门窗五金件的功能配置。

对于门窗生产企业，当门窗型材及玻璃规格确定后，为了更好地满足门窗的功能要求及控制生产成本，合理配置门窗五金配件是重要的工作程序。

目前我国常见的节能门窗有铝合金隔热门窗、塑料门窗、实木门窗、铝木复合（包括铝包木、木包铝）门窗、玻璃钢门窗及铝塑复合门窗等，因此，配置门窗的五金配套件首先要确定门窗的型材种类。

对于塑料门窗、实木门窗、铝木复合（铝包木），U 槽五金是唯一选择，而玻璃钢门窗和铝塑复合门窗基本也是采用 U 槽五金。铝合金门窗、铝木复合（木包铝）门窗则有 C 槽和 U 槽之分。即使是 C 槽五金，除 C20 槽口外，则还有 C23 和 C24 等特殊槽口之分。门窗生产企业在确定五金配套件的槽口形式后，还要根据所制作门窗的开启形式、功能要求及成本控制情况合理配置五金配套件。

C 槽五金材质通常为锌合金或不锈钢，不同五金组件之间靠铝合金（或 PA66）锁条进行联动，采用夹持式连接，内六角螺钉定位锁条在扇 C 槽内滑动。U 槽五金材质为铁基钢材，不同五金组件之间直接连接，通常采用自攻钉固定定位。欧标槽包括 C 槽和 U 槽，由于 C 槽和 U 槽的材质不同，加工方法不同，因此价格不同。C 槽比较贵一些，U 槽比较便宜一些。

1）U 槽五金配置。

U 槽五金适合门窗的种类较多，如塑料门窗、实木门窗、铝木复合门窗（包括铝包木和木包铝门窗）、铝塑复合门窗及玻璃钢门窗，适合门窗的类型有内平开下悬窗、内/外平开门窗、上悬窗及推拉门窗等，因此 U 槽五金配件按门窗的类型分为：内平开下悬窗五金配件系统、内平开窗五金配件系统、外开窗五金配件系统、平开门五金配件系统、上悬窗五金配件系统及推拉门、窗五金配件系统几大类。典型 U 槽内平开下悬四边多点锁五金系统配置如图 2-94 所示。

由于五金配件系统较多，本节仅以目前 U 槽五金功能最多的内平开下悬塑料窗为例说明五金的配置。

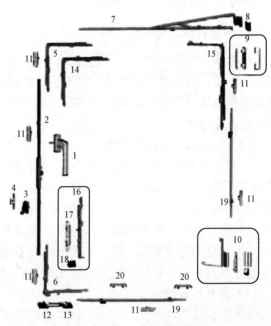

图 2-94　U 槽多边多点锁内平开下悬窗五金系统配置

1—执手；2—传动器；3—防误器；4—防误块；
5、6、14、15—转角器；7—拉杆；8—外壳；9—上合页；
10—下合页；11—锁块；12、13—支撑座；16—翻转支撑；
17—倾转锁块；18—提升块；19—边传动杆；20—防水盖

内平开下悬（内开内倒）窗典型 U 槽五金配件配置如：执手、传动器、转角器、拉杆、合页。

传动器是控制门窗扇锁闭和开启的带锁点的杆形传动装置，如图 2-95（a）所示，与传动机构用执手配套使用，共同完成对建筑门窗的开启和锁闭功能，如图 2-95（b）所示。平开和下悬功能不能同时动作，防误装置是防止窗扇非预期误操作的内平开下悬五金系统的必备配置。

转角器（图 2-96）安装于门窗扇上下角部，使竖直方向的运动转变为水平运动，可使拉杆和转角器上锁点与执手做同步运动，使窗呈开启或下悬状态。一般转角器装有可调及防盗锁点，可有效调节门窗锁闭后的气密性、水密性和胶条的压紧度。提升装置可使窗扇启闭更加顺畅，同时能有效地改善窗扇的掉角和提高五金件的抗疲劳能力，从而延长合页的寿命。

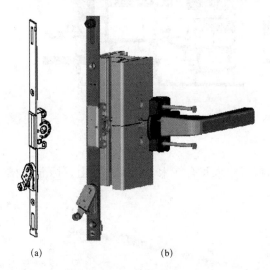

(a)　　　　　　(b)

图 2-95　传动器

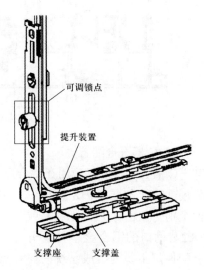

可调锁点

提升装置

支撑座　　　支撑盖

图 2-96　转角器

拉杆是用于连接门窗上部合页（铰链）与门窗扇的装置（图 2-97），通过调节螺钉可调节左右搭接量及校正窗扇掉角，并具有下悬状态防误操作结构设计，防止误操作使窗在下悬的状态下平开，造成意外，提高窗的使用安全性。

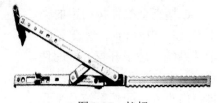

图 2-97　拉杆

对于铝合金型材，通常采用 C 槽五金，但目前国内部分铝合金型材生产企业采用 U 槽五金。在 U 槽铝合金型材上安装内平开下悬五金件，并非简单地将塑料 U 形五金配件照搬过来，就五金配件而言，它是介于铝合金 C20 槽五金和塑料 U16 槽五金之间的五金系列，即综合了铝合金 C20 槽框五金连接方式和塑料 U16 槽扇五金连接方式。内平开下悬窗的主要受力的部位是上合页部分，如果只是简单地将塑料 U 形五金安装上去，合叶的紧固需要打螺钉，效果不理想。而真正的铝合金 U16 槽五金是采取框卡式的连接方式，在这点上是与 C20 槽框五金的连接方式是相同的，同时，由于它采用的是方轴式执手，避免了拨叉式执手大得有些夸张的底座。所以，成品窗的效果更加简洁。它所适应的铝合金型材：扇料为 U16 型槽，框料为 C14/18 槽。典型代表如图 2-98 所示。图 2-98（a）为隔热铝合金窗采用 U12/16 槽五金，12/20-9 尺寸安装；图 2-98（b）为铝木复合（木包铝）窗采用 U12/16 槽五金，12/20-13 尺寸安装。

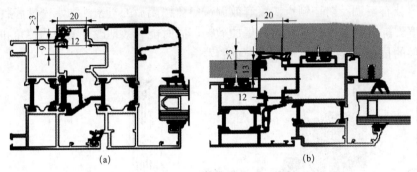

图 2-98　典型 U 型槽

2）C 槽五金配置。

C 槽五金目前仅应用在铝合金门窗或铝木复合（木包铝）门窗上。标准 C 槽为扇 15/20 和框 14/18 槽口。但个别企业也有生产 16/23 或 18/24 槽口的铝合金型材及五金配件，主要为组成系统门窗专用。在此仅探讨标准 C 槽 15/20 槽口及其五金配件。

C 槽五金配件按门窗的类型分为：内平开下悬窗五金配件系统、外平开窗五金配件系统、上悬窗五金配件系统、推拉门窗五金配件系统及平开门五金配件系统。

内平开下悬窗的五金配置有多种，如两边多点锁五金系统和四边多点锁五金系统等，其五金功能配置类同于 U 槽内平开下悬五金系统。图 2-99 为典型 C 槽四边多点锁内平开下悬窗五金系统配置。

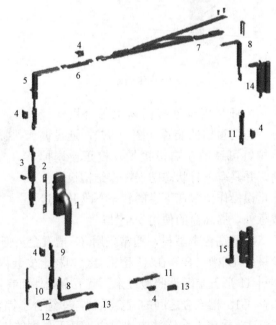

图 2-99　C 槽四边多点锁内平开下悬窗五金系统配置

1—执手；2—放松垫片；3—防误传动杆；4—锁块；5—转角器；6—中间传动杆；7—上拉杆；8—小转角器；9—翻转支撑；10—防脱器；11—边传动杆；12—支撑块；13—防水盖；14—上合页；15—下合页

图 2-100 为典型外开窗五金系统配置。

（3）铝木复合门窗五金件的配置。

铝木复合（a 型）门窗五金槽口有两种主要形式，一种为 U 槽结构；另一种为 C 槽结构。其五金配件也分为两种，即 U 槽五金和 C 槽五金。

1）U 槽五金结构。

这种结构的铝木复合（a 型）门窗使用 U 槽五金安装槽口，以使用 12/20-13 系列五金件居多。五金配件的固定采用螺钉连接。采用 U 槽结构的门窗一般按如下方式配置五金：

执手及传动五金部分的五金配置与木窗及塑料窗完全一致，使用 7～8mm 偏心距传动器的居多，门的传动器多采用 25～35mm 偏心距的传动器；合页部分安装木窗用 13mm 框面距离合页。上下支承部多采用塑料窗用重载轴承。

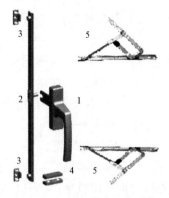

图 2-100  外平开窗五金系统
1—执手；2—传动杆；3—锁块；
4—防坠块；5—滑撑

由于铝木复合窗内表面装镶木材的缘故，一般执手方轴要特殊定制，普通木窗或塑料窗执手的方轴长度都不能满足要求。同时上下支承的定位轴销也要比木窗或塑料窗的要长，使其能够插入铝合金表面。

门窗框采用 C（18/14）槽镶嵌上下支承是则更为理想，因为 C 槽支承方式不但安装简便，还因为它能将开启扇的重量直接传递到边框的型材上，使合页支承安装螺钉不承受太大的力量，从而提高五金的承载能力。

2）C 槽窗五金结构。

铝木复合（a 型）门窗最合理五金配置应该是使用 C 槽铝合金五金配件，然而由于结构上与铝合金门窗的差异造成标准 C 槽铝合金五金无法在铝木复合门窗上直接使用。这种结构上的区别有如下两点：

①由于铝木复合门窗内表面都要镶嵌木材，造成 C 槽的边部与门窗内表面的距离远远大于标准铝合金门窗。所以通用铝合金门窗五金配件的上下支承根本无办法安装。

②铝合金门窗的执手和传动器多采用拨叉连接，由于木材加工的特殊性，长条槽口加工困难，即使长口加工问题解决，因现有的执手拨叉都比较短，也不大适合铝木复合门窗使用。

目前国外有全面使用 C 槽铝合金门窗五金配件的铝木复合门窗，其五金配件都是专门为该门窗系统开发的专用五金配件。

**2. 典型窗用五金件配置与安装**

（1）内平开窗。

1）五金件配置。内平开窗五金件通常包括连接框扇、承载窗扇重量的上、下合页（铰链），实现单扇定位、锁闭作用的插销，可实现多点锁闭功能的传动锁闭器，能使开启扇固定在某一角度的撑挡，以及可驱动传动锁闭器、实现窗扇启闭的传动机构用执手。

2）五金件安装。常用内平开窗五金件安装位置示意如图2-101所示。

（2）外平开窗。

1）五金件配置。外平开窗五金件通常包括连接框扇、承载窗扇重量的滑撑，可实现多点锁闭功能的传动锁闭器，以及可驱动传动锁闭器、实现窗扇启闭的传动机构用执手；当开启扇对角线尺寸不超过 0.7m 时，也可适用滑撑、旋压执手的配置。

2）五金件安装。常用外平开窗五金件安装位置示意图如图2-102所示。

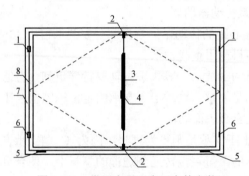

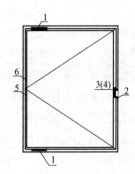

图 2-101　常用内平开窗五金件安装
位置示意图

1—上部合页（铰链）；2—插销；3—传动锁闭器；
4—传动机构用执手；5—撑挡；6—下部合页（铰链）；
7—窗框；8—窗扇

图 2-102　常用外平开窗五金件安装
位置示意图

1—滑撑；2—传动锁闭器；3(4)—传动机构用
执手（旋压执手）；5—窗框；6—窗扇

（3）外开上悬窗。

1）五金件配置。外开上悬窗五金件通常包括连接框扇、承载窗扇重量的滑撑，能使开启扇固定在某一角度的撑挡，可实现多点锁闭功能的传动锁闭器，以及可驱动传动锁闭器，实现窗扇启闭的传动机构用执手。

2）五金件安装。常用外开上悬窗五金件安装位置示意图如图2-102所示。

（4）内开下悬窗。

1）五金件配置。内开下悬窗五金件通常包括连接框扇、承载窗扇重量的合页，能使开启扇固定在某一角度的撑挡，可实现多点锁闭功能的传动锁闭器，以及可驱动传动锁闭器、实现窗扇启闭的传动机构用执手。

2）五金件安装。常用内开下悬窗五金件安装位置示意图如图2-103所示。

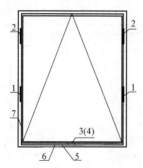

图 2-103　常用外开上悬窗五金件安装
位置示意图

1—撑挡；2—滑撑；3(4)—传动机构用执手（旋压执手）；
5—传动锁闭器；6—窗框；7—窗扇

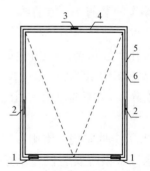

图 2-104　常用内开下悬窗五金件安装位
置示意图

1—合页（铰链）；2—撑挡；3—传动机构用执手；
4—传动锁闭器；5—窗框；6—窗扇

（5）推拉窗。

1）五金件配置。常用推拉窗五金件配置包括单点锁闭五金系列配置和多点锁闭五金系列配置。

单点锁闭推拉窗五金件通常包括滑轮、单点锁闭器（包括适用于两个推拉扇间、形成单一位置锁闭的半圆锁，适用于扇框间、形成单一位置锁闭的边锁等）。

多点锁闭推拉窗五金件通常包括滑轮、多点锁闭器、传动机构用执手。

2）五金件安装。单点锁闭推拉窗常用五金件安装位置示意图如图 2-105（a）、（b）所示，多点锁闭推拉窗常用五金件安装位置示意如图 2-105（c）所示。

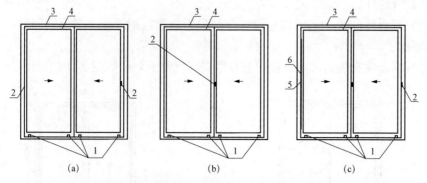

图 2-105　常用推拉窗五金件安装位置示意图

1—滑轮；2—单点锁闭器；3—窗框；4—窗扇；5—传动机构用执手；6—多点锁闭器

（6）内平开下悬窗。

1）五金件配置。窗用内平开下悬五金系统是通过一套五金系统使窗扇既能实现内平开开启，又能实现内开下悬开启功能的五金系统。内平开下悬五金系统基本配置应包括连接杆，防误操作器（一种防止窗扇在内平开状态时，直接进行下悬操作的装置），传动机构用执手、锁点、锁座、斜拉杆（一种窗扇在内开下悬状态时，用于连接窗上部合页与窗扇的装置），上、下合页（铰链），摩擦式撑挡（用于平开限位）等。

2）五金件安装。常用窗用内平开下悬五金系统安装位置示意图如图 2-106 所示。

### 3. 典型门用五金件配置与安装

（1）平开门。

1）五金件配置。平开门五金件通常包括联接框扇，承载门扇重量的上、下合页（铰链）。可实现多点锁闭功能的传动锁闭器，以及可驱动传动锁闭器、实现门扇启闭的传动机构用执手，实现单扇定位、锁闭作用的插销。

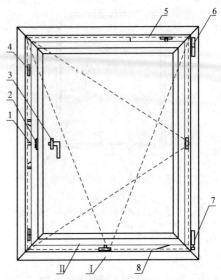

图 2-106　铝合金窗用内平开下悬五金系统基本配置示意

1—连接杆；2—防误操作器；3—执手；4—锁点、锁座；5—斜拉杆；6—上部合页（铰链）；7—下部合页（铰链）；8—摩擦式撑挡（平开限位器）；Ⅰ—窗框；Ⅱ—窗扇

2）五金件安装。常用平开门五金件安装位置见示意图如图 2-107 所示。

（2）推拉门。

1）五金件配置。常用推拉门五金件配置通常包括滑轮、多点锁闭器、传动机构用执手。

2）五金件安装。常用推拉门五金件安装位置示意图如图 2-108 所示。

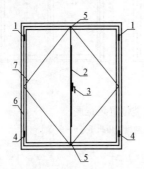

图 2-107　常用平开门五金件安装位置示意

1—上部合页（铰链）；2—传动锁闭器；3—传动机构用执手；4—下部合页（铰链）；5—插销；6—门框；7—门扇

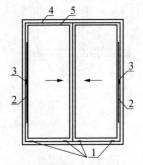

图 2-108　常用推拉门五金件安装位置示意

1—滑轮；2—多点锁闭器；3—传动机构用执手；4—门框；5—门扇

# 2.4　密封材料

门窗密封材料按用途分为镶嵌玻璃用密封材料和框扇间密封用密封材料；按材料分有密封胶条、密封毛条和密封胶。密封胶主要用于镶嵌玻璃用。密封毛条主要用于推拉门窗框扇之间的密封用。密封胶条既用于玻璃镶嵌密封，又用于门窗框扇之间密封，特别是平开窗，但二者的规格、型号不同。

## 2.4.1　密封条

密封胶条是用于门窗密封的材料，又称为密封条。密封胶条的颜色一般为黑色，也可根据要求而制成各种不同的颜色，以配合不同颜色的门窗，使之协调一致。

### 1. 分类

门窗用密封胶条分为硫化橡胶类密封胶条和热塑性弹性体类密封胶条及复合密封条。

（1）硫化类密封胶条。硫化橡胶类胶条包括三元乙丙橡胶、硅橡胶、氯丁橡胶胶条等。

（2）热塑性弹性体类胶条。热塑性弹性体类胶条包括热塑性硫化胶、聚氨酯热塑性弹性体、增塑聚氯乙烯胶条等。

常用胶条材料名称代号见表 2-69。

表 2-69　　　　　　　　　常用密封胶条材料名称代号

| 硫化橡胶类 | | 热塑性弹性体类 | |
| --- | --- | --- | --- |
| 胶条主体材料 | 名称代号 | 胶条主体材料 | 名称代号 |
| 三元乙丙橡胶 | EPDM | 热塑性硫化胶 | TPV |
| 硅橡胶 | MVQ | 聚氨酯热塑性弹性体 | TPU |
| 氯丁橡胶 | CR | 增塑聚氯乙烯 | PPVC |

（3）复合密封条。复合密封条是指由不同物理性能的高分子材料复合成型的密封条。

复合密封条分为：海绵复合条（HM）、包覆海绵复合条（BF）、遇水膨胀复合条（PZ）、加线复合条（JX）、软硬复合密实密封条（RY）。复合密封条常用材质名称及代号见表 2-70。

表 2-70　　　　　　　　　　复合密封条常用材质名称及代号

| 组成复合密封条的材质名称 | 材料代号 | 组成复合密封条的材质名称 | 材料代号 |
|---|---|---|---|
| 三元乙丙橡胶 | EPDM | 增塑聚氯乙烯 | PPVC |
| 硅橡胶 | MVQ | 聚乙烯 | PE |
| 氯丁橡胶 | CR | 天然橡胶 | NR |
| 热塑性硫化胶 | TPV | 聚丙烯 | PP |
| 三元乙丙发泡 | F-EPDM | 未增塑聚乙烯 | U-PVC |
| 聚氨酯发泡 | PU | 玻璃纤维 | GF |

### 2. 性能要求

（1）材料的物理性能。

硫化橡胶类密封胶条所用的材料的物理性能见表 2-71，热塑性弹性体类密封胶条所用的材料的物理性能见表 2-72。

表 2-71　　　　　　　　硫化橡胶类密封胶条材料的物理性能

| 项　　目 | | | 要　　求 |
|---|---|---|---|
| 基本物理性能 | 硬度（邵氏 A） | | 符合设计硬度要求（±5） |
| | 拉伸强度（MPa） | | ≥5.0 |
| | 拉断伸长率（%） | 硬度（邵氏 A）＜55 | ≥300 |
| | | 硬度（邵氏 A）≥55 | ≥250 |
| | 压缩永久变形（%） | | ≤35 |
| 热空气老化性能 | 硬度（邵氏 A）变化 | | −5～+10 |
| | 拉伸强度变化率（%） | | ＜25 |
| | 拉断伸长率变化率（%） | | ＜40 |
| | 加热失重（%） | | ≤3.0 |
| | 热老化后回弹恢复（Da）分级 | | 1 级：30%＜Da≤40% |
| | | | 2 级：40%＜Da≤50% |
| | | | 3 级：50%＜Da≤60% |
| | | | 4 级：60%＜Da≤70% |
| | | | 5 级：70%＜Da≤80% |
| | | | 6 级：80%＜Da≤90% |
| | | | 7 级：90%＜Da |
| | 硬度（邵氏 A）变化 | | −10～+10 |
| | −40 ℃时，低温脆性 | | 不破裂 |

表 2-72　　　　　　　　热塑性弹性体类密封胶条材料的物理性能

| 项　目 | | 要　求 |
|---|---|---|
| 基本物理性能 | 硬度（邵氏 A） | 符合设计硬度要求（±5） |
| | 拉伸强度（MPa） | ≥5.0 |
| | 拉断伸长率（%） | ≥250 |
| 热空气老化性能 | 硬度（邵氏 A）变化 | −5～+10 |
| | 拉伸强度变化率（%） | ＜15 |
| | 拉断伸长率变化率（%） | ＜30 |
| | 加热失重（%） | ≤3.0 |
| | 热老化后回弹恢复（Da）分级 | 1 级：30%＜Da≤40% |
| | | 2 级：40%＜Da≤50% |
| | | 3 级：50%＜Da≤60% |
| | | 4 级：60%＜Da≤70% |
| | | 5 级：70%＜Da≤80% |
| | | 6 级：80%＜Da≤90% |
| | | 7 级：90%＜Da |
| 硬度（邵氏 A）变化 | −10～0 ℃ | −10～+10 |
| | 0～23 ℃ | −15～+15 |
| | 23～40 ℃ | −10～+10 |
| −20 ℃时，低温脆性 | | 不破裂 |

（2）密封胶条制品的性能要求。

1）密封胶条制品的回弹恢复以 70℃×22h 条件下热空气老化后的回弹恢复（Dr）分级；密封胶条制品的加热收缩率以 70℃×24h 条件下的制品长度收缩率考核，其收缩率应小于 2%；密封胶条制品的污染及相容性应符合相应产品标准要求；密封胶条制品的老化性能包括耐臭氧老化性能和光老化性能，性能指标应符合产品标准要求。

2）复合类密封条制品的性能见表 2-73～表 2-77。

表 2-73　　　　　　　　海绵复合密封条制品性能要求

| 性能 | 指标 |
|---|---|
| 海绵体密度 | 密度应达到 0.4～0.8g/cm³ |
| 压缩力 | 框扇间海绵体复合密封条达到设计工作压缩范围的压缩力不应大于 5N |
| 弯曲性 | 180°弯曲后，复合密封条表面不应出现裂纹 |

续表

| 性能 | 指标 |
|---|---|
| 抗剥离性 | 在外力作用下，不同材料的结合部位不应出现长度大于 5%的平整剥离现象 |
| 污染相容性 | 复合密封条与型材、玻璃的污染相容性试验后，在型材、玻璃上允许留有密封条试样浅黄色的污染轮廓，不允许留有深色轮廓或实心印痕。型材、玻璃、密封条试样表面不应出现起泡、发粘、凹凸不平 |
| 老化（耐臭氧）性能 | 硫化橡胶类海绵复合密封条，耐臭氧老化试验 96h 后，试验表面不应出现龟裂 |
| 变化率 | 70℃连续加热 24h 后，工作方向的变化率（$H$）不应大于工作压缩范围（$d$）的 15%（$-0.15d \leqslant H \leqslant 0.15d$）；长度方向的变化率（$L$）不应大于加热前试样长度（$L_0$）的 1.5%（$-0.015L_0 \leqslant L \leqslant 0.015L_0$） |
| 低温弯折性 | $-40$℃条件下，弯折面应无裂痕 |

表 2-74 包覆海绵复合密封条制品性能要求

| 性能 | 指标 |
|---|---|
| 压缩力 | 框扇间复合密封条达到设计工作压缩范围的压缩力不应大于 10N |
| 抗剥离性 | 在外力作用下，不同材料的结合部位不应出现长度大于 5%的平整剥离现象 |
| 污染相容性 | 复合密封条与型材的污染相容性试验后，在型材上允许留有密封条试样浅黄色的污染轮廓，不允许留有深色轮廓或实心印痕。型材、密封条试样表面不应出现起泡、发黏、凹凸不平 |
| 老化（光老化）性能 | 热塑性材料复合密封条，光老化试验 4GJ/m$^2$（2000h），应满足以下要求：<br>a）表面不出现龟裂，颜色变化按 GB/T 250 灰卡等级进行评定，不应小于 3 级<br>b）环绕 360° 后，试样不应断裂 |
| 变化率 | 70℃连续加热 24h 后，工作方向的变化率（$H$）不应大于工作压缩范围（$d$）的 15%（$-0.15d \leqslant H \leqslant 0.15d$）；长度方向的变化率（$L$）不应大于 1.5%（$-0.015L_0 \leqslant L \leqslant 0.015L_0$） |

表 2-75 遇水膨胀复合密封条制品性能要求

| 性能 | 指标 |
|---|---|
| 污染相容性 | 复合密封条与玻璃的污染相容性试验后，在玻璃上允许留有密封条试样浅黄色的污染轮廓，不允许留有深色轮廓或实心印痕。玻璃、密封条试样表面不应出现起泡、发黏、凹凸不平 |

| 性能 | 指标 |
|---|---|
| 老化（耐臭氧）性能 | 硫化橡胶类海绵复合密封条，耐臭氧老化试验 96h 后，试验表面不应出现龟裂 |
| 变化率 | 70℃连续加热 24h 后，工作方向的变化率（$H$）不应大于工作压缩范围（$d$）的 15%（$-0.15d \leqslant H \leqslant 0.15d$）；长度方向的变化率（$L$）不应大于 1.5%（$-0.015L_0 \leqslant L \leqslant 0.015L_0$） |

表 2-76　　　　　　　　加线复合密封条制品性能要求

| 性能 | | 指标 |
|---|---|---|
| 压缩力 | | 框扇间海绵体加线复合密封条达到设计工作压缩范围的压缩力不应大于 5N，其他加线复合密封条达到设计工作压缩范围的压缩力不应大于 10N |
| 抗剥离性 | | 加线复合密封条在力作用下，加线不应抽出 |
| 污染相容性 | | 复合密封条与型材、玻璃的污染相容性试验后，在型材、玻璃上允许留有密封条试样浅黄色的污染轮廓，不允许留有深色轮廓或实心印痕。型材、玻璃、密封条试样表面不应出现起泡、发黏、凹凸不平 |
| 老化性能 | 耐臭氧 | 硫化橡胶类加线复合密封条，耐臭氧老化试验 96h 后，试验表面不应出现龟裂 |
| | 光老化 | 热塑性材料加线复合密封条，光老化试验 8GJ/m² （4000h），应满足以下要求：<br>a）表面不出现龟裂，颜色变化按 GB/T 250 灰卡等级进行评定，不应小于 3 级；<br>b）环绕 360° 后，试样不应断裂 |
| 变化率 | | 70℃连续加热 24h 后，工作方向的变化率（$H$）不应大于工作压缩范围（$d$）的 15%（$-0.15d \leqslant H \leqslant 0.15d$）；长度方向的变化率不应大于 1%（$-0.01L_0 \leqslant L \leqslant 0.01L_0$） |
| 加热失重 | | 密实类加线复合密封条加热失重不应大于 3% |

表 2-77　　　　　　　　软硬复合密封条制品性能要求

| 性能 | 指标 |
|---|---|
| 压缩力 | 框扇间海绵体加线复合密封条达到设计工作压缩范围的压缩力不应大于 10N |
| 抗剥离性 | 在外力作用下，不同材料的结合部不应出现 5%的平整剥离现象 |
| 污染相容性 | 复合密封条与型材、玻璃的污染相容性试验后，在型材、玻璃上允许留有密封条试样浅黄色的污染轮廓，不允许留有深色轮廓或实心印痕。型材、玻璃、密封条试样表面不应出现起泡、发黏、凹凸不平 |

| 性能 | | 指标 |
|---|---|---|
| 老化性能 | 耐臭氧 | 硫化橡胶类软硬复合密封条，耐臭氧老化试验 96h 后，试验表面不应出现龟裂 |
| | 光老化 | 热塑性材料加线复合密封条，光老化试验 $8GJ/m^2$（4000h），应满足以下要求：<br>a）表面不出现龟裂，颜色变化按 GB/T 250 灰卡等级进行评定，不应小于 3 级；<br>b）静态拉伸伸长率达到 50% 时，试样不应断裂 |
| 变化率 | | a）硫化橡胶类软硬复合密封条：70℃连续加热 24h 后，工作方向的变化率（$H$）不应大于工作压缩范围（$d$）的 15%（$-0.15d{\leqslant}H{\leqslant}0.15d$）；长度方向的变化率不应大于 1.5%（$-0.015L_0{\leqslant}L{\leqslant}0.015L_0$）；<br>b）热塑性弹性体类软硬复合密封条：70℃连续加热 24h 后，工作方向的变化率（$H$）不应大于工作压缩范围（$d$）的 15%（$-0.15d{\leqslant}H{\leqslant}0.15d$） |
| 加热失重 | | 软硬复合密封条加热失重不应大于 3% |

### 3. 主要密封胶条的性能特点

（1）主体材质特点。

①三元乙丙橡胶。基本物理性能（拉伸强度、拉断伸长压缩永久变形）优越，综合性能优异，具有突出的耐臭氧性、优良的耐候性、很好的耐高温、低温性能、突出的耐化学药品性、能耐多种极性溶剂，相对密度小，使用温度范围 −60～150℃。可适用于高温、寒冷、沿海、紫外线照射强烈地区，可长期在光照、潮湿、寒冷的自然环境下使用，拉伸强度较高。缺点是在一般矿物油及润滑油中膨胀量较大，一般用来制作黑色制品。

②硅橡胶。有优秀的抗臭氧性能、电绝缘性能，能广泛应用于有绝缘性要求的环境。具有突出的耐高温、低温特性，有极好的疏水性和适当的透气性，可达到食品卫生要求的卫生级别，可满足各种颜色的要求。硅橡胶能适应−60～300℃的工作范围，可适用于高温、寒冷、紫外线照射强烈地区。缺点是拉伸强度较低，不耐油。

③热塑性硫化胶。具有橡胶的柔性和弹性，可用塑料加工方法进行生产，无需硫化，废料可回收并再次利用，是性能范围较宽的材料，耐热性、耐寒性良好，相对密度小，耐油性、耐溶剂性能较差，可满足各种颜色的要求。使用温度范围−40～150℃。缺点是耐压缩永久变形和耐磨耗较差。

④增塑聚氯乙烯。物料的基本物理性能（拉伸强度、拉断伸长率、压缩永久

变形）较好，具有阻燃性且耐腐蚀、耐磨，适用于温差变化不大的环境。缺点是配合体系内增塑剂易迁移，低温性能差。

（2）复合胶条特性。

①表面喷涂胶条。是在密封条（包括所有主体材料）的表面喷涂聚氨酯、有机硅等。除具有主体材各项性能外，还具有良好的耐磨、光滑性，表面摩擦系数小，有利于门窗扇的滑动。适用于可滑动的门窗上。

②夹线密封胶条。在主体材料（主要材料通常为三元乙丙）中嵌入一根线型材料（目前主要为玻璃纤维和聚酯线），两种材质紧密结合不可剥离的复合密封条。主要用于玻璃外侧，可以防止安装过程中由于拉伸、温度变化产生的收缩，减少转角处出现收缩缺陷。

③软硬复合胶条。采用的主体材料（包括所有主体材料）由两种或两种以上不同硬度的密实材料复合而成。其优点是提高安装效果，便捷牢固。

④海绵复合胶条。采用的主体材料（主体材料通常为三元乙丙），至少有一种材料为发泡状态（密度为 $0.4\sim0.8g/cm^3$），且发泡制品外表面自结皮。用于框扇之间密封，其优点是能实现更好的密封效果，减少启闭力。

⑤遇水膨胀胶条。采用的主体材料（主体材料通常为元乙丙），至少有一种材料遇水可以膨胀的复合密封条（不适用于框扇间密封）。主要用于玻璃外侧，其优点是有效防止雨水从胶条间隙渗漏，通过遇水膨胀能实现更好的密封效果。

## 2.4.2　密封胶

建筑密封胶主要应用于门窗的玻璃镶嵌上。玻璃的镶嵌有干法和湿法之分。干法镶嵌即采用密封胶条镶嵌，湿法镶嵌即采用密封胶镶嵌。

用于门窗镶装玻璃的密封胶主要有硅酮密封胶和弹性密封胶。两种密封胶的产品标准分别为 GB/T 14683—2017《硅酮和改性硅酮建筑密封胶》和 JC/T 485—2007《建筑窗用弹性密封胶》。

对于铝合金隐框窗用密封胶，结构装配用密封胶应符合 GB 16776—2005《建筑用硅酮结构密封胶》的规定要求，玻璃接缝用密封胶应符合 JC/T 882—2001《幕墙玻璃接缝用密封胶》的规定要求。

### 1. 分类

（1）类型。

1）按组分分为单组分（Ⅰ）和多组分（Ⅱ）两类。

2）硅酮建筑密封胶按用途分为三类：

F 类——建筑接缝用。

$G_n$ 类——普通装饰装修镶装玻璃用，不适用于中空玻璃。

$G_w$ 类——建筑幕墙非结构性装配用，不适用于中空玻璃。

3）改性硅酮建筑密封胶按用途分为两类：

F 类——建筑接缝用。

R 类——干缩位移接缝用，常用于装配式预制混凝土外挂墙板接缝。

（2）级别。

1）按 GB/T 22083—2008 中 4.2 条的规定对位移能力分为 50、35、25、20 四个级别。

2）按拉伸模量分为高模量（HM）和低模量（LM）两个级别。

**2. 应用**

密封胶的产品种类很多，但用于门窗的玻璃镶嵌的密封胶则要仔细选择。

（1）镶装玻璃用的密封胶要承受长时间的太阳光紫外线辐射，因而要求密封胶具有良好的耐候性和抗老化性及永久变形小等。因此应选用具有良好耐候性能和位移能力的硅酮密封胶。

（2）镶装玻璃用的密封胶在密封时与玻璃及铝合金型材接触，如果密封胶与相接触材料不相容，即二者之间不能长时间很好地黏结，就不能起到密封的作用。因此，生产企业选用密封胶后应进行密封胶与所接触材料的相容性和粘结性试验，只有相容性和粘结性试验合格的密封胶才能使用。

（3）不同的密封胶用途不同，不能随意替用。如同样是满足 GB/T 14683—2017《硅酮建筑密封胶》要求的硅酮建筑密封胶，有镶装玻璃用和建筑接缝用两类。因此，要求门窗生产企业慎重选用，并严格检查密封胶实物是否符合产品用途的要求。

（4）由于密封胶性能的时效性，过期的密封胶其耐候性能和伸缩性能下降，表面容易裂纹，影响密封性能。因此，密封胶必须保证是在有效期内使用。

总之，选用密封胶产品时，应查验密封胶供货单位提供的有效产品检验报告和产品质量保证书，并符合相应的产品标准要求。

# 2.5 系统门窗设计原理

## 2.5.1 热能传递方式

门窗热能的传递有三种途径：辐射、对流和传导。作为建筑围护结构，门窗必须同时阻止这三种热量传递途径才能达到节能的最佳效果。

**1. 辐射**

热辐射是热能通过射线以辐射的方式进行传递，包括可见光、红外线和紫外线等。任何物体，只要其绝对温度大于零度，都会以辐射的形式向外界辐射能量，其热能不依靠任何介质而以红外射线形式在空间传播，当被另一物体部分或全部接受后，又重新转变为热能。这种传递热能的方式称为辐射或热辐射。

合理配置中空玻璃及其间隔层厚度，可以最大限度地降低能量损失。通常设计采用 Low-E 中空玻璃来降低通过玻璃的辐射，还可以通过遮阳等手段进行节能设计，阻止热量通过辐射的形式向室内传播。

## 2. 对流

对流是在围护结构两侧存在温度差，造成热量从高温端向低温端运动的一种能量传递方式，又称热对流、对流传热。若流体的运动是由于受到外力的作用(如风机、泵或其他外界压力等)所引起，则称为强制对流；若流体的运动是由于流体内部冷、热部分的密度不同而引起的，则称为自然对流。

对流传热的基本计算公式是牛顿冷却公式（表面换热系数的定义式）：

流体被加热时：
$$q = h(t_w - t_f) \tag{2-17}$$

流体被冷却时：
$$q = h(t_f - t_w) \tag{2-18}$$

式中　$q$——热流密度；

　　　$h$——表面传热系数（又称对流换热系数）$[W/(m^2 \cdot K)]$；

　　　$t_w$——固体表面温度；

　　　$t_f$——流体的温度。

表面传热系数的大小与对流传热过程中许多因素有关。它不仅取决于流体的物性（热导率 $\lambda$、动力粘度 $\eta$、流体密度 $\rho$、比定压热熔 $c_p$ 等）以及换热表面的形状、大小与布置，而且还与流速密切相关。

热对流对于玻璃表现在玻璃的两侧具有温度差，导致空气在冷的一面下降而在热的一面上升，产生空气的对流，造成能量的流失。引起这种现象的原因有几个：

（1）玻璃与周边的门窗框架系统的密封不良，使得窗框内外的气体能够直接进行交换产生对流，导致能量的损失。

（2）中空玻璃的内部空间结构设计不合理，导致中空玻璃内部的气体因温度差的作用产生对流，带动能量进行交换，从而产生能量的流失。

（3）构成整个门窗系统内外温度差较大，致使中空玻璃内外的温度差也较大，空气借助冷辐射和热传导的作用，首先在中空玻璃的两侧产生对流，然后通过中空玻璃整体传递过去，形成能量的流失。合理的中空玻璃设计，可以降低气体的对流，从而降低能量的对流损失。

热对流在门窗型材内表现为型材空腔内空气由于温度差作用产生流动而引起

的能量传递，在门窗装配后的框扇开启腔室内和玻璃镶嵌的固定腔室内由于密封不良及温差作用引起的能量传递。

常见构造设计措施：在固定腔设置隔热屏障，通过 EPDM 胶条、尼龙 66 隔热条、泡沫条以及填充一些发泡材料等，阻止固定腔内的热对流；透明材料则可采用 Low-E 玻璃或真空玻璃等，达到阻止对流的最佳效果。

### 3. 热导

热传导是通过物体分子的运动带动能量进行运动产生的一种能量传递。传导又称导热，热能从一物体传至与其相接触的另一物体，或从物体的一部分传至另一部分，这种传热方式称为导热。在导热过程中，没有物质的宏观位移。热传导现象的规律可用傅里叶（Fourier）定律来说明。

$$\phi = -\lambda A \frac{\mathrm{d}t}{\mathrm{d}x} \tag{2-19}$$

式中　$\lambda$——导热系数；

负号——热量传递方向与温度升高的方向相反。

对于门窗框可以通过选择导热系数低的型材或通过设计隔热断桥降低金属型材的导热系数的方式来减少门窗用型材以传导方式产生的能量传递。

中空玻璃对能量的传导传递是通过玻璃和其内部的空气来完成的。一般情况下，玻璃的导热系数是 0.8W/(m·K)左右，而空气的导热系数是 0.024 W/(m·K)左右，由此可见，玻璃的导热系数约是空气的 30 倍左右。空气中的水分子等活性分子的存在，也是影响中空玻璃能量的传导传递和对流传递的主要因素，提高中空玻璃的密封性能或增加中空玻璃的间隔层厚度或充填导热系数更小的惰性气体，是提高中空玻璃隔热性能的重要因素。

## 2.5.2　密封线

将一樘门窗竖向剖切，自上而下将门窗阻止室外粉尘进入室内的各密封点连成一线，这条线称为"尘密线"；将门窗阻止室外雨水进入室内的各密封点连成一线，这条线称为"水密线"；将门窗阻止室内外热量交换各隔热密封点连成一线，这条线称为"热密线"，又称"等温线"；将门窗阻止室内外空气交换的各密封点连成一线，这条线称为"气密线"。

门窗的固定腔、开启腔的各密封线根据其构造位置、功能作用，从外到内分别为：尘密线、水密线、热密线和气密线。

（1）尘密线。通常设置在门窗的最外侧，阻止灰尘进入型材的腔体，在沙尘地区环境中，应设置这道密封线。

（2）水密线。一般设置在室外，承担阻水、披水作用，是完成"雨幕原理"的第一步，形成门窗外的水和门窗之间的第一个屏障。一般情况下，水密线不能够全部封闭，应当设置适当的开口，以便实现等压腔与室外大气相通，并通过排水孔将进入等压腔的水顺利排出腔外。

（3）热密线。热密线是阻止热量传递的一条密封线，也叫做"等温线"。构造上通过玻璃及镶嵌密封条、开启腔中间密封胶条、框扇型材（铝合金隔热条和发泡填料）等实现，将固定腔、开启腔分割成内外两个腔体。在需要保温的地区，外腔为冷腔，内腔为热腔；在需要隔热的地区正好相反，外腔为热腔，内腔为冷腔。为了达到更好的隔热效果，腔体采用"冷热腔"（也可称为"双腔"）隔热，可有效避免腔体内冷端型材和热端型材间的对流传热。热密线还可以提高门窗的气密性和水密性。

（4）气密线。气密线设置在门窗最内侧，由构成玻璃内侧密封条、框扇内侧密封条构成。门窗安装完成后，门窗气密线还应与室内安装密封及建筑构造密封共同构成建筑密封线。

### 2.5.3　等压设计原理

雨水渗透机理是缝隙周围的雨水在压力差的作用下，通过缝隙进入室内的过程。雨水渗透有三个要素：缝隙、压力差和雨水。产生雨水渗透必须三个要素同时满足，而门窗缝隙与周边存在雨水不可克服，那么，消除缝隙内外侧的压力差，就可阻止雨水沿缝隙渗透。

等压原理（又称"雨幕原理"），是一个设计原理，它指出雨水对这一层"幕"的渗透将如何被阻止的原理。这一原理应用在门窗上主要是指在门窗开启部位内部要设有空腔，空腔内的气压在所有部位上一直要保持和室外气压相等，以使外表面两侧处于等压状态，因此，也称"等压原理"。压力平衡的取得不是由于门窗外表面的开启缝严密密封所构成的，而是有意令其处于敞开状态，使窗外表面的开启缝两侧不存在任何气压差。

图 2-109（a）、（b）是应用雨幕原理压力平衡设计的内平开窗示意图。图（a）为塑料窗，框扇外侧密封胶条虽然安装，但通过在窗扇适当部位开设气压平衡孔，使得水密腔（等压腔）通过气压平衡孔与外部保持连通和室外等压。图（b）为铝合金窗，外侧不安装密封胶条，而是在窗扇关闭后留有一圈小缝隙（不安装外侧密封胶条），与小缝隙联通的内腔始终保持和室外等压。图（a）和（b）中由腔中间的等压胶条与窗内侧的密封胶条形成的气密腔保证了该窗的气密性，雨水根本无法渗透到窗内侧。图（c）为普通平开塑料窗，中间没设等压密封胶条，框扇组成的腔室将气密腔和水密腔合二为一，当雨水进入腔室内时，很容易进入室内侧。

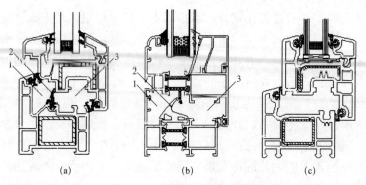

图 2-109　等压原理示意图

1—水密腔；2—等压胶条；3—气密腔

### 2.5.4　等温设计原理

#### 1. 露点温度及结露

露点温度是指空气在水汽含量和气压都不改变的条件下，冷却到饱和时的温度。形象地说，就是空气中的水蒸气变为露珠时候的温度叫露点温度，气温降到露点温度以下是水汽凝结的必要条件。

结露就是物体表面温度低于附近空气露点温度时表面出现冷凝水的现象。结露点是物体表面开始结露形成液滴或冰的临界温度点，当物体表面的温度等于或低于结露点温度时，其表面就会产生结露，长时间会引起物体表面发霉、变黑、锈蚀。

门窗结露就是在门窗的室内表面凝聚着露水或水雾。当固体（玻璃、窗扇、窗框）表面温度较周边临近潮湿空气的露点温度低时，空气中的水蒸气变为液体的水，凝结在冷的固体表面，就会产生结露现象。

#### 2. 霉变温度

霉变是一种常见的自然现象，多出现在食物中，食物中含有一定的淀粉和蛋白质，而且或多或少地含有一些水分，而霉菌生长发育需要水的存在和合适的温度。在受潮后水分活度值升高，霉菌就会吸收食物中的水分进而分解和食用食物中的养分。

霉变产生的四个主要条件：

（1）合适的温度。22～35℃被认为是霉菌生长的最佳温度。大多数建筑（特别是空调类建筑）通常正好处于这个温度范围里。

（2）水分存在。建筑围护材料中由于结露所提供的液态水分比其周围空气中的所含的水蒸气，对霉菌的生长更起作用。通常以材料中的相对湿度80%作为预防霉菌生长的临界湿含量。

（3）足够的营养。每种建筑材料中都含有不同程度上的营养物质。

（4）充足的时间。霉菌生长取决于温度、相对湿度、材料的含湿量、时间等特性。当环境温度在 5～50℃，相对湿度在 80%以上，数周或数月就能引发霉菌生长。我国南方地区，夏季气温高，相对湿度大，持续时间长。最热月平均相对湿度为 78%～83%，属典型的高温高湿区域，墙体易吸收空气中水分；北方地区冬季严寒漫长，墙体冷桥导致的结霜结露很普遍，墙体受潮、积水后极易发生墙体霉变。

### 3. 等温线设计

图 2-110 温度湿度曲线图所示，以室内温度 20℃、相对湿度 50%为例，当空气温度降低到 12.6℃时，达到霉菌生长的临界温度；当温度降低到 9.3°时，空气开始结露。所以我们把 13℃和 10℃作为门窗节能设计时的两个关键性的控制温度。

霉变临界温度如图 2-110 所示，门窗节点等温线如图 2-111 所示。

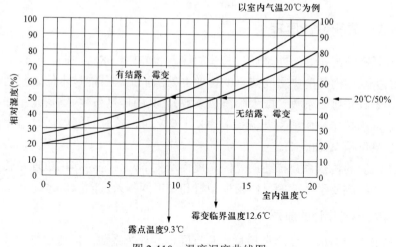

图 2-110　温度湿度曲线图

门窗节点隔热设计时，为了考虑防结露及防霉变，应进行传热性能热工模拟，绘制出等温线图。10℃等温线不应露出门窗室内表面，防止门窗表面结露现象的发生。13℃等温线不宜露出门窗室内表面，避免霉菌生长。

防结露设计还应在门窗的隔热设计时整体考虑，应综合考虑组成门窗的型材、玻璃及节点构造的隔热设计和安装节点隔热设计，各部分的综合隔热性能构成了门窗整体的隔热性能，如图 2-112 所示。

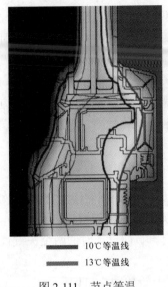

图 2-111　节点等温

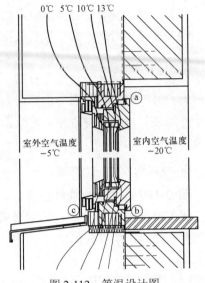

图 2-112　等温设计图

### 2.5.5　节能设计原理

建筑外围护结构的节能是通过具体的保温和隔热技术实现的，其核心目标就是减少围护结构内外两侧之间热量的传递。外围护结构节能技术的主要衡量指标是：传热系数和遮阳系数（或太阳得热系数）。其中传热系数 $K$ 值是指在稳定传热条件下，围护结构两侧空气温差为 1K（℃）时，单位时间内通过单位面积的传热量，单位是 $W/(m^2 \cdot K)$。

建筑门窗的传热系数描述的是因温差而产生的热传递，作用机理是传导、对流及辐射，组成要素是玻璃、门窗框型材和玻璃间隔条及间隙层。

#### 1. 型材节能设计的原则

虽然组成门窗框、扇的每种材质具有固定的导热系数，但通过制作成空腔结构或复合结构的门窗框型材，其热传导性能会发生改变。因此，型材断面结构的设计对于门窗框扇型材的节能性能至关重要。

门窗框扇型材的断面结构设计其实是复合设计理念的发展。钢门窗型材从实芯钢框发展为空腹钢框乃至断热钢框；铝合金门窗从普通铝合金型材发展成为断热铝合金型材；木门窗从实木结构发展成为复合结构；塑料门窗从单腔结构发展成为两腔、三腔结构，乃至七腔、八腔结构的型材。只要设计合理，导热性能高的钢、铝等金属材料，也能制作成为保温性能较好的门窗框扇材料。而相比较之下，塑料与木材由于本身具有优良的保温性能，所以这两种门窗框扇型材的隔热设计更简便、节能成本也更低。

型材的节能设计应遵循如下原则：

（1）多腔设计，冷暖腔体独立并做空腔密封处理。

（2）在完善多腔结构型材的水密性、气密性、抗风压性能外，兼顾保温隔热、隔声、防盗、遮阳、采光、通风等一系列重要的功能。

（3）优化空腔设计，降低腔体内部的对流传热。

### 2. 玻璃设计原则

玻璃的节能性能除了在采暖地区考虑传热系数外，在夏热冬暖地区还需考虑遮阳性能和可见光投射比等问题。目前玻璃多是通过制作成双层或三层中空玻璃、Low-E 膜、玻璃间隙充惰性气体或采用真空玻璃等手段来提高玻璃的节能性能。

（1）采用 Low-E 中空玻璃，能够大幅度降低门窗的传热系数，同时合理地控制门窗的阳光遮蔽性能。

（2）采用暖边中空玻璃及充气中空玻璃，能够较好地降低门窗的传热系数，同时提高门窗的抗结露性能。

（3）采用真空与中空复合玻璃，能够得到优异隔热性能的节能玻璃。

### 3. 门窗节能设计原理

门窗节能设计的目的在于阻隔能量通过门窗传递，减少通过门窗的能量损失。因此，根据能量的传递方式，采取适当的方式阻隔能量传递的途径；优化门窗的气密线、水密线和热密线设计，最大限度地降低门窗的传热系数；根据需求选择不同的门窗型材和玻璃组合，满足门窗的节能设计要求；提高门窗的气密性能，减少空气渗透产生的能量损失；提高门窗的抗风压性能，增强门窗的抗风压变形能力。

门窗的节能设计原理如下：

（1）多腔设计，冷暖腔独立。利用密封条将固定腔、开启腔分割成多腔结构，并使冷、暖腔室相互独立，阻隔空气传导及对流产生的能量损失。

（2）等温线设计。通过设计使得框扇等温线与玻璃等温线处于同一直线上，最大限度地降低门窗整体的传热系数。

（3）气密设计。通过设计提高门窗的气密性能，减少空气渗透而产生的能量损失。

（4）隔热设计。通过提高门窗的遮阳性能，降低太阳辐射热对室内造成的能量损耗。

## 2.5.6　隔声设计原理

### 1. 门窗透声基本知识

窗户安装玻璃的主要功能，是提供室内采光和向外的视线，除此之外，还起隔声作用。窗户的声音透射通常影响建筑的整体隔声效果。

支配窗户声透射的物理定律与支配建筑墙体声透射的物理定律相同，但玻璃窗实际的噪声控制程度还要受玻璃本身的性质和窗户的安装特点的影响。例如，增加坡璃的厚度在大多数频率区间都可以提高隔声量，但是玻璃的刚度却限制了隔声量的提高。使用多层玻璃（双层和三层）在大多数频率处可以降低噪声，但这取决于玻璃之间的隔离方式。

隔声量是用来测量在某一频率范围的降噪程度的标准尺度。尽管使用声透射系数对评定建筑物的某些声源的降噪效果，比如人的说话声音，一般来说是令人满意的，但是，使用声透射系数来评定较低频率的声源来说，却不大适用。因为，大多数室外噪声源如飞机和公路上的交通车辆都位于这一区间，仅仅用声透射系数来评定建筑物的外立面的降噪程度，是远远不够的。

（1）密封单层玻璃窗。

从理论上看，如果玻璃刚度的作用忽略不计的话，大片单层玻璃的声频或质量每增加 2 倍，其隔声量增加 6dB。尽管单层玻璃的隔声量在某些频率处基本服从"质量"定律，但是由于玻璃本身的刚度和窗户玻璃的面积有限，却导致了玻璃的隔声量偏离质量定律的规定。

图 2-113 描绘的是两个不同厚度的密封单层玻璃窗的质量定律曲线和实际隔声量曲线。质量定律曲线显示的隔声量变化随着频率的增加大于实际测量窗户的隔声量。

在低频处，实际测量的隔声量高于相对应的质量定律曲线。这是由于窗户密封材料的吸声和相对于声波波长的窗户尺寸所导致的。一般来说，这些影响对于大片玻璃如玻璃隔断墙来说是微不足道的。玻璃隔声量的大小取决于窗户的尺寸、形状以及窗户是如何安装在窗框内的。使用弹性密封材料（如氯丁橡胶密封条）可提高玻璃在低频处的隔声量3～5dB。

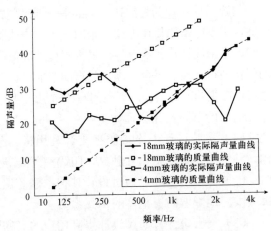

图 2-113　密封单层玻璃窗的隔声量曲线

在较高频率处，实际测量的隔声量降到对应的质量曲线以下。实际测量隔声量的这种大幅度下降通常被称为"符合频率下垂"（coincidence dip）。导致符合频率下垂的原因是由玻璃板内的弯波造成的。

符合频率下垂发生的频率与玻璃的厚度成反比。2mm 厚玻璃的符合频率下垂接近于 500kHz，而 18mm 厚玻璃的符合频率下垂发生在频率为 50Hz 处。从图 2-113 可见，由于符合频率下垂的作用，在频率 500Hz 处，18mm 厚玻璃的隔声量事实上比 4mm 厚玻璃的隔声量要小。在频率 200Hz 以上，实际测量的 18mm 厚玻璃的隔声量远远小于用质量定律所表示的隔声量曲线。由于符合频率下垂的影响，仅仅靠增加玻璃厚度对单片玻璃的声透射系数的影响是十分有限的。

在符合下垂频率之上，夹胶玻璃的隔声量较之同等厚度的单片玻璃大得多。夹胶玻璃的隔声量曲线在符合下垂频率以上十分接近质量定律曲线。这种隔声量的改善显然是得益于玻璃之间的弹性胶片产生的阻尼（振动能耗散）。但必需注意，这种阻尼是温度的函数。在寒冷的冬天，如果温度太低导致弹性胶片失去弹性，夹层玻璃的隔声量的增加幅度会大幅度地下降。

（2）双玻中空玻璃。

双玻中空玻璃的隔声量主要取决于两片玻璃之间的空气层厚度。图 2-114 描绘的曲线表示中空玻璃的隔声量随空气层的增加而增加。图中的曲线显示，中空玻璃空气层每增加 2 倍，其声透射系数就大约增加 3。此外，图 2-114 还显示，声透射系数还随着玻璃的厚度增加而增加。

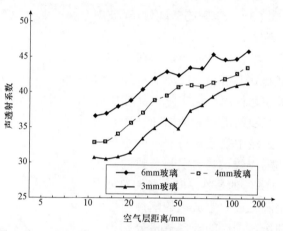

图 2-114 透声系数和中空玻璃窗空气层间距之间的关系

如果两片玻璃之间的间隔小（小于 25mm），则双层中空玻璃的声透射系数可能比相同厚度的单片玻璃的声透射系数仅仅高一点点（或事实上可能还要低一些）。之所以如此，是因为两层玻璃之间的空气像弹簧一样将振动能从一层玻璃传到另一层玻璃上，从而导致中空玻璃隔声量的大幅度减少，这种现象称为质量－空气－质量共振。中空玻璃的共振频率可由下列公式求出：

$$T = 1150(t_1 + t_2)^{1/2} / (t_1 t_2 d)^{1/2} \qquad （2-20）$$

式中　$T$——中空玻璃的共振频率；

　　$t_1$、$t_2$——两片玻璃的厚度（mm）；

　　$d$——空气层距离（mm）。

一般来说，在工厂中制作的密封中空玻璃的共振频率位于 200～400Hz 之间。图 2-115 描绘的是这类中空玻璃共振频率的下降恰恰处于这一区间。天空中的飞机和路面上的交通车辆的绝大部分声能都处于该频率范围。通过增加空气层的厚度和使用较厚的玻璃，这类共振频率就可降低，从而改善对这种噪声源的隔声效果。

在质量－空气－质量共振频率以下，双层中空玻璃和相同厚度的单层玻璃的隔声量相同。在位于共振频率以上时，中空玻璃的隔声量较之其中单层玻璃的要大。当空气层每增加 2 倍时，其声透射系数的增加大约为 3dB。

（3）三玻中空玻璃与双玻中空玻璃。

尽管人们普遍认为在双玻中空基础上增加一层玻璃对隔声效果会起作用，但实际上除非中间空气层间隔相应地增加许多，否则三玻中空玻璃与双玻中空玻璃的隔声效果基本上是一致的。图 2-116 绘的是总厚度类似的双玻中空和三玻中空玻璃的隔声量比较曲线。图中的玻璃规格分别为，双层中空玻璃：3mm＋12mm＋3mm；三层中空玻璃：3mm＋6mm＋3mm＋6mm＋3mm。两者的空气层总厚度同为 12mm。

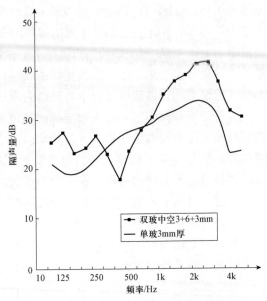

图 2-115　小空气层对中空玻璃隔声量的影响

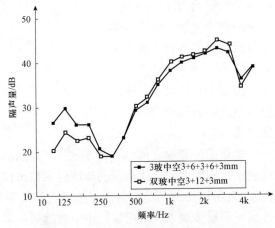

图 2-116　中空玻璃的隔声量曲线对比

从图 2-116 中可见，在低于质量－空气－质量的共振频率（约 250Hz）时，三层中空玻璃的隔声量较三玻中空玻璃高 3dB，这与质量定律所预测的相一致，因为从双玻到三玻，玻璃窗的质量增加了 50%。在位于共振频率以上的位置，两条曲线几乎完全一致。因此，三玻和双玻的声透射级相同。

无论是双玻中空还是三玻中空，除非它们的空气层距离在 25mm 以上，否则三玻中空的隔声量与双玻中空的隔声量十分近似。假定两个双玻中空玻璃，它们的质量相同，但其中一个的空腔很大，另一个较小。如果用后者替代前者中的一层玻璃的话，隔声量的增加是十分有限的。

### 2. 噪声源

常见噪声源及噪声量分布如图 2-117 所示。不同的噪声，人的主观感觉如图 2-118 所示。

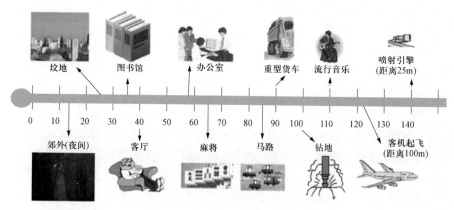

坟地　图书馆　办公室　重型货车　流行音乐　喷射引擎（距离25m）

0　10　20　30　40　50　60　70　80　90　100　110　120　130　140

郊外(夜间)　客厅　麻将　马路　钻地　客机起飞（距离100m）

图 2-117　噪声源（dB）分布图

### 3. 隔声设计

声音的传播机理为木桶原理。隔声效果取决于门窗最薄弱的部位。改善某一部位无法提高门窗的整体隔声性能，必需总体考虑。声音传入室内的形式：渗透、传导、共振等几种形式。

### 4. 空气声隔声性能计算

建筑围护结构构件的隔声单指质量定律下空气声的隔绝。声音通过围护结构的传播，按传播规律有两种途径，一种是振动直接撞击围护结构，并使其成为声源，通过维护结构的构件作为媒介介质使振动沿固体构件传播，称为固体传声、撞击声或结构声；另一种是空气中的声源发声以后激发周围的空气振动，以空气为媒质，形成声波，传播至构件并激发构件振动，使小部分声音等透射传播到另一个空间，此种传播方式也叫空气传声或空气声。而无论是固体传声还是空气传声，最后都通过空气这一媒质，传声入

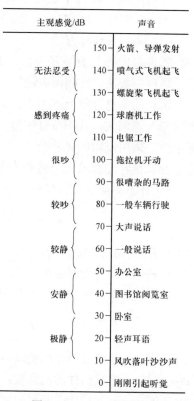

| 主观感觉/dB | | 声音 |
| --- | --- | --- |
| 无法忍受 | 150 | 火箭、导弹发射 |
| | 140 | 喷气式飞机起飞 |
| | 130 | 螺旋桨飞机起飞 |
| 感到疼痛 | 120 | 球磨机工作 |
| 很吵 | 110 | 电锯工作 |
| | 100 | 拖拉机开动 |
| 较吵 | 90 | 很嘈杂的马路 |
| | 80 | 一般车辆行驶 |
| 较静 | 70 | 大声说话 |
| | 60 | 一般说话 |
| 安静 | 50 | 办公室 |
| | 40 | 图书馆阅览室 |
| 极静 | 30 | 卧室 |
| | 20 | 轻声耳语 |
| | 10 | 风吹落叶沙沙声 |
| | 0 | 刚刚引起听觉 |

图 2-118　主观感觉噪声

耳。门窗等结构工程，需要计算的是空气声隔声。

（1）隔声计算基本定律。

质量定律是决定围护结构构件隔声量的基本规律；围护结构构件的隔声量与其表面密度（或单位面积的质量）的对数成正比，用式（2-21）表示：

$$R = 20\lg(mf) - 43 \qquad (2-21)$$

式中　$R$——正入射隔声量；

　　　$m$——面密度；

　　　$f$——声波频率。

质量定律说明，当围护结构构件的材料已经决定后，为增加其隔声量，唯一的办法是增加它的厚度，厚度增加一倍，单位面积质量即增加一倍，隔声量增加 6dB；该定律还表明，低频的隔声比高频的隔声要困难。实际工程经验表明，靠增加厚度所能获得的隔声量的增加比理论值低，厚度加倍，隔声量大约只增加 4.5dB。

在实际隔声研究中最常用的是六个倍频程，中心频率是 125Hz、250Hz、500Hz、1000Hz、2000Hz、4000Hz，基本上代表了常用的声频范围。

（2）隔声量计算方法、公式的选择。

隔声量的计算有多种方法，其中有：公式计算法、图线判断法、平台作图法、隔声指数法、实测图表法等。一些计算软件采用公式计算法进行计算。

所有的理论计算公式由于都是在许多不同假设条件下推导出来的，所以计算值偏差普遍偏大，并不符合实际工程情况，无法直接应用在工程实际中，而在工程中一般采用成组的经验公式，对于门窗等外围护结构我们使用国际、国内众多声学专家推荐并普遍采用的公式进行计算，相关公式汇总如下：

1）计算单层玻璃构件时：

$$R = 13.5\lg m + 13 \qquad (2-22)$$

式中　$R$——单层玻璃的隔声量；

　　　$m$——构件的面密度。

2）计算中空或夹层玻璃构件时：

$$R = 13.5\lg(m_1 + m_2) + 13 + \Delta R_1 \qquad (2-23)$$

式中　$R$——双层玻璃结构的隔声量；

　$m_1$、$m_2$——组成构件的面密度；

　　$\Delta R_1$——双层构件中间层的附加隔声量。

对于 PVB 膜，当膜厚为 0.38 时取 4dB；当膜厚为 0.76 时取 5.5dB；当膜厚为 1.14 时取 6dB；当膜厚为 1.52 时取 7dB。

对空气层，按"瑞典技术大学"试验测定参数曲线选取，在空气层为 100mm 以下时，附加隔声量近似等于空气层厚度的 0.1。

3）计算中空+夹层玻璃构件时：

$$R = 13.5\lg(m_1 + m_2 + m_3) + 13 + \Delta R_1 + \Delta R_2 \qquad (2\text{-}24)$$

式中　$\Delta R_1$——构件空气层的附加隔声量；

　　　$\Delta R_2$——构件 PVB 膜的附加隔声量。

其他参数可以参看双层玻璃构件。

4）计算三片双中空玻璃构件时：

$$R = 13.5\lg(m_1 + m_2 + m_3) + 13 + \Delta R_1 + \Delta R_2 \qquad (2\text{-}25)$$

式中　$\Delta R_1$——构件空气层 1 的附加隔声量；

　　　$\Delta R_2$——构件空气层 2 的附加隔声量；

其他参数可以参看双层玻璃构件。

**【计算示例】**

结构组成（单位：mm）：中空玻璃，玻璃组成为 6+12(空气层)+6，计算玻璃构件隔声量。

依据上面的介绍，采用式（2-23）进行计算：

$$\begin{aligned} R &= 13.5\lg(m_1 + m_2) + 13 + \Delta R_1 \\ &= 13.5 \times \lg[2.56 \times (6+6)] + 13 + 1.2 \\ &= 34.28\text{dB} \end{aligned}$$

按 GB/T 8485—2008《建筑门窗空气声隔声性能分级及其检测方法》空气隔声性能分级表，构件隔声性能属于 3 级。

### 2.5.7　等强度设计原理

门窗属于建筑外围护结构，承受着风荷载、玻璃自重荷载及地震荷载作用。在门窗的使用过程中，风荷载是主要荷载，但是随着门窗分格增大，玻璃厚度的增加，玻璃自重荷载也越来越大。门窗是框扇结构通过型材杆件组装而成，门窗框扇则由五金系统连接成一体，分格之间镶装玻璃构件。使用时，门窗玻璃板块承受的风荷载或自重荷载传递到主要受力杆件并通过门窗与建筑主体连接件传递到建筑主体上。

门窗结构设计包括型材构件结构设计、型材构件连接（包括角部连接、T 型连接及拼樘连接）设计、框扇部件连接设计及型材断面的结构设计等。

门窗结构等强度设计，是指在同一荷载作用下，主要受力构件、部件等结构设计，按等强度设计。在结构设计中，同一荷载作用下如果各个部分的强度差异很大，会造成强度低的构部件过早屈服，而另外一些部分强度余度还很大，造成了浪费。为了保证门窗整体结构的稳定性，在结构设计中对各受力构件应遵循等强度原则。

等强度设计在门窗型材断面设计时体现为作用集中部位局部加固或加强。

# 第 3 章

# 系统门窗的性能设计

## 3.1　抗风压性能

### 3.1.1　性能分级

抗风压性能是指可开启部分在正常锁闭状态时，在风压作用下，外门窗变形不超过允许值且不发生损坏或功能障碍的能力，以 kPa 为单位。外门窗变形包括受力杆件变形和面板变形，损坏包括裂缝、面板损坏、连接破坏、黏结破坏、窗扇掉落或被打开以及可观察到的不可恢复的变形等现象，功能障碍包括五金件松动、启闭困难、胶条脱落等现象。

抗风压性能分级及指标值 $P_3$ 见表 3-1。

表 3-1　　　　　　　　　　　抗风压性能分级　　　　　　　　　　　kPa

| 分级 | 1 | 2 | 3 | 4 | 5 |
|---|---|---|---|---|---|
| 指标值 | $1.0{\leqslant}P_3{<}1.5$ | $1.5{\leqslant}P_3{<}2.0$ | $2.0{\leqslant}P_3{<}2.5$ | $2.5{\leqslant}P_3{<}3.0$ | $3.0{\leqslant}P_3{<}3.5$ |
| 分级 | 6 | 7 | 8 | 9 | |
| 指标值 | $3.5{\leqslant}P_3{<}4.0$ | $4.0{\leqslant}P_3{<}4.5$ | $4.5{\leqslant}P_3{<}5.0$ | ${\geqslant}5.0$ | |

注：9 级以上标注指标值。

### 3.1.2　性能设计要求

（1）建筑外门窗在各级抗风压性能分级指标值风压作用下，主要受力构件相对（面法线）挠度值应符合表 3-2 的规定，且不应出现功能性障碍；在 $1.5P_3$ 风压作用下，不应出现危及人身安全的损坏。

表 3-2　　　　　　　门窗主要受力杆件相对面法线挠度要求　　　　　　　mm

| 支承玻璃种类 | 单层、夹层玻璃 | 中空玻璃 |
|---|---|---|
| 相对挠度 | ${\leqslant}L/100$ | ${\leqslant}L/150$ |
| 相对挠度最大值 | 20 | |

注：$L$ 为主要受力杆件的支承跨距。

（2）建筑外门窗在抗风压性能指标值 $P_3$ 作用下，玻璃面板挠度允许值为其短边长度的 1/60；在 $1.5P_3$ 风压作用下，玻璃面板不应发生破坏。

（3）JGJ 214—2010《铝合金门窗工程技术规范》及 JGJ 103—2008《塑料门窗工程技术规程》规定，外门窗的抗风压性能指标值（$P_3$）应按不低于门窗所受的风荷载标准值（$W_k$）确定，且不小于 1.0kN/m²。门窗主要受力杆件在风荷载作用下的挠度限制应符合表 3-2 的规定。

### 3.1.3 风荷载计算

风荷载是作用于建筑外门窗上的一种主要荷载，它垂直作用在门窗的表面上。建筑外门窗是一种薄壁外围护构件，一块玻璃，一根杆件就是一个受力单元，而且质量较轻。在设计时，既需要考虑长期使用过程中，在一定时距平均最大风速的风荷载作用下保证其正常功能不受影响，又必须考虑在阵风袭击下不受损坏，避免安全事故。根据 GB 50009—2012《建筑结构荷载规范》的规定，作用在建筑外门窗上的风荷载标准值与其承受的基本风压、建筑物高度、形状（体型）等因素有关。

风荷载按下式计算，并不应小于 1.0kPa。

$$W_k = \beta_{gz}\mu_{s1}\mu_z w_0 \tag{3-1}$$

式中　$W_k$——作用在门窗上的风荷载标准值（kPa）；

　　　$\beta_{gz}$——高度 $Z$ 处的阵风系数；

　　　$\mu_{s1}$——风荷载局部体型系数；

　　　$\mu_z$——风压高度变化系数；

　　　$w_0$——基本风压（kN/m²）。

#### 1. 基本风压 $w_0$

基本风压是根据各地气象台多年的气象观测资料，取当地比较空旷的地面上离地 10m 高处，统计所得的 50 年一遇 10min 平均最大风速 $v_0$（m/s）为标准确定得风压值。对于特别重要的建筑或高层建筑可采用 100 年一遇的风压。GB 50009—2012《建筑结构荷载规范》中，已给出了各城市、各地区的设计基本风压值，在设计时仅需按照建筑物所处的地区相应取值。最小不应小于 0.3 kPa。

#### 2. 地面粗糙度

作用在建筑上的风压力与风速有关，即使在同一城市，不同地点的风速也是不同的。在沿海、山口、城市边缘等地方风速较大，在城市中心建筑物密集处风速较小。对这些不同处，采用地面粗糙度来表示，GB 50009—2012《建筑结构荷载规范》将地面粗糙度类别分为 A、B、C、D 四类，分别为：

A 类：指近海海面和海岛、海岸、湖岸及沙漠地区。

B 类：指田野、乡村、丛林、丘陵及房屋比较稀疏的乡镇。

C 类：指有密集建筑群的城市市区。

D 类：指有密集建筑群且房屋较高的城市市区。

在进行门窗的风荷载标准值设计计算时，须按建筑物所处的位置确定其地面粗糙度类别。

### 3. 风荷载体型系数 $\mu_{s1}$

风荷载体型系数是指风作用在建筑物表面一定面积范围内所引起的实际压力（或吸力）与来流风的速度压的比值，主要与建筑物的体型和尺度有关，也与周围环境和地面粗糙度有关。

通常情况下作用于高层建筑物表面的风压分布并不匀，在角隅、檐口、边棱处和在附属结构的部位（如阳台、雨篷等外挑构件），局部风压会超过平均风压。因此，在进行门窗风荷载标准值计算时，风荷载体型系数 $\mu_{s1}$ 按 GB 50009—2012《建筑结构荷载规范》第 8.3.3 条计算围护构件的局部风压体型系数的规定采用：

（1）封闭式矩形平面房屋的墙面及屋面可按 GB 50009—2012《建筑结构荷载规范》表 8.3.3 的规定采用。

（2）檐口、雨篷、遮阳板、边棱处的装饰条等突出构件，取−2.0。

（3）其他房屋和构筑物可按 GB 50009—2012《建筑结构荷载规范》表 8.3.1 规定的体型系数的 1.25 倍取用。

建筑外门窗一般位于建筑物的外立面墙上，根据最常见建筑物的情况，依据上述 3 种情况围护结构件的局部风压体型系数的采用规定，给出建筑外门窗的常见体型系数。

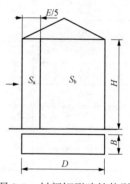

图 3-1　封闭矩形建筑体型

1）封闭式矩形平面房屋（体型如图 3-1 所示，其中 E 取 2 个 H 和迎风面宽度 B 中较小者）墙面的局部体型系数 $\mu_{s1}$ 可按下面取值：

迎风面：$\mu_{s1}$ 取 1.0；侧面：$S_a$ 区内 $\mu_{s1}$ 取−1.4，$S_b$ 区内 $\mu_{s1}$ 取−1.0；背风面：$\mu_{s1}$ 取−0.6。

2）高度超过 45m 的矩形截面高层建筑（图 3-2），其体型系数按下面取值。

迎风面：$\mu_{s1}$ 取 1.0；侧面：$\mu_{s1}$ 取−0.875。

背风面：

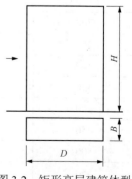

图 3-2　矩形高层建筑体型

| $D/B$ | ≤1 | 1.2 | 2 | ≥4 |
|---|---|---|---|---|
| $\mu_{s1}$ | 0.75 | 0.625 | 0.5 | 0.375 |

### 4. 高度 Z 处的阵风系数 $\beta_{gz}$

由于风速是脉动的，所以作用在建筑物上的风压为平均风压加上由脉动风引起的导致结构风振的等效风压。对于门窗这类围护结构，由于其刚性一般较大，在结构效应中可不必考虑其共振分量，仅在平均风压的基础上乘上相应的阵风系数，近似考虑脉动风瞬间的增大因素。阵风系数与地面粗糙度、围护结构离地面高度有关，具体数值见表 3-3。

表 3-3            阵风系数 $\beta_{gz}$

| 离地面高度/m | 地面粗糙度类别 | | | |
|---|---|---|---|---|
| | A | B | C | D |
| 5 | 1.65 | 1.70 | 2.05 | 2.40 |
| 10 | 1.60 | 1.70 | 2.05 | 2.40 |
| 15 | 1.57 | 1.66 | 2.05 | 2.40 |
| 20 | 1.55 | 1.63 | 1.99 | 2.40 |
| 30 | 1.53 | 1.59 | 1.90 | 2.40 |
| 40 | 1.51 | 1.57 | 1.85 | 2.29 |
| 50 | 1.49 | 1.55 | 1.81 | 2.20 |
| 60 | 1.48 | 1.54 | 1.78 | 2.14 |
| 70 | 1.48 | 1.52 | 1.75 | 2.09 |
| 80 | 1.47 | 1.51 | 1.73 | 2.04 |
| 90 | 1.46 | 1.50 | 1.71 | 2.01 |
| 100 | 1.46 | 1.50 | 1.69 | 1.98 |
| 150 | 1.43 | 1.47 | 1.63 | 1.87 |
| 200 | 1.42 | 1.45 | 1.59 | 1.79 |
| 250 | 1.41 | 1.43 | 1.57 | 1.74 |
| 300 | 1.40 | 1.42 | 1.54 | 1.70 |
| 350 | 1.40 | 1.41 | 1.53 | 1.67 |
| 400 | 1.40 | 1.41 | 1.51 | 1.64 |
| 450 | 1.40 | 1.41 | 1.50 | 1.62 |
| 500 | 1.40 | 1.41 | 1.50 | 1.60 |
| 550 | 1.40 | 1.41 | 1.50 | 1.59 |

### 5. 风压高度变化系数 $\mu_z$

（1）平坦或稍有起伏地形的建筑物在大气边界层内，风速随离地面高度的增加而增大。当气压场随高度不变时，风速随高度增大的规律，主要取决于地面粗糙度和温度垂直梯度。离地面越高，空气流动受地面粗糙度影响越小，风速越大，风压也越大。通常认为在离地面高度 300～550m 时风速不再受地面粗糙度的影响，也即达到所谓"梯度风速"，该高度称为梯度风高度。地面粗糙度等级低的地区，其梯度风高度比等级高的地区低。

根据地面粗糙度及梯度风高度，得出风压高度变化系数的关系如下：

$$\mu_z^A = 1.284 \left(\frac{z}{10}\right)^{0.24}, \quad \mu_z^B = 1.000 \left(\frac{z}{10}\right)^{0.30}$$

$$\mu_z^C = 0.544 \left(\frac{z}{10}\right)^{0.44}, \quad \mu_z^D = 0.262 \left(\frac{z}{10}\right)^{0.60}$$

针对 4 类地貌，风压高度变化系数分别规定了各自的截断高度，对应 A、B、C、D 类分别取为 5m、10m、15m 和 30m，即高度变化系数取值分别不小于 1.09、1.00、0.65 和 0.51。

不同地面粗糙度对应的风压高度变化系数 $\mu_z$ 见表 3-4。

表 3-4　　　　　　　　　　风压高度变化系数 $\mu_z$

| 离地面或海平面高度/m | 地面粗糙度类别 | | | |
|:---:|:---:|:---:|:---:|:---:|
| | A | B | C | D |
| 5 | 1.09 | 1.00 | 0.65 | 0.51 |
| 10 | 1.28 | 1.00 | 0.65 | 0.51 |
| 15 | 1.42 | 1.13 | 0.65 | 0.51 |
| 20 | 1.52 | 1.23 | 0.74 | 0.51 |
| 30 | 1.67 | 1.39 | 0.88 | 0.51 |
| 40 | 1.79 | 1.52 | 1.00 | 0.60 |
| 50 | 1.89 | 1.62 | 1.10 | 0.69 |
| 60 | 1.97 | 1.71 | 1.20 | 0.77 |
| 70 | 2.05 | 1.79 | 1.28 | 0.84 |
| 80 | 2.12 | 1.87 | 1.36 | 0.91 |
| 90 | 2.18 | 1.93 | 1.43 | 0.98 |
| 100 | 2.23 | 2.00 | 1.50 | 1.04 |

续表

| 离地面或海平面 | 地面粗糙度类别 | | | |
|---|---|---|---|---|
| 高度/m | A | B | C | D |
| 150 | 2.46 | 2.25 | 1.79 | 1.33 |
| 200 | 2.64 | 2.46 | 2.03 | 1.58 |
| 250 | 2.78 | 2.63 | 2.24 | 1.81 |
| 300 | 2.91 | 2.77 | 2.43 | 2.02 |
| 350 | 2.91 | 2.91 | 2.60 | 2.22 |
| 400 | 2.91 | 2.91 | 2.76 | 2.40 |
| 450 | 2.91 | 2.91 | 2.91 | 2.58 |
| 500 | 2.91 | 2.91 | 2.91 | 2.74 |
| ≥550 | 2.91 | 2.91 | 2.91 | 2.91 |

（2）山区的建筑物对于山区的建筑物，风压高度变化系数除按平坦地面的粗糙度类别由表 3-4 确定外，还应考虑地形条件的修正系数，修正系数 $\eta$ 应按下列规定采用：

1）对于山峰和山坡（图 3-3），修正系数按下列规定采用：

①顶部 $B$ 处的修正系数按下式计算：

$$\eta_B = \left[ 1 + \kappa \tan\alpha \left( 1 - \frac{z}{2.5H} \right) \right]^2 \qquad (3\text{-}2)$$

式中　$\tan\alpha$——山峰或山坡在迎风面一侧的坡度；当 $\tan\alpha$ 大于 0.3 时，取 0.3；

　　　$\kappa$——系数，对山峰取 2.2，对山坡取 1.4；

　　　$H$——山顶或山坡全高；

　　　$z$——建筑物计算位置离建筑物地面的高度（m）；当 $z > 2.5H$ 时，取 $z = 2.5H$。

②其他部位的修正系数，可按图 3-3 所示，取 A、C 处的修正系数为 1，AB 间和 BC 间的修正系数按 $\eta$ 的线形插值确定。

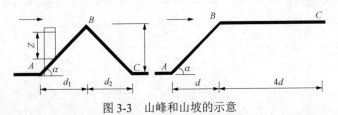

图 3-3　山峰和山坡的示意

2）对于山间盆地、谷地等闭塞地形，$\eta$ 可在 0.75～0.85 选取。

3）对于与风向一致的谷口、山口，$\eta$ 可在 1.20～1.50 选取。

（3）远海海面和海岛的建筑物对于远海海面和海岛的建筑物或构筑物，风压高度变化系数除可按 A 类粗糙度类别由表 3-4 确定外，还应考虑表 3-5 给出的修正系数。

表 3-5　　　　　　　　远海海面和海岛的修正系数 $\eta$

| 距海岸距离/km | $\eta$ |
|---|---|
| ＜40 | 1.0 |
| 40～60 | 1.0～1.1 |
| 60～100 | 1.1～1.2 |

### 6. 风荷载标准值 $W_k$

门窗风荷载标准值 $W_k$ 为 50 年一遇的阵风风压值。一般情况下，以风荷载标准值 $W_k$ 为门窗的抗风压性能分级值 $P_3$，即 $P_3 = W_k$。在此风压作用下，门窗的受力杆件相对挠度应满足表 3-2 的规定。

# 3.2　气密性能

## 3.2.1　性能分级

气密性能是指可开启部分在正常锁闭状态时，外门窗阻止空气渗透的能力，以 $m^3/(m·h)$ 或 $m^3/(m^2·h)$ 为单位，分别表示单位开启缝长空气渗透量和单位面积空气渗透量。气密性能采用在标准状态下，压力差为 10Pa 时的单位开启缝长空气渗透量 $q_1$ 和单位面积空气渗透量 $q_2$ 作为分级指标。

气密性能分级及指标值 $q_1$、$q_2$ 见表 3-6。

表 3-6　　　　　　　　　　　　　　　气密性能分级

| 分级 | 1 | 2 | 3 | 4 | 5 | 6 | 7 | 8 |
|---|---|---|---|---|---|---|---|---|
| 单位开启缝长分级指标值 $q_1/[m^3/(m·h)]$ | $4.0{\geqslant}q_1$ $>3.5$ | $3.5{\geqslant}q_1$ $>3.0$ | $3.0{\geqslant}q_1$ $>2.5$ | $2.5{\geqslant}q_1$ $>2.0$ | $2.0{\geqslant}q_1$ $>1.5$ | $1.5{\geqslant}q_1$ $>1.0$ | $1.0{\geqslant}q_1$ $>0.5$ | $q_1{\leqslant}0.5$ |
| 单位面积分级指标值 $q_2/[m^3/(m^2·h)]$ | $12{\geqslant}q_2$ $>10.5$ | $10.5{\geqslant}q_2$ $>9.0$ | $9.0{\geqslant}q_2$ $>7.5$ | $7.5{\geqslant}q_2$ $>6.0$ | $6.0{\geqslant}q_2$ $>4.5$ | $4.5{\geqslant}q_2$ $>3.0$ | $3.0{\geqslant}q_2$ $>1.5$ | $q_2{\leqslant}1.5$ |

注：8 级以上标注指标值。

### 3.2.2　性能设计要求

门窗的气密性能设计就是依据建筑物性能设计要求及功能设计要求对门窗进行气密性能设计。门窗气密性能设计还应根据建筑物节能设计要求确定门窗的气密性能设计要求。门窗的气密性能与节能性能密切相关，现行国家建筑节能设计标准分别对建筑门窗的气密性能作出了明确规定。

JGJ 26—2018《严寒和寒冷地区居住建筑节能设计标准》规定：严寒和寒冷地区外窗及敞开式阳台门的气密性能等级不应低于国家标准 GB/T 7106—2019《建筑外门窗气密、水密、抗风压性能检测方法》中规定的 6 级。

JGJ 134—2010《夏热冬冷地区居住建筑节能设计标准》规定：建筑物 1～6 层的外窗及敞开式阳台门的气密性能等级不应低于国家标准中规定的 4 级，7 层及 7 层以上外窗及敞开式阳台门的气密性能等级不应低于 6 级。

JGJ 75—2012《夏热冬暖地区居住建筑节能设计标准》规定：建筑物 1～9 层的外窗的气密性能不应低于国家标准中规定的 4 级，10 层及 10 层以上外窗气密性能等级不应低于 6 级。

JGJ 475—2019《温和地区居住建筑节能设计标准》规定：温和 A 区居住建筑 1 层～9 层的外窗及敞开式阳台门的气密性等级，不应低于国家标准中规定的 4 级；10 层及 10 层以上的外窗及敞开式阳台门的气密性等级，不应低于该标准规定的 6 级。温和 B 区居住建筑的外窗及敞开阳台门的气密性等级，不应低于 4 级。

GB 50189—2015《公共建筑节能设计标准》规定：10 层及以上建筑外窗的气密性能不应低于 7 级，10 层以下建筑外窗气密性能不应低于 6 级，严寒和寒冷地区建筑外门的气密性能不应低于 4 级。

GB/T 51350—2019《近零能耗建筑技术标准》规定：外窗气密性能不宜低于国家标准中规定的 8 级，外门、分隔供暖空间与非供暖空间的户门气密性能不宜低于 6 级。

另外，对于节能性能有特别要求的建筑物，其外门窗的气密性能还应满足相应的建筑节能设计要求。

## 3.3　水密性能

### 3.3.1　性能分级

水密性能是指可开启部分在正常锁闭状态时，在风雨同时作用下，外门窗阻止雨水渗漏的能力，以 Pa 为单位。水密性能分级及指标值$\Delta P$见表 3-7。

| 表 3-7 | | | 水密性能分级 | | | Pa |
|---|---|---|---|---|---|---|
| 分级 | 1 | 2 | 3 | 4 | 5 | 6 |
| 指标值 | $100 \leqslant \Delta P < 150$ | $150 \leqslant \Delta P < 250$ | $250 \leqslant \Delta P < 350$ | $350 \leqslant \Delta P < 500$ | $500 \leqslant \Delta P < 700$ | $\Delta P \geqslant 700$ |

注：6 级以上标注指标值。

### 3.3.2　性能设计要求

门窗的水密性能设计指标即门窗不发生雨水渗漏的最高风压力差值（$\Delta P$）。

（1）根据风速与风压的关系式 $P = \rho V_0^2 / 2$，则水密性能风压力差值如下：

$$\Delta P = \mu_s \mu_z \rho (1.5\,V_0)^2 / 2 \qquad (3\text{-}3)$$

式中　$\Delta P$——任意高度 $Z$ 处的水密性能压力差值（Pa）；

　　　$\mu_z$——风压高度变化系数，按 3.1 节规定取值；

　　　$\mu_s$——风荷载体型系数，降雨时建筑迎风外表面正压系数最大为 1.0，而内表面压力系数取 $-0.2$，则 $\mu_s$ 的取值为 0.8；

　　　$\rho$——空气密度（t/m³），按现行国家标准（GB 50009—2012）《建筑结构荷载规范》附录 E 的规定，按 $\rho = 0.00125\mathrm{e}^{-0.0001z}$ 计算；

　　　$V_0$——水密性能设计风速（m/s）；

　　　1.5——瞬时风速与 10min 平均风速之平均比值（1.5 $V_0$ 是考虑降雨时的瞬时最大风速即阵风风速）。

将以上各参数代入式（3-3）中并将系数取整，则得到水密性能风压力差值计算式

$$\Delta P = 0.9 \rho \mu_z V_0^2 \qquad (3\text{-}4)$$

由式（3-4）可知，在建筑门窗水密性能设计时，首先应根据建筑物所在地的气象观测数据和建筑设计需要，确定建筑物所需设防的降雨强度时的最高风力等级，然后按风力等级与风速的对应关系确定水密性能设计用风速 $V_0$（10min 平均风速），最后将 $V_0$ 代入式（3-4），即可计算得到水密性能设计所需的风压力差值（$\Delta P$）。

将计算得到的风压力差值（$\Delta P$）与表 3-7 水密性能分级中分级值相对应，确定所设计门窗的水密性能等级。风力等级与风速的对应关系见表 3-8，门窗水密性能设计时风速一般取中数。

表 3-8 风力等级与风速的对应关系

| 风力等级 | 4 | 5 | 6 | 7 | 8 | 9 | 10 | 11 | 12 | 13 | 14 | 15 | 16 | 17 |
|---|---|---|---|---|---|---|---|---|---|---|---|---|---|---|
| 风速范围/（m/s） | 5.5～7.9 | 8.0～10.7 | 10.8～13.8 | 13.9～17.1 | 17.2～20.7 | 20.8～24.4 | 24.5～28.4 | 28.5～32.6 | 32.7～36.9 | 37.0～41.4 | 41.5～46.1 | 46.2～50.9 | 51.0～56.0 | 56.1～61.2 |
| 风速中数/（m/s） | 7 | 9 | 12 | 16 | 19 | 23 | 26 | 31 | 35 | 39 | 44 | 49 | 54 | 59 |

（2）热带风暴和台风地区门窗水密性能设计指标ΔP 也可按式（3-5）计算：

$$\Delta P \geqslant \mu_s \mu_z w_0 \qquad (3\text{-}5)$$

式中　$\Delta P$——任意高度 Z 处门窗的风压力差值（Pa）；

$\mu_s$——水密性能风压体型系数，取值 0.8；

$\mu_z$——风压高度变化系数，按 GB 50009—2012《建筑结构荷载规范》确定；

$w_0$——基本风压（Pa），按 GB 50009—2012《建筑结构荷载规范》的规定采用。

# 3.4　热工性能

## 3.4.1　性能分级

门窗的热工性能包括保温性能和隔热性能（遮阳性能）。

### 1. 保温性能

保温性能是指门窗在冬季阻止热量从室内高温侧向室外低温侧传递并阻抗其内表面结露的能力，用传热系数 K 和抗结露因子 CRF 表征。

门窗的传热系数指在稳定传热条件下，门窗两侧空气温差为 1K，单位时间内通过单位面积的传热量。分级及指标值 K 见表 3-9。

表 3-9 传热系数（K 值）分级 [W/(m²·K)]

| 分级 | 1 | 2 | 3 | 4 | 5 |
|---|---|---|---|---|---|
| 分级指标值 | $K\geqslant5.0$ | $5.0>K\geqslant4.0$ | $4.0>K\geqslant3.5$ | $3.5>K\geqslant3.0$ | $3.0>K\geqslant2.5$ |
| 分级 | 6 | 7 | 8 | 9 | 10 |
| 分级指标值 | $2.5>K\geqslant2.0$ | $2.0>K\geqslant1.6$ | $1.6>K\geqslant1.3$ | $1.3>K\geqslant1.1$ | $K<1.1$ |

注：10 级以上标注指标值。

抗结露因子指在稳态传热状态下，门窗热侧表面与室外空气温差和室内外空气温差的比值。是预测门窗阻抗表面结露能力的指标。分级及指标值 CRF 见表 3-10。

表 3-10 玻璃门、外窗抗结露因子分级

| 分级 | 1 | 2 | 3 | 4 | 5 |
|---|---|---|---|---|---|
| 分级指标值 CRF | CRF≤55 | 55＜CRF≤60 | 60＜CRF≤65 | 65＜CRF≤70 | 70＜CRF≤75 |
| 分级 | 6 | 7 | 8 | 9 | 10 |
| 分级指标值 CRF | 75＜CRF≤80 | 80＜CRF≤85 | 85＜CRF≤90 | 90＜CRF≤95 | 95＜CRF |

### 2. 隔热性能

隔热性能是门窗在夏季阻隔太阳辐射得热的能力。用太阳得热系数 SHGC（太阳能总透射比）表征。

门窗太阳得热系数 SHGC 是指通过门窗进入室内的太阳辐射室内得热量与投射在其表面的太阳辐射能量之比值，也称为太阳能总透射比。分级及指标值见表 3-11。

表 3-11 隔热性能（太阳得热系数 SHGC）分级

| 分级 | 1 | 2 | 3 | 4 | 5 | 6 |
|---|---|---|---|---|---|---|
| 分级指标值 SHGC | 0.7≥SHGC ＞0.6 | 0.6≥SHGC ＞0.5 | 0.5≥SHGC ＞0.4 | 0.4≥SHGC ＞0.3 | 0.3≥SHGC ＞0.2 | SHGC≤ 0.2 |

另一反映门窗在夏季阻隔太阳辐射得热的能力为遮阳性能，以遮阳系数 SC 表征。遮阳系数 SC 是指在给定条件下，太阳辐射透过外门、窗所形成的室内得热量与相同条件下透过相同面积的 3mm 厚透明玻璃所形成的太阳辐射得热量之比。SC=SHGC/0.87。遮阳性能分级及指标见表 3-12。

表 3-12 遮阳性能分级

| 分级 | 1 | 2 | 3 | 4 | 5 | 6 | 7 |
|---|---|---|---|---|---|---|---|
| 指标值 | 0.8≥SC＞ 0.7 | 0.7≥SC＞ 0.6 | 0.6≥SC＞ 0.5 | 0.5≥SC＞ 0.4 | 0.4≥SC＞ 0.3 | 0.3≥SC＞ 0.2 | SC≤ 0.2 |

## 3.4.2 性能设计要求

系统门窗的热工性能应满足建筑节能和热工设计要求。我国地域辽阔，南北

跨度较大，按照建筑节能气候分区自北向南分别分为：严寒地区、寒冷地区、夏热冬冷地区、夏热冬暖地区和温和地区。不同气候分区对建筑热工性能要求不同。我国民用建筑节能设计对居住建筑和公共建筑的节能要求也有所区别。因此，对门窗节能设计应根据建筑物所处气候分区对热工性能要求以及国家建筑节能设计标准的有关规定，合理的确定所设计门窗的热工性能指标，即传热系数和太阳得热系数。

我国现行建筑节能设计标准有 JGJ 26—2018《严寒和寒冷地区居住建筑节能设计标准》、JGJ 134—2010《夏热冬冷地区居住建筑节能设计标准》、JGJ 75—2012《夏热冬暖地区居住建筑节能设计标准》、JGJ 475—2019《温和地区居住建筑节能设计标准》、GB 50189—2015《公共建筑节能设计标准》、GB/T 51350—2019《近零能耗建筑技术标准》及地方建筑节能设计标准。

确定系统门窗的保温性能要求，可以用实测的方法，也可以通过模拟计算的方法。建筑门窗的保温性能计算应按 JGJ/T 151—2008《建筑门窗幕墙热工计算规程》进行。

门窗的保温性能应以实测的数据为准，但可以通过模拟计算对门窗的保温性能进行预先估算，只有在方法正确、模拟计算结果满足节能设计指标的情况下，才能进行门窗的生产。必要时应在计算结果的基础上通过实际检测对计算结果进行确认，以免因计算结果与实测结果偏差太大而造成不必要的浪费。

门窗的传热系数是门窗保温性能指标，是影响建筑冬季保温和节能的重要因素。在居住建筑节能设计标准和公共建筑节能设计标准中都对外门窗的传热系数作出了明确规定，并且是建筑节能设计的强制执行条文，因此，在进行节能门窗产品的保温性能设计时必须认真设计门窗的传热系数。

太阳得热系数是外窗的隔热性能指标，是影响建筑夏季隔热和节能的重要因素。窗户的太阳得热系数越小，透过窗户进入室内的太阳辐射热就越少，对降低夏季空调负荷有利，但对降低冬季采暖负荷确是不利的。

门窗的热工性能还包括门窗结露性能及门窗玻璃的热工参数，在进行门窗的热工设计时应门窗的保温隔热设计要求对这些参数进行设计。

## 3.5 空气声隔声性能

### 3.5.1 性能分级

空气声隔声性能是门窗可开启部分在正常锁闭状态时，阻隔室外声音传入室内的能力。以 dB 为单位。

透过试件的透射声功率与入射试件的入射声功率之比值称为声透射系数，以

字母 $\tau$ 表示。隔声量是入射到门窗试件上的声功率与透过试件的透射声功率之比值，取以 10 为底的对数乘以 10，以字母 $R$ 表示。则隔声量 $R$ 与声透射系数的关系为：$R=10\lg\dfrac{1}{\tau}$ 或 $\tau=10^{-R/10}$。

计权隔声量是将测得的试件空气声隔声量频率特性与规定的空气声隔声基准曲线按照规定的方法相比较而得出的单值计价量。将计权隔声量值转换为试件隔绝粉红噪声时试件两侧空间的 A 计权声压级差所需的修正值称为粉红噪声频谱修正量。将计权隔声量值转换为试件隔绝交通噪声时试件两侧空间的 A 计权声压级差所需的修正值称为交通噪声频谱修正量。

现行国家标准 GB/T 31433—2015《建筑幕墙、门窗通用技术条件》规定，外门、外窗以"计权隔声量和交通噪声频谱修正量之和（$R_{\mathrm{w}}+C_{\mathrm{tr}}$）"作为分级指标。内门、内外窗以"计权隔声量和粉红噪声频谱修正量之和（$R_{\mathrm{w}}+C$）"作为分级指标。空气隔声性能分级及指标值见表 3-13。

| 表 3-13 | 空气隔声性能分级 | dB |
|---|---|---|
| 分级 | 外门、外窗分级指标 | 内门、内窗分级指标 |
| 1 | $20 \leqslant R_{\mathrm{w}}+C_{\mathrm{tr}} < 25$ | $20 \leqslant R_{\mathrm{w}}+C < 25$ |
| 2 | $25 \leqslant R_{\mathrm{w}}+C_{\mathrm{tr}} < 30$ | $25 \leqslant R_{\mathrm{w}}+C < 30$ |
| 3 | $30 \leqslant R_{\mathrm{w}}+C_{\mathrm{tr}} < 35$ | $30 \leqslant R_{\mathrm{w}}+C < 35$ |
| 4 | $35 \leqslant R_{\mathrm{w}}+C_{\mathrm{tr}} < 40$ | $35 \leqslant R_{\mathrm{w}}+C < 40$ |
| 5 | $40 \leqslant R_{\mathrm{w}}+C_{\mathrm{tr}} < 45$ | $40 \leqslant R_{\mathrm{w}}+C < 45$ |
| 6 | $R_{\mathrm{w}}+C_{\mathrm{tr}} \geqslant 45$ | $R_{\mathrm{w}}+C \geqslant 45$ |

注：用于对建筑内机器、设备噪声源隔声的建筑南内门窗，对中低频噪声宜用外门窗的指标值进行分级，对中高频噪声仍可采用内门窗的指标值进行分级。

### 3.5.2　性能设计要求

建筑外门窗空气隔声性能指标计权隔声量（$R_{\mathrm{w}}+C_{\mathrm{tr}}$）值规定如下：

（1）临街的外窗、阳台门和住宅建筑外窗及阳台门不应低于 30 dB。

（2）其他门窗不应低于 25 dB。

（3）如对隔声性能有更高要求，应根据建筑物各类用房允许噪声级标准和室外噪声环境情况，合理确定门唇窗隔声性能指标。

建筑门窗是轻质薄壁构件，是围护结构隔声的薄弱环节。GB 50368—2005《住宅建筑标准》规定，外窗隔声量 $R_{\mathrm{w}}$ 不应小于 30 dB，户门隔声量 $R_{\mathrm{w}}$ 不应小于 25 dB。GB/T 51350—2019《近零能耗建筑技术标准》规定：居住建筑室内噪声昼间不应大于 40dB（A），夜间不应大于 30dB（A）。GB/T 8478—2020《铝合金门窗》规定了隔声型门窗的隔声性能值不应小于 35dB。

建筑物的用途不同，对隔声性能的要求不同。因此，工程中具体门窗隔声性能设计，应根据建筑物各种用房的允许噪声级标准和室外噪声环境（外门窗）或相邻房间隔声环境（内门窗）情况，按照外围护墙体（外门窗）或内围护隔墙（内门窗）的隔声要求具体确定外门窗或内门窗隔声性能指标。

GB 50118—2010《民用建筑隔声设计规范》对不同用途建筑的外门窗隔声性能提出了具体的要求，见表 3-14～表 3-18。

表 3-14    住宅建筑外窗（包括未封闭阳台的门）的空气声隔声标准

| 构件名称 | 空气声隔声单值评价量+频谱修正量/dB | |
| --- | --- | --- |
| 交通干线两侧卧室、起居室（厅）的窗 | 计权隔声量+交通噪声频谱修正量（$R_w+C_{tr}$） | ≥30 |
| 其他窗 | 计权隔声量+交通噪声频谱修正量（$R_w+C_{tr}$） | ≥25 |

表 3-15    学校建筑教学用房外窗和门的空气声隔声标准

| 构件类型 | 空气声隔声单值评价量+频谱修正量/dB | |
| --- | --- | --- |
| 临交通干线的外窗 | 计权隔声量+交通噪声频谱修正量（$R_w+C_{tr}$） | ≥30 |
| 其他外窗 | 计权隔声量+交通噪声频谱修正量（$R_w+C_{tr}$） | ≥25 |
| 产生噪声房间的门 | 计权隔声量+粉红噪声频谱修正量（$R_w+C$） | ≥25 |
| 其他门 | 计权隔声量+粉红噪声频谱修正量（$R_w+C$） | ≥20 |

表 3-16    医院建筑外窗和门的空气声隔声标准

| 构件名称 | 空气声隔声单值评价量+频谱修正量/dB | |
| --- | --- | --- |
| 外窗 | 计权隔声量+交通噪声频谱修正量（$R_w+C_{tr}$） | ≥30（临街病房） |
| | | ≥25（其他） |
| 门 | 计权隔声量+粉红噪声频谱修正量（$R_w+C$） | ≥30（听力测听室） |
| | | ≥20（其他） |

表 3-17    旅馆建筑外门窗的空气声隔声标准

| 构件名称 | 空气声隔声单值评价量+频谱修正量 | 特级（dB） | 一级（dB） | 二级（dB） |
| --- | --- | --- | --- | --- |
| 客房外窗 | 计权隔声量+交通噪声频谱修正量（$R_w+C_{tr}$） | ≥35 | ≥30 | ≥25 |
| 客房门 | 计权隔声量+粉红噪声频谱修正量（$R_w+C$） | ≥30 | ≥25 | ≥20 |

表 3-18　　　　　　　　　　办公建筑外窗和门的空气声隔声标准

| 构件类型 | 空气声隔声单值评价量+频谱修正量（dB） | |
|---|---|---|
| 临交通干线的办公室、会议室外窗 | 计权隔声量+交通噪声频谱修正量（$R_w+C_{tr}$） | ≥30 |
| 其他外窗 | 计权隔声量+交通噪声频谱修正量（$R_w+C_{tr}$） | ≥25 |
| 门 | 计权隔声量+粉红噪声频谱修正量（$R_w+C$） | ≥20 |

随着人们追求生活品质要求的不断提高，对室内环境要求不断提高，为了保证健康、舒适的室内环境要求，GB/T 51350—2019《近零能耗建筑技术标准》对建筑门窗的隔声性能提出了更高的要求：居住建筑室内噪声昼间不应大于 40dB（A），夜间不应大于 30 dB（A）。酒店类建筑的室内噪声级应符合 GB 50118—2010《民用建筑隔声设计规范》中室内允许噪声级一级的规定；其他建筑类型的室内允许噪声级应符合 GB 50118—2010《民用建筑隔声设计规范》中室内允许噪声级高要求标准的规定。

# 3.6　采光性能

## 3.6.1　性能分级

采光性能指外窗在漫射光照射下透过光的能力。以透光折减系数 $T_r$ 和颜色透射指数 $R_a$ 来表征，并作为分级指标。透光折减系数 $T_r$ 和颜色透射指数 $R_a$ 分级及指标值见表 3-19 和表 3-20。

表 3-19　　　　　　　　　　　　采光性能分级

| 分级 | 1 | 2 | 3 | 4 | 5 |
|---|---|---|---|---|---|
| 分级指标值 | $0.20≤T_r<0.30$ | $0.30≤T_r<0.40$ | $0.40≤T_r<0.50$ | $0.50≤T_r<0.60$ | $T_r≥0.60$ |

注：$T_r$ 大于 0.60 时，应给出具体值。

表 3-20　　　　　　　　　　　外窗颜色透射系数分级

| 分级 | 1 | | 2 | | 3 | 4 |
|---|---|---|---|---|---|---|
| | A | B | A | B | | |
| $R_a$ | $R_a≥90$ | $80≤R_a<90$ | $70≤R_a<80$ | $60≤R_a<70$ | $40≤R_a<60$ | $20≤R_a<40$ |

昼光是巨大的照明能源，将适当的昼光通过窗户引进室内照明，并透过窗户观看室内景物，是提高居住舒适，提高工作效率的重要条件。建筑物充分利用昼光照明，不仅能够获得很好的视觉效果，而且可以有效地节约能源。多变的天然

光又是建筑艺术造型、材料质感、渲染室内外环境气氛的重要手段。

为了提高建筑外窗的采光效率，在设计时要尽量选择采光性能好的外窗，采光性能好坏用透光折减系数 $T_r$ 表示。$T_r$ 为光通过窗户和采光材料及与窗相结合的挡光部件后减弱的系数。

### 3.6.2 性能设计要求

窗户的首要功能是采光，其采光效率是影响采光效果的重要因素。建筑采光设计时，应根据地区光气候特点，采取有效措施，综合考虑充分利用天然光，节约能源。天然光是清洁能源，取之不尽，用之不竭，具有很大的节能潜力，目前世界范围内照明用电量约占总用电量的 20%，充分利用天然光是实现照明节能的重要技术措施。GB/T 50033—2013《建筑采光设计标准》将采光与节能紧密联系在一起。

采光效率的高低，采光材料是关键的因素，随着进入室内光量的增加，太阳辐射热也会增加，在夏季会增加很多空调负荷，因此在考虑充分利用天然光的同时，还要尽量减少因过热所增加的能耗，所以在选用采光材料时，要权衡光和热两方面的得失。光热比为材料的可见光透射比与材料的太阳光总透射比之比，推荐在窗墙比小于 0.45 时，采用光热比大于 1.0 的采光材料，窗墙比大于 0.45 时，采用光热比大于 1.2 的采光材料。

GB/T 50033—2013《建筑采光设计标准》第 7.0.3 条规定：采光窗的透光折减系数 $T_r$ 应大于 0.45。

在进行外窗的采光设计时，应进行采光计算。外窗的透光折减系数 $T_r$ 值的计算，可根据 GB/T 50033—2013《建筑采光设计标准》要求计算。

节能外窗的采光性能设计应满足建筑节能设计标准对外窗综合遮阳系数的要求。外窗采光最主要的部分是窗玻璃。昼光透过玻璃射入室内，同时也把太阳光中的辐射热带入室内空间。因此，选择窗玻璃不但要考虑透光比的大小、透射光的分布，还要考虑玻璃的热工性能。对于有空调设备的房间要减少玻璃的热辐射透过量，对于节能和节省空调运行费用有重要的作用。而利用太阳能取暖的房间，从玻璃透入的辐射热则越多越好。

很多建筑为提高室内的采光性能及室内景观效果采用了较大面积的外窗。由于外窗的热工性能较建筑墙体差很多，所以过大面积的外窗往往导致热量的流失。根据建筑所处的气候分区，窗墙比与建筑外窗的传热系数或遮阳系数存在对应关系，而且一般情况下应满足窗墙比小于 0.7，如果不能满足，应通过热工性能的权衡计算判断。

建筑外窗天然采光性能影响到建筑节能。目前，既有建筑中大量使用的热反射镀膜玻璃，虽然有很好的遮阳效果，能将大部分太阳辐射热反射回去，但其可见光透射率太低（8%～40%），会严重影响室内采光，导致室内人工照明能耗增加。因此，窗户的遮阳和采光要兼顾，要综合满足节能效果。

附录 C 为几种典型玻璃的光学性能。可见光透射比是指透过透明材料的可见光光通量与投射在其表面上的可见光光通量之比。

对于采光窗来说，在窗的结构确定情况下，窗玻璃最终决定采光效率和节能效果。在设计外窗选用玻璃时，应考虑选用透光性能好，传热系数低的透光材料。

# 3.7 耐火完整性

## 3.7.1 性能分级

耐火完整性是指在标准规定的试验条件下，建筑门窗某一面受火时，在一定时间内阻止火焰和热气穿透或在背火面出现火焰的能力。

外门窗的耐火完整性用 E 表示，以耐火时间为分级指标，耐火时间以 $t$ 表示，单位为 min。建筑门窗耐火完整性应按室内、室外受火面分级，室内侧受火面以 $i$ 表示，室外侧受火面以 $o$ 表示，分级及指标值见表 3-21。

表 3-21　　　　　　　　　　耐火完整性分级表

| 分级 | | 代号 | |
| --- | --- | --- | --- |
| 受火面 | 室内侧 | E30（$i$） | E60（$i$） |
| | 室外侧 | E30（$o$） | E60（$o$） |
| 耐火时间（$t$）/min | | $30 \leqslant t < 60$ | $t \leqslant 60$ |

## 3.7.2 性能设计要求

建筑门窗耐火完整性能应符合 GB/T 8478—2020 的规定，耐火型门窗要求室外侧耐火时，耐火完整性不应低于 E30（$o$），耐火型门窗要求室内侧耐火时，耐火完整性不应低于 E30（$i$）。

建筑门窗耐火性能设计应符合 GB 50016—2014《建筑设计防火规范》（2018版）的规定要求。

# 第4章
# 系统门窗的研发设计

## 4.1 研发设计流程

系统门窗按参与方式可分为系统门窗技术供应商和系统门窗制造商，系统门窗技术供应商应对对系统门窗制造商进行培训、指导和监督。

系统门窗制造商应具备系统门窗的制造能力，按照系统门窗技术供应商提供的系统门窗技术文件制造门窗产品，且应根据相应的检验计划和检验程序对构件加工、部件加工、整体装配以及门窗产品进行检测，出具检测报告。

系统门窗技术研发设计包括：设计目标、方案设计、性能模拟优化、加工工艺设计、性能测试优化、安装工艺设计和系统文件等环节，其中性能模拟优化应为方案调整提供依据，性能测试优化应为方案设计和加工工艺设计调整提供依据，系统门窗技术研发设计流程如图 4-1 所示。

### 1. 系统门窗技术研发设计内容

系统门窗技术研发设计的主体单位为系统门窗技术供应商，如有必要，则各子系统供应商应参与协同研发。系统门窗技术研发设计涵盖门窗的所有技术环节，包括以下内容：

（1）构成门窗产品族的材料设计，包括型材、密封、五金件、玻璃、附件及增强的设计等。

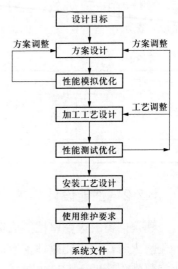

图 4-1 系统门窗技术研发
设计流程

（2）构成门窗产品族的连接构造设计、校核和测试，包括节点连接、角部连接、中竖框和中横框连接、拼接构造、延伸功能的构造及安装构造的设计、校核和测试等。

（3）构成门窗产品族所能够实现的门窗形式设计、校核和测试，包括形状、尺寸、开启形式及相互组合拼接形式、延伸功能的设计、校核和测试等。

（4）构成门窗产品族的技术要素设计与验证，包括系统门窗工程设计规则，加工工艺和工装的设计，适应于不同墙体和门窗的安装工法的设计与验证等。

**2. 系统门窗技术研发设计条件**

系统门窗技术的研发设计以相关国家、地方标准为依据，因此，研发设计时需要预知条件包括以下内容：

（1）国家现行关于门窗的相关标准、规范。

（2）系统门窗产品族的设定性能指标，包括安全性、适用性、节能性、耐久性的设定性能指标，以及经济性指标。

**3. 系统门窗技术研发设计结果内容**

系统门窗技术研发设计结果应为完整的系统门窗技术描述，应当包括构成系统门窗的材料、构造、门窗形式、技术的描述以及设定性能指标下不同门窗产品族的极限尺寸等内容。

**4. 系统门窗的技术评价**

系统门窗技术供应商研发设计的系统门窗技术还需经第三方认证机构进行技术评价。系统门窗技术评价就是对系统门窗的研发成果的质量进行的技术评估。

技术评价是对系统门窗技术研发成果的质量的评价，即对研发设计的门窗产品族的设计、制造和安装的科学性、产品性能、产品适用范围等进行预见性的综合评价。

（1）评价内容。

系统门窗技术评价包括系统文件完整性评价、系统和子系统方案评价、性能评价、加工工艺评价、安装工艺评价、使用维护评价等内容。

（2）系统文件的完整性评价。

系统门窗文件的完整性评价包括下列内容：

1）系统门窗描述，包括系统、产品族及系列产品描述，产品性能描述，产品构造描述等。

2）子系统描述，包括型材、玻璃、五金、密封等子系统构造、性能参数描述。

3）加工工艺文件。

4）安装工艺文件。

5）使用维护文件。

系统文件完整性的评价方式采用查阅文件资料的方法进行。

（3）性能评价。

系统门窗性能评价是指对系统门窗的安全性、适用性、节能性及耐久性进行评价，一般通过查验检测报告/计算报告确认。

（4）子系统评价。

子系统评价是指对型材、玻璃、五金、密封和其他子系统的产品质量和性能参数进行评价，产品质量一般通过查阅型式检验报告等质量证明文件进行评价，性能参数一般通过查阅专项检测/计算报告进行评价。

（5）设计评价。

设计评价主要针对系统门窗设定的物理性能指标的合理性、总体方案和子系统方案、性能模拟和测试优化进行评价。设计评价一般采用资料审阅分析、复核计算等方法进行。

（6）加工工艺评价。

加工工艺评价主要对系统门窗工艺流程、工序要求、设备工装等合理性进行评价，一般通过资料查阅分析和现场考察的方法进行评价。

设备工装的合理性不是先进性，是指设备工装应与加工工艺相适应，并满足技术设计偏差及加工精度的要求。

（7）安装工艺评价。

安装工艺评价主要对系统门窗安装工艺流程、关键工序及安装质量控制要求的合理性进行评价，可通过资料查阅分析或现场考察进行评价。

（8）使用与维护评价。

使用维护评价主要对使用中的注意点和常见问题维护的合理性进行评价，一般通过资料查阅分析或现场考察进行评价。

# 4.2 研发目标设计

## 4.2.1 目标设定

系统门窗具有地域适用性。我国地域广大，幅员辽阔，东南西北气候差异很大，研发的系统门窗应根据不同的应用区域进行针对性的设计。因此，在开展系统门窗研发工作之前，首先应设定研发目标，即研发的系统门窗适用于的建筑地区、建筑物类型及门窗形式等。

（1）建筑地区要考虑不同气候分区对门窗性能的要求，如严寒地区、寒冷地区、夏热冬冷地区、夏热冬暖地区、温和地区；建筑地区还应考虑建筑物所处地域特点对门窗性能的要求，如沿海台风地区、沙尘暴多发地区、南方多雨地区、北方少雨地区、雾霾多发地区等。

（2）建筑物类型较多，主要划分为：民用建筑、工业建筑、公共建筑、居住建筑、高层建筑、多层建筑、低层建筑及特殊要求建筑等；建筑物类型还包括所处位置对门窗性能的要求，如临街建筑、临高速或高铁建筑、临港建筑等周围环境噪声较大地区。

　　研发时应按照表 4-1 规定的门窗的性能要求进行系统门窗的性能确定。根据系统门窗的安全性、节能性、适用性和耐久性的分级和要求，并且考虑系统门窗适应性因素，设定所研发的系统门窗应达到的性能指标。

表 4-1　　　　　　　　　　　门窗的性能要求

| 分类 | 性能及代号 | 门 | | 窗 | |
|------|-----------|-----|-----|-----|-----|
| | | 外门 | 内门 | 外窗 | 内窗 |
| 安全性 | 抗风压性能（$P_3$） | ◎ | — | ◎ | — |
| | 平面内变形性能 | ◎ | ◎ | — | — |
| | 耐撞击性能 | ◎ | ◎ | ○ | — |
| | 抗风携碎物冲击性能 | ○ | — | ○ | — |
| | 抗爆炸冲击波性能 | ○ | — | ○ | — |
| | 耐火完整性 | ○ | ○ | ○ | ○ |
| 节能性 | 气密性能（$q_1$；$q_2$） | ◎ | ○ | ◎ | ○ |
| | 保温性能（$K$） | ◎ | ○ | ◎ | ○ |
| | 遮阳性能（SC）（隔热性能） | ○ | — | ◎ | ○ |
| 适用性 | 启闭力（$F$） | ◎ | ◎ | ◎ | ◎ |
| | 水密性能（$\Delta P$） | ◎ | — | ◎ | — |
| | 空气声隔声性能（$R_w + C_{tr}$；$R_w + C$） | ◎ | ○ | ◎ | ○ |
| | 采光性能（$T_r$） | ○ | — | ◎ | ○ |
| | 防沙尘性能 | ○ | — | ○ | — |
| | 耐垂直荷载性能 | ○ | ○ | ○ | ○ |
| | 抗静扭曲性能 | ○ | ○ | — | — |
| | 抗扭曲变形性能 | ○ | ○ | — | — |
| | 抗对角线变形性能 | ○ | ○ | — | — |
| | 抗大力关闭性能 | ○ | ○ | — | — |
| | 开启限位 | — | — | ○ | — |
| | 撑挡试验 | — | — | ○ | — |
| 耐久性 | 反复启闭性能 | ◎ | ◎ | ◎ | ◎ |
| | 热循环性能 | — | — | — | — |

注：1. "◎" 为必需性能；"○" 为选择性能；"—" 为不要求。
　　2. 平面内变形性能适用于抗震设防设计烈度 6 度及以上的地区。
　　3. 启闭力性能不适用于自动门。

系统门窗研发目标应依据目标使用区域及产品类型对门窗的物理性能要求进行设计，研发设计目标及其确定依据要符合表 4-2 中相关标准要求。

表 4-2　　　　　　　　　　常见建筑门窗物理性能指标及确定依据

| 性能 | 指标 | 确定依据 |
|---|---|---|
| 抗风压性能 | $P_3$ | GB 50009—2012《建筑结构荷载规范》 |
| 水密性能 | $\Delta P$ | JGJ 103—2008《塑料门窗工程技术规程》<br>JGJ 214—2010《铝合金门窗工程技术规范》<br>地方标准 |
| 气密性能 | $q_1$、$q_2$ | GB 50189—2015《公共建筑节能设计标准》 |
| 保温性能 | $K$ | GB/T 51350—2020《近零能耗建筑技术标准》 |
| 隔热性能 | $SHGC$（$SC$） | JGJ 26—2018《严寒和寒冷地区居住建筑节能设计标准》<br>JGJ 75—2010《夏热冬暖地区居住建筑节能设计标准》<br>JGJ 134—2012《夏热冬冷地区居住建筑节能设计标准》<br>JGJ 475—2019《温和地区居住建筑节能设计标准》<br>地方标准 |
| 空气声隔声性能 | $R_W + C_{tr}$ | GB 50118—2010《民用建筑隔声设计规范》 |
| 采光性能 | $T_r$ | GB 50033—2013《建筑采光设计标准》 |

## 4.2.2　门窗形式与外观设计

门窗形式主要考虑目标市场开发商的需求和建筑师的习惯设计，包括设计风格、门窗的开启方式、极限尺寸、颜色及建筑物对门窗形式特殊要求等。

系统门窗的门窗形式设计，包括门窗的形状、尺寸、开启形式、分格；还包括纱窗、窗帘、遮阳、安全防护、防坠落、新风、逃生、电动、智能开启、防盗、防火结构等延伸构造。

### 1. 门窗形式设计

门窗的形式设计包括门窗的开启构造形式和门窗产品规格系列两个方面。

门窗的开启构造形式很多，但归纳起来大致可将其分为旋转式（平开）开启门窗，平移式（推拉）开启门窗和固定门窗三大类。其中旋转式门窗主要有：外平开门窗、内平开门窗、内平开下悬窗、上悬窗、中悬窗、下悬窗、立转窗等；平移式门窗主要有：推拉门窗、上下提拉窗、平开推拉门窗、提升推拉门窗、推拉下悬门窗、折叠推拉门窗等。采用何种门窗开启构造形式和产品系列，应根据建筑类型、使用场所要求和门窗窗型使用特点来确定。

（1）外平开门窗。

外平开门窗是我国广泛使用的一种门窗形式，它的特点是构造简单、使用方便、气密性、水密性较好，造价相对低廉，适用于低层公共建筑和住宅建筑。但当门窗开启时，若受到大风吹袭可能发生窗扇坠落事故，故高层建筑应慎用这一窗型。外平开门窗一般采用滑撑作为开启连接配件，采用单点（适用于小开启扇）或多点（适用于大开启扇）锁紧装置锁紧。

（2）内平开门窗。

内平开门窗通常采用合页作为开启连接配件，并配以撑挡以确保开启角度和位置，锁紧装置同外平开窗。内平开门窗同外平开门窗一样，具有构造简单，使用方便，气密性、水密性较好，造价低廉的特点，同时相对安全，适用于各类公共建筑和住宅建筑。但内平开窗开启时开启扇开向室内，占用室内空间，对室内人员的活动造成一定影响，同时对窗帘的挂设也带来一些问题，在设计选用时需注意协调解决这一问题。

（3）推拉门窗。

推拉门窗最大的特点是节省空间，开启简单，造价低廉，目前在我国得到广泛使用，但其水密性能和气密性能相对较低，一般只能达 3 级左右，在要求水密性能和气密性能高的建筑上不宜使用。适用于水密性能和气密性能要求较低的建筑外门窗和室内门窗，如封闭阳台门等。推拉门窗通常采用装在底部的滑轮来实现窗扇在窗框平面内沿水平方向滑移，采用钩锁、碰锁或多点锁紧装置锁紧。

（4）上悬窗。

上悬窗通常采用滑撑作为开启连接配件，另配撑挡作开启限位，紧固锁紧装置采用七字执手（适用于小开启扇）或多点锁（适用于大开启扇）。

（5）内平开下悬窗。

内平开下悬窗是一款具有复合开启功能的窗型，外观精美，功能多样，综合性能高。通过操作简单的联动执手，可分别实现窗的内平开（满足人员进出、擦窗和大通风量之需要）和下悬（满足通风、换气之需要）开启，以满足不同的用户需求。当其下悬开启时，在实现通风换气的同时，还能避免大量雨水进入室内和阻挡部分噪声。而当其关闭时，其窗扇的四边都会被联动锁固在窗框上，具有优良的抗风压性能和水密、气密性能。但其造价相对较高，另外，设计时同样需要协调考虑由于内平开所带来的问题。

（6）推拉下悬门窗。

推拉下悬门窗也是一款具有复合开启功能的窗型，可分别实现推拉和下悬开启，以满足不同的用户需求，综合性能高，配件复杂，造价高，用量相对较少。

（7）折叠推拉门窗。

折叠推拉门窗采用合页将多个门窗扇连接为一体，可实现门窗扇沿水平方向折叠移动开启，满足大开启和通透的需要。

### 2. 门窗外观设计

门窗外观设计包含门窗色彩、造型、立面分格尺寸等诸多内容。

（1）门窗色彩。

门窗所用玻璃、型材的类型和色彩种类繁多。门窗色彩组合是影响建筑立面和室内装饰效果的重要因素，在选择时要综合考虑以下因素：建筑物的性质和用途，建筑外立面基准色调，室内装饰要求，门窗造价等，同时要与周围环境相协调。

（2）门窗造型。

门窗可按建筑的需要设计出各种立面造型，如平面型、折线型、圆弧型等。在设计门窗的立面造型时，同样应综合考虑与建筑外立面及室内装饰相协调，同时考虑生产工艺和工程造价，如制作圆弧形门窗需将型材和玻璃拉弯，当采用特殊玻璃时会造成玻璃成品率低，甚至在门窗使用期内造成玻璃不时爆裂，影响门窗的正常使用，其造价也比折线型门窗的造价高许多，另外当门窗需要开启时，也不宜设计成圆弧形门窗。所以在设计门窗的立面造型时，应综合考虑装饰效果、工程造价和生产工艺等因素，以满足不同的建筑需要。

（3）门窗立面分格设计。

门窗立面分格要符合美学特点，分格设计时，主要应根据建筑立面效果、房屋开间、建筑采光、节能、通风和视野等建筑装饰效果和满足建筑使用功能要求，同时兼顾门窗受力计算、成本和玻璃成材率等多方面因素合理确定。

1）门窗立面分格设计原则：

①门窗立面设计时要考虑建筑的整体效果，如建筑的虚实对比、光影效果、对称性等。

②立面分格根据需要可设计为独立窗，也可设计为各种类型的组合窗和条形窗。

③门窗立面分格既要有一定的规律，又要体现变化，在变化中求规律，分格线条疏密有度；等距离、等尺寸划分显示了严谨、庄重；不等距划分则显示韵律、活泼和动感。

④至少同一房间、同一墙面门窗的横向分格线条要尽量处于同一水平线上，竖向线条尽量对齐。在主要的视线高度范围内（1.5~1.8m 左右）最好不要设置横向分格线，以免遮挡视线。

⑤分格比例的协调性。就单个玻璃板块来说，长宽比宜按接近黄金分割比来设计，而不宜设计成正方形和长宽比达 1：2 以上的狭长矩形。

2）门窗立面分格设计时主要应考虑的因素：

①建筑功能和装饰的需要。如门窗的通风面积和活动扇数量要满足建筑通风要求；门窗的采光面积应满足 GB/T 50033—2013《建筑采光设计标准》的要求。同时应满足建筑节能要求的窗墙面积比、建筑立面和室内的装饰要求等。

②门窗结构设计计算。门窗的分格尺寸除了根据建筑功能和装饰的需要来确定外，它还受到门窗结构计算的制约，如型材、玻璃的强度计算、挠度计算、五金件承重计算等。当建筑师理想的分格尺寸与门窗结构计算出现矛盾时，解决办法有调整分格尺寸和变换所选定的材料或采用相应的加强措施。

③玻璃原片的成材率。玻璃原片尺寸通常为 2.1～2.4m 宽，3.3～3.6m 长，各玻璃厂的产品原片尺寸不尽相同，在进行门窗分格尺寸设计时，应根据所选定玻璃厂家提供的玻璃原片规格，确定套裁方法，合理优化调整分格尺寸，尽可能提高玻璃板材的利用率，这一点在门窗厂自行进行玻璃裁切时显得尤为重要。

④门窗开启形式。门窗分格尺寸特别是开启扇尺寸同时还受到门窗开启形式的限制，各类门窗开启形式所能达到的开启扇尺寸各不相同，主要取决于五金件的安装形式和承重能力。如采用摩擦铰链承重的外平开窗开启扇宽度通常不宜超过 750mm，过宽的开启扇会因窗扇在自重作用下发生坠角导致窗扇的开关困难。合页的承载能力强于摩擦铰链，所以当采用合页连接承重时可设计制作分格较大的平开窗扇。推拉窗如开启扇设计过大过重，超过了滑轮的承重能力，也会出现开启不畅的情况。所以，在进行门窗立面设计时，还需根据门窗开启形式和所选取的五金件通过计算或试验确定门窗开启扇允许的高、宽尺寸。

门窗的开启形式不同，其适合的场合也不同。在进行窗型设计时，应按工程的不同要求，尽可能选用标准窗型，以达到方便设计、生产、施工和降低产品成本的目的，同时窗型的设计应考虑不同地区、环境和建筑类型，并满足门窗抗风压性能、水密性能、气密性能和保温性能等物理性能要求。门窗的窗型及外观设计应与建筑外立面和室内环境相协调，并充分考虑其安全性，避免在使用过程中因设计不合理造成损坏，引发危及人身安全的事件。

# 4.3　方案设计

## 4.3.1　总体方案设计

### 1. 产品类别设计

系统门窗的产品类别设计，首先是根据系统在目标区域的定位，对系统窗、门系统进行总体设计，系统窗应确定框材质、玻璃；门系统应确定是否有框及有框时的材质，非玻璃门应确定面板的材质。

系统门窗类别见 1.2.1 节表 1-2～表 1-7。目前，我国建筑门窗市场主要有工程门窗市场和定制门窗市场，相应的门窗分为工程门窗和定制门窗。工程门窗则是指门窗应用于建筑工程，包括民用建筑和公共建筑及工业建筑；定制门窗则应用于家装市场，主要是民用建筑的既有门窗改造及部分高档建筑的工程升级替换。

门窗是长期暴露在外的建筑配套产品，我国地域辽阔、气候复杂，有些地区常年处在气候恶劣条件下，门窗长期处在自然环境不利的条件下，如太阳暴晒、酸雨侵蚀、风沙等。因此，要求门窗使用的型材、玻璃、密封材料、五金配件等要有良好的耐候性和耐久性。

选择系统门窗框材质，可以考虑以下几方面因素：

1）气候特点。不同的气候特点，影响当地人们对门窗框材质的使用习惯。

2）性能要求。不同的门窗材质，其制成的门窗性能影响较大。

3）加工制作。不同材质的门窗，其加工工艺大不相同。

4）成本考虑。不同材质的门窗，其产品成本差距较大，影响选择。

## 2. 产品族设计

系统门窗产品族的设计应根据目标区域气候特点、产品性能及使用习惯，以开启方式确定系统门窗的产品族。

不同的地域气候特点，影响着人们对门窗的开启方式选择，且对门窗的性能影响较大。如华南地区，台风频发，人们对水密性能要求较高，因此，门窗多选用外平开；北方地区，台风较少，人们习惯选择节能性能较好的内平开；公共建筑，如学校等从安全角度选择推拉窗较多。

## 3. 产品系列设计

系统门窗的产品系列设计，应根据目标区域物理性能要求，确定系统门窗的产品系列。对于同一材质的门窗型材，产品性能随产品系列的增大而增强。对于特定的物理性能要求，产品系列往往起着重要的影响。如对于低能耗甚至超低能耗建筑节能门窗，其产品系列的大小对门窗整体性能则起着决定性的影响。

## 4. 总体结构设计框图

系统门窗结构框图如图 4-2 所示。首先确定门窗的开启方式，然后确定五金槽口，最后确定门窗结构设计方案。在此基础上，配以玻璃方案设计及密封方案设计，就构成系统门窗总体设计框架方案。

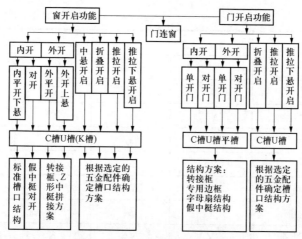

图 4-2　系统门窗结构设计框图

## 4.3.2　子系统方案设计

系统门窗子系统方案设计包括型材、玻璃、五金及密封子系统设计。子系统应根据总体方案设计要求、目标区域产品物理性能要求综合考虑确定，外门窗系统应重点考虑抗风压性能、热工性能要求。构成门窗各部分之间是相互关联的，因此，设计门窗子系统时还要考虑其对门窗整体性能的影响。建筑门窗性能与子系统相关性见表 4-3。

表 4-3　　　　　　　　　　　建筑门窗性能与子系统相关性

| 项目 | 子系统 | | | |
|---|---|---|---|---|
| | 型材 | 面板 | 五金 | 密封 |
| 抗风压性能 | Y | Y | (Y) | (Y) |
| 平面内变形性能 | Y | (Y) | (Y) | N |
| 耐撞击性能 | (Y) | Y | (Y) | N |
| 抗风携碎物冲击性能 | (Y) | Y | (Y) | N |
| 抗爆炸冲击波性能 | Y | Y | Y | N |
| 耐火完整性 | Y | Y | (Y) | (Y) |
| 气密性能 | (Y) | N | (Y) | Y |
| 保温性能 | (Y) | Y | (Y) | (Y) |
| 遮阳性能 | N | Y | N | N |
| 启闭力 | (Y) | (Y) | Y | Y |

| 项目 | 子系统 | | | |
|---|---|---|---|---|
| | 型材 | 面板 | 五金 | 密封 |
| 水密性能 | (Y) | N | (Y) | Y |
| 空气声隔声性能 | (Y) | Y | (Y) | (Y) |
| 采光性能 | N | Y | N | N |
| 防沙尘性能 | (Y) | N | Y | Y |
| 耐垂直荷载性能 | Y | (Y) | Y | N |
| 抗静扭曲性能 | Y | (Y) | Y | N |
| 抗扭曲变形性能 | Y | (Y) | N | N |
| 抗对角线变形性能 | Y | (Y) | N | N |
| 抗大力关闭性能 | Y | (Y) | Y | N |
| 开启限位 | N | (Y) | Y | N |
| 撑挡试验 | N | (Y) | Y | N |
| 反复启闭性能 | (Y) | (Y) | Y | (Y) |
| 防侵入性能 | (Y) | Y | Y | (Y) |
| 耐候性能 | (Y) | (Y) | | (Y) |

表 4-3 中列出了型材、面板、五金及密封四个子系统对门窗各个性能的影响程度，Y 表示部件改变导致性能改变，（Y）表示部件改变可能导致性能改变，N 表示部件改变未导致性能改变。

各子系统部件中，导致门窗性能改变的关键因素有：

（1）型材：弹性模量、导热系数、密度、断面形状、尺寸、拼接方式及通风构造。

（2）面板：类型、质量、表面处理、空气层、填充气体、安装及密封。

（3）五金：锁点数量、位置及固定方式。

（4）密封材料：材质、数量（如外门的三面密封与四面密封）。

### 1. 型材子系统设计

型材子系统设计应满足系统门窗气密性能、水密性能、抗风压性能、保温性能、力学性能、耐久性能要求，综合考虑主型材以及增强型材的强度、刚度、热工、排水、密封、连接、加工工艺、美观、装配、安装及其对性能的影响，型材子系统设计包括主型材（框、扇、中竖框和中横框等）和辅助型材（玻璃压条、转接和拼接型材）等设计。

主型材的断面设计是系统门窗方案设计的关键环节。应综合考虑主型材以及增强型材的强度、刚性、传热、采光、排水、密封、连接、成型工艺，门窗加工工艺、美观、安装构造和设定性能，以及五金件、密封胶条、玻璃的安装，及其对性能的影响，设计主型材如框、扇、中竖框和中横框（塑料门窗含增强型钢）、转接、拼接型材的结构尺寸（如系列、型腔结构、密封道数、功能槽、五金 U 槽或 C 槽、玻璃等面板腔尺寸、与墙体的安装等）和节点构造（搭接量）等。

型材子系统设计的基本原则：

（1）型材槽口结构尺寸确立。根据门窗的形式及确立的五金形式，确定五金槽口结构尺寸；根据门窗性能设计要求，确定密封安装结构及玻璃安装结构尺寸。

（2）型材断面符合相关国家标准及设计要求。型材的各部位尺寸设计应符合标准要求，主要受力部位尺寸还应满足设计计算要求；尺寸设计公差还应满足标准要求。

（3）经济耐用，工艺合理。型材设计应考虑加工工艺的合理性及产品组装工艺的合理性，在保证性能要求的前提下，降低材料成本及加工工艺成本。

（4）结构稳定，符合门窗力学稳定性要求。主要受力杆件结构设计应满足受力计算要求；型材断面设计应遵循等强度设计，作用集中部位局部加强。

（5）连接结构可靠、技术合理、工艺可行。主体型材结构连接包括角部连接、T（十）形连接、拼樘连接、增强连接、框转接、安装连接等。在连接设计时，应充分考虑连接部位的强度满足设计要求，连接方式技术合理、可行，满足系统门窗的功能及性能要求，连接工艺实施可行，满足技术设计要求。主型材连接结构应遵循等强度设计。

## 2. 五金子系统设计

五金子系统设计应满足系统门窗的功能、性能要求，包括不同开启形式的五金配置，五金安装数量和位置，五金子系统承重能力及适用的开启扇的宽高尺寸等。

五金子系统应符合系统门窗产品族接口尺寸，并应满足系统门窗的功能、性能和质量要求。五金子系统供应商应向系统门窗供应商提供符合该系统门窗产品族接口尺寸的并满足其功能、性能和质量要求的产品。

五金子系统设计的产品应当包括适用于不同开启形式、不同接口尺寸的槽口标准、不同中心距、框扇搭接量、合页间距（合页通道尺寸）、不同窗扇尺寸、不同承重能力以及非标定制的五金子系统及其附件。

五金子系统设计基本原则：

（1）槽口形式设计。五金子系统设计，首先应根据门窗的形式及材质类型确定选用的槽口形式。铝合金门窗槽口一般选用 C 槽，塑料门窗、木门窗选用 U 槽。

（2）确定开放系统还是封闭系统。开放式五金系统为通用型标准五金系统，系统门窗可以选配五金；封闭式五金系统为定制系统，系统门窗只能采用专用五金系统。

（3）结构可靠，满足连接强度及承载要求。五金系统的材质选择、强度设计应满足系统门窗产品族的极限承载及使用耐久性要求。

（4）功能合理，满足系统功能设计要求。五金系统的功能设计应满足系统门窗的功能设计要求。

（5）配合尺寸符合标准及装配要求。五金系统作为门窗的主要配件，其与门窗槽口的配合公差是正常使用的保证。

### 3.玻璃子系统设计

玻璃子系统设计应满足强度、刚度及光学热工性能要求，包括玻璃配置、厚度、质量、面密度、颜色、可见光透射比、紫外线透射比、太阳能总透射比（太阳得热系数）、遮阳系数、传热系数、综合隔声量；同时还应考虑玻璃装配构造，如装配间隙尺寸，玻璃与框密封方式，垫块材质、规格、硬度、位置和数量等。

玻璃子系统设计包括中空玻璃、真空玻璃及其复合玻璃等玻璃子系统的设计，并包括组成中空玻璃的单片玻璃、夹层玻璃及间隔层设计。

玻璃子系统设计基本原则：

（1）结构合理，玻璃强度设计满足标准要求。玻璃作为门窗的受力构件，承受风荷载作用及温度应力作用，因此，玻璃的挠度及强度应符合设计要求。

（2）节能设计应满足系统节能性能要求。玻璃面积占比在70%左右，是门窗节能的重点，因此，玻璃的节能设计应满足门窗节能设计要求。

（3）隔声设计应满足系统隔声性能要求。玻璃隔声性能设计影响着门窗隔声性能，不同的玻璃组合设计对隔声性能影响较大。

（4）安全设计符合相关标准要求。玻璃安全包括安全玻璃产品的选用及玻璃的安全设计，系统设计时应综合考虑。

（5）光学性能合理。玻璃的光学性能影响着室内环境参数，选用合适光学参数的玻璃产品，是系统门窗满足光学性能设计要求的关键因素。

### 4. 密封子系统设计

密封子系统设计应满足系统门窗的功能、性能和质量要求，包括材质、截面形状、自由状态和工作状态尺寸、连接构造等。

密封子系统设计包括不同材质、不同断面形状、不同自由状态和压缩后尺寸、不同角部连接构造、不同密封程度及特殊构造性能等密封子系统。

密封子系统设计基本原则：

（1）尺寸设计符合相关标准规定及槽口设计要求。密封系统包括框扇密封、玻璃镶嵌密封、开启腔等压密封及固定腔的等温密封等。

（2）适用不同密封功能设计要求。不同密封要求，其功能要求及材质要求各不相同，设计时应综合考虑。

（3）软硬复合设计，利于提高密封性能。通过密封胶条的软硬复合设计，可以提高密封性能。

（4）选用性能稳定的材质满足使用耐久性要求。应根据密封系统的安装位置，选用不同材质的密封产品，利于密封系统的等寿命设计。

（5）节能构造设计满足系统节能设计要求。合理密封系统节能构造设计，可以有效提高密封部位的隔热性能。

### 4.3.3　性能化设计

性能化设计系统门窗是以建筑室内环境参数和规范设计参数为性能目标，利用模拟计算工具，对系统门窗设计方案进行逐步优化，最终达到系统门窗预定性能目标要求的设计过程。

#### 1. 性能参数设计

建筑节能设计的目标就是使得居住在其中的人们能够有一个健康、舒适的室内环境。因此，室内环境参数的设计是室内环境健康、舒适达到程度的关键。

根据国内外有关标准和文献的研究成果，当人体衣着适宜且处于安静状态时，室内温度 20℃比较舒适，18℃无冷感，15℃是产生明显冷感的温度界限。冬季热舒适（−1≤PMV≤1）对应的温度范围：18～24℃。基于节能和舒适的原则，本着提高生活质量、满足室内舒适度的条件下尽量节能，将冬季室内供暖温度设定为20℃，在北方集中供暖室内温度18℃的基础上调高2℃。

（1）低能耗建筑。

已经实施的 JGJ 26—2018《严寒和寒冷地区居住建筑节能设计标准》，其设计目标为 75%节能率，相对于 2016 年国家建筑节能设计标准，其能耗降低 30%，属于"低能耗建筑"标准。在 JGJ 26—2018 标准中，将冬季供暖室内温度设定为18℃，处于冬季热舒适温度范围的下限，能够保证基本的室内热环境要求。

（2）超低能耗建筑。

适应气候特征和场地条件，通过被动式建筑设计，在 2016 年建筑节能设计标准的基础上，建筑节能设计标准降低 50%以上的建筑称为"超低能耗建筑"，建筑节能设计标准降低 60%～75%的称为"近零能耗建筑"，实现再生能源与大于或等于建筑用能的建筑称为"零能耗建筑"。

三种能耗建筑的室内环境参数要求相同，室内热湿环境参数：冬季，温度≥20℃，湿度≥30%；夏季，温度≤26℃，湿度≤60%。居住建筑室内噪声昼间不大于 40dB（A），夜间不大于 30dB（A）。公共建筑室内噪声均应符合 GB 50118—2010《民用建筑隔声设计规范》中允许噪声级的高标准要求。

### 2. 技术设计指标要求

技术设计指标要求即标准规范设计要求，是相关建筑节能标准对建筑门窗的节能指标要求，包括外门窗的传热系数（$K$）、太阳得热系数（SHGC 或遮阳系数 SC）、气密性能等。

技术设计指标参数来自相关标准规范的要求，系统门窗的性能设计应符合国家建筑节能设计标准及地方标准的要求。

### 3. 性能化设计程序

（1）设定室内环境参数。

（2）制订设计方案。

（3）利用模拟计算软件等工具进行设计方案的定量分析及优化。

（4）制订加工工艺和工装。

（5）试制产品并进行性能测试、优化，直至满足目标设计要求。

（6）确定优选设计方案。

（7）制订工程设计规则。

（8）制订安装工艺。

（9）技术总结。

外门窗是影响建筑节能效果的关键部件，其影响能耗的性能参数主要包括传热系数（$K$ 值）、太阳得热系数（SHGC 值）以及气密性能。影响外窗节能性能的主要因素有玻璃层数、Low-E 膜层、填充气体、边部密封、型材材质和截面设计及门窗开启方式等。

性能化设计是以定量分析及优化为核心，进行系统门窗组成要素的关键参数对门窗性能的影响分析，在此基础上，结合门窗的经济效益分析，进行技术措施和性能参数的优化。

### 4. 设计案例

设计某寒冷地区居住建筑铝合金系统窗。

地区环境气候条件：

冬季室外计算温度：–12℃。

供暖季要求保持室内环境参数：（20±2）℃、40%～60%。

地方建筑节能 75%指标要求外窗传热系数 $K \leqslant 2.0$ W/(m²·K)。

（1）方案设计。

1）寒冷地区，建筑节能以保温为主，门窗开启形式设计为内平开窗。

2）露点温度计算

根据 JGJ/T 151 第 5.2 条规定：

饱和水蒸气压：$E_s = E_0 \times 10^{\left(\frac{at}{b+t}\right)}$

$$= 6.11 \times 10^{((7.5 \times 20)/(237.3+20))}$$

$$= 23.4$$

式中　$E_s$——空气的饱和水蒸气压（hPa）；

$\quad E_0$——空气温度为 0℃时的饱和水蒸气压，取 $E_0$=6.11 hPa；

$\quad t$——空气温度（℃）；

$a$、$b$——参数，$a = 7.5$，$b = 237.3$。

空气的水蒸气压：$e = fE_s$

$$= 0.5 \times 23.4 = 11.7$$

式中　$e$——空气的水蒸气压（hPa）；

$\quad f$——空气的相对湿度（%），取中值 50%；

$\quad E_s$——空气的饱和水蒸气压（hPa）。

室内空气的露点温度：

$$T_d = \frac{b}{\dfrac{a}{\lg\left(\dfrac{e}{6.11}\right)} - 1} = 9.28$$

式中　$T_d$——空气的露点温度（℃）；

$\quad e$——空气的水蒸气压（hPa）；

$a$、$b$——参数，$a = 7.5$，$b = 237.3$。

3）霉变温度。

根据温度湿度关系曲线图（图 4-3）计算，相对湿度达到 80%时，对应的温度为 12.6℃。

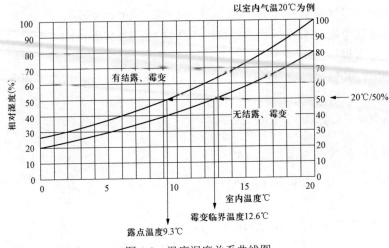

图 4-3　温度湿度关系曲线图

4）外窗传热系数的计算。

按稳定传热条件计算，可分别推导出外窗传热系数 $K$ 值，即外窗防止室内表面结露、防止室内表面霉变及舒适温度对应的室内表面温度 17℃时的传热系数。其计算公式（4-1）如下：

$$K_w \leqslant \frac{(t_i - t_{ib})h_i}{t_i - t_o} \tag{4-1}$$

式中　$K_w$——窗的传热系数，W/(m²·K)；

　　　$t_i$——室内温度；

　　　$t_o$——室外温度；

　　　$h_i$——室内表面换热系数，取 8W/(m²·K)；

　　　$t_{ib}$——窗内表面温度。

按式（4-1）分别计算室内表面温度按低节能设计要求（防止结露，取 10℃）、中节能设计要求（防止霉变，取 13℃）及高节能设计要求（室内舒适环境，取 17℃）时对应的外窗传热系数：

低节能设计要求时，传热系数 $K_w \leqslant 2.5$ W/(m²·K)，取 2.0 W/(m²·K)。

中节能设计要求时，传热系数 $K_w \leqslant 1.75$ W/(m²·K)。

高节能设计要求时，传热系数 $K_w \leqslant 0.75$ W/(m²·K)，满足寒冷地区近零能耗外窗传热系数 $K_w \leqslant 1.2$ W/(m²·K))的要求。

如果按室内相对最大湿度 60%设计，则计算出露点温度及霉变温度分别为 12.01℃和 15.4℃。

分别计算低节能设计要求（防止结露，取 13℃）、中节能设计要求（防止霉变，取 16℃）及高节能设计要求（室内舒适环境，取 17℃）时对应的外窗传热系数：

低节能设计要求时，传热系数 $K_w \leq 1.75$ W/(m²·K)。

中节能设计要求时，传热系数 $K_w \leq 1.0$ W/(m²·K)。

高节能设计要求时，传热系数 $K_w \leq 0.75$ W/(m²·K)。

由上述计算结果可知，室内湿度增加 10%，露点温度和霉变温度分别提高 1.7℃和 2.8℃，对应的外窗传热系数分别降低 30%和 43%，提高幅度较大。

5）型材、玻璃方案设计。

由整窗传热系数公式可知：

$$K_w = \frac{\sum A_g K_g + \sum A_f K_f + \sum \ell_\psi \psi}{A_w} \tag{4-2}$$

在窗型确定时，影响整窗传热系数有三部分：型材、玻璃及线传热。

线传热主要受玻璃边封、玻璃镀膜及边部密封等因素影响。在窗型确定条件下，影响整窗传热系数主要由面积占比约 75%左右的玻璃传热系数和面积占比约 25%的框型材传热系数决定。

相对湿度 50%低节能设计要求的方案设计如下：

①型材方案设计：隔热铝合金型材的传热系数取决于隔热条的宽度及形状，根据隔热条宽度与传热系数对应曲线，选取 32mm 隔热条，型材截面厚度取 65mm，型材传热系数 $K_f$ 约为 2.22 W/(m²·K)。

②玻璃方案设计：根据玻璃热工参数表，选取 5Low-E+12Ar+5mm，传热系数 $K_g$ 约为 1.55 W/(m²·K)。

③计算整窗传热系数 $K_w$=1.9W/(m²·K)。

④型材内侧温度 $t_{ib}=t_i-K(t_i-t_o)/h_i$=11.12℃>9.3℃，型材表面不结露，抗结露因子 CRF=72。

对于中节能设计要求、高节能设计要求及相对湿度按 60%设计时的型材及玻璃方案设计方法同上。

6）确定了系统门窗的型材截面及玻璃后，可进行节点构造设计及利用热工模拟软件进行整窗热工复核优化。满足热工要求后可进行结构计算和复核优化及系统窗的其他设计。

不同于传统设计方法，性能化设计方法以定量分析为基础，再通过关键指标参数的敏感性分析，获得对于不同设计策略的定量评价，对关键参数取值进行寻优，确定满足项目技术经济目标的优选方案。

利用建筑节能设计要达到的室内环境条件目标，通过热工符合性计算，确定外窗的节能符合性要求，以此确定型材、玻璃等设计方案，并展开系统门窗的其他设计。

### 4.3.4 型材设计

门窗的受力杆件在材料、截面积和受荷状态确定的情况下，构件的承载能力主要取决于与截面形状有关的两个特性，即截面的惯性矩与抵抗矩。截面的惯性矩（$I$）与材料的弹性模量（$E$）共同决定着构件的挠度（$u$），截面的抵抗矩（$W_j$）在荷载条件一定时，它决定构件应力的大小。

惯性矩是用来计算或验算杆件强度、刚度的一个辅助量。惯性矩与材料本身无关，只与截面几何形状、面积有关，无论是铁、铝，还是木材、塑料，只要截面积及几何形状相同，则它们的惯性矩相等。至于相同惯性矩而不同材料间的强度、刚度，则取决于材料的性质，即模量系数。截面抵抗矩就是截面对其形心轴惯性矩与截面上最远点至形心轴距离的比值。主要用来计算弯矩作用下绕轴线的截面抗弯刚度。型材的断面设计是型材设计的重要内容之一。

型材断面设计，应在确定方案设计的基础上进行。性能化设计有助于通过定量分析与优化确定方案设计，快速确定型材的热工性能要求，在此基础上构筑型材的截面尺寸。

型材设计包括型材断面设计、隔热设计和主体型材的结构设计。

#### 1. 铝合金型材设计

（1）断面设计。型材断面的设计首先要保证有良好的使用性能，同时也要有较好的制造工艺性。

1）型材断面设计基本原则。

①尺寸设计符合相关国家标准及设计要求。型材的各部位尺寸设计应符合标准要求，主要受力部位尺寸还应满足设计计算要求；尺寸设计公差还应满足标准要求，五金槽口尺寸设计公差应满足五金装配要求，密封胶条槽口尺寸、玻璃镶嵌槽口尺寸应满足装配要求。

②结构稳定，符合门窗力学稳定性要求。铝合金型材断面的结构设计主要是针对门窗所受荷载的部位按照门窗设计标准要求确定型材断面惯性矩，保证型材有足够惯性矩，抵抗因结构尺寸、安装的玻璃自重荷载及所受的风荷载等外部载荷引起的门窗框扇的变形，从而保证门窗的基本结构强度，如图 4-4 所示，型材截面通过增强设计，型材惯性矩由 20.43cm⁴ 增大到 44.93cm⁴，提高了型材的抗弯能力。

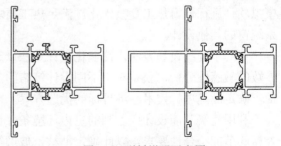

图 4-4　型材增强示意图

　　根据惯性矩的大小确定断面的轮廓尺寸，型材断面设计时应遵循等强度原则，对于型材作用力集中的部位必须考虑加固或加强的可能性，型材的厚度要符合国家标准要求。如框扇翼边根部、型材复合部位等，应采取局部加强，提高受力部位的强度，如图 4-5 所示。

　　铝合金型材断面的力学设计还应考虑铝合金型材的合金牌号及时效状态带来的型材强度差距。不同的合金牌号、相同的合金牌号不同的时效状态使得型材的强度差别较大，对型材的力学性能影响较大，如合金牌号 6063，其抗拉强度 T5 时 160MPa，T6 时 205MPa，T66 时 245MPa（壁厚≤10mm）；不同合金牌号及时效状态的型材，其热学性能也有较大差距，如常温时，6063T5 导热系数 209 W/(m·K)，6061T6 导热系数 167 W/(m·K)。这主要是因为不同合金牌号的型材成分不同，导致其热学性能和力学性能各有不同。

　　③经济性要求。用料经济性。在外轮廓尺寸、惯性矩一定的情况下，采用合理的设计可节约型材用量降低成本。如图 4-6 所示，两种断面设计，a）图断面面积 $A=1056mm^2$、惯性矩 $I=125.68mm^4$；b）图断面面积 $A=940mm^4$、惯性矩 $I=126.78mm^4$，可见，b）图断面比 a）图断面设计更合理，节省型材用量。

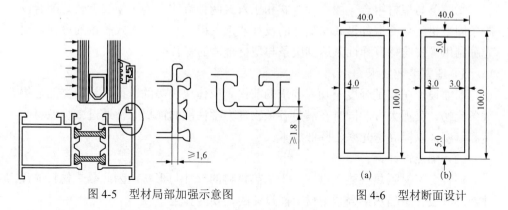

图 4-5　型材局部加强示意图　　　　　图 4-6　型材断面设计

　　工艺经济性。型材设计时，还应考虑型材截面设计带来的增加生产工艺难度和损耗而增加的生产工艺成本。

　　型材的断面设计应保证性能要求的前提下，降低材料及工艺制造成本。

　　④功能配合要求。隔热型材要考虑型材的断热设计与隔热性能配合要求，给五金件留出合理的安装空间和配合结构。对装配后门窗气密性和水密性要求的密封材料设计出合理的安装结构和空间，门窗的开启方式对主型材和附属配套型材结构的要求及合理的玻璃压条结构，还要考虑与建筑墙体的连接锚固方式，门窗框与墙体间的合理密封和相应的型材结构。

　　⑤组装工艺要求。型材断面设计时要根据型材种类考虑到组装工艺可行性。例如：推拉门窗一般采用插接工艺组装，平开门窗采用 4 框扇 5°组装工艺，中

横（竖）框的 T 型和十型连接采用 90°组装工艺等。不同的组装工艺，连接件不同，有铸铝、挤压铝连接件，对于型材的异型腔体设计，更适合铸铝连接件等。

⑥挤压工艺要求。铝合金型材设计完成后，需要型材生产企业开模挤压成型，因此，型材断面设计时对于圆、弧、槽口等断面细节处理应考虑型材挤压工艺要求的可行性。

2）五金及附件槽口设计。

铝合金窗用五金槽口主要有 C 槽、U 槽及外开窗用 K 槽，门窗槽口则有 C 槽、U 槽及平槽，其槽口尺寸及偏差均有严格的要求，这是型材设计与五金及附件设计应严格遵守的标准。

门窗配套件槽口是指门窗型材在设计、生产过程中，为了使门窗能够达到预先设定的功能要求而预留的与其他配套材料的配合槽口，包括型材与五金件配合槽口、型材与密封胶条配合槽口及型材玻璃镶嵌槽口等。

①五金槽口设计时应遵循五金槽口尺寸要求，标准要求的尺寸偏差均为五金安装要求的净尺寸，断面设计要特别考虑不同的涂层处理带来的尺寸增加。

②胶条与型材组合一般有穿入式和压入式两种方式。为了使二者较好配合，胶条同型材配合的端部形式与尺寸的设计非常关键。对于压入式胶条的设计，要充分利用橡胶的特有弹性来达到胶条与型材合适的配合。

3）造型美观要求。

断面设计在满足强度及功能要求的前提下应体现优美的造型，使窗立面显得线条流畅、美观大方，同时在满足各项物理力学性能的前提下，通过减少型材宽度和厚度，以提高透光率、降低成本。

（2）隔热设计。

铝合金型材隔热性能关键取决于隔热材料的尺寸与形状。因此隔热材料的尺寸及形状设计是隔热铝合金型材节能设计的主要内容之一。

型材的隔热能力随隔热材料的厚度尺寸增大而增强。隔热腔设计应遵循多腔设计原则，增加腔室设置主要目的是阻隔热能的对流和辐射传递，因此，采用导热系数低的隔热材料填充隔热腔也是提高隔热能力的有效方式。型材的隔热设计还要考虑型材装配后组成的开启、固定构造节点的系统性隔热设计，并应遵循等温线设计原则。

对于穿条式隔热型材，隔热条设计应遵循下列要求：

1）隔热条的设计应符合 GB/T 23615.1—2017《铝合金建筑型材用辅助材料第一部分：聚酰胺隔热条》和 JG/T 174—2014《建筑铝合金型材用聚酰胺隔热条》的要求。

GB/T 23615.1 中对隔热条的成分和组织要求采用主要成分为不少于 65%的聚

酰胺 66 和 25%±2.5%的玻璃纤维，余量为添加剂。内部组织结构应致密，无气泡，无裂纹，无明显夹杂物，玻璃纤维应均匀分布。

①PA66 作为基材具有优良的品性：优良的抗老化性能、能经受化学洗涤剂的擦洗、优良的抗紫外线能力、热变形温度需高于 240℃、在燃烧状态下不能形成对人体有害的气体。

如果用 PVC、PE 等其他材质替代 PA66，虽然降低了成本但牺牲了强度和耐热性，这样很容易造成隔热铝门窗的抗风压性、气密性、水密性等基本性能的丧失。

②选用 25%的玻璃纤维。在正常极限温度范围内（−30～80℃）材料会发生相应的热胀冷缩。为了使隔热型材发生整体变形，要求隔热条的线膨胀系数尽量接近铝的。PA66GF25 的线膨胀系数为（2.3～3.5）×$10^{-5}$K$^{-1}$，而铝型材的线膨胀系数是 2.35×$10^{-5}$K$^{-1}$。可见 PA66GF25 复合材料与铝材两者是比较接近的，这就可以满足当受到温差等影响的情况下，复合材料基本可以保证同步同量变形，进而保证复合材料的外观不会发生自身偏差、性能也不会受到影响。

③控制玻璃纤维的分布。玻璃纤维的分布方向决定了隔热条的受力方向强度，隔热条在整窗中横向承载受力的使用性质要求隔热条在横向强度上能给予充分保证，而隔热条是纵向挤压成型的，其中的玻璃纤维很容易沿纵向排布，纠正玻璃纤维的排布方向（从纵向改为横向）就成为隔热条受力强度的根本性保证。

④使用玻璃纤维。GB 5237.6《铝合金建筑型材　第 6 部分：隔热型材》中要求隔热型材的外形尺寸偏差检测要求需符合 GB 5237.1《铝合金建筑型材第 1 部分：基材》中对基材相关尺寸要求的相关指标。这对隔热型材内、外两腔型材的尺寸精度，隔热条自身的尺寸精度，以及隔热型材的加工复合工艺提出了非常高的要求。这种要求具体而言就是把原来的单位度量范围内的允许误差被三部分组合体（内腔铝型材、隔热条、外腔铝型材）及复合工艺的加工误差所共同承担，那么对隔热条的尺寸精度就提出了比铝型材表面尺寸精度还要高的要求。就通常所见到的隔热型材断面而言，隔热条的外形尺寸偏差≥0.1mm，即很难达到整体隔热型材的外形尺寸精度的要求了。使用玻璃纤维后，外形尺寸精度稳定（0.1mm）能保证整窗的装配精度（0.2～0.3mm）要求。

2）应根据不同的隔热要求选用不同规格或形状的隔热条。在保证强度的前提下，有较高隔热要求时宜选用异型隔热条。

①隔热条按照外观形状分为实心型和空心型两类（见图 4-7）。实心型隔热条普遍应用在各种隔热型材断面设计中，而空腔型隔热条则更多的应用在宽规格、复杂型的隔热型材断面设计上。

②根据截面形状分类（截面形状典型示例见图 4-8）。

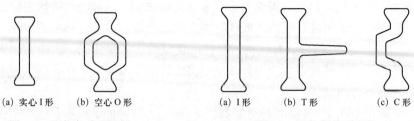

| (a) 实心 I 形 | (b) 空心 O 形 | (a) I 形 | (b) T 形 | (c) C 形 |

图 4-7　隔热条外观形状　　　　　　图 4-8　隔热条截面形状

I 形、C 形隔热条适用于平开窗、推拉窗等窗型的窗框、扇梃等使用。

T 形隔热条适用于平开窗的扇梃中使用，配合主密封胶条的搭接。

不同类型的隔热条具有不同强度、节能效果。强度性能是由条的壁厚、端头设计、与型材复合工艺等决定。而从节能效果来说，随着隔热条的宽度增加，节能效果是递增的。隔热条截面形状的传热系数从式（4-3）可以看出，由简单到复杂（例如从 I 形衍变到 C 形等）传热系数逐渐降低、节能效果提高。

$$R = A / (KL) \tag{4-3}$$

式中　$R$——热阻($m^2 \cdot K/W$)；

　　　$L$——平板的厚度(m)；

　　　$A$——平板垂直于热流方向的截面积（$m^2$）；

　　　$K$——平板材料的热导率[$W/(m \cdot K)$]。

相同宽度隔热条，异型条的 $A$ 比较大，而 $K$、$L$ 是相同的，故异型条的自身热阻也比较大，也就是应用相同宽度异型条的型材热传导性能要比应用简单型条的节能效果好。其自身热阻也变大。

3）隔热条的设计选择应满足门窗传热系数的要求，应根不同区域对建筑节能指标要求的不同，计算、校核、调整隔热条的结构形式和尺寸。对于穿条式隔热铝合金型材来说，型材的隔热性能取决于隔热条的隔热性能。

4）隔热条的设计选用除应符合隔热条与型材的配合槽口设计要求的规定外，应满足下列组装工艺要求：

①铝材与隔热条配合的两槽口之间的壁厚不应小于 1.6mm，无空腔单壁的壁厚宜大于 2.2mm。

②复合后的铝材应保持精度不变形，与隔热条配合的两槽口之间应设计为铝材同侧两槽口直接连接，不得腾空有下凹。

③复合型材应能正常滚压铝材槽口处不应设计有高出隔热条滚压槽口处的结构，如超出槽口水平面，则无法进行滚压。

④两隔热条内壁之间的距离应大于 8.5mm。复合型材的设计包括隔热条的正确选用以及铝型材加工槽口的准确设计，其中铝型材槽口的尺寸在 GB 5237.6

《铝合金建筑型材　第 6 部分：隔热型材》中有推荐的标准样式和尺寸。因穿条机有齿轮设备间隙，故两隔热条内壁之间的距离尽可能大于 8.5mm，如小于 8.5mm 而大于 6mm，则只能采用人工穿条方式，如小于 6mm，则无法穿条。

5）隔热条的设计选用应满足门窗正常启闭功能，满足能与密封胶条配合实现密封功能的要求，并符合下列规定：

①选用 T 形隔热条时，应保证窗扇开启时 T 型条不与窗框铝材磕碰。

②选用 T 形隔热条时，应保证与等压胶条的搭接量不小于 3mm。

（3）结构设计。

结构设计包括装配结构设计和连接结构设计。

1）装配结构设计。

①五金槽口装配设计。五金槽口形式及装配结构尺寸详见第 2.3 节，槽口的装配结构设计应与门窗的开启方式相匹配，门窗不同的开启方式，五金装配结构设计不同，其装配尺寸要求也不同。

②配套功能装配设计。配套功能包括：转角功能、拼樘功能、加强功能及配套延伸功能（如纱扇、百叶等）。结构设计时应考虑配套功能的装配尺寸。

③框扇装配设计（图 4-9）。首先满足五金装配尺寸要求。框扇装配需满足五金的安装空间及配合尺寸要求，不同的五金槽口安装空间尺寸要求不同；其次需满足框扇搭接及密封胶条配合尺寸要求。应根据五金槽口形式，设计框扇搭接尺寸及密封胶条配合尺寸。

④玻璃槽口装配设计。根据框扇玻璃装配槽口尺寸及玻璃系统尺寸要求，设计压条及密封胶条；玻璃装配尺寸还应符合相关标准要求；压条的断面设计及安装方式应考虑所承受的荷载要求，如闭口压条截面，有较好的抵抗局部失稳性能，可以采用较小的壁厚，开口截面应根据结构设计要求经计算确定压条壁厚。

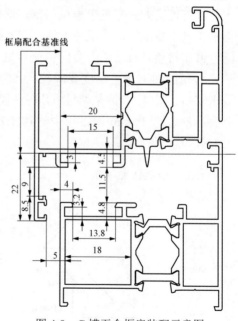

图 4-9　C 槽五金框扇装配示意图

2）连接结构设计。

连接结构设计包括拼樘连接、角部连接、中梃连接、假中梃、Z 形中梃及子母扇结构等。

①拼樘连接。按连接方式可分为硬连接和柔性连接。

硬连接是门窗尺寸常见的连接方式，如图 4-10 所示，主要螺钉或螺栓将门窗框与拼樘框料连接在一起，这种连接方式，受力稳定，型材内部螺钉固定，表面美观，但对型材的扭拧度要求较高。

柔性软连接，是条形窗或带形窗常见的连接方式，如图 4-11 所示，两框之间通过橡胶连接，这种连接方式可有效解决型材因温度引起的变形。柔性连接外观效果和安装效率均不如硬连接。

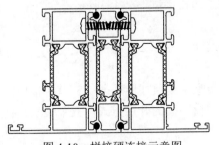

图 4-10 拼接硬连接示意图

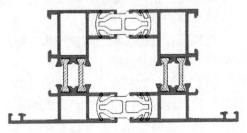

图 4-11 拼接软连接示意图

②角部连接。常见连接方式有螺钉连接、铆接、销钉连接、活动角码连接。

螺钉连接方式常见于推拉门窗，这种角部连接方式对型材形位公差和型材端面加工精度要求较高，组装方便，但连接部位易渗水。

铆压挤角是目前铝合金门窗最常见的组角连接方式，加工方便，适合批量生产，对角部加工设备精度要求较高，组角后受力稳定。挤角组角工艺中对注胶要求较高，图 4-12 为某型材组角时注胶和未注胶受压变形对比曲线。图中，注胶时变形量达到 2.5mm 时，压力达到 1.7kN，未注胶时达到 2.5mm 变形时压力为 0.3kN，差距明显。

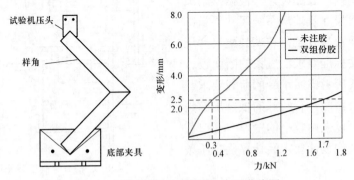

图 4-12 挤压组角试验压力-变形曲线图

销钉组角也是门窗组角的常见组角方式。组角时，通过销钉将角码与型材固定连接，图 4-13 为销钉组角与铆压组角受压变形对比曲线图。销钉组角加工工艺方便，适合现场组装要求；角部受力强度高、稳定性好；销钉孔位加工精度要求高；加工成本高。销钉组角工艺与挤角组角一样，组角时需要通过专用注胶孔注胶。

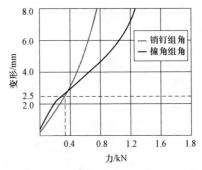

图 4-13　挤压和销钉组角变形-力对比图

活动角码组角为通过螺丝将两片角码连接在一起，图 4-14 为活动角码组角后剖视图。因活动角码的特殊构造，组角时无法注胶，造成角部受力变形性能与注胶组角方式相比较差，如图 4-15 所示。活动角码组角加工方便、简捷，但操作过程要求高，受力不稳定，角部易渗水。

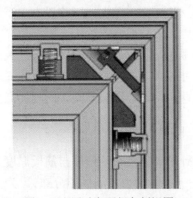

图 4-14　活动角码组角剖视图

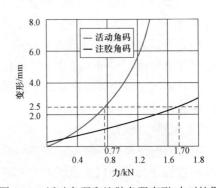

图 4-15　活动角码和注胶角码变形-力对比图

③中梃连接。中梃连接方式有榫接、螺接、角铝连接、销钉加连接件等。

榫头连接常见早期普通铝合金门窗组装工艺，用于 T 形连接，十字形连接采用角铝，工艺简单，精度较差，渗水隐患大。

螺钉连接目前国内很多铝合金门窗 T 形、十字形连接时采用的组装工艺。框梃型材设计时设计定位丝孔，组装时将梃型材端铣，通过螺钉连接固定；十字连接时采用螺钉＋连接件连接。螺钉连接工艺连接强度中，成本低，结构简单，加工效率高，但对端铣加工精度要求高，接缝处易漏水，工艺技术水平低。

销钉＋连接件（螺栓或顶丝固定）是目前比较先进的 T 形和十字形连接工艺。销钉用于固定连接件与框梃，连接件的固定则有螺栓和顶丝两种方式。连接件采用螺栓固定的连接工艺特点是专用连接，销钉＋注胶工艺，销钉孔加工精度要求较高，受力稳定，强度高，工艺复杂，成本高；连接件采用顶丝固定的连接工艺特点是结构稳定，连接强度高，安装灵活，适合现场操作，工艺复杂，成本高，适合做较大分格的窗型。

## 2. 塑料型材设计

（1）断面设计。

1）外形与尺寸。

型材的断面设计，首先是型材外形设计。推拉窗框为轨道式外形，不论框包扇，还是扇包框，都须突出其滑道功能。平开式固定窗框，主要特征是有明显的框（或扇）翅以实现直压玻璃的功能；窗型确定后，确定尺寸系列以满足使用环境的力学性能要求；最后根据基本要素的组合需求，确定其外形轮廓尺寸，除保证力学性能要求和功能要求外，还应考虑造型。

2）型腔结构。

中空腔室结构是塑窗型材的基本特征。型腔结构决定着型材截面尺寸大小和型材的惯性矩以及成窗的抗风压能力，因此，设计时应考虑腔室的结构。腔室的典型组成要素为增强腔、排水腔及五金件腔等。为增强保温性能，除以上三个基本腔室外，还可设计为四腔室、五腔室甚至六腔、七腔或八腔等。

增强腔放置钢衬，是最大的腔室（通称主腔室）。为了获取钢衬尽可能大的惯性矩和节省钢衬材料，应让受风荷载方向尺寸较大。排水腔应与主腔室隔开，避免钢衬锈蚀。五金件腔室是让紧固螺钉穿过两层壁厚，更加牢固，同时提高抗风压强度。

3）壁厚与筋肋。

型材的外形与主、副腔室方案确定后，设计和调整型材外壁厚与筋板厚度。型材的惯性矩与截面尺寸及型腔分布状况有关（实际上也是筋板的分布）。为了获得较大的惯性矩和刚性，应将型材的质量尽可能分布到型材的周围边缘部位。即型材外壁应比内壁要厚，内壁厚一般不超过外壁厚的 80%，同时薄内壁可避免型材生产时产生收缩痕。外壁较厚和内筋较多的型材，刚性和焊接强度可相应提高，内筋的合理分布还可提高型材的低温落锤冲击强度，型材的壁厚还影响着五金件安装的牢固度。

4）功能槽口。

门窗型材断面设计中，需要考虑功能结构尺寸要求。所谓功能结构，就是满足塑料门窗安装各种五金配件及玻璃所需的槽口。塑料型材五金槽口为 U 槽槽口。

5）断面设计与组装工艺匹配。

型材的断面设计时，应考虑断面形状与组装工艺的匹配。塑料型材的组装有焊接、螺接及插接等工艺，设计时应考虑不同的组装工艺对型材断面的匹配要求及组装后里面结构的合理与美观。

6）断面设计在满足强度要求的前提下应体现优美的造型，使窗立面显得线条流畅，美观大方，同时在满足各项物理力学性能的前提下，要尽量减少型材宽度和厚度，以提高透光率、降低成本窗。

（2）增强设计。

塑料型材因其材料本身特性，必需通过增强设计，提高型材的抗弯能力，因此，增强设计是塑料型材断面设计的重要内容。

增强设计包括两方面内容：

1）增强型材的截面设计。增强型材的截面形状应与塑料型材增强腔室的配合紧密，能够及时承载塑料型材构件受到的荷载；增强型材的承载能力与其截面参数有关，即增强型材的截面惯性矩和抵抗矩，它决定了所增强的塑料型材的抵抗荷载的能力大小，增强型材的截面设计主要是壁厚与形状。

2）增强型材的节能设计。塑料型材的低导热性能是其在门窗节能中的主要优势，因此，增强型材的节能设计是保持塑料型材节能优势的重点内容之一。选用强度高、隔热效果好的增强型材是重点。

（3）热工设计。

塑料型材隔热性能取决于型材厚度构造尺寸与腔室数量，因此，型材厚度尺寸及腔室设计是塑料型材节能设计的主要内容。

塑料型材的隔热能力随型材厚度尺寸增大而增强。隔热腔设计应遵循多腔设计原则，腔室设置的主要目的是阻隔热能的对流和辐射传递。型材的隔热设计还要考虑型材装配后组成的开启、固定构造节点的系统性隔热设计，并应遵循等温线设计原则。

（4）结构设计。

塑料型材的主体结构设计包括装配结构设计和连接结构设计。

1）装配结构设计。塑料型材的装配结构设计同样包括五金槽口装配设计、配套功能装配设计、框扇配合装配设计及玻璃槽口装配设计等内容。

塑料型材五金槽口为 U 槽槽口，槽口尺寸、安装空间、框扇搭接等装配尺寸不同于铝合金型材的 C 槽槽口。装配结构设计思路可参考铝合金型材结构装配设计。

2）连接结构设计。塑料型材的连接结构设计包括拼樘连接、角部连接、中梃连接、假中梃、Z 形中梃等。

PVC 塑料门窗连接组装工艺有两种：采用焊接机热熔焊接和采用螺钉机械连接。其工艺方案有三种：整窗（门）全部采用热熔融焊接成型；焊接与机械连接（螺接）相结合成型；整窗全部采用机械连接成型。

①全焊接结构连接设计。全焊接成形工艺是窗（门）框和窗（门）扇的角部连接和 T（十）形框樘全部焊接成形，增强型钢分别独自固定于各自的型腔内。优点是组装快速，焊接部位不漏水，成本低；缺点是钢衬不能形成整体，抵抗风

荷载能力较弱。在过去及目前大多塑料门窗均采用这种生产工艺。

②焊接＋螺接结构连接设计。焊接＋螺接成形工艺是窗(门)框、扇角部配以增强焊件焊接成形，框梃 T（十）型结构连接采用螺钉连接，门窗的结构增强型钢连接成一体。优点是专用增焊件和螺接件，结构强度高，抗风压能力强；缺点是工艺复杂，成本高，中梃螺接部位易漏水。焊接＋螺接成形工艺是目前大多塑料系统门窗采用的生产工艺。

③全部机械连接结构连接设计。全部机械连接成形工艺又称为螺接组装工艺。是将各种型材杆件用插接件和螺钉进行装配连接组合，类似于铝合金门窗的采用活动角码的装配工艺。优点是门窗组装不用焊机，设备投资较少，工序简单；其缺点是手工操作量大，费时大，工效低，连接头处雨水或潮气易进入型材内腔，腐蚀钢衬。目前，我国塑钢（铝）复合共挤型材采用这种全机械连接组装工艺，塑料门窗生产还没有采用全部机械连接组装成形工艺。

④Z形中梃。图 4-16 是塑料窗。上部外开上悬，下部为固定窗，中梃采用 Z形中梃连接。

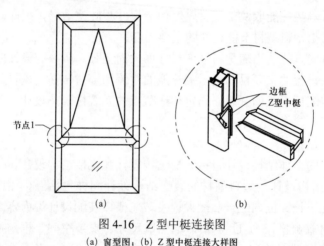

(a)　　　　　　　　　(b)

图 4-16　Z 型中梃连接图

(a) 窗型图；(b) Z 型中梃连接大样图

## 4.3.5　构造设计

型材节点构造设计，包括开启节点、固定节点、角部连接节点、中横框/中竖框连接节点、拼樘连接节点及增强节点等内容。

### 1. 连接构造设计

连接构造设计主要是型材连接以及框扇与五金或玻璃的连接。连接构造设计应在已确定的主型材及节点构造的基础上，对型材的角部连接、中横框和中竖框连接构造和玻璃安装构造进行设计。设计内容包括专用附件如角码、中横框和中竖框连接件、玻璃垫块、角部增强快、胶角等，以实现连接构造的强度、密封性和组装工艺的快捷方便性。

对于二层及二层以上建筑外窗宜采用内开启形式，当采用外平开窗时，必须有防止窗扇向室外脱落的装置或措施，窗扇高度较大时，可采用双防脱器。防脱器宜带有缓冲装置。外平开窗框、扇型材与铰链通过螺钉连接的部位应加强，可采用型材局部加厚、增加背板、采用铆螺母等加强方式，并经计算或试验确定，确保可靠连接。

### 2. 热工构造设计

（1）保温性能构造设计。

1）采用隔热型材。

采用隔热型材可以有效降低门窗框的传热系数。节能门窗所用的隔热型材有铝合金隔热型材、PVC-U 塑料型材、实木型材、铝木复合型材、玻璃纤维增强塑料型材及铝塑复合型材等。不同的型材，传热系数不同，隔热效果不同，价格也不同，组成的门窗节能效果不同，门窗的造价也不同。所以，隔热门窗型材的选择还要满足门窗的成本预算要求。

铝合金隔热型材、铝木复合（木包铝）型材的传热系数 $K$ 值高低与型材中间的隔热材料形状和尺寸有关。如通过加宽隔热材料的宽度尺寸降低型材的传热系数或选用铝木复合型材。PVC-U 塑料型材、玻璃钢型材、铝塑复合型材传热系数 $K$ 值随型材厚度及腔室数量增加而降低。实木及铝包木型材的 $K$ 值则与型材的框厚度有关。

2）利用"等温线"原理设计。

对于节能门窗框扇组成的开启腔及镶嵌玻璃的固定腔部分，应采用多腔设计，冷暖腔体独立，气密、水密腔室分隔，并做空腔密封处理。采用等温线原理，使得传热各部件等温线尽量设计在一条直线上。

3）镀膜中空玻璃或中空真空复合玻璃。

采用镀膜中空玻璃可以根据要求有效调控玻璃的热工参数，同样的中空玻璃如果采用暖边设计或填充惰性气体可以更好地降低玻璃的传热系数。对于要求传热系数更低的玻璃，可采用由真空玻璃和中空玻璃组成复合玻璃。

4）提高门窗的气密性能。

提高门窗的气密性能可减少空气渗透而产生的热量损失，因此，采用密封性能更好的平开门窗，并通过增加中间密封胶条的三密封结构，极大地提高门窗的气密性能。

5）采用双重门窗设计。

采用带有风雨门窗的双重门窗可以更加有效地提高门窗的保温性能。

6）门窗框与洞口之间安装缝隙密封保温处理。

门窗框与安装洞口之间的安装缝隙应进行妥善的密封保温处理，以防止由此造成的热量损失。

以上这些措施，应根据不同地区建筑气候的差别和保温性能的不同具体要求，综合考虑，合理采用。

（2）隔热性能构造设计。

1）设置隔热效果好的窗外遮蔽。

在窗口无建筑外遮阳的情况下，降低外窗遮阳系数应优先采用窗户系统本身的外遮阳装置如外卷帘窗、外百叶窗等。

2）采用窗户的内遮阳。

采用窗户系统本身的内置遮阳如中空玻璃内置百叶、卷帘等，可以同时起到外装美观和保护内遮阳装置的双重效果。

3）采取遮阳系数小的玻璃。

单层着色玻璃（吸热玻璃）和阳光控制镀膜玻璃（热反射玻璃）有一定的隔热效果；阳光控制镀膜玻璃和着色玻璃组成的中空玻璃隔热效果更好；阳光控制低辐射镀膜玻璃（遮阳型 Low-E 玻璃）与透明玻璃组成的中空玻璃隔热效果很好。

以上各种遮阳措施应根据外窗遮阳隔热和建筑装饰要求，并考虑经济成本而适当采用。

### 3. 气密性能构造设计

外门窗气密性能构造设计的关键之一是要合理设计门窗缝隙断面尺寸与几何形状，以提高门窗缝隙的空气渗透阻力。应采用耐久性好并具有良好弹性的密封胶或密封胶条进行玻璃镶嵌密封和框扇之间的密封，以保证良好、长期的密封效果。不宜采用性能低、弹性差、易老化的改性 PVC 塑料胶条，而应采用合成橡胶类的三元乙丙橡胶、氯丁橡胶、硅橡胶等热塑性弹性密封条。门窗杆件间的装配缝隙以及五金件的装配间隙也应进行妥善密封处理。

门窗气密性能构造设计应符合下列要求：

（1）在满足通风及功能要求的前提下，适当控制外窗可开启扇与固定部分的比例。

（2）合理设计门窗的构造形式，提高门窗缝隙空气渗透阻力。

（3）采用耐久性好并具有良好弹性的密封胶或胶条进行玻璃镶嵌密封和框扇之间的密封。

（4）推拉门窗框扇采用摩擦式密封时，应使用毛束致密的中间加片型硅化密封毛条，确保密封效果。

（5）密封胶条和密封毛条应保证在门窗四周的连续性，形成封闭的密封结构。

（6）门窗框扇杆件连接部位和五金配件装配部位，应采用密封材料进行妥善的密封处理。

（7）合理进行门窗型式设计。一般来说平开门窗气密性能要优于普通推拉门窗。特别是框扇间带中间密封胶条的三密封结构形式，提高了门窗的气密性能。

（8）选用多锁点五金系统，增加框扇之间的锁闭点，减少在风荷载作用下框扇间因风压变形失调而引起的气密性能下降。

（9）提高结构设计刚度。提高门窗受力杆件的刚度（特别是塑料门窗尤其要注意），可减少因受力杆件变形引起的框扇相对变形失调引起的气密性能下降。

**4. 水密性能构造设计**

水密性能构造设计是门窗产品设计对工程水密性能设计指标的具体实现。合理设计门窗的结构，采取有效的结构防水和密封防水措施，是水密性能达到设计要求的保证。

（1）选用合理的门窗形式。

一般来说平开型门窗水密性能要优于普通推拉门窗。这是因为平开门窗框扇间均可设有 2～3 道密封胶条密封，在门窗扇关闭时通过锁紧装置可将密封胶条压紧，形成有效密封。普通的推拉门窗活动扇上下滑轨间存在较大缝隙，且相邻的两个开启扇不在同一个平面上，两扇间没有密封压紧力存在，仅仅依靠毛条进行重叠搭接，毛条之间存在缝隙，密封作用较弱。因此，对于要求有较高水密性能的场所，应采用平开型门窗。

（2）利用等压原理设计。

对于利用等压原理进行水密性能设计的框扇外道密封胶条的设置，一般情况下遵循如下原则：

1）对于沿海台风较多地区，宜装设外道密封胶条，同时增加阻水檐口[图 2-109（a）]，可以阻止大量雨水的涌入致使排水不及，应在适当部位开启气压平衡孔。

2）对于风沙较多地区，外道密封胶条宜装设，同时增加阻水檐口，可以防止因大量沙尘进入而阻塞排水通道，应在适当部位开启气压平衡孔。

3）对于其他地区可以不装设外道密封胶条，但应增加阻水檐口（图 2-109b），留出的缝隙可以作为等压腔与室外连接的气压平衡通道。

根据水密设计的等压原理可以知道，对于内平开门窗和固定门窗，可以沿固定部分门窗玻璃的镶嵌槽空间以及开启扇的框与扇配合空间，进行压力平衡的防水设计。

对于不宜采用等压原理及压力平衡设计的外门窗结构，如有的固定窗，应采用密封胶阻止水进入的密封防水措施。

而对于采用密封毛条密封的推拉窗也不宜采用等压原理，主要是通过合理设计门窗下滑的截面尺寸，特别是下框室内侧翼缘挡水板的高度，其次是排水孔的合理设计、下滑的密封设计等达到要求。根据一般经验，水密性能风压差值100Pa 约需下框翼缘挡水高度为 10mm 以上。排水孔的开口尺寸最小在 6mm 以上，以防止排水孔被水封住。

（3）提高结构设计刚度。

外门窗在强风暴雨时所承受的风压比较大，因此，提高门窗受力杆件的刚度（特别是塑料门窗尤其要注意），可减少因受力杆件变形引起的框扇相对变形和破坏防水设计的压力平衡。可采用截面刚性好的型材，采用多点锁紧装置，采用多道密封以实现多腔减压和挡水。

（4）连接部位密封。

对于门窗框、扇杆件连接采用机械连接装配的铝合金门窗、铝木复合（a型）门窗、螺接组成的塑料门窗等，在型材组装部位和五金附件装配部位均会有装配缝隙，因此，应采用合理的组装工艺和防水密封型螺钉等密封措施。

（5）墙体洞口密封。

门窗水密性能的高低，除了与门窗本身的构造设计和制造质量有关外，门窗框与洞口墙体安装间隙的防水密封处理也至关重要。如处理不当，将容易发生渗漏，所以应注意完善其结合部位的防水、排水构造设计。门窗下框与洞口墙体之间的防水构造，可采用底部带有止水板的一体化下框型材，或采用与窗框型材配合连接的披水板，这些措施均是有效的防水措施。但这样的做法需相应的窗台构造配合，并会提高工程的造价，应全面考虑。

门窗洞口墙体外表面应有排水措施，外墙窗台应做滴水线或滴水槽，窗台面应做流水坡度，滴水槽的宽度和深度均不应小于 10mm。并且要使门窗在洞口中的位置尽可能与外墙表面有一定的距离，以防止大量的雨水直接流淌到门窗的表面。

图 4-17 为门窗与墙体安装连接图。图中在窗框内外两侧采用两层防水隔膜。

外侧隔膜：耐候（防风/防雨），封存于内部的水应能排出。密封薄膜具有很高的水蒸气透气性。

图 4-17 门窗安装防水密封图
1—外窗；2—内侧防水隔膜；3—外侧防水隔膜；4—披水

内侧隔膜：空气中的潮湿不允许进入缝隙内，将室内与室外气候分隔开。密封薄膜允许很小的水蒸气透气性。

## 5. 隔声性能构造设计

门窗的隔声性能主要取决于占门窗面积 70%～80%的玻璃的隔声效果。单层玻璃的隔声效果有限，通常采用单层玻璃时门窗的隔声效果只能达到 29 dB 以下，提高门窗隔声性能最直接有效的方法就是采用隔声性能良好的中空玻璃或夹层玻璃。如需进一步提高隔声性能，可采用不同厚度的玻璃组合，以避免共振，得到更好的隔声效果。门窗玻璃镶嵌缝隙及框、扇开启缝隙，也是影响门窗隔声性能的重要环节。采用耐久性好的密封胶和弹性密封胶条进行门窗密封，是保证门窗隔声效果的必要措施。对于有更高隔声性能要求的门窗也可采用双层系统门窗。门窗框与洞口墙体之间的安装间隙是另一个不可忽视的隔声环节。因此，门窗隔声性能的构造设计可遵照下述要求：

（1）提高门窗隔声性能，宜采用中空玻璃或夹层玻璃。

（2）中空玻璃内充惰性气体或内外片玻璃采用不同厚度的玻璃。

（3）门窗玻璃镶嵌缝隙及框与扇开启缝隙，应采用具有柔性和弹性的密封材料密封。

（4）采用双层门窗构造。

（5）采用密封性能良好的门窗形式。

## 6. 采光性能构造设计

建筑外窗采光性能构造设计宜采取下列措施：

（1）窗的立面设计尽可能减少窗的框架与整窗的面积比。减少窗的框、扇架构与整窗的面积比就是减小了窗结构的挡光折减系数。

（2）按门窗采光性能要求合理选配玻璃或设置遮阳窗帘。窗玻璃的可见光透射比应满足整窗的透光折减系数要求，选用容易清洗的玻璃，有利于减小窗玻璃污染折减系数。

（3）窗立面分格的开启形式满足窗户日常清洗的方便性。窗立面分格的开启形式设计，应使整樘窗的可开启部分和固定部分都方便人们对窗户的日常清洗，不应有无法操作的"死角"。

## 7. 安装节点构造设计

建筑门窗安装节点构造设计应采取下列措施：

（1）外门窗安装方式应根据墙体的构造方式进行优化设计，优化原则是等温线设计，即门窗等温线与建筑墙体等温线形成连续。

当没有条件进行优化计算时，一般遵循下列原则：

1）普通外墙保温设计时，门窗宜沿墙外侧安装方式。

2）外墙夹心保温，外窗宜采用沿墙中偏外安装方式。

3）内墙保温，外窗宜采用沿墙内侧安装方式。

4）对于超低能耗建筑外保温系统，外窗应整体沿外墙外挂式安装，框内表面宜与基层墙体外表面齐平。

（2）外门窗外表面与基层墙体的连接处宜采用防水透汽材料密封，门窗内表面与基层墙体的连接处应采用气密性材料密封。

（3）窗户外遮阳设计应与主体建筑结构可靠连接，连接件与基层墙体之间应采取阻断热桥的处理措施。

### 4.3.6 方案设计结果

#### 1. 方案设计结果

总体方案设计完成后，其结果应包括：设定门窗形式的门窗图样，门窗框架用主型材及增强方式的断面图样。节点构造、连接构造及附件的图样，所设计的密封、五金、玻璃各子系统的系列品种、型号、规格等。

#### 2. 材料、构造和门窗形式的方案图样研发设计过程及相关规定

（1）应使用二维或三维设计手段，设计构成系统门窗产品族的全部材料和构造。

（2）应根据设定的研发目标，设计构成系统门窗产品族的门窗形式，并应计算出该系统门窗产品族各节点的力学和热工学属性。

（3）方案设计的输出结果应为设定门窗形式（总装图）下，构成系统门窗产品族的节点图、角部、中竖框和中横框连接构造图（部装图），各种材料的图样（零件图），及其门窗形式-节点/连接-材料的装配逻辑关系图集，以及系统门窗产品族各框架、面板节点的力学和热工学属性。

其中，系统门窗材料应当包括型材、增强、附件、密封、五金件、玻璃等，构造应当包括框、扇、中竖框和中横框、框与扇、扇与中竖框和中横框、拼接、延伸功能、安装等的节点构造、角部连接、中竖框和中横框连接构造。

系统门窗产品族的门窗形式设计要包括，门窗的形状、尺寸、开启形式、分格；纱窗、遮阳、安全防护等延伸功能，上述节点图、角部、中竖框和中横框连接构造图（部装图）的关联关系。

# 第 5 章
# 结构设计优化

外门窗系统总体方案和子系统方案应进行结构计算优化。根据方案模拟结果和设定的研发目标，调整优化系统门窗总体方案和子系统设计方案，形成可达到主要物理性能目标的系统门窗产品族和系列产品方案。计算优化标准：JGJ 214—2010《铝合金门窗工程技术规范》、JGJ 103—2008《塑料门窗工程技术规程》、GB 50009—2012《建筑结构荷载规范》、JGJ 102—2003《玻璃幕墙工程技术规范》、JGJ 113—2015《建筑玻璃应用技术规程》。

## 5.1 概述

建筑门窗作为建筑外围护结构的组成部分，必须具备足够的刚度和承载能力承受自重以及直接作用于其上的风荷载、地震作用和温度作用。除此之外，门窗自身结构、门窗与建筑安装洞口连接之间，还须有一定变形能力，以适应主体结构的变位。当主体结构在外荷载作用下产生变形时，不应使门窗构件产生过大的内力和不能承受的变形。建筑外门窗所用构件应根据受荷载情况和支承条件采用结构力学方法进行设计计算。

门窗构件在实际使用中，将承受自重以及直接作用于其上的风荷载、地震作用、温度作用等。在其所承受的这些荷载和作用中，风荷载是主要的作用，其数值可达 $1.0\sim5.0\text{kN/m}^2$。地震荷载方面，根据 GB 50011—2010《建筑抗震设计规范》规定，非结构构件的地震作用只考虑由自身重力产生的水平方向地震作用和支座间相对位移产生的附加作用，采用等效力方法计算。温度作用方面，对于温度变化引起的门窗杆件和玻璃的热胀冷缩，在构造上可以采取相应措施有效解决，避免因门窗构件间挤压产生温度应力造成门窗构件破坏，如门窗框、扇连接装配间隙，玻璃镶嵌预留间隙等。同时，多年的工程设计计算经验也表明，在正常的使用环境下，由玻璃中央部分与边缘部分存在温度差而产生的温度应力亦不致使玻璃发生破损。因此，在进行门窗结构设计时仅计算主要作用效应重力荷载和风荷载，地震作用和温度作用效应不做计算，仅要求在结构构造上采取相应措施避免因地震作用和温度作用效应引起门窗构件破坏。

当受到外界风荷载作用时，门窗玻璃最先承受风荷载，并传递给门窗受力杆件，门窗的连接件和五金件也是门窗结构中的主要承力构件。所以，在门窗结构受力分析计算时，应分别对门窗玻璃、受力杆件和连接件、五金件进行设计计算。对于隐框铝合金窗，还应对玻璃进行结构黏结的硅酮结构密封胶的黏结宽度和厚度进行设计计算。

门窗玻璃的设计计算方法按 JGJ 113—2015《建筑玻璃应用技术规程》的规定执行。

建筑门窗面板玻璃为脆性材料，为了不致因门窗受力后产生过大挠度导致玻璃破损，同时避免因杆件变形而影响门窗的使用性能如开关困难、水密性能、气密性能降低或玻璃发生严重畸变等，因此对门窗受力杆件计算时需同时验算挠度和承载力。门窗受力杆件的挠度计算，应采用荷载标准值；门窗受力杆件和连接件的承载力计算，应采用荷载设计值（荷载标准值乘以荷载分项系数）。

门窗连接件根据不同受荷情况，需进行抗拉（压）、抗剪和承压强度验算。

根据 GB 50068—2018《建筑结构可靠度设计统一标准》规定，对于承载能力极限状态，应采用下列表达式进行设计：

$$\gamma_0 S \leq R \tag{5-1}$$

式中　$R$——结构构件抗力的设计值；

　　　$S$——荷载效应组合的设计值；

　　　$\gamma_0$——结构重要性系数。

门窗构件的结构重要性系数（$\gamma_0$）与门窗的设计使用年限和安全等级有关。考虑门窗为重要的持久性非结构构件，因此，门窗的安全等级一般可定为二级或三级，其结构重要性系数（$\gamma_0$）可取 1.0。因此，将式（5-1）简化为：$S \leq R$。本承载力设计表达式具有通用意义，作用效应设计值 $S$ 可以是内力或应力，抗力设计值 $R$ 可以是构件的承载力设计值或材料强度设计值。

进行门窗构件的承载力计算时，当重力荷载对门窗构件的承载力不利时，重力荷载和风荷载作用的分项系数 $\gamma_G$、$\gamma_W$ 应分别取 1.3 和 1.5，当重力荷载对门窗构件的承载力有利时，$\gamma_G$、$\gamma_W$ 应分别取 1.0 和 1.5。

门窗年温度变化 $\Delta T$ 应按实际情况确定，当不能取得实际数据时可取 80℃。

## 5.2　受力杆件设计计算

### 5.2.1　荷载计算

#### 1. 荷载分布

建筑外门窗在风荷载作用下，承受与外门窗平面垂直的横向水平力。门窗各框料间构成的受荷单元可视为四边铰接的简支板。在每个受荷单元的四角各做 45°斜线，使其与平行于长边的中线相交。这些线把受荷单元分成四块，每块面积所承受的风荷载传给其相邻的构件，并按等弯矩原则化为等效线荷载，如图 5-1～图 5-5 所示荷载传递。

门窗受力杆件所受荷载应为其承担的各部分分布荷载和集中荷载的叠加代数和，如图 5-4（b）和图 5-5（b）所示荷载分布。

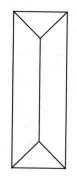

图 5-1　单扇门窗荷载传递

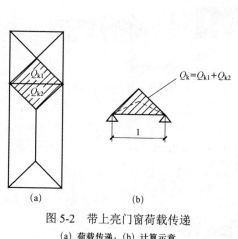

(a)　　　　　　(b)

图 5-2　带上亮门窗荷载传递

(a) 荷载传递；(b) 计算示意

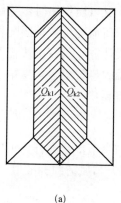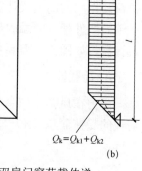

(a)　　　　　　(b)

图 5-3　双扇门窗荷载传递

(a) 荷载传递；(b) 计算示意

门窗受风荷载作用时，其受力杆件一般情况下可简化为矩形、梯形、三角形分布荷载和集中荷载的简支梁，如图 5-1～图 5-5 计算示意。

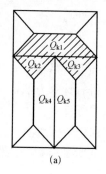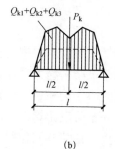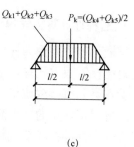

(a)　　　　　(b)　　　　　(c)

图 5-4　带上亮双扇门窗荷载传递

(a) 荷载传递；(b) 荷载分布；(c) 计算示意

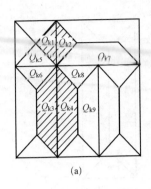 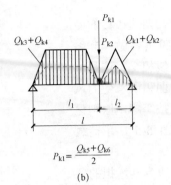 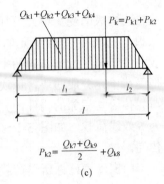

$$P_{k1}= \frac{Q_{k5}+Q_{k6}}{2}$$

$$P_{k2}= \frac{Q_{k7}+Q_{k9}}{2}+Q_{k8}$$

图 5-5　带上亮多扇门窗荷载传递

(a) 荷载传递；(b) 荷载分布；(c) 计算示意

当门窗的开启扇受风压作用时，其门窗框的锁固配件安装边框受荷情况可按锁固配件处有集中荷载作用的简支梁计算。门窗扇边梃受荷情况按锁固配件处为固端的悬臂梁上承受矩形分布荷载计算，如图 5-6 所示。

图 5-6　悬臂梁承受矩形分布荷载

### 2. 荷载计算

门窗在风荷载作用下，受力杆件上的风荷载标准值（$Q_k$）为该杆件所承受风荷载的受荷面积（$A$）与风荷载标准值（$W_k$）的乘积，按式（5-2）计算：

$$Q_k = AW_k \tag{5-2}$$

式中　$Q_k$——受力杆件所承受的风荷载标准值（kN）；

　　　$A$——受力构件所承受的受荷面积（$m^2$）；

　　　$W_k$——风荷载标准值（kN/ $m^2$）。

## 5.2.2　杆件计算

### 1. 门窗杆件计算力学模型

门窗框、扇主要受力杆件的力学模型，应根据门窗立面的分格情况、开启形式、框扇连接锁固方式等，按照《建筑结构静力学计算手册》计算方法，分别简化为承受各类分布荷载或集中荷载的简支梁和悬臂梁等来进行计算。为了方便计算，下面将门窗常见的几种简支梁分布荷载计算力学模型列出，仅供参考。

门窗受力杆件在风荷载和玻璃重力荷载共同作用下，其所受荷载经简化可分为下列形式：

（1）简支梁上呈矩形、梯形或三角形的分布荷载，如图 5-7 所示。

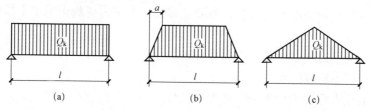

图 5-7  简支梁分布荷载图

（a）矩形分布荷载；（b）梯形分布荷载；（c）三角形分布荷载

（2）简支梁上承受集中荷载，如图 5-8 所示。

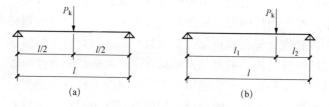

图 5-8  简支梁集中荷载分布图

（a）集中荷载作用于跨中；（b）集中荷载作用于任意点

（3）悬臂梁上承受矩形分布荷载，如图 5-9
所示。

### 2. 门窗杆件挠度计算

门窗主要受力杆件在风荷载或重力荷载标
准值作用下其挠度限值应符合下列规定：

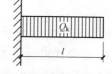

图 5-9  悬臂梁矩形分布荷载

（1）门窗主要受力杆件在风荷载标准值作用下产生的最大挠度应符合下列公
式规定，并应同时满足绝对挠度值不大于 20mm。

$$u \leqslant [u] \tag{5-3}$$

式中　$u$——在荷载标准值作用下杆件弯曲挠度值（mm）。

[$u$]——杆件弯曲允许挠度值，门窗镶嵌单层玻璃、夹层玻璃时：
[$u$]=$l$/100；门窗镶嵌中空玻璃时：[$u$]=$l$/150。

$l$——杆件的跨度（mm），悬臂杆件可取悬臂长度的 2 倍。

（2）承受玻璃重量的中横框型材在重力荷载标准值作用下，其平行于玻璃平
面方向的挠度应符合下列公式规定，并不应超过 3mm，且不应影响玻璃的正常
镶嵌和使用。

$$u \leqslant l/500 \tag{5-4}$$

门窗中横框型材受力形式是双弯杆件，当门窗垂直安装时，中横框型材水平
方向承受风荷载作用力，垂直方向承受玻璃的重力。为使中横框型材下面框架内

的玻璃镶嵌安装和使用不受影响，需要验算在承受重力荷载作用下中横框型材平行于玻璃平面方向的挠度值。

（3）门窗受力杆件在同一方向有分布荷载和集中荷载同时作用时，其挠度应为它们各自产生挠度的代数和。

简支梁受力杆件承受矩形、梯形或三角形的分布荷载和集中荷载时，其挠度（u）的计算公式可按表 5-1 选用。

悬臂梁受力杆件承受矩形分布荷载作用时，其挠度（u）的计算公式可按表 5-2 选用。

（4）门窗受力杆件挠度的大小与所受的荷载大小、构件长短、所选用材料等有直接的关系。对于塑料门窗，杆件的挠度大小还与型材内的钢衬大小和厚度有关。由表 5-1 中挠度计算公式可知，在荷载一定、材料确定的情况下，影响杆件受力后的挠度的关键是构件截面几何形状和面积及杆件的长度。因此，设计计算时，在荷载确定、窗型分格一定的情况下，计算受力杆件的挠度仍不能满足刚度要求时，就必须选用较大截面的型材，如仍不能满足要求，则就要对门窗重新分格设计，减小构件的长度。

### 3. 门窗杆件强度计算

（1）弯矩计算。

简支梁受力杆件承受矩形、梯形或三角形的分布荷载和集中荷载时，其弯矩（M）的计算公式可按表 5-1 选用。

悬臂梁受力杆件承受矩形分布荷载作用时，其弯矩（M）的计算公式可按表 5-2 选用。

**表 5-1** 　　　　　　　　　　　　简支梁挠度 u 和弯矩 M 的计算公式

| 荷载形式 | 挠度 u | 弯矩 M |
|---|---|---|
| 矩形荷载 | $u = \dfrac{5Q_k l^3}{384EI}$ | $M = \dfrac{Ql}{8}$ |
| 梯形荷载 | $u = \dfrac{(1.25 - \alpha^2)^2 Q_k l^3}{120(1-\alpha)EI}$ | $M = \dfrac{(3 - 4\alpha^2)Ql}{24(1-\alpha)}$ |
| 三角形荷载 | $u = \dfrac{Q_k l^3}{60EI}$ | $M = \dfrac{Ql}{6}$ |
| 集中荷载（作用于跨中时） | $u = \dfrac{P_k l^3}{48EI}$ | $M = \dfrac{Pl}{4}$ |
| 集中荷载（作用于任意点时） | $u = \dfrac{P_k l_1 l_2 (l + l_2) \sqrt{3l_1(l + l_2)}}{27EIl}$ | $M = \dfrac{Pl_1 l_2}{l}$ |

注：E 为材料的弹性模量（N/mm²）；I 为截面惯性矩（mm⁴）；M 为受力杆件承受的最大弯矩（N·mm）；Q、P 为受力杆件所受的荷载设计值（kN）；$Q_k$、$P_k$ 为受力杆件所承受的荷载标准值（kN）；α 为梯形荷载系数 α=a/l；l 为杆件长度（mm）；u 为受力杆件弯曲挠度值（mm）。

表 5-2                       悬臂梁挠度 u 和弯矩 M 的计算公式

| 荷载形式 | 挠度 u | 弯矩 M |
|---|---|---|
| 矩形荷载 | $u = \dfrac{Q_k l^3}{8EI}$ | $M = \dfrac{Ql}{2}$ |

当门窗受力杆件上有分布荷载和集中荷载同时作用时，其挠度和弯矩应为它们各自产生挠度和弯矩的代数和。

（2）弯曲应力计算。

受力杆件截面抗弯承载力应符合下式要求：

$$\sigma_{max} = M/W_j \leqslant [\sigma] \tag{5-5}$$

$$W = I/C$$

式中    $M$——受力构件承受的最大弯矩（N·mm）；

      $W_j$——净截面的抵抗矩（mm³）；

   $\sigma_{max}$——计算截面上的最大应力（MPa）；

       $I$——计算截面的惯性矩（mm⁴）；

      $C$——中和轴到截面边缘的最大距离（mm）；

    $[\sigma]$——材料的抗弯允许应力（MPa）。

（3）剪力 $Q'$ 的计算。

在图 5-7～图 5-9 所示荷载分别作用下，剪力 $Q'$ 计算公式按表 5-3 选用。

表 5-3                   不同荷载作用下剪力 Q'计算公式

| 荷载形式 | 剪力 Q′ | 荷载形式 | 剪力 Q′ |
|---|---|---|---|
| 矩形荷载 | $Q'=\pm Q/2$ | 集中荷载<br>（作用于跨中时） | $Q'=\pm P/2$ |
| 梯形荷载 | $Q'=\pm Q(1-a/L)/2$ | 集中荷载<br>（作用于任意点时） | $Q'=(Pl_2)/l$；$Q'=-(Pl_1)/l$ |
| 三角形荷载 | $Q'=\pm Q/4$ | 悬臂梁矩形荷载 | $Q'=-Q$ |

注：1. $Q$、$P$ 为受力杆件所承受的集中荷载设计值（kN）。

   2. 当门窗受力杆件上有分布荷载和集中荷载同时作用时，其剪力应为它们各自产生剪力的代数和。

（4）剪切应力[τ]计算。

$$\tau_{max} = \frac{Q'S}{I\delta} \leqslant [\tau] \tag{5-6}$$

式中    $Q'$——计算截面所承受的剪力（N）；

      $S$——计算剪切应力处以上毛截面对中和轴的面积矩（mm³）；

$I$——毛截面的惯性矩（mm$^4$）；

$\delta$——腹板的厚度（mm）；

$[\tau]$——材料的抗剪允许应力（MPa）。

# 5.3 连接设计

为了确保建筑外门窗在使用时的安全，应对其受力构件进行端部连接计算。

## 5.3.1 对焊连接的计算

当端部连接采用对焊时，需进行焊缝处的剪切应力验算：

$$\tau=(1.5Q')/(\delta L_{\mathrm{j}})\leqslant[\tau_{\mathrm{h}}] \tag{5-7}$$

式中 $Q'$——作用于连接处的剪力（N）；

$\delta$——连接件中腹板的厚度（mm）；

$L_{\mathrm{j}}$——焊缝的计算长度（mm）；

$\tau$——焊缝处的剪切应力（MPa）；

$[\tau_{\mathrm{h}}]$——对接焊缝的抗剪允许应力（MPa）。

当验算复杂截面时，其剪切应力按腹板与中和轴的距离分配选取最不利的截面代入上式进行验算。

## 5.3.2 螺栓连接的计算

建筑门窗构件的端部连接节点、窗扇连接铰链、合页和锁紧装置等门窗五金件和连接件的连接点，在门窗结构受力体系中相当于受力杆件简支梁和悬臂梁的支座，应有足够的连接强度和承载力，以保证门窗结构体系的受力和传力。在我国多年的门窗实际工程经验中，实际使用中损坏和在风压作用下发生的损毁，很多情况下都是由于五金件和连接件本身承载力不足或连接螺钉拉脱而导致连接失效所引起。因此，在门窗工程设计中，应高度重视门窗五金件和连接件承载力校核和连接件可靠性设计，应按荷载和作用的分布和传递，正确设计、计算门窗连接节点，根据连接形式和承载情况，进行五金件、连接件及紧固件的抗拉（压）、抗剪切和抗挤压等强度校核计算。

在进行门窗五金件和连接件强度计算时，应符合式（5-8）和式（5-9）的规定：

$$S\leqslant R \tag{5-8}$$

$$R\leqslant F \tag{5-9}$$

式中　$S$——五金件和连接件荷载设计值（N）；

　　　　$R$——五金件和连接承载力设计值（N）；

　　　　$F$——五金件和型材之间连接力设计值（N）。

门窗与洞口应可靠连接，连接的锚固承载力应大于连接件本身的承载力设计值，门窗与金属附框的连接应通过计算或试验确定承载能力。门窗五金件与框、扇间应可靠连接，并通过计算或试验确定承载能力。铝合金门窗各构件之间通过角码或接插件进行连接，连接件应能承受构件的剪力。

不同金属相互接触处容易产生双金属腐蚀，所以当与铝合金型材接触的连接件采用与铝合金型材容易产生双金属腐蚀的金属材料时，应采用有效措施防止发生双金属腐蚀。可设置绝缘垫片或采取其他防腐措施。在正常情况下，铝合金型材与不锈钢材料接触不易发生双金属腐蚀，一般可不设置绝缘垫片。与铝合金型材相连的螺栓、螺钉其材质应采用奥氏体不锈钢。

重要受力螺栓、螺钉应通过计算确定承载能力。连接螺栓、螺钉的中心距和中心至构件边缘的距离，均应满足构件受剪面承载能力的需要，并满足以下要求：

（1）一般其中心距不得小于 $2.5d$。

（2）中心至构件边缘的距离：在顺内力方向不得小于 $2d$；在垂直内力方向，对切割边不得小于 $1.5d$，对扎制边不得小于 $1.2d$。

（3）如果连接确有困难不能满足上述要求时，则应对构件受剪面进行验算。

同时，当螺钉直接通过型材孔壁螺纹受力连接时，应验算螺纹承载力。必要时，应采取相应的补救措施，如采取加衬板或采用铆螺母的方式等或改变连接方式。

当螺栓连接的横截面与受力方向平行时，应验算螺栓的剪切应力，同时还应验算螺栓的承压应力；当螺栓横截面与受力方向垂直时，需验算其抗拉承载力。

（1）螺栓抗剪时，抗剪承载能力按式（5-10）计算。

$$N_v^b = n_v \frac{\pi d^2}{4} f_v^b \tag{5-10}$$

式中　$N_v^b$——螺栓的抗剪允许应力（MPa）；

　　　　$f_v^b$——每个螺栓的抗剪允许承载能力（N）；

　　　　$n_v$——螺栓的受剪面数目；

　　　　$d$——螺杆的外径（mm）。

（2）螺栓承压时，承压承载能力按式（5-11）计算。

$$N_c^b = d \sum t f_c^b \tag{5-11}$$

式中　$N_c^b$——螺栓的承压允许应力（MPa）；

　　　$f_c^b$——每个螺栓的承压允许承载能力（N）；

　　$\sum t$——在同一受力方向的承压构件的较小总厚度；

　　　$d$——螺杆的外径（mm）。

（3）螺栓抗拉时，抗拉允许承载努力按式（5-12）计算。

$$N_t^b = \frac{\pi d_e^2}{4} f_t^b \tag{5-12}$$

式中　$N_t^b$——螺栓的抗拉允许应力（MPa）；

　　　$f_t^b$——每个螺栓的抗拉允许承载能力（N）；

　　　$d_e$——螺栓在螺纹处的内径（mm）。

# 5.4　玻璃设计计算

在门窗设计中，玻璃的抗风压设计计算是十分重要的一环。玻璃承受的风荷载作用可视作垂直于玻璃面板上的均布荷载，在进行门窗玻璃抗风压计算时，可依据 JGJ 113—2015《建筑玻璃应用技术规程》的相关规定进行。

外门窗用玻璃的抗风压设计应同时满足承载力极限状态和正常使用极限状态的要求。承载能力极限状态为结构或构件达到最大承载能力或达到不适于继续承载的变形的极限状态。对于门窗玻璃来说，超过承载力极限状态主要由于玻璃构件因强度超过极限值而发生破坏。正常使用极限状态为结构或构件达到正常使用（变形或耐久性能）的某项规定限值的极限状态。

## 5.4.1　风荷载计算

### 1. 风荷载设计值

作用在建筑玻璃上的风荷载设计值按下式计算：

$$w = \gamma_w w_k \tag{5-13}$$

式中　$w$——风荷载设计值（kPa）；

　　　$w_k$——风荷载标准值（kPa）；

　　　$\gamma_w$——风荷载分项系数，取 1.4。

在风荷载的计算时，当风荷载标准值的计算结果小于 1.0kPa 时，应按 1.0kPa 取值。

### 2. 中空玻璃风荷载计算

中空玻璃两片玻璃之间的传力是靠间隔层的气体，对于风荷载这种瞬时荷载，气体也会在一定程度上被压缩。直接承受荷载的正面玻璃的挠度一般略大于间接承受荷载的背面玻璃的挠度，分配的荷载相应也略大一些。

作用在中空玻璃上的风荷载可按荷载分配系数分配到每片玻璃上，荷载分配系数可按下列公式计算。

（1）直接承受风荷载作用的单片玻璃：

$$\xi_1 = 1.1 \times \frac{t_1^3}{t_1^3 + t_2^3} \tag{5-14}$$

（2）不直接承受风荷载作用的单片玻璃：

$$\xi_2 = \frac{t_2^3}{t_1^3 + t_2^3} \tag{5-15}$$

式中　$\xi_1$、$\xi_2$——荷载分配系数；

　　　$t_1$——外片玻璃厚度（mm）；

　　　$t_2$——内片玻璃厚度（mm）。

因此，根据式（5-14）和式（5-15）可求出作用在中空玻璃每一单片玻璃上风荷载标准值：

（1）直接承受风荷载作用的单片玻璃：

$$w_{k1} = \xi_1 w_k \tag{5-16}$$

（2）不直接承受风荷载作用的单片玻璃：

$$w_{k2} = \xi_2 w_k \tag{5-17}$$

## 5.4.2　玻璃强度计算

根据荷载方向和最大应力位置将玻璃强度分为中部强度、边缘强度和端面强度。这三种强度数值不同，因此应用时应注意正确选用。同时玻璃在长期荷载和短期荷载作用下强度值也不同，玻璃种类和厚度都影响玻璃强度值，使用时应注意区分。

### 1. 玻璃强度设计值

玻璃强度设计值可按下式计算：

$$f_g = c_1 c_2 c_3 c_4 f_0 \tag{5-18}$$

式中 $f_g$——玻璃强度设计值；

$c_1$——玻璃种类系数，按表 5-4 取值；

$c_2$——玻璃强度位置系数，按表 5-5 取值；

$c_3$——荷载类型系数，按表 5-6 取值；

$c_4$——玻璃厚度系数，按表 5-7 取值；

$f_0$——短期荷载作用下，平板玻璃中部强度设计值，取 28MPa。

玻璃强度与玻璃种类有关，目前世界各国均采用玻璃种类调整系数的处理方式，玻璃种类调整系数 $c_1$ 见表 5-4。

表 5-4 玻璃种类系数 $c_1$

| 玻璃种类 | 平板玻璃 | 半钢化玻璃 | 钢化玻璃 | 夹丝玻璃 | 压花玻璃 |
| --- | --- | --- | --- | --- | --- |
| $c_1$ | 1.0 | 1.6~2.0 | 2.5~3.0 | 0.5 | 0.6 |

玻璃是脆性材料，在其表面存在大量微裂纹，玻璃强度与微裂纹尺寸、形状和密度有关，通常玻璃边部裂纹尺寸大、密度大，所以玻璃缘部强度低。通常玻璃边缘强度取中部强度的 80%，端部强度取中部强度的 70%。玻璃强度位置系数 $c_2$ 见表 5-5。

表 5-5 玻璃强度位置系数 $c_2$

| 强度位置 | 中部强度 | 边缘强度 | 端部强度 |
| --- | --- | --- | --- |
| $c_2$ | 1.0 | 0.8 | 0.7 |

作用在玻璃上的荷载分短期荷载和长期荷载，风荷载和地震作用为短期荷载，而重力荷载等为长期荷载。短期荷载对玻璃强度没有影响，而长期荷载将使玻璃强度下降，原因是长期荷载将加速玻璃表面微裂纹扩展，因而其强度下降。钢化玻璃表面存在压应力层，将起到抑制表面微裂纹扩张的作用，因此在长期荷载作用下，平板玻璃、钢化玻璃、半钢化玻璃强度下降值是不同的。通常钢化玻璃、半钢化玻璃在长期荷载作用下，其强度下降到原值的约 50%，而平板玻璃将下降到原值的 30%左右。玻璃荷载类型系数 $c_3$ 见表 5-6。

表 5-6 荷载类型系数 $c_3$

| 荷载类型 | 平板玻璃 | 半钢化玻璃 | 钢化玻璃 |
| --- | --- | --- | --- |
| 短期荷载 $c_3$ | 1.0 | 1.0 | 1.0 |
| 长期荷载 $c_3$ | 0.31 | 0.50 | 0.50 |

实验结果表明，玻璃越厚，其强度越低。玻璃厚度系数 $c_4$ 见表 5-7。

表 5-7 玻璃厚度系数 $c_4$

| 玻璃厚度 | 5～12mm | 15～19mm | ≥20mm |
|---|---|---|---|
| $c_4$ | 1.00 | 0.85 | 0.70 |

在短期荷载和长期荷载作用下，平板玻璃、半钢化玻璃和钢化玻璃强度设计值分别按表 5-8 和表 5-9 取值。

表 5-8　短期荷载下玻璃强度设计值 $f_g$　　　N/mm²

| 玻璃种类 | 厚度/mm | 中部强度 | 边缘强度 | 端部强度 |
|---|---|---|---|---|
| 平板玻璃 | 5～12 | 28 | 22 | 20 |
| | 15～19 | 24 | 19 | 17 |
| | ≥20 | 20 | 16 | 14 |
| 半钢化玻璃 | 5～12 | 56 | 44 | 40 |
| | 15～19 | 48 | 38 | 34 |
| | ≥20 | 40 | 32 | 28 |
| 钢化玻璃 | 5～12 | 84 | 67 | 59 |
| | 15～19 | 72 | 58 | 51 |
| | ≥20 | 59 | 47 | 42 |

表 5-9　长期荷载下玻璃强度设计值 $f_g$　　　N/mm²

| 玻璃种类 | 厚度/mm | 中部强度 | 边缘强度 | 端部强度 |
|---|---|---|---|---|
| 平板玻璃 | 5～12 | 9 | 7 | 6 |
| | 15～19 | 7 | 6 | 5 |
| | ≥20 | 6 | 5 | 4 |
| 半钢化玻璃 | 5～12 | 28 | 22 | 20 |
| | 15～19 | 24 | 19 | 17 |
| | ≥20 | 20 | 16 | 14 |
| 钢化玻璃 | 5～12 | 42 | 34 | 30 |
| | 15～19 | 36 | 29 | 26 |
| | ≥20 | 30 | 24 | 21 |

注：1. 钢化玻璃强度设计值可达平板玻璃强度设计值的 2.5～3.0 倍，表中数值是按 3 倍取值的；如达不到 3 倍，可按 2.5 倍取值，也可根据实测结果予以调整。
　　2. 半钢化玻璃强度设计值可达平板玻璃强度设计值的 1.6～2.0 倍，表中数值是按 2 倍取值的；如达不到 2 倍，可按 1.6 倍取值，也可根据实测结果予以调整。

夹层玻璃和中空玻璃强度设计值应按所采用玻璃的类型确定。构成夹层玻璃和中空玻璃的玻璃板通常称其为原片，夹层玻璃和中空玻璃的强度设计值应按构成其原片玻璃强度设计值取值。

### 2. 玻璃承载力极限状态设计（强度计算）

建筑玻璃在风荷载作用下的变形非常大，已远远超出弹性力学范围，应考虑几何非线性。由于风荷载是短期荷载，所以玻璃强度值应按短期荷载强度值采用。矩形玻璃是铝合金门窗用量最大的，不同长宽比的矩形玻璃，其承载力是不同的。

门窗玻璃承载力极限状态设计（中空玻璃除外），可采用考虑几何非线性的有限元法进行计算，且最大应力设计值不应超过短期荷载作用下玻璃强度设计值。矩形玻璃的最大许用跨度也可按下列方法计算。

（1）最大许用跨度计算：

$$L = k_1(w + k_2)^{k_3} + k_4 \qquad (5-19)$$

式中　　　$w$——风荷载设计值（kPa）；

　　　　　$L$——玻璃最大许用跨度（mm）；

$k_1$、$k_2$、$k_3$、$k_4$——常数，根据玻璃的长宽比进行取值。

（2）$k_1$、$k_2$、$k_3$、$k_4$ 的取值应符合下列规定：

1）对于四边支承和两对边支承的单片矩形平板玻璃、单片矩形钢化玻璃、单片矩形半钢化玻璃和普通矩形夹层玻璃，其 $k_1$、$k_2$、$k_3$、$k_4$ 可分别按表 5-10～表 5-13 取值。夹层玻璃的厚度为除去中间胶片后玻璃净厚度和。三边支承玻璃可按两对边支承取值。

2）对于夹丝玻璃和压花玻璃，其 $k_1$、$k_2$、$k_3$、$k_4$ 可按表 5-9 中平板玻璃的 $k_1$、$k_2$、$k_3$、$k_4$ 取值。在按式（5-19）计算玻璃最大许用跨度时，风荷载设计值应以式（5-13）的计算值除以玻璃种类系数取值，玻璃种类系数见表 5-4。

3）对于真空玻璃，其 $k_1$、$k_2$、$k_3$、$k_4$ 可按表 5-12 中的普通夹层玻璃的 $k_1$、$k_2$、$k_3$、$k_4$ 取值。

4）对于半钢化夹层玻璃和钢化夹层玻璃，其 $k_1$、$k_2$、$k_3$、$k_4$ 可按表 5-12 中普通夹层玻璃的 $k_1$、$k_2$、$k_3$、$k_4$ 取值。在按式（5-19）计算玻璃最大许用跨度时，风荷载设计值应以式（5-12）的计算值除以玻璃种类系数取值，玻璃种类系数见表 5-4。

5）当玻璃的长宽比超过 5 时，玻璃的 $k_1$、$k_2$、$k_3$、$k_4$ 应按长宽比等于 5 进行取值。

6）当玻璃的长宽比不包括在表 5-10～表 5-13 中时，可先分别计算玻璃相邻两长宽比条件下的最大许用跨度，再采用线性插值法计算其最大许用跨度。

（3）中空玻璃的承载力极限状态设计，可根据分配到每片玻璃上的风荷载，采用上面给出的方法进行计算。

表 5-10               单片矩形平板玻璃的抗风压设计计算参数

| $t$/mm | 常数 | 四边支撑：$b/a$ | | | | | | | | 两边支撑 |
|---|---|---|---|---|---|---|---|---|---|---|
| | | 1.00 | 1.25 | 1.50 | 1.75 | 2.00 | 2.25 | 3.00 | 5.00 | |
| 3 | $k_1$ | 1558.4 | 1373.2 | 1313.4 | 1343.4 | 1381.9 | 1184.5 | 667.6 | 655.7 | 585.6 |
| | $k_2$ | 0.25 | 0.20 | 0.20 | 0.30 | 0.40 | 0.30 | −0.30 | 0 | 0 |
| | $k_3$ | −0.6124 | −0.6071 | −0.6423 | −0.7112 | −0.7642 | −0.7255 | −0.4881 | −0.5000 | −0.5 |
| | $k_4$ | 4.20 | −1.40 | −22.68 | −12.68 | −11.20 | 2.80 | −8.40 | 0 | 0 |
| 4 | $k_1$ | 2050.7 | 1807.5 | 1725.7 | 1758.9 | 1804.6 | 1549.8 | 884.0 | 867.8 | 774.9 |
| | $k_2$ | 0.237712 | 0.190170 | 0.190170 | 0.285254 | 0.380339 | 0.285254 | −0.28525 | 0 | 0 |
| | $k_3$ | −0.6124 | −0.6071 | −0.6423 | −0.7112 | −0.7642 | −0.7255 | −0.4881 | −0.5000 | −0.5 |
| | $k_4$ | 5.70 | −1.90 | −30.78 | −17.10 | −15.20 | 3.80 | −11.40 | 0 | 0 |
| 5 | $k_1$ | 2527.1 | 2227.9 | 2124.1 | 2159.0 | 2210.3 | 1901.2 | 1094.8 | 1074.2 | 959.3 |
| | $k_2$ | 0.228312 | 0.182649 | 0.182649 | 0.273974 | 0.365299 | 0.273974 | −0.27397 | 0 | 0 |
| | $k_3$ | −0.6124 | −0.6071 | −0.6423 | −0.7112 | −0.7642 | −0.7255 | −0.4881 | −0.5000 | −0.5 |
| | $k_4$ | 7.20 | −2.40 | −38.88 | −21.60 | −19.20 | 4.80 | −14.40 | 0 | 0 |
| 6 | $k_1$ | 2990.8 | 2637.2 | 2511.3 | 2546.6 | 2602.4 | 2241.4 | 1301.2 | 1276.2 | 1139.7 |
| | $k_2$ | 0.220697 | 0.176558 | 0.176558 | 0.264836 | 0.353115 | 0.264836 | −0.26484 | 0 | 0 |
| | $k_3$ | −0.6124 | −0.6071 | −0.6423 | −0.7112 | −0.7642 | −0.7255 | −0.4881 | −0.5000 | −0.5 |
| | $k_4$ | 8.70 | −2.90 | −46.98 | −26.10 | −23.20 | 5.80 | −17.40 | 0 | 0 |
| 8 | $k_1$ | 3843.7 | 3390.2 | 3222.3 | 3255.6 | 3317.7 | 2863.4 | 1683.3 | 1649.9 | 1473.4 |
| | $k_2$ | 0.209295 | 0.167436 | 0.167436 | 0.251154 | 0.334872 | 0.251154 | −0.25115 | 0 | 0 |
| | $k_3$ | −0.6124 | −0.6071 | −0.6423 | −0.7112 | −0.7642 | −0.7255 | −0.4881 | −0.5000 | −0.5 |
| | $k_4$ | 11.55 | −3.85 | −62.37 | −34.65 | −30.8 | 7.7 | −23.1 | 0 | 0 |
| 10 | $k_1$ | 4709.2 | 4154.6 | 3942.6 | 3970.9 | 4036.8 | 3490.2 | 2074.0 | 2031.8 | 1814.4 |
| | $k_2$ | 0.200004 | 0.160003 | 0.160003 | 0.240005 | 0.320006 | 0.240005 | −0.24000 | 0 | 0 |
| | $k_3$ | −0.6124 | −0.6071 | −0.6423 | −0.7112 | −0.7642 | −0.7255 | −0.4881 | −0.5000 | −0.5 |
| | $k_4$ | 14.55 | −4.85 | −78.57 | −43.65 | −38.8 | 9.7 | −29.1 | 0 | 0 |
| 12 | $k_1$ | 5548.0 | 4895.6 | 4639.5 | 4660.5 | 4728.2 | 4094.0 | 2455.2 | 2404.1 | 2146.9 |
| | $k_2$ | 0.192461 | 0.153969 | 0.153969 | 0.230953 | 0.307937 | 0.230953 | −0.23095 | 0 | 0 |
| | $k_3$ | −0.6124 | −0.6071 | −0.6423 | −0.7112 | −0.7642 | −0.7255 | −0.4881 | −0.5000 | −0.5 |
| | $k_4$ | 17.55 | −5.85 | −94.77 | −52.65 | −46.80 | 11.70 | −35.10 | 0 | 0 |

续表

| $t$/mm | 常数 | 四边支撑：$b/a$ | | | | | | | | 两边支撑 |
|---|---|---|---|---|---|---|---|---|---|---|
| | | 1.00 | 1.25 | 1.50 | 1.75 | 2.00 | 2.25 | 3.00 | 5.00 | |
| 15 | $k_1$ | 6685.2 | 5900.5 | 5582.8 | 5590.3 | 5657.8 | 4907.6 | 2975.3 | 2911.9 | 2600.3 |
| | $k_2$ | 0.183827 | 0.147062 | 0.147062 | 0.220593 | 0.294124 | 0.220593 | −0.22059 | 0 | 0 |
| | $k_3$ | −0.6124 | −0.6071 | −0.6423 | −0.7112 | −0.7642 | −0.7255 | −0.4881 | −0.5000 | −0.5 |
| | $k_4$ | 21.75 | −7.25 | −117.45 | −65.25 | −58.00 | 14.50 | −43.50 | 0 | 0 |
| 19 | $k_1$ | 8056.1 | 7112.3 | 6717.8 | 6704.5 | 6768.0 | 5881.7 | 3607.1 | 3528.2 | 3150.6 |
| | $k_2$ | 0.175127 | 0.140102 | 0.140102 | 0.210152 | 0.280203 | 0.210152 | −0.21015 | 0 | 0 |
| | $k_3$ | −0.6124 | −0.6071 | −0.6423 | −0.7112 | −0.7642 | −0.7255 | −0.4881 | −0.5000 | −0.5 |
| | $k_4$ | 27.0 | −9.0 | −145.8 | −81.0 | −72.0 | 18.0 | −54.0 | 0 | 0 |
| 25 | $k_1$ | 10118.2 | 8935.8 | 8421.5 | 8368.2 | 8419.2 | 7334.6 | 4566.2 | 4462.9 | 3985.3 |
| | $k_2$ | 0.164398 | 0.131519 | 0.131519 | 0.197278 | 0.263037 | 0.197278 | −0.19728 | 0 | 0 |
| | $k_3$ | −0.6124 | −0.6071 | −0.6423 | −0.7112 | −0.7642 | −0.7255 | −0.4881 | −0.5000 | −0.5 |
| | $k_4$ | 35.25 | −11.75 | −190.35 | −105.75 | −94.00 | 23.50 | −70.50 | 0 | 0 |

表 5-11 单片矩形钢化玻璃的抗风压设计计算参数

| $t$/mm | 常数 | 四边支撑：$b/a$ | | | | | | | | 两边支撑 |
|---|---|---|---|---|---|---|---|---|---|---|
| | | 1.00 | 1.25 | 1.50 | 1.75 | 2.00 | 2.25 | 3.00 | 5.00 | |
| 4 | $k_1$ | 3594.2 | 3152.6 | 3108.6 | 3374.9 | 3634.8 | 3102.9 | 1382.5 | 1372.1 | 1225.3 |
| | $k_2$ | 0.594280 | 0.475424 | 0.475424 | 0.713136 | 0.950848 | 0.713136 | −0.10000 | 0 | 0 |
| | $k_3$ | −0.6124 | −0.6071 | −0.6423 | −0.7112 | −0.7642 | −0.7255 | −0.4881 | −0.5000 | −0.5 |
| | $k_4$ | 5.70 | −1.90 | −30.78 | −17.10 | −15.20 | 3.80 | −11.40 | 0 | 0 |
| 5 | $k_1$ | 4429.2 | 3885.9 | 3826.2 | 4142.5 | 4452.0 | 3696.0 | 1712.3 | 1698.5 | 1516.8 |
| | $k_2$ | 0.570780 | 0.456624 | 0.456624 | 0.684935 | 0.913247 | 0.684935 | −0.10000 | 0 | 0 |
| | $k_3$ | −0.6124 | −0.6071 | −0.6423 | −0.7112 | −0.7642 | −0.7255 | −0.4881 | −0.5000 | −0.5 |
| | $k_4$ | 7.20 | −2.40 | −38.88 | −21.60 | −19.20 | 4.80 | −14.40 | 0 | 0 |
| 6 | $k_1$ | 5241.9 | 4599.7 | 4523.7 | 4886.2 | 5421.8 | 4537.5 | 2035.1 | 2017.9 | 1801.9 |
| | $k_2$ | 0.551743 | 0.441394 | 0.441394 | 0.662091 | 0.882788 | 0.662091 | −0.10000 | 0 | 0 |
| | $k_3$ | −0.6124 | −0.6071 | −0.6423 | −0.7112 | −0.7642 | −0.7255 | −0.4881 | −0.5000 | −0.5 |
| | $k_4$ | 8.70 | −2.90 | −46.98 | −26.10 | −23.20 | 5.80 | −17.40 | 0 | 0 |
| 8 | $k_1$ | 6736.6 | 5913.0 | 5804.5 | 6246.7 | 6682.5 | 5566.5 | 2632.7 | 2608.8 | 2329.6 |
| | $k_2$ | 0.523238 | 0.418590 | 0.418590 | 0.627885 | 0.837180 | 0.627885 | −0.10000 | 0 | 0 |
| | $k_3$ | −0.6124 | −0.6071 | −0.6423 | −0.7112 | −0.7642 | −0.7255 | −0.4881 | −0.5000 | −0.5 |
| | $k_4$ | 11.55 | −3.85 | −62.37 | −34.65 | −30.8 | 7.7 | −23.1 | 0 | 0 |

| $t$/mm | 常数 | 四边支撑：$b/a$ | | | | | | | | 两边支撑 |
|---|---|---|---|---|---|---|---|---|---|---|
| | | 1.00 | 1.25 | 1.50 | 1.75 | 2.00 | 2.25 | 3.00 | 5.00 | |
| 10 | $k_1$ | 8253.7 | 7246.3 | 7101.9 | 7619.1 | 8131.1 | 6785.1 | 3243.8 | 3212.6 | 2868.8 |
| | $k_2$ | 0.500010 | 0.400008 | 0.400008 | 0.600012 | 0.800016 | 0.600012 | −0.10000 | 0 | 0 |
| | $k_3$ | −0.6124 | −0.6071 | −0.6423 | −0.7112 | −0.7642 | −0.7255 | −0.4881 | −0.5000 | −0.5 |
| | $k_4$ | 14.55 | −4.85 | −78.57 | −43.65 | −38.8 | 9.7 | −29.1 | 0 | 0 |
| 12 | $k_1$ | 9723.8 | 8538.8 | 8357.3 | 8942.2 | 9523.6 | 7959.0 | 3839.9 | 3801.2 | 3394.5 |
| | $k_2$ | 0.481152 | 0.384922 | 0.384922 | 0.577382 | 0.769843 | 0.577382 | −0.10000 | 0 | 0 |
| | $k_3$ | −0.6124 | −0.6071 | −0.6423 | −0.7112 | −0.7642 | −0.7255 | −0.4881 | −0.5000 | −0.5 |
| | $k_4$ | 17.55 | −5.85 | −94.77 | −52.65 | −46.80 | 11.70 | −35.10 | 0 | 0 |
| 15 | $k_1$ | 11716.9 | 10291.5 | 10056.5 | 10726.3 | 11396.0 | 9540.7 | 4653.4 | 4604.1 | 4111.4 |
| | $k_2$ | 0.459568 | 0.367655 | 0.367655 | 0.551482 | 0.735309 | 0.551482 | −0.10000 | 0 | 0 |
| | $k_3$ | −0.6124 | −0.6071 | −0.6423 | −0.7112 | −0.7642 | −0.7255 | −0.4881 | −0.5000 | −0.5 |
| | $k_4$ | 21.75 | −7.25 | −117.45 | −65.25 | −58.00 | 14.50 | −43.50 | 0 | 0 |
| 19 | $k_1$ | 14119.6 | 12405.0 | 12101.1 | 12864.1 | 13632.2 | 11434.2 | 5641.5 | 5578.5 | 4981.6 |
| | $k_2$ | 0.437817 | 0.350254 | 0.350254 | 0.525381 | 0.700508 | 0.525381 | −0.10000 | 0 | 0 |
| | $k_3$ | −0.6124 | −0.6071 | −0.6423 | −0.7112 | −0.7642 | −0.7255 | −0.4881 | −0.5000 | −0.5 |
| | $k_4$ | 27.0 | −9.0 | −145.8 | −81.0 | −72.0 | 18.0 | −54.0 | 0 | 0 |
| 25 | $k_1$ | 17733.9 | 15585.7 | 15170.0 | 16056.4 | 16958.2 | 14258.8 | 7141.5 | 7056.4 | 6301.3 |
| | $k_2$ | 0.410996 | 0.328797 | 0.328797 | 0.493195 | 0.657594 | 0.493195 | −0.10000 | 0 | 0 |
| | $k_3$ | −0.6124 | −0.6071 | −0.6423 | −0.7112 | −0.7642 | −0.7255 | −0.4881 | −0.5000 | −0.5 |
| | $k_4$ | 35.25 | −11.75 | −190.35 | −105.75 | −94.00 | 23.50 | −70.50 | 0 | 0 |

表 5-12　　　　单片矩形半钢化玻璃的抗风压设计计算参数

| $t$/mm | 常数 | 四边支撑：$b/a$ | | | | | | | | 两边支撑 |
|---|---|---|---|---|---|---|---|---|---|---|
| | | 1.00 | 1.25 | 1.50 | 1.75 | 2.00 | 2.25 | 3.00 | 5.00 | |
| 3 | $k_1$ | 2078.2 | 1826.7 | 1776.3 | 1876.6 | 1979.1 | 1665.8 | 839.7 | 829.4 | 740.7 |
| | $k_2$ | 0.40 | 0.32 | 0.32 | 0.48 | 0.64 | 0.48 | −0.10 | 0 | 0 |
| | $k_3$ | −0.6124 | −0.6071 | −0.6423 | −0.7112 | −0.7642 | −0.7255 | −0.4881 | −0.5000 | −0.5 |
| | $k_4$ | 4.20 | −1.40 | −22.68 | −12.68 | −11.20 | 2.80 | −8.40 | 0 | 0 |
| 4 | $k_1$ | 2734.6 | 2404.4 | 2333.9 | 2457.1 | 2584.4 | 2179.6 | 1111.9 | 1097.7 | 980.2 |
| | $k_2$ | 0.380339 | 0.304271 | 0.304271 | 0.456407 | 0.608543 | 0.456407 | −0.10000 | 0 | 0 |
| | $k_3$ | −0.6124 | −0.6071 | −0.6423 | −0.7112 | −0.7642 | −0.7255 | −0.4881 | −0.5000 | −0.5 |
| | $k_4$ | 5.70 | −1.90 | −30.78 | −17.10 | −15.20 | 3.80 | −11.40 | 0 | 0 |

续表

| $t$/mm | 常数 | 四边支撑：$b/a$ | | | | | | | | 两边支撑 |
| --- | --- | --- | --- | --- | --- | --- | --- | --- | --- | --- |
| | | 1.00 | 1.25 | 1.50 | 1.75 | 2.00 | 2.25 | 3.00 | 5.00 | |
| 5 | $k_1$ | 3370,0 | 2963.6 | 2872.6 | 3015.9 | 3165.4 | 2673.7 | 1377.1 | 1358.8 | 1213.4 |
| | $k_2$ | 0.365299 | 0.292239 | 0.292239 | 0.438359 | 0.584478 | 0.438359 | −0.10000 | 0 | 0 |
| | $k_3$ | −0.6124 | −0.6071 | −0.6423 | −0.7112 | −0.7642 | −0.7255 | −0.4881 | −0.5000 | −0.5 |
| | $k_4$ | 7.20 | −2.40 | −38.88 | −21.60 | −19.20 | 4.80 | −14.40 | 0 | 0 |
| 6 | $k_1$ | 3988.4 | 3508.0 | 3396.3 | 3557.3 | 3727.0 | 3152.2 | 1636.7 | 1614.3 | 1441.6 |
| | $k_2$ | 0.353115 | 0.282492 | 0.282492 | 0.423738 | 0.564985 | 0.423738 | −0.10000 | 0 | 0 |
| | $k_3$ | −0.6124 | −0.6071 | −0.6423 | −0.7112 | −0.7642 | −0.7255 | −0.4881 | −0.5000 | −0.5 |
| | $k_4$ | 8.70 | −2.90 | −46.98 | −26.10 | −23.20 | 5.80 | −17.40 | 0 | 0 |
| 8 | $k_1$ | 5125.6 | 4509.6 | 4357.8 | 4547.8 | 4751.4 | 4026.9 | 2117.3 | 2087.0 | 1863.7 |
| | $k_2$ | 0.334872 | 0.267898 | 0.267898 | 0.401847 | 0.535796 | 0.401847 | −0.10000 | 0 | 0 |
| | $k_3$ | −0.6124 | −0.6071 | −0.6423 | −0.7112 | −0.7642 | −0.7255 | −0.4881 | −0.5000 | −0.5 |
| | $k_4$ | 11.55 | −3.85 | −62.37 | −34.65 | −30.8 | 7.7 | −23.1 | 0 | 0 |
| 10 | $k_1$ | 6279.9 | 5526.5 | 5331.9 | 5547.0 | 5718.4 | 4908.4 | 2608.8 | 2570.1 | 2295.1 |
| | $k_2$ | 0.320006 | 0.256005 | 0.256005 | 0.384008 | 0.51201 | 0.384008 | −0.10000 | 0 | 0 |
| | $k_3$ | −0.6124 | −0.6071 | −0.6423 | −0.7112 | −0.7642 | −0.7255 | −0.4881 | −0.5000 | −0.5 |
| | $k_4$ | 14.55 | −4.85 | −78.57 | −43.65 | −38.8 | 9.7 | −29.1 | 0 | 0 |
| 12 | $k_1$ | 7398.5 | 6512.2 | 6274.4 | 6510.3 | 6771.5 | 5757.6 | 3088.2 | 3041.0 | 2715.6 |
| | $k_2$ | 0.307937 | 0.24635 | 0.24635 | 0.369525 | 0.4927 | 0.369525 | −0.10000 | 0 | 0 |
| | $k_3$ | −0.6124 | −0.6071 | −0.6423 | −0.7112 | −0.7642 | −0.7255 | −0.4881 | −0.5000 | −0.5 |
| | $k_4$ | 17.55 | −5.85 | −94.77 | −52.65 | −46.80 | 11.70 | −35.10 | 0 | 0 |

表 5-13　　　　普通矩形夹层玻璃的抗风压设计计算参数

| $t$/mm | 常数 | 四边支撑：$b/a$ | | | | | | | | 两边支撑 |
| --- | --- | --- | --- | --- | --- | --- | --- | --- | --- | --- |
| | | 1.00 | 1.25 | 1.50 | 1.75 | 2.00 | 2.25 | 3.00 | 5.00 | |
| 6 | $k_1$ | 2899.0 | 2556.1 | 2434.7 | 2469.9 | 2524.9 | 2174.2 | 1260.2 | 1263.1 | 1103.9 |
| | $k_2$ | 0.222109 | 0.177687 | 0.177687 | 0.266531 | 0.355375 | 0.266531 | −0.26653 | 0 | 0 |
| | $k_3$ | −0.6124 | −0.6071 | −0.6423 | −0.7112 | −0.7642 | −0.7255 | −0.4881 | −0.5000 | −0.5 |
| | $k_4$ | 8.40 | −2.80 | −45.36 | −25.20 | −22.40 | 5.60 | −16.80 | 0 | 0 |

| $t$/mm | 常数 | 四边支撑：$b/a$ | | | | | | | | 两边支撑 |
| --- | --- | --- | --- | --- | --- | --- | --- | --- | --- | --- |
| | | 1.00 | 1.25 | 1.50 | 1.75 | 2.00 | 2.25 | 3.00 | 5.00 | |
| 8 | $k_1$ | 3799.6 | 3351.2 | 3185.6 | 3219.1 | 3280.9 | 2831.3 | 1663.5 | 1630.6 | 1456.1 |
| | $k_2$ | 0.209821 | 0.167857 | 0.167857 | 0.251785 | 0.335714 | 0.251785 | −0.25179 | 0 | 0 |
| | $k_3$ | −0.6124 | −0.6071 | −0.6423 | −0.7112 | −0.7642 | −0.7255 | −0.4881 | −0.5000 | −0.5 |
| | $k_4$ | 11.40 | −3.80 | −61.56 | −34.20 | −30.40 | 7.60 | −22.80 | 0 | 0 |
| 10 | $k_1$ | 4666.6 | 4117.0 | 3907.1 | 3935.8 | 4001.6 | 3459.4 | 2054.7 | 2031.0 | 1797.6 |
| | $k_2$ | 0.200421 | 0.160337 | 0.160337 | 0.240505 | 0.320673 | 0.240505 | −0.24051 | 0 | 0 |
| | $k_3$ | −0.6124 | −0.6071 | −0.6423 | −0.7112 | −0.7642 | −0.7255 | −0.4881 | −0.5000 | −0.5 |
| | $k_4$ | 14.40 | −4.80 | −77.76 | −43.20 | −38.40 | 9.60 | −28.80 | 0 | 0 |
| 12 | $k_1$ | 5506.6 | 4859.1 | 4605.1 | 4626.5 | 4694.2 | 4064.3 | 2436.3 | 2385.7 | 2130.4 |
| | $k_2$ | 0.192806 | 0.154245 | 0.154245 | 0.231367 | 0.30849 | 0.231367 | −0.23137 | 0 | 0 |
| | $k_3$ | −0.6124 | −0.6071 | −0.6423 | −0.7112 | −0.7642 | −0.7255 | −0.4881 | −0.5000 | −0.5 |
| | $k_4$ | 17.40 | −5.80 | −93.96 | −52.20 | −46.40 | 11.60 | −34.80 | 0 | 0 |
| 16 | $k_1$ | 7042.7 | 6216.4 | 5879.0 | 5881.5 | 5948.3 | 5162.3 | 3139.6 | 3072.2 | 2743.4 |
| | $k_2$ | 0.181404 | 0.145123 | 0.145123 | 0.217685 | 0.290247 | 0.217685 | −0.21769 | 0 | 0 |
| | $k_3$ | −0.6124 | −0.6071 | −0.6423 | −0.7112 | −0.7642 | −0.7255 | −0.4881 | −0.5000 | −0.5 |
| | $k_4$ | 23.10 | −7.70 | −124.74 | −69.30 | −61.60 | 15.40 | −46.20 | 0 | 0 |
| 20 | $k_1$ | 8590.8 | 7585.1 | 7160.0 | 7137.2 | 7198.3 | 6259.9 | 3854.9 | 3769.7 | 3366.3 |
| | $k_2$ | 0.172113 | 0.13769 | 0.13769 | 0.206536 | 0.275381 | 0.206536 | −0.20654 | 0 | 0 |
| | $k_3$ | −0.6124 | −0.6071 | −0.6423 | −0.7112 | −0.7642 | −0.7255 | −0.4881 | −0.5000 | −0.5 |
| | $k_4$ | 29.10 | −9.70 | −157.14 | −87.30 | −77.60 | 19.40 | −58.20 | 0 | 0 |
| 24 | $k_1$ | 10081.6 | 8903.5 | 8391.3 | 8338.8 | 8390.1 | 7308.9 | 4549.1 | 4446.2 | 3970.4 |
| | $k_2$ | 0.16457 | 0.131656 | 0.131656 | 0.197484 | 0.263312 | 0.197484 | −0.19748 | 0 | 0 |
| | $k_3$ | −0.6124 | −0.6071 | −0.6423 | −0.7112 | −0.7642 | −0.7255 | −0.4881 | −0.5000 | −0.5 |
| | $k_4$ | 35.10 | −11.70 | −189.54 | −105.30 | −93.60 | 23.40 | −70.20 | 0 | 0 |

## 5.4.3 玻璃正常使用极限状态设计（挠度计算）

门窗玻璃正常使用极限状态设计（中空玻璃除外），可采用考虑几何非线性的有限元法进行计算，且挠度最大值应小于跨度 $a$ 的 1/60。四边支承和两对边支承矩形玻璃正常使用极限状态也可按下列规定设计。

（1）四边支承和两对边支承矩形玻璃单位厚度跨度限值应按下式计算：

$$\left[\frac{L}{t}\right] = k_5(w_k + k_6)^{k_7} + k_8 \qquad (5\text{-}20)$$

式中 $\left[\dfrac{L}{t}\right]$——玻璃单位厚度跨度限值；

$w_k$——风荷载标准值（kPa）；

$k_5$、$k_6$、$k_7$、$k_8$——常数，可按表 5-14 取值。

（2）设计玻璃跨度 $a$ 除以玻璃厚度 $t$，不应大于玻璃单位厚度跨度限值 $\left[\dfrac{L}{t}\right]$。如果大于 $\left[\dfrac{L}{t}\right]$，就增加玻璃厚度，直至小于 $\left[\dfrac{L}{t}\right]$。

（3）中空玻璃的正常使用极限状态设计，可根据分配到每片玻璃上的风荷载，采用上面给出的方法进行计算。

表 5-14　　　　　　　　建筑玻璃的抗风压设计计算参数

| 常数 | 四边支撑：$b/a$ | | | | | | | | 两边支撑 |
|---|---|---|---|---|---|---|---|---|---|
| | 1.00 | 1.25 | 1.50 | 1.75 | 2.00 | 2.25 | 3.00 | 5.00 | |
| $k_5$ | 603.79 | 459.45 | 350.14 | 291.45 | 261.60 | 222.19 | 204.68 | 197.89 | 195.45 |
| $k_6$ | −0.10 | −0.10 | −0.15 | −0.15 | −0.10 | −0.10 | −0.10 | 0 | 0 |
| $k_7$ | −0.5247 | −0.5022 | −0.4503 | −0.4149 | −0.3970 | −0.3556 | −0.3335 | −0.3320 | −0.3333 |
| $k_8$ | 1.64 | 2.06 | 1.29 | 0.95 | 1.10 | 0.29 | −0.05 | 0.03 | 0 |

### 5.4.4　隐框窗硅酮结构密封胶设计

铝合金型材框、扇杆件完全不显露于窗玻璃外表面，窗玻璃用硅酮结构密封胶黏结固定在铝合金副框上，副框再用机械夹持的方法固定到窗框、扇构架上的铝合金窗称为铝合金隐框窗。

铝合金隐框窗中硅酮结构密封胶的设计、计算应按照 JGJ 102—2003《玻璃幕墙工程技术规范》中对隐框玻璃幕墙用硅酮结构密封胶的设计要求进行。

在隐框窗结构中，硅酮结构密封胶是重要的受力结构构件，隐框窗结构硅酮密封胶的设计应通过结构胶的受力计算来确定胶缝的结构尺寸。在现行 GB 16776—2005《建筑用硅酮结构密封胶》中，规定了硅酮结构密封胶的拉伸强度值不低于 0.6N/mm$^2$。在风荷载（短期荷载）作用下，取材料的分项系数为 3.0，则硅酮结构密封胶的强度设计值为 0.2 N/ mm$^2$。在重力荷载（永久荷载）作用下，硅酮结构密封胶的强度设计值 $f_2$ 取为风荷载作用下强度设计值的 1/20，即为

$0.01N/mm^2$。因此，结构胶胶缝宽度尺寸计算时应按结构胶所承受的短期荷载（风荷载）和长期荷载（重力荷载）分别进行计算，并符合下列条件：

$$\sigma_1 \text{ 或 } \tau_1 \leqslant f_1 \qquad (5-21)$$

$$\sigma_2 \text{ 或 } \tau_2 \leqslant f_2 \qquad (5-22)$$

式中　$\sigma_1$、$\tau_1$——短期荷载作用在硅酮结构密封胶产生的拉应力或剪应力设计值（$N/mm^2$）；

$\sigma_2$、$\tau_2$——长期荷载在硅酮结构密封胶中产生的拉应力或剪应力设计值（$N/mm^2$）；

$f_1$——硅酮结构密封胶短期强度允许值，按 $0.2\ N/mm^2$ 采用；

$f_2$——硅酮结构密封胶长期强度允许值，按 $0.01\ N/mm^2$ 采用。

硅酮结构密封胶承受荷载和作用产生的应力大小，关系到隐框窗构件的安全，对结构胶必须进行承载力验算，而且保证最小的粘结宽度和厚度。

根据 JGJ 102—2003《玻璃幕墙工程技术规范》之规定，隐框窗硅酮结构密封胶的黏结宽度不应小于 7mm，黏结厚度不应小于 6mm，且黏结宽度宜大于厚度，但不宜大于厚度的 2 倍。硅酮结构密封胶的黏结厚度不宜大于 12mm。

### 1. 结构胶黏结宽度 $C_s$ 的计算

隐框窗玻璃与铝合金框之间硅酮结构密封胶的宽度 $C_s$ 应分别按结构胶承受短期荷载（风荷载）和长期荷载（重力荷载）两种情况计算，并取两者较大值。

（1）在短期荷载（风荷载）作用下。

隐框窗的玻璃面板四周边通过结构胶胶缝固定在铝附框上，玻璃面板在风荷载作用下的受力状态相当于承受均布风力的双向板，在玻璃面板上取 1m 宽板带（图 5-10），其受力面积为 $1 \times a/2$，承受的风荷载为 $w \times 1 \times a/2$，这部分风荷载由 1m 长、$C_s$ 宽的胶缝传递给铝合金附框，则胶缝的传力面积为 $1 \times C_s$，胶缝设计强度为 $f_1$，因此，1m 长胶缝可传递风荷载的设计强度为：$f_1 \times 1 \times C_s$。当 $f_1 \times 1 \times C_s = w \times 1 \times a/2$ 时，达到极限状态。亦即玻璃面板支承边缘的最大线均布拉力为 $wa/2$，由结构胶的黏结力承受，即：

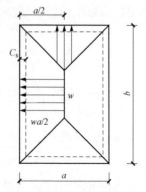

图 5-10　玻璃上的荷载传递示意图

$$f_1 C_s = wa/2 \qquad (5-23)$$

所以，在风荷载作用下，硅酮结构密封胶的黏结宽度 $C_s$ 应按下式计算：

$$C_s = wa/2f_1 \qquad (5\text{-}24)$$

式中 $f_1$——硅酮结构密封胶的短期强度允许值（N/mm²）；

$w$——风荷载设计值（N/mm²）。

习惯上，风荷载设计值常采用 kN/m² 为单位，则上述公式换算为：

$$C_s = wa/2000f_1 \qquad (5\text{-}25)$$

式中 $C_s$——硅酮结构密封胶黏结宽度（mm）；

$w$——风荷载设计值（kN/m²）；

$a$——玻璃短边长度（mm）；

$f_1$——硅酮结构密封胶的短期强度允许
值（N/mm²）。

（2）在玻璃自重作用下。

在玻璃自重作用下，结构胶缝承受长期剪
应力（图 5-11），平均剪应力 $\tau_2$ 为：

$$\tau_2 = \frac{q_G ab}{2(a+b)C_s} \leqslant f_2 \qquad (5\text{-}26)$$

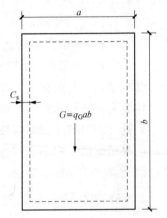

图 5-11　重力荷载下胶缝的受力

式中 $f_2$——硅酮结构密封胶的长短期强度允许
值（N/mm²）；

$q_G$——玻璃单位面积重力荷载设计值（N/mm²）。

习惯上，玻璃重力荷载设计值常采用 kN/m² 为单位，则在玻璃自重作用下，
硅酮结构密封胶的黏结宽度 $C_s$ 应按下式计算：

$$C_s = \frac{q_G ab}{2000(a+b)f_2} \qquad (5\text{-}27)$$

式中 $C_s$——硅酮结构密封胶黏结宽度（mm）；

$q_G$——玻璃单位面积重力荷载设计值（kN/m²）；

$a$、$b$——玻璃的短边和长边长度（mm）；

$f_2$——硅酮结构密封胶的长短期强度允许值（N/mm²）。

## 2. 结构胶黏结厚度 $t_s$ 计算

隐框窗结构胶胶缝属对接胶缝，结构胶胶缝厚度 $t_s$ 由风荷载作用下建筑物平
面内变形 $u_s$ 和结构胶允许伸长率 $\delta$ 决定。

当建筑物在风荷载作用下，产生平面内变形时，结构胶胶缝发生错位，此时
结构胶胶缝厚度由 $t_s$ 变为 $t'_s$，伸长了（$t'_s - t_s$），结构胶胶缝变位承受能力

$\delta = (t_s' - t_s) / t_s$（图 5-12），$\delta$ 取结构胶对应于拉应力为 0.14N/mm$^2$ 时的伸长率，不同牌号的结构胶取值不一样，应由结构胶生产厂家提供。

图 5-12 中，$t_s'$ 为变形产生的三角形斜边，由直角三角形关系和结构胶延伸率关系得出：

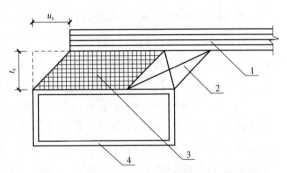

图 5-12　硅酮结构密封胶黏结厚度示意图
1—玻璃；2—垫条；3—硅酮结构密封胶；4—铝合金框

$$t_s'^2 = u_s^2 + t_s^2 , \quad t_s'^2 = (1+\delta)^2 t_s^2$$

进一步导出：

$$(\delta_2 + 2\delta)t_s^2 = u_s^2$$

所以硅酮结构密封胶的黏结厚度应按下式计算：

$$t_s \geqslant \frac{u_s}{\sqrt{\delta(2+\delta)}} \tag{5-28}$$

$$u_s = \theta h_g \tag{5-29}$$

式中　$u_s$——玻璃相对于铝框的位移（mm）；

$h_g$——玻璃面板的高度，取其边长 $a$ 或 $b$；

$\delta$——硅酮结构密封胶的变位承受能力，取对应于其受拉应力为 0.14N/mm$^2$ 时的伸长率；

$\theta$——风荷载标准值作用下主体结构的楼层弹性层间位移角限制（rad），其值见表 5-15。

表 5-15　　　　　　　　水平风荷载作用下楼层弹性位移角限值 $\theta$

| 结构类型 | | 弹性位移角限值/rad |
|---|---|---|
| 混凝土框架 | 轻质隔墙 | 1/450 |
| | 砌体充填墙 | 1/500 |
| 混凝土框架-剪力墙 混凝土框架-筒体 | 较高装修标准 | 1/900 |
| 混凝土筒中筒 | 较高装修标准 | 1/950 |
| 混凝土剪力墙 | 较高装修标准 | 1/1100 |
| 高层民用钢结构 | | 1/400 |

注：以混凝土筒结构为主要抗力构件的高层钢结构的位移，按混凝土结构的规定。

### 3. 硅酮结构密封胶的构造设计

（1）硅酮结构密封胶在施工前，应进行与玻璃、型材的剥离试验，以及相接触的有机材料的相容性试验，合格后方能使用。如果硅酮结构密封胶与接触材料不相容，会导致结构胶黏结力下降或丧失，从而留下严重的安全隐患。

（2）硅酮结构密封胶承受永久荷载的能力较低，其在永久荷载作用下的强度设计值仅为 $0.01\text{N/mm}^2$，而且始终处于受力状态。所以，在结构胶长期承受重力的隐框窗玻璃下端，宜设置两个铝合金或不锈钢托板，托板设计应能承受该分格玻璃的重力荷载作用，且其长度不应小于 50mm、厚度不应小于 2mm、高度不宜超出玻璃外表面。托板上应设置与结构密封胶相容的柔性衬垫。

【示例】

某建筑物隐框窗，计算求得 $w_k$=2000Pa，玻璃尺寸为 900mm×1100mm，采用 6+12A+6 中空玻璃，结构类型为混凝土框架（轻质隔墙），采用 SS621 胶，计算结构胶胶缝宽度、厚度。

解：

### 1. 胶缝宽度计算

在风荷载作用下，硅酮结构密封胶的粘结宽度由式（5-25）得：

$$C_{s1} = wa/2000f_1 = 1.4 \times 2.0 \times 900/(2000 \times 0.2) = 6.3\text{mm}$$

在玻璃自重荷载作用下，硅酮结构密封胶的粘结宽度由式（5-27）得：

$$C_{s2} = \frac{q_G ab}{2000(a+b)f_2} = 0.369 \times 900 \times 1100 / \left[ 2000 \times (900 + 1100) \times 0.01 \right] = 9.13\text{mm}$$

由 $C_{s1}$ 和 $C_{s2}$ 比较按较大值 $C_{s2}$ 取值，取整 $C_s$= 10mm。

### 2. 硅酮结构密封胶粘结厚度计算

玻璃相对于铝框的位移按式（5-29）求得：

$$u_s = \theta h_g = 1100 \times 1/450 = 2.44\text{mm}$$

SS621 硅酮结构密封胶变位承受能力取 0.15，按式（5-28）求得结构密封胶黏结厚度为：

$$t_s = \frac{u_s}{\sqrt{\delta(2+\delta)}} = 2.44/[0.15 \times (2+0.15)]^{1/2} = 4.3\text{mm}，取 6mm。$$

# 第6章

# 热工性能计算优化

系统门窗总体方案和子系统方案应进行热工性能计算优化，计算优化依据是 JGJ/T 151—2008《建筑门窗玻璃幕墙热工计算规程》。根据方案模拟结果和设定的研发目标，调整优化总体方案和子系统设计方案，形成可达到主要物理性能目标的系统门窗产品族和系列产品方案。

## 6.1 计算条件

### 6.1.1 计算边界条件

JGJ/T 151—2008《建筑门窗玻璃幕墙热工计算规程》主要参照了国际 ISO 系列标准 ISO15099、ISO10077—1、ISO10077—2、ISO10292 及 ISO9050，并结合我国的有关节能标准而建立的热工理论计算体系。门窗的热惰性不大，采用稳态的方法进行计算。由于气密性能与门窗的质量有关，一般在计算中很难知道渗漏的部位，因此，在热工计算中不考虑气密性能对门窗传热和结露性能的影响。

计算实际工程所用的门窗热工性能所采用的边界条件应符合相应的建筑设计或节能设计标准。设计或评价系统门窗定型产品的热工参数时，所采用的环境边界条件应统一采用标准规定的计算条件。

#### 1. 冬季标准计算环境条件

冬季标准计算环境条件适用于系统门窗产品设计、性能评价的冬季热工计算环境条件。

室内空气温度 $T_{in}=20\,℃$

室外空气温度 $T_{out}=-20\,℃$

室内对流换热系数 $h_{c,in}=3.6\,W/(m^2·K)$

室外对流换热系数 $h_{c,out}=16\,W/(m^2·K)$

室内平均辐射温度 $T_{rm,in}=T_{in}$

室外平均辐射温度 $T_{rm,out}=T_{out}$

太阳辐射照度 $I_s=300\,W/m^2$

## 2. 夏季标准计算环境条件

夏季标准计算环境条件适用于系统门窗产品设计、性能评价的夏季热工计算环境条件。

室内空气温度 $T_{in}$ =25℃

室外空气温度 $T_{out}$ =30℃

室内对流换热系数 $h_{c,in}$ =2.5W/(m²·K)

室外对流换热系数 $h_{c,out}$ =16W/(m²·K)

室内平均辐射温度 $T_{rm,in}$ = $T_{in}$

室外平均辐射温度 $T_{rm,out}$ = $T_{out}$

太阳辐射照度 $I_s$ =500W/m²

## 3. 传热系数计算时应采用冬季计算标准条件

取 $I_s$ =0。门窗周边框的室外对流换热系数 $h_{c,out}$ 取 8W/(m²·K)，周边框附近玻璃边缘（65mm 内）的室外对流换热系数 $h_{c,out}$ 取 12W/(m²·K)。

传热系数对于冬季节能计算很重要，夏季传热系数虽然与冬季不同，但传热系数随计算条件的变化不是很大，对夏季的节能和负荷计算所带来的影响也不大。

## 4. 太阳得热系数的计算采用夏季计算标准条件

太阳得热系数对于夏季节能和空调负荷的计算非常重要，冬季的太阳得热系数的不同对采暖负荷所带来的变化不大。

## 5. 结露性能评价与计算的标准条件

室内环境温度：20℃。

室外环境温度：0℃，–10℃，–20℃。

室内环境湿度：30%、60%。

室外对流换热系数：20W/(m²·K)。

## 6. 框的太阳得热系数 SHGCf 计算应采用边界条件

$$q_{in} = \alpha \cdot I_s$$

式中 $\alpha$ ——框表面太阳辐射吸收系数；

$I_s$ ——太阳辐射照度（W/m²）；

$q_{in}$ ——框吸收的太阳辐射热（W/m²）。

门窗的传热系数是指门窗内外两侧环境温度差为 1K（℃）时，在单位时间内通过单位面积门窗的热量。

面板传热系数指面板中部区域的传热系数，不考虑边缘的影响。如玻璃传热系数是指玻璃面板中部区域的传热系数。

线传热系数表示门窗玻璃（或其他镶嵌板）边缘与框的组合传热效应所产生附加传热量的参数，简称"线传热系数"。

框截面耦合系数指门窗框型材通过二维有限元传热计算获得的截面整体的热流量。

### 6.1.2　计算步骤

系统门窗热工计算的基本步骤如图 6-1 所示。根据前面确定的系统总体设计方案和子系统设计方案，分析系统门窗的窗型结构及节点构造，确定边界条件，分别计算出门窗各组成子系统的传热系数，然后按要求计算整窗的传热系数。

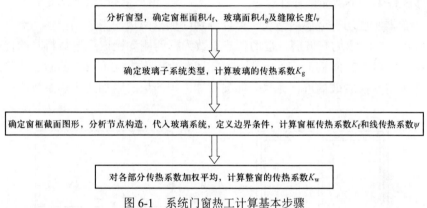

图 6-1　系统门窗热工计算基本步骤

# 6.2　整樘窗的几何描述

## 6.2.1　窗的几何分段

整樘窗应根据窗框截面的不同对窗框进行分类，每个不同类型窗框截面均应计算框传热系数、线传热系数，即整窗应根据框截面的不同对窗框分段，有多少个不同的框截面就应计算多少个不同的框传热系数和对应的框和玻璃接缝线传热系数。不同类型窗框相交部分的传热系数可采用邻近框中较高的传热系数代替。

每条窗框的传热系数都按规定计算。为了简化计算，在两条框相交处的传热不作三维传热现象考虑，简化为其中的一条框来处理，忽略建筑与窗框之间的热桥效应，即窗框与墙边相接的边界作为绝缘处理。

如图 6-2 所示的窗，应计算 1-1、2-2、3-3、4-4、5-5、6-6 六个框段的框传热系数及对应的框和玻璃接缝线传热系数。两条框相交部分简化为其中的一条框来处理。

在计算 1-1、2-2、4-4 截面的二维传热时，与墙面相接的边界作为绝热边界处理。计算 3-3、5-5、6-6 截面的二维传热时，与相邻框相接的边界作为绝热边界处理。

对于如图 6-3 所示的推拉窗，应计算 1-1、2-2、3-3、4-4、5-5 五个框的框传热系数和对应的框和玻璃接缝线传热系数。两扇窗框叠加部分 5-5 作为一个截面进行计算。

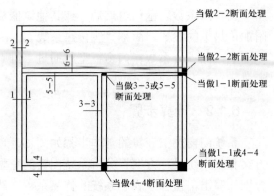

图 6-2　窗的几何分段

一个框两边均有玻璃的情况，可以分别附加框两边的附加线传热系数。如图 6-4 所示窗框两边均有玻璃，框的传热系数为框两侧均镶嵌保温材料时的传热系数，框 1-1 和 2-2 的宽度可以分别是框宽度的 1/2。框 1-1 和 2-2 的附加线传热系数可分别将其换成玻璃进行计算。如果对称，则两边的附加线传热系数应该是相同的。

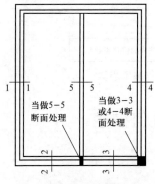

图 6-3　推拉窗几何分段

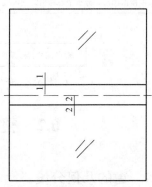

图 6-4　窗横隔几何分段

## 6.2.2　整樘窗的面积划分

窗由多个部分组成，窗框、玻璃（或其他面板）等部分的光学性能和传热性能各不一样。因此，整樘窗在进行热工计算时应按图 6-5 之规定进行面积划分。

### 1. 窗框面积

窗框室内侧投影面积 $A_{f,i}$：是

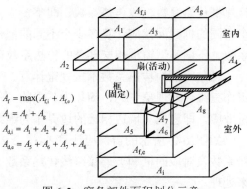

$$A_f = \max(A_{f,i} + A_{f,e})$$
$$A_t = A_f + A_g$$
$$A_{d,i} = A_1 + A_2 + A_3 + A_4$$
$$A_{d,e} = A_5 + A_6 + A_7 + A_8$$

图 6-5　窗各部件面积划分示意

指框从室内侧投影到与玻璃（或其他镶嵌板）平行的平面上得到的可视框的投影面积。

窗框室外侧投影面积 $A_{f,e}$：是指框从室外侧投影到与玻璃（或其他镶嵌板）平行的平面上得到的可视框的投影面积。

窗框室内暴露面积 $A_{d,i}$：是指从室内侧看到的框与室内空气接触的面积。

窗框室外暴露面积 $A_{d,e}$：是指从室外侧看到的框与室外空气接触的面积。

窗框投影面积 $A_f$：取框室内侧投影面积 $A_{f,i}$ 和框室外侧投影面积 $A_{f,e}$ 两者中的较大者，简称"窗框面积"。

### 2. 玻璃面积

玻璃投影面积 $A_g$（或其他镶嵌板的投影面积 $A_p$）：是指从室内、室外侧可见玻璃（或其他镶嵌板）边缘围合面积的较小值，简称"玻璃面积"（或"镶嵌板面积"）。当玻璃与框相接处胶条能被见到时，所见的胶条覆盖部分也应计入"玻璃面积"。

### 3. 玻璃（或其他镶嵌板）的边缘长度

玻璃的边缘长度 $l_\psi$（或其他镶嵌板 $l_p$）是指玻璃（或其他镶嵌板）与窗框接缝的长度，并取室内、室外长度值中的较大值，如图 6-6 所示。

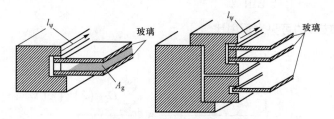

图 6-6 窗玻璃区域周长示意

### 4. 窗面积

整樘窗总投影面积 $A_t$：是指窗框面积 $A_f$ 与窗玻璃面积 $A_g$（或其他镶嵌板面积 $A_p$）之和，简称"窗面积"。

## 6.3 玻璃热工性能计算

太阳得热系数指通过玻璃、门窗成为室内得热量的太阳辐射部分与投射到玻璃、门窗上的太阳辐射照度的比值。成为室内得热量的太阳辐射部分包括太阳辐射通过辐射透射的得热量和太阳辐射被构件吸收再传入室内的得热量两部分。

可见光透射比指采用人眼视见函数进行加权，标准光源透过玻璃、门窗成为室内的可见光通量与投射到玻璃、门窗上的可见光通量的比值。

### 6.3.1 单片玻璃的光学热工性能计算

单片玻璃的光学、热工性能计算是按照 ISO9050 的有关规定进行。单片玻璃的光学、热工性能应根据单片玻璃的测定光谱数据进行计算。单片玻璃的光谱数据应包括透射率、前反射比和后反射比，并至少覆盖 300～2500nm 波长范围，其中 300～400nm 波长数据点间隔不应超过 5nm，400～1000nm 波长数据点间隔不应超过 10nm，1000～2500nm 波长数据点间隔不应超过 50nm，2500nm～50μm 波长数据点间隔不应超过 100nm。

**1. 单片玻璃的可见光透射比**

单片玻璃的可见光透射比 $\tau_v$ 按式（6-1）计算：

$$\tau_v = \frac{\int_{380}^{780} D_\lambda \tau(\lambda) V(\lambda) \mathrm{d}\lambda}{\int_{380}^{780} D_\lambda V(\lambda) \mathrm{d}\lambda} \approx \frac{\sum\limits_{\lambda=380}^{780} D_\lambda \tau(\lambda) V(\lambda) \Delta\lambda}{\sum\limits_{\lambda=380}^{780} D_\lambda V(\lambda) \Delta\lambda} \tag{6-1}$$

式中　$D_\lambda$——D65 标准光源的相对光谱功率分布；

　　　$\tau(\lambda)$——玻璃透射比的光谱数据；

　　　$V(\lambda)$——人眼的视见函数。

**2. 单片玻璃的可见光反射比**

单片玻璃的可见光反射比 $\rho_v$ 按式（6-2）计算：

$$\rho_v = \frac{\int_{380}^{780} D_\lambda \rho(\lambda) V(\lambda) \mathrm{d}\lambda}{\int_{380}^{780} D_\lambda V(\lambda) \mathrm{d}\lambda} \approx \frac{\sum\limits_{\lambda=380}^{780} D_\lambda \rho(\lambda) V(\lambda) \Delta\lambda}{\sum\limits_{\lambda=380}^{780} D_\lambda V(\lambda) \Delta\lambda} \tag{6-2}$$

式中　$\rho(\lambda)$——玻璃反射比的光谱数据。

**3. 单片玻璃的太阳光直接透射比**

单片玻璃的太阳光直接透射比 $\tau_s$ 按式（6-3）计算：

$$\tau_s = \frac{\int_{300}^{2500} \tau(\lambda) S_\lambda \mathrm{d}\lambda}{\int_{300}^{2500} S_\lambda \mathrm{d}\lambda} \approx \frac{\sum\limits_{\lambda=300}^{2500} \tau(\lambda) S_\lambda \Delta\lambda}{\sum\limits_{\lambda=300}^{2500} S_\lambda \Delta\lambda} \tag{6-3}$$

式中　$\tau(\lambda)$——玻璃透射比的光谱数据；

　　　$S_\lambda$——标准太阳光谱。

### 4. 单片玻璃的太阳光直接反射比

单片玻璃的太阳光直接反射比 $\rho_s$ 按式（6-4）计算：

$$\rho_s = \frac{\int_{300}^{2500} \rho(\lambda) S_\lambda \mathrm{d}\lambda}{\int_{300}^{2500} S_\lambda \mathrm{d}\lambda} \approx \frac{\sum_{\lambda=300}^{2500} \rho(\lambda) S_\lambda \Delta\lambda}{\sum_{\lambda=300}^{2500} S_\lambda \Delta\lambda} \tag{6-4}$$

式中　$\rho(\lambda)$——玻璃反射比的光谱数据。

### 5. 单片玻璃的太阳得热系数

单片玻璃的太阳得热系数 SHGC 按照式（6-5）计算：

$$\mathrm{SHGC} = \tau_s + \frac{A_s h_{in}}{h_{in} + h_{out}} \tag{6-5}$$

式中　$h_{in}$——玻璃室内表面换热系数[W/(m²·K)]；
　　　$h_{out}$——玻璃室外表面换热系数[W/(m²·K)]；
　　　$A_s$——单片玻璃的太阳光直接吸收比。

### 6. 单片玻璃的太阳光总吸收比

单片玻璃的太阳光总吸收比 $A_s$ 按照式（6-6）计算：

$$A_s = 1 - \tau_s - \rho_s \tag{6-6}$$

式中　$\tau_s$——单片玻璃的太阳光直接透射比；
　　　$\rho_s$——单片玻璃的太阳光直接反射比。

## 6.3.2　多层玻璃的光学热工性能计算

多层玻璃的光学热工性能计算是按照 ISO15099 的通用方法进行计算的。太阳光透过多层玻璃系统的计算采用如下计算模型，如图 6-7 所示。

图中表示一个具有 $n$ 层玻璃的系统，系统分为 $n+1$ 个气体间层，最外层为室外环境（$i=1$），最内层为室内环境（$i=n+1$）。对于波长 $\lambda$ 的太阳光，系统的

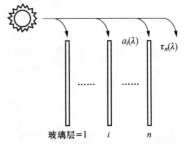

图 6-7　玻璃层的吸收率和太阳光透射比

光学分析应以第 $i-1$ 层和第 $i$ 层玻璃之间辐射能量 $\Gamma_i^+(\lambda)$ 和 $\Gamma_i^-(\lambda)$ 建立能量平衡方程，其中角标"+"和"–"分别表示辐射流向室外和流向室内，如图 6-8 所示。

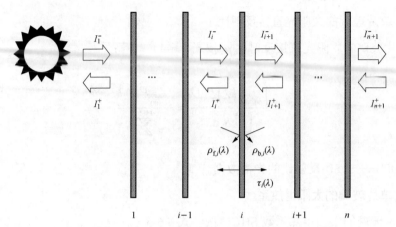

图 6-8  多层玻璃体系中太阳辐射热的分析

设定室外只有太阳的辐射，室外和室内环境对太阳辐射的反射比为零。

当 $i=1$ 时：

$$I_1^+(\lambda) = \tau_1(\lambda)I_2^+(\lambda) + \rho_{f,1}(\lambda)I_s(\lambda) \tag{6-7a}$$

$$I_1^-(\lambda) = I_s(\lambda) \tag{6-7b}$$

当 $i=n+1$ 时：

$$I_{n+1}^-(\lambda) = \tau_n(\lambda)I_n^-(\lambda) \tag{6-7c}$$

$$I_{n+1}^+(\lambda) = 0 \tag{6-7d}$$

当 $i=2\sim n$ 时：

$$I_i^+(\lambda) = \tau_i(\lambda)I_{i+1}^+(\lambda) + \rho_{f,i}(\lambda)I_i^-(\lambda) \tag{6-7e}$$

$$I_i^+(\lambda) = \tau_i(\lambda)I_{i+1}^+(\lambda) + \rho_{f,i}(\lambda)I_i^-(\lambda) \tag{6-7f}$$

利用解线性方程组的方法计算所有各个气体层的 $I_i^+(\lambda)$ 和 $I_i^-(\lambda)$ 的值。传向室内的直接透射比按下式计算：

$$\tau(\lambda)I_s(\lambda) = I_{n+1}^-(\lambda) \tag{6-7g}$$

反射到室外的直接反射比由下式计算：

$$\rho(\lambda)I_s(\lambda) = I_1^+(\lambda) \tag{6-7h}$$

第 $i$ 层玻璃的太阳辐射吸收比 $A_i(\lambda)$ 采用下式计算：

$$A_i(\lambda) = \frac{I_i^-(\lambda) - I_i^+(\lambda) + I_{i+1}^+(\lambda) - I_{i+1}^-(\lambda)}{I_s(\lambda)} \tag{6-7i}$$

对整个太阳光谱进行数值积分，则通过下面公式可计算得到第 $i$ 层玻璃吸收的太阳辐射热流密度 $S_i$：

$$S_i = A_i I_s \tag{6-8a}$$

$$A_i = \frac{\int_{300}^{2500} A_i(\lambda) S_\lambda \mathrm{d}\lambda}{\int_{300}^{2500} S_\lambda \mathrm{d}\lambda} \approx \frac{\sum_{\lambda=300}^{2500} A_i(\lambda) S_\lambda \Delta\lambda}{\sum_{\lambda=300}^{2500} S_\lambda \Delta\lambda} \tag{6-8b}$$

式中　$A_i$——太阳辐射照射到玻璃系统时，第 $i$ 层玻璃的太阳辐射吸收比。

多层玻璃的可见光透射比按式（6-1）计算，可见光反射比按式（6-2）计算，太阳光直接透射比按式（6-3）计算，太阳光直接反射比按式（6-4）计算。

### 6.3.3　玻璃气体间层的热传递

玻璃气体层间的能量平衡可用基本的关系式表达如下（图6-9）：

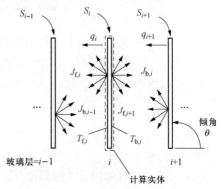

图6-9　第 $i$ 层玻璃的能量平衡

$$q_i = h_{c,i}(T_{f,i} - T_{b,i-1}) + J_{f,i} - J_{b,i-1} \tag{6-9}$$

式中　$T_{f,i}$——第 $i$ 层玻璃前表面温度（K）；

$T_{b,i-1}$——第 $i-1$ 层玻璃后表面温度（K）；

$J_{f,i}$——第 $i$ 层玻璃前表面辐射热（W/m²）；

$J_{b,i-1}$——第 $i-1$ 层玻璃后表面辐射热（W/m²）。

在每一层气体间层中，按下列公式进行计算：

$$q_i = S_i + q_{i+1} \tag{6-10}$$

$$J_{f,i} = \varepsilon_{f,i}\sigma T_{f,i}^4 + \tau_i J_{f,i+1} + \rho_{f,i} J_{b,i-1} \tag{6-11}$$

$$J_{b,i} = \varepsilon_{b,i}\sigma T_{b,i}^4 + \tau_i J_{b,i-1} + \rho_{b,i} J_{f,i+1} \tag{6-12}$$

$$T_{b,i} - T_{f,i} = \frac{t_{g,i}}{2\lambda_{g,i}}(2q_{i+1} + S_i) \tag{6-13}$$

式中　$t_{\mathrm{g},i}$——第 $i$ 层玻璃的厚度（m）;

　　　$S_i$——第 $i$ 层玻璃吸收的太阳辐射热（W/m²）;

　　　$\iota_i$——第 $i$ 层玻璃的远红外透射比;

　　　$\rho_{\mathrm{f},i}$——第 $i$ 层前玻璃的远红外反射比;

　　　$\rho_{\mathrm{b},i}$——第 $i$ 层后玻璃的远红外反射比;

　　　$\varepsilon_{\mathrm{f},i}$——第 $i$ 层前表面半球发射率;

　　　$\varepsilon_{\mathrm{b},i}$——第 $i$ 层后表面半球发射率;

　　　$\lambda_{\mathrm{g},i}$——第 $i$ 层玻璃的导热系数[W/(m·K)]。

在计算传热系数时，应设定太阳辐射 $I_{\mathrm{s}}=0$。在每层材料均为玻璃的系统中，可以采用如下热平衡方程计算气体间层的传热：

$$q_i = h_{\mathrm{c},i}\left(T_{\mathrm{f},i} - T_{\mathrm{b},i-1}\right) + h_{\mathrm{r},i}\left(T_{\mathrm{f},i} - T_{\mathrm{b},i-1}\right) \tag{6-14}$$

式中　$h_{\mathrm{c},i}$——第 $i$ 层气体层的辐射换热系数;

　　　$h_{\mathrm{r},i}$——第 $i$ 层气体层的对流换热系数。

玻璃层间气体间层的对流换热系数可由无量纲的努谢尔特数 $\mathrm{Nu}_i$ 确定：

$$h_{\mathrm{c},i} = \mathrm{Nu}_i \left(\frac{\lambda_{\mathrm{g},i}}{d_{\mathrm{g},i}}\right) \tag{6-15}$$

式中　$d_{\mathrm{g},i}$——气体间层 $i$ 的厚度（m）;

　　　$\lambda_{\mathrm{g},i}$——所充气体的导热系数[W/(m·K)];

　　　$\mathrm{Nu}_i$——努谢尔特数，是瑞利数 $\mathrm{Ra}_i$、气体间层高厚比和气体间层倾角 $\theta$ 的函数。

在计算高厚比较大的气体间层时，应考虑玻璃发生弯曲对厚度的影响。发生弯曲的原因包括：空腔平均温度、空气湿度含量的变化、干燥剂对氮气的吸收、充氮气过程中由于海拔高度和天气变化造成压力的改变等因素。

玻璃层间气体间层的瑞利数可按下列公式计算：

$$\mathrm{Ra} = \frac{\gamma^2 d^3 G \beta c_{\mathrm{p}} \Delta T}{\mu \lambda} \tag{6-16}$$

$$\beta = \frac{1}{T_{\mathrm{m}}} \tag{6-17}$$

$$A_{\mathrm{g},i} = \frac{H}{d_{\mathrm{g},i}} \tag{6-18}$$

式中　$\mathrm{Ra}$——瑞利数;

$\gamma$——气体密度（kg/m³）；

$G$——重力加速度（m/s²），可取 9.80；

$\beta$——将填充气体作理想气体处理时的气体热膨胀系数；

$c_p$——常压下空气比热容[J/(kg·K)]；

$\mu$——常压下气体的黏度[kg/(m·s)]；

$\lambda$——常压下气体的导热系数[W/(m·K)]；

$\Delta T$——气体间层前后玻璃表面的温度差(K)；

$T_m$——填充气体的平均温度(K)；

$A_{g,i}$——第 $i$ 层气体间层的高厚比；

$H$——气体间层顶部到底部的距离（m），通常和窗的透光区域高度相同。

在实际计算中，应对应于不同的倾角 $\theta$ 值或范围，定量计算通过玻璃气体间层的对流热传递。填充气体的密度应按理想气体定律计算：

$$\gamma = \frac{p\hat{M}}{\mathscr{R}T_m} \tag{6-19}$$

式中 $p$——气体压力，标准状态下 $p$=101300Pa；

$\gamma$——气体密度（kg/m³）；

$T_m$——气体的温度，标准状态下 $T_m$=293K；

$\mathscr{R}$——气体常数[J/(kmol·K)]；

$\hat{M}$——气体的摩尔质量（kg/mol）。

气体的定压比热容 $c_p$、导热系数 $\lambda$、运动黏度 $\mu$ 是温度的线性函数，典型气体的参数可按表 6-1～表 6-4 给出的公式和相关参数计算。

表 6-1　　　　　　　　　　气体的导热系数

| 气体 | 系数 $a$ | 系数 $b$ | $\lambda$ (273K 时)/[W/(m·K)] | $\lambda$ (283K 时)/[W/(m·K)] |
|---|---|---|---|---|
| 空气 | $2.873\times10^{-3}$ | $7.760\times10^{-5}$ | 0.0241 | 0.0249 |
| 氩气 | $2.285\times10^{-3}$ | $5.149\times10^{-5}$ | 0.0163 | 0.0168 |
| 氪气 | $9.443\times10^{-4}$ | $2.286\times10^{-5}$ | 0.0087 | 0.0090 |
| 氙气 | $4.538\times10^{-4}$ | $1.723\times10^{-5}$ | 0.0052 | 0.0053 |

注：$\lambda = a + bT$[W/(m·K)]。

表 6-2　　　　　　　　　　气体的运动黏度

| 气体 | 系数 $a$ | 系数 $b$ | $\mu$ (273K 时)/[kg/(m·s)] | $\mu$ (283K 时)/[kg/(m·s)] |
|---|---|---|---|---|
| 空气 | $3.723\times10^{-6}$ | $4.940\times10^{-8}$ | $1.722\times10^{-5}$ | $1.721\times10^{-5}$ |
| 氩气 | $3.379\times10^{-6}$ | $6.451\times10^{-8}$ | $2.100\times10^{-5}$ | $2.165\times10^{-5}$ |

| 气体 | 系数 $a$ | 系数 $b$ | $\mu$ (273K 时)/[kg/(m·s)] | $\mu$ (283K 时)/[kg/(m·s)] |
|---|---|---|---|---|
| 氪气 | $2.213\times10^{-6}$ | $7.777\times10^{-8}$ | $2.346\times10^{-5}$ | $2.423\times10^{-5}$ |
| 氙气 | $1.069\times10^{-6}$ | $7.414\times10^{-8}$ | $2.132\times10^{-5}$ | $2.206\times10^{-5}$ |

注：$\mu=a+b$[kg/(m·s)]。

表 6-1 给出的线性公式及系数可以用于计算填充空气、氩气、氪气、氙气四种气体空气层的导热系数、运动黏度和常压比热容。传热计算时，假设所充气体是不发射辐射或吸收辐射的气体。

表 6-3　　　　　　　　　　　气体的常压比热容

| 气体 | 系数 $a$ | 系数 $b$ | $c_p$ (273K 时)/[J/(kg·K)] | $c_p$ (283K 时)/[J/(kg·K)] |
|---|---|---|---|---|
| 空气 | 1002.7370 | $1.2324\times10^{-2}$ | 1006.1034 | 1006.2266 |
| 氩气 | 521.9285 | 0 | 521.9285 | 521.9285 |
| 氪气 | 248.0907 | 0 | 248.0917 | 248.0917 |
| 氙气 | 158.3397 | 0 | 158.3397 | 158.3397 |

注：$C_p=a+bT$[J/(kg·K)]。

表 6-4　　　　　　　　　　　气体的摩尔质量

| 气体 | 摩尔质量/(kg/kmol) | 气体 | 摩尔质量/(kg/kmol) |
|---|---|---|---|
| 空气 | 28.97 | 氪气 | 83.80 |
| 氩气 | 39.948 | 氙气 | 131.30 |

混合气体的密度、导热系数、运动黏度和比热容是各气体相应比例的函数，应按有关公式和规定计算。

玻璃（或其他远红外辐射透射比为零的板材），气体间层两侧玻璃的辐射换热系数 $h_r$ 按式（6-20）计算：

$$h_t = 4\sigma \left( \frac{1}{\varepsilon_1} + \frac{1}{\varepsilon_2} - 1 \right)^{-1} T_m^3 \tag{6-20}$$

式中　$\sigma$——斯蒂芬-玻尔兹曼常数；

　　　$T_m$——气体间层中两个表面的平均绝对温度（K）；

　　　$\varepsilon_1$、$\varepsilon_2$——气体间层中的两个玻璃表面在平均绝对温度 $T_m$ 下的半球发射率。

## 6.3.4　玻璃系统的热工参数

### 1. 玻璃传热系数计算

在计算玻璃系统的传热系数时，可采用简单的模拟环境条件，仅考虑室内外温差，没有太阳辐射，按式（6-21）和式（6-22）计算：

$$U_g = \frac{q_{in}(I_s = 0)}{T_{ni} - T_{ne}} \tag{6-21}$$

$$U_g = \frac{1}{R_t} \tag{6-22}$$

式中　$q_{in}(I_s = 0)$——没有太阳辐射热时，通过玻璃系统传向室内的净热流（W/m²）；

$\quad\quad\quad T_{ne}$——室外环境温度（K）；

$\quad\quad\quad T_{ni}$——室内环境温度（K）。

（1）玻璃系统的传热阻 $R_t$ 为各层玻璃、气体间层、内外表面换热阻之和，可按式（6-23）计算：

$$R_t = \frac{1}{h_{out}} + \sum_{i=2}^{n} R_i + \sum_{i=1}^{n} R_{g,i} + \frac{1}{h_{in}} \tag{6-23}$$

$$R_{g,i} = \frac{t_{g,i}}{\lambda_{g,i}}$$

$$R_i = \frac{T_{f,i} - T_{b,i-1}}{q_i} \quad\quad (i = 2 \sim n)$$

式中　$R_{g,i}$——第 $i$ 层玻璃的固体热阻（m²·K/W）；

$\quad\quad\quad R_i$——第 $i$ 层气体间层的热阻（m²·K/W）；

$T_{f,i}$、$T_{b,i-1}$——第 $i$ 层气体间层的外表面和内表面温度（K）；

$\quad\quad\quad q_i$——第 $i$ 层气体间层的热流密度。

在上面公式中，玻璃的排列顺序为第 1 层气体间层为室外，最后一层气体间层（$n+1$）为室内。

（2）环境温度是周围空气温度 $T_{air}$ 和平均辐射温度 $T_{rm}$ 的加权平均值，按式（6-24）计算：

$$T_n = \frac{h_c T_{air} + h_r T_{rm}}{h_c + h_r} \tag{6-24}$$

式中　$h_c$——对流换热系数；

$\quad\quad\quad h_r$——辐射换热系数。

### 2. 玻璃系统的太阳得热系数计算

玻璃系统的太阳得热系数的计算应符合下面规定：

（1）各层玻璃室外侧方向的热阻按式（6-25）计算：

$$R_{out,i} = \frac{1}{h_{out}} + \sum_{k=2}^{i} R_k + \sum_{k=1}^{i-1} R_{g,k} + \frac{1}{2} R_{g,i} \qquad (6\text{-}25)$$

式中　$R_{g,k}$——第 $k$ 层玻璃的固体热阻（$m^2 \cdot K/W$）；

　　　$R_{g,i}$——第 $i$ 层玻璃的固体热阻（$m^2 \cdot K/W$）；

　　　$R_k$——第 $k$ 层气体间层的热阻（$m^2 \cdot K/W$）。

（2）各层玻璃向室内的二次传热按式（6-26）计算：

$$q_{in,i} = \frac{A_{s,i} R_{out,i}}{R_t} \qquad (6\text{-}26)$$

（3）玻璃系统的太阳得热系数按式（6-27）计算：

$$SHGC = \tau_s + \sum_{i=1}^{n} q_{in,i} \qquad (6\text{-}27)$$

# 6.4　框的传热设计计算

## 6.4.1　框的传热系数计算

框的传热系数 $U_f$ 是在计算窗的某一截面部分的二维热传导的基础上获得。

在图 6-10 所示的框截面中，用一块导热系数 $\lambda=0.03W/(m \cdot K)$ 的板材替代实际的玻璃（或其他镶嵌板）。框部分的形状、尺寸、构造和材料都应与实际情况完全一致。板材的厚度等于所替代的玻璃系

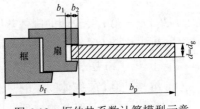

图 6-10　框传热系数计算模型示意

统（或其他镶嵌板）的厚度，嵌入框的深度按照面板嵌入的实际尺寸，可见部分的板材宽度 $b_p$ 不应小于 200mm。

稳态二维热传导计算应采用认可的软件工具。软件中的计算程序应包括复杂灰色体漫反射模型和玻璃气体间层内以及框空腔内的对流换热计算模型。

在室内外标准条件下，用二维热传导计算程序计算流过图示截面的热流 $q_w$，$q_w$ 应按式（6-28）整理：

$$q_{\mathrm{w}} = \frac{\left(U_{\mathrm{f}}b_{\mathrm{f}} + U_{\mathrm{p}}b_{\mathrm{p}}\right)\left(T_{n,\mathrm{in}} - T_{n,\mathrm{out}}\right)}{b_{\mathrm{f}} + b_{\mathrm{p}}} \tag{6-28}$$

$$U_{\mathrm{f}} = \frac{L_{\mathrm{f}}^{2\mathrm{D}} - U_{\mathrm{p}}b_{\mathrm{p}}}{b_{\mathrm{f}}} \tag{6-29}$$

$$L_{\mathrm{f}}^{2\mathrm{D}} = \frac{q_{\mathrm{w}}\left(b_{\mathrm{f}} + b_{\mathrm{p}}\right)}{T_{n,\mathrm{in}} + T_{n,\mathrm{out}}} \tag{6-30}$$

式中　$U_{\mathrm{f}}$——框的传热系数[W/(m²·K)]；

　　$L_{\mathrm{f}}^{2\mathrm{D}}$——框截面传热耦合系数[W/(m·K)]；

　　$U_{\mathrm{p}}$——板材的传热系数[W/(m²·K)]；

　　$b_{\mathrm{f}}$——框的投影宽度（m）；

　　$b_{\mathrm{p}}$——板材可见部分的宽度（m）；

　$T_{n,\mathrm{in}}$——室内环境温度（K）；

　$T_{n,\mathrm{out}}$——室外环境温度（K）。

## 6.4.2　框的太阳得热系数计算

窗框的太阳得热系数可按式（6-31）计算：

$$\mathrm{SHGC}_{\mathrm{f}} = \alpha_{\mathrm{f}}\frac{U_{\mathrm{f}}}{\dfrac{A_{\mathrm{surf}}}{A_{\mathrm{f}}}h_{\mathrm{out}}} \tag{6-31}$$

式中　$h_{\mathrm{out}}$——室外表面换热系数；

　　$\alpha_{\mathrm{f}}$——框表面太阳辐射吸收系数；

　　$U_{\mathrm{f}}$——框的传热系数[W/(m²·K)]；

　$A_{\mathrm{surf}}$——框的外表面面积（m²）；

　　$A_{\mathrm{f}}$——框投影面积（m²）。

## 6.4.3　典型窗框的传热系数

根据本节前面的讲述，可以输入图形及相关参数，用二维有限单元法进行数字计算得到窗框的传热系数。但是在没有详细的计算结果可以应用时，可以采用本方法近似得到窗框的传热系数。

在本方法中给出的数值都是对应窗垂直安装的情况。传热系数的数值包括了外框面积的影响。计算传热系数时取 $h_{\mathrm{in}}=8.0\mathrm{W/(m²·K)}$ 和 $h_{\mathrm{out}}=23\mathrm{W/(m²·K)}$。因此，窗框的传热系数 $U_{\mathrm{f}}$ 的数值可通过下列步骤计算获得。

### 1. 塑料窗框

PVC 塑料型材窗框的传热系数见表 6-5。

表 6-5                    PVC 塑料窗框的传热系数

| 窗框材料 | 窗框种类 | | | $U_f/[W/(m^2 \cdot K)]$ |
|---|---|---|---|---|
| 聚氨酯 | 带金属加强筋，型材壁厚的净厚度≥5mm | | | 2.8 |
| PVC<br>腔体截面 | 60 系列 | 3 腔 | 带金属加强筋 | 2.0 |
| | | | 无金属加强筋 | 1.8 |
| | | 4 腔 | 带金属加强筋 | 1.8 |
| | | | 无金属加强筋 | 1.6 |
| | 65 系列 | 4 腔 | 带金属加强筋 | 1.8 |
| | | | 无金属加强筋 | 1.6 |
| | | 5 腔 | 带金属加强筋 | 1.8 |
| | | | 无金属加强筋 | 1.6 |
| | 70 系列 | 4 腔 | 带金属加强筋 | 1.8 |
| | | | 无金属加强筋 | 1.5 |
| | | 6 腔 | 带金属加强筋 | 1.7 |
| | | | 无金属加强筋 | 1.5 |

### 2. 木窗框

木窗框的传热系数 $U_f$ 值是在含水率在 12% 的情况下获得，$U_f$ 值可通过图 6-11 取得。窗框厚度可根据图 6-12 所示的框扇构造图求取，图（a）和（b）分别按式（6-32）和式（6-33）求得平均的厚度。图 6-12 中，窗框断面右边为内部，窗框断面左边为外部。

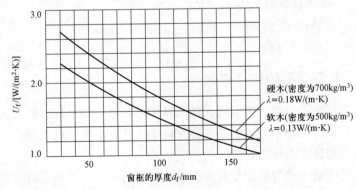

图 6-11  木窗框及金属–木窗框保温性能与窗框厚度 $d_f$ 的关系

$$d_f = \frac{d_1 + d_2}{2} \qquad (6\text{-}32)$$

$$d_f = \frac{\sum d_{jsa} + \sum d_{jf}}{2} \qquad (6\text{-}33)$$

**3. 金属窗框**

金属窗框的传热系数 $U_f$ 的数值可通过下列步骤计算求得：

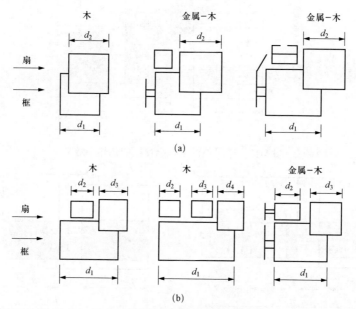

图 6-12　不同窗户系统窗框厚度 $d_f$ 的定义

（1）金属窗框的传热系数 $U_f$ 按式（6-34）计算：

$$U_f = \frac{1}{\dfrac{A_{f,i}}{h_i A_{d,i}} + R_f + \dfrac{A_{f,e}}{h_e A_{d,e}}} \qquad (6\text{-}34)$$

式中　$A_{d,i}$, $A_{d,e}$, $A_{f,i}$, $A_{f,e}$——前面"窗的几何描述"定义的面积；

　　　$h_i$——窗框的内表面换热系数[W/(m²·K)]；

　　　$h_e$——窗框的外表面换热系数[W/(m²·K)]；

　　　$R_f$——窗框截面的热阻，当隔热条的导热系数为 0.2～0.3W/(m·K)时(m²·K/W)。

（2）金属窗框截面的热阻 $R_f$ 按式（6-35）计算：

$$R_f = \frac{1}{U_f} - 0.17 \qquad (6\text{-}35)$$

对于没有隔热的金属窗框，取 $U_{f0}$=5.9 W/(m²·K)。具有隔热的金属窗框，$U_{f0}$ 的数值按照图 6-13 中阴影区域上限的粗线选取。图 6-14（a）、（b）分别为两种不同的隔热金属窗框截面类型示意图。

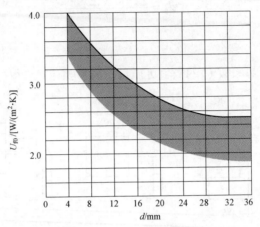

图 6-13 带隔热的铝合金窗框的传热系数

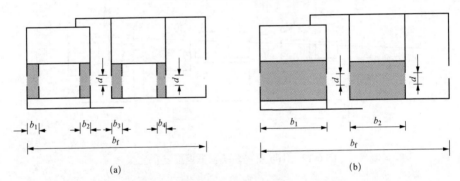

(a)                                    (b)

图 6-14 隔热铝合金窗框截面类型示意图

(a) 采用导热系数低于 0.3 W/(m·K) 的隔热条；(b) 采用导热系数低于 0.2 W/(m·K) 的泡沫材料

在图 6-13 中，带隔热条的铝合金窗框适用的条件：

$$\sum_j b_j \leq 0.2 b_f \qquad (6-36)$$

式中 $b_j$——热断桥 $j$ 的宽度（mm）；

$b_f$——窗框的宽度（mm）。

在图 6-13 中，采用泡沫材料隔热铝合金窗框适用条件：

$$\sum_j b_j \leq 0.3 b_f \qquad (6-37)$$

式中　$b_j$——热断桥 $j$ 的宽度（mm）；

　　　　$b_f$——窗框的宽度（mm）。

# 6.5　线传热系数计算

## 6.5.1　框与玻璃系统（或其他镶嵌板）接缝的线传热系数

窗框与玻璃（或其他镶嵌板）结合处的线传热系数主要描述了在窗框、玻璃和间隔层之间相互作用下附加的热传递，附加线传热系数主要受玻璃间隔层材料导热系数的影响。

在图 6-10 所示的计算模型中，用实际的玻璃系统（或其他镶嵌板）替代导热系数 $\lambda=0.03$ W/(m·K) 的板材。所得到的计算模型如图 6-15 所示。

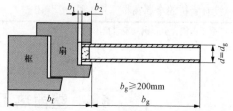

图 6-15　框与面板接缝线传热系数计算模型示意

用二维热传导计算程序，计算在室内外标准条件下流过图示截面的热流 $q_\psi$，$q_\psi$ 应按下列方程整理：

$$q_\psi = \frac{\left(U_f \cdot b_f + U_g \cdot b_g + \psi\right)\left(T_{n,in} - T_{n,out}\right)}{b_f + b_g} \tag{6-38}$$

$$\psi = L_\psi^{2D} - U_f b_f - U_f b_g \tag{6-39}$$

$$L_\psi^{2D} = \frac{q_\psi(b_f + b_g)}{T_{n,in} - T_{n,out}} \tag{6-40}$$

式中　$\psi$——框与玻璃（或其他镶嵌板）接缝的线传热系数[W/(m·K)]；

　　　$L_\psi^{2D}$——框截面传热耦合系数[W/(m·K)]；

　　　$U_g$——玻璃的传热系数[W/(m²·K)]；

　　　$b_g$——玻璃可见部分的宽度（m）；

　　　$T_{n,in}$——室内环境温度（K）；

　　　$T_{n,out}$——室外环境温度（K）。

计算框的传热系数及框与玻璃系统接缝的线传热系数时，框的传热控制方程、玻璃气体间层的传热、框内封闭空腔及敞口和槽的传热计算方法详见 GJ/T 151—2008《建筑门窗玻璃幕墙热工计算规程》。

### 6.5.2 典型窗框线传热系数

窗框与玻璃结合处的线传热系数 $\psi$，在没有精确计算的情况下，可采用表 6-6 中的估算值。

表 6-6 　　　　　　　　　　　窗框与中空玻璃结合的线传热系数 $\psi$

| 窗框材料 | 双层或三层未镀膜中空玻璃 $\psi$/[W/(m·K)] | 双层 Low-E 镀膜或三层（其中两片 Low-E 镀膜）中空玻璃 $\psi$/[W/(m·K)] |
|---|---|---|
| 木窗框和塑料窗框 | 0.04 | 0.06 |
| 带隔热断桥的金属窗框 | 0.06 | 0.08 |
| 没有断桥的金属窗框 | 0 | 0.02 |

注：金属指铝合金和钢（不包括不锈钢）。

# 6.6　整窗热工性能设计计算

整樘窗（门）的传热系数、太阳得热系数、可见光透射比的计算采用各部分的性能按面积进行加权平均计算。

### 6.6.1　整樘窗的传热系数

整窗的传热系数的计算公式为：

$$U_t = \frac{\sum A_g U_g + \sum A_f U_f + \sum l_\psi \psi}{A_t} \tag{6-41}$$

式中　$U_t$——整樘窗的传热系数[W/(m²·K)]；

　　　$A_g$——窗玻璃（或其他镶嵌板）面积（m²）；

　　　$A_f$——窗框面积（m²）；

　　　$A_t$——窗面积（m²）；

　　　$l_\psi$——玻璃区域（或其他镶嵌板）的边缘长度（m）；

　　　$U_g$——窗玻璃（或其他镶嵌板）的传热系数[W/(m²·K)]；

　　　$U_f$——窗框的传热系数[W/(m²·K)]；

　　　$\psi$——窗框和玻璃（或其他镶嵌板）之间的线传热系数[W/(m·K)]。

上述整窗传热系数计算公式中，当所用的玻璃为单层玻璃时，由于没有空气间隔层的影响，不考虑线传热，此时，线传热系数 $\psi=0$。

### 6.6.2　整樘窗太阳得热系数

整樘窗的太阳得热系数按式（6-42）计算：

$$SHGC_t = \frac{\sum SHGC_g A_g + \sum SHGC_f A_f}{A_t}$$ （6-42）

式中　$SHGC_t$——整樘窗的太阳得热系数；

$A_g$——窗玻璃（或其他镶嵌板）面积（$m^2$）；

$A_f$——窗框面积（$m^2$）；

$SHGC_g$——窗玻璃（或其他镶嵌板）区域太阳得热系数；

$SHGC_f$——窗框太阳得热系数；

$A_t$——窗面积（$m^2$）。

整樘窗的遮阳系数应为整樘窗的太阳光总透射比与标准 3mm 透明玻璃的太阳光总透射比的比值，因此，整樘窗的遮阳系数按式（6-43）计算：

$$SC = \frac{g_t}{0.87}$$ （6-43）

式中　SC——整樘窗的遮阳系数；

$g_t$——整樘窗的太阳光总透射比。

计算遮阳系数时，规定标准的 3mm 透明玻璃的太阳光总透射比为 0.87，而没有与我国的玻璃测试计算标准 GB/T 2680—1994《建筑玻璃 可见光透射比、太阳光直接透射比、太阳能总透射比、紫外线透射比及有关窗玻璃参数的测定》中的 0.889，主要是为了与国际通用方法接轨，使得我国的玻璃遮阳系数与国际上惯用的遮阳系数一致，不至于在工程中引起混淆。

### 6.6.3　整樘窗可见光透射比

在计算整樘窗的可见光透射比时，由于窗框部分可见光透射比为 0，所以，在进行加权计算时，只考虑玻璃部分。

整樘窗的可见光透射比按式（6-44）计算：

$$\tau_t = \frac{\sum \tau_v A_g}{A_t}$$ （6-44）

式中　$\tau_t$——整樘窗的可见光透射比；

$\tau_v$——窗玻璃（或其他镶嵌板）的可见光透射比；

$A_g$——窗玻璃（或其他镶嵌板）面积（$m^2$）；

$A_t$——窗面积（$m^2$）。

# 6.7 抗结露性能评价

## 6.7.1 一般规定

（1）在评价实际工程中建筑门窗的结露性能时，采用的室外计算条件应符合GB 50176—2016《民用建筑热工设计规范》的相关规定，室内计算条件应与实际工程室内环境相一致。在评价门窗产品的结露性能时，应采用 6.1.1 节规定的计算标准条件，并应在给出计算结果时注明计算条件。

（2）室内和室外的对流换热系数应根据所选定的计算条件，按照 JGJ/T 151—2008《建筑门窗玻璃幕墙热工计算规程》规定的计算方法确定。

（3）于门窗的结露性能评价指标，应按下列要求取值：

1）玻璃及面板中部内表面的最低温度 $T_{g,p,min}$。

2）除玻璃及面板中部外，其他各部个部位应采用各个部件内表面温度最低的10%面积所对应的最高温度值（$T_{10}$）。

由于空气渗透和其他热源等均会影响结露，因此，在设计应用时应予以考虑。空气渗透会降低门窗内表面的温度，可能使得结露更加严重。但对于多层构造而言，外层构造的空气渗透有可能降低内部结露的风险；另外，热源可能会造成较高的温度和较大的绝对温度，使得结露加剧，因此，当门窗附近有热源时，要求有更高的抗结露性能；再有，湿热的风也会使得结露加剧，如果室内有湿热的风吹到门窗上，也应考虑换热系数的变化、湿度的变化等问题对结露的影响。

（4）门窗的所有典型节点均需要进行内表面温度的计算，计算典型节点的温度可采用二维传热计算程序进行计算。

结露性能与每个节点均有关系，所以每个节点均需要计算。由于门窗的面板相对比较大，所以典型节点的计算可以采用二维传热计算程序进行计算。

（5）对于每一个二维截面，室内表面的展开边界应细分为若干分段，其尺寸不应大于计算软件中使用的网络尺寸，并且应给出所有分段的温度计算值。

为了评价每一个二维截面的结露性能，统计结露的面积，在二维计算的情况下，将室内表面的展开边界细分为许多小段，这些分段用来计算截面各个分段长度的温度，这些分段的长度不大于计算软件程序中使用的网格尺寸。

## 6.7.2 露点温度的计算

水表面的饱和水蒸气压采用国际上通用的计算，即在高于0℃的水表面的饱和水蒸气压可按式（6-45）计算：

$$E_s = E_0 \times 10^{\left(\frac{aT}{b+T}\right)} \qquad (6\text{-}45)$$

式中　$E_s$——空气的饱和水蒸气压（hPa）；

　　　$E_0$——空气温度为 0℃时的饱和水蒸气压，取 $E_0$=6.11 hPa；

　　　$T$——空气温度（℃）；

　$a$、$b$——参数，$a$=7.5，$b$=237.3。

饱和水蒸气压的计算采用的是 Magnus 公式，即相对湿度

$$f = \left(\frac{e}{e_{sw}}\right)_{P,T} \times 100\% \qquad (6\text{-}46)$$

式中　$e$——水蒸气压（hPa）；

　　　$e_{sw}$——水面饱和水蒸气压（hPa）。

因此，在一定空气相对湿度 $f$ 下，空气的水蒸气压 $e$ 可按式（6-47）计算：

$$e = fE_s \qquad (6\text{-}47)$$

式中　$e$——空气的水蒸气压（hPa）；

　　　$f$——空气的相对湿度（%）；

　　　$E_s$——空气的饱和水蒸汽压（hPa）。

空气的露点温度即是达到 100%相对湿度时的温度，如果门窗的内表面温度低于这一温度，则内表面就会结露。

空气的露点温度按式（6-48）计算：

$$T_d = \frac{b}{\dfrac{a}{\lg\left(\dfrac{e}{6.11}\right)} - 1} \qquad (6\text{-}48)$$

式中　$T_d$——空气的露点温度（℃）；

　　　$e$——空气的水蒸气压（hPa）；

　$a$、$b$——参数，$a$=7.5，$b$=237.3。

### 6.7.3　结露的计算与评价

为了评价产品性能和便于进行结露计算，定义结露性能评价指标 $T_{10}$。$T_{10}$ 的物理意义是指在规定的条件下门窗的各个部件（如框、面板中部及面板边缘区域）有且只有 10%的面积出现低于某个温度的温度值。

门窗的各个部件划分示意图如图 6-16 所示。

（1）在对门窗进行结露计算时，计算节点应包括所有的框、面板边缘及面板中部。

（2）非透光面板中部的结露性能评价指标 $T_{10}$ 应采用二维稳态传热计算得到的面板中部区域室内表面的温度值。玻璃面板中部的结露性能评价指标 $T_{10}$ 应按 6.3 节计算得到的室内表面温度值。即在规定的条件下计算窗门窗内表面的温度场，再按照由低到高对每个分段排序，刚好达到 10%面积时，所对应分段的温度就是该部件所对应的 $T_{10}$。

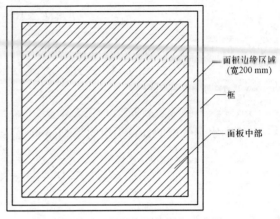

图 6-16　门窗各部件划分示意图

（3）门窗各个框、面板边缘区域各自结露性能评价指标 $T_{10}$ 按照以下方法确定：

1）采用二维稳态传热计算程序来计算框和面板边缘区域的二维截面室内温度表面每个分段的温度。

2）对于每个部件，按照截面室内表面各分段温度的高低进行排队。

3）由最低温段开始，将分段长度进行累加，直至统计长度达到该截面室内表面对应长度的 10%。

4）所统计分段的最高温度即为该部件截面的结露性能评价指标值 $T_{10}$。

为了评价产品的结露性能，所有的部件均应进行计算。计算的部件包括所有的框、面板边缘及面板中部。

（4）在进行工程设计或工程应用性能评价时，应同时满足下列要求：

1）玻璃及面板中部的结露性能评价指标（$T_{g,p,min}$）$>T_d$；

2）框、面板边缘区域的结露性能评价指标（$T_{10}$）$>T_d$。

（5）对结露性能要求较高或结露风险较大的工程设计，宜采用门窗、幕墙内表面温度 $T_{min}>T_d+0.3℃$ 的要求进行评价。

对于抗结露性能要求较高的建筑，如博物馆、展览馆、高档酒店、储藏室等或室内高温高湿、易出现结露的建筑，如游泳馆、室内水上乐园等。在抗结露性能设计时，应提高结露评价指标要求。高于露点温度 0.3℃，可以认为是临界露点温度，可更有效减少结露现象的出现。

（6）进行产品性能分级或评价时，应按玻璃及面板中部的结露性能评价指标 $T_{g,p,min}$ 和框、面板边缘区域各个部件应按结露性能评价指标 $T_{10,min}$ 的最低值进行分级或评价。

（7）采用产品的结露性能评价指标 $T_{10,\text{min}}$ 确定门窗在实际工程中是否结露，应以内表面最低温度不低于室内露点温度为满足要求，可按式（6-49）计算判定：

$$\left(T_{10,\text{min}} - T_{\text{out,std}}\right) \cdot \frac{T_{\text{in}} - T_{\text{out}}}{T_{\text{in,std}} - T_{\text{out,std}}} + T_{\text{out}} \geq T_{\text{d}} \qquad (6\text{-}49)$$

式中　$T_{10,\text{min}}$——产品的结露性能评价指标（℃）；

　　　$T_{\text{in,std}}$——结露性能计算时对应的室内标准温度（℃）；

　　　$T_{\text{out,std}}$——结露性能计算时对应的室外标准温度（℃）；

　　　$T_{\text{in}}$——实际工程对应的室内计算温度（℃）；

　　　$T_{\text{out}}$——实际工程对应的室外计算温度（℃）；

　　　$T_{\text{d}}$——室内设计环境条件对应的露点温度（℃）。

在实际工程中，应按式（6-49）进行计算，来保证内表面所有的温度均不低于 $T_{10,\text{min}}$。在已知产品的结露性能评价指标 $T_{10,\text{min}}$ 的情况下，按照标准计算条件对应的室内外温差进行计算，计算出实际条件下的室内表面和室外的温差，则可以得到实际条件下的内表面最低的温度（只有某个部件的 10% 的可能低于这一温度）。只要计算出来的温度高于实际条件下室内的露点温度，则可以判断产品的结露性能满足实际的要求。

## 6.7.4　门窗防结露设计

### 1. 门窗结露

门窗工程发生结露部位主要有以下几个部位：

（1）框结露。

框型材的隔热性能达不到要求，在型材部位形成冷桥，产生结露（图 6-17）。对铝合金隔热型材来说，型材的隔热性能与型材隔热条的宽度和形状有着直接的关系，如果型材的隔热条宽度较小，不能满足当地的冬季保温性能要求。

图 6-17　窗框结露

（2）玻璃结露。

玻璃结露现象（图 6-18、图 6-19）大多数情况下是外窗整体保温性能较差，导致室内温度降低，在玻璃表面形成结露。还有一种情况是室内湿度较大，这种情况主要是因为现在门窗的密封性能较好，特别是在冬季，不能经常开窗换气，导致室内湿度较大，特别是在厨房和阳台部位产生水汽较多的位置。

图 6-18　玻璃结露（一）

图 6-19　玻璃结露（二）

（3）框与玻璃结合部位结露。

玻璃与框结合部位结露（图 6-20、图 6-21），一是中空玻璃间隔条为铝合金，产生热桥；二是玻璃与槽口镶嵌部位隔热措施不到位，形成空气对流，产生冷桥。如图 6-21 所示，玻璃中间部位没有结露，仅在边部产生结露。

图 6-20　玻璃镶嵌部位结露（一）

图 6-21　玻璃镶嵌部位结露（二）

（4）框与洞口结合部位结露。

门窗框与安装洞口结合部位产生结露（图 6-22～图 6-25），一是门窗安装间隙保温没处理好，产生冷桥、结露，甚至发生霉变；二是安装部位防水没处理好，产生漏水。

图 6-22　安装部位结露（一）

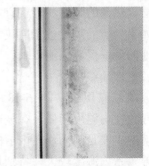

图 6-23　安装部位结露（二）

图 6-23 位窗框侧面安装部位产生结露、霉变，图 6-22、图 6-24 和图 6-25 则为凸（飘）窗和阳台窗安装部位产生结露、霉变情况，这种情况除了与安装部位保温没处理好外，还与凸窗和阳台部位建筑主体保温性能较差有关（图 6-24）。

图 6-24　安装部位结露（三）

图 6-25　安装部位结露（四）

### 2. 霉变

墙体霉变是指在适宜的温度和湿度下，霉菌利用墙体肤层中的碳源、氮源，寄生于墙体表面，并且大量繁殖，通常呈现出黑毛、绿毛、红毛、黄毛等形态，如图 6-22～图 6-25 所示。

我国南方地区，夏季气温高，相对湿度大，持续时间长。最热月平均相对湿度为 78%～83%，属典型的高温高湿区域，墙体易吸收空气中水分；北方地区冬季严寒漫长，墙体冷桥导致的结霜结露很普遍，墙体受潮、积水后极易发生墙体霉变。

霉变产生的四个主要条件：

（1）合适的温度。22～35℃被认为是霉菌生长的最佳温度。大多数建筑（特别是空调类建筑）通常正好处于这个温度范围内。

（2）水分存在。建筑围护材料中的由于结露所提供的液态水分比其周围空气中的所含的水蒸气对霉菌的生长更起作用。通常以材料中的相对湿度 80% 作为预防霉菌生长的临界湿含量。

（3）足够的营养。每种建筑材料中都含有不同程度上的营养物质。

（4）充足的时间。霉菌生长取决于温度、相对湿度、材料的含湿量、时间等特性。

当环境温度在 5～50℃，相对湿度在 80% 以上，数周或数月就能引发霉菌生长。

### 3. 防结露设计

在冬季，室内温暖的空气在接触门窗表面时，温度的降低会导致相对湿度的升高，可能导致门窗表面结露及霉变，破坏室内装修，并影响室内空气质量和健康。

不管是构成门窗的型材和玻璃，还是门窗的各节点构造，多腔设计是隔热设计的基本原则。

（1）型材的隔热设计。

型材的隔热设计应根据门窗的整体隔热性能设计来确定。型材的隔热性能与型材的有效隔热厚度成正比。对于多腔体门窗型材来说，型材的有效隔热厚度及型材多腔设计是增大型材热阻的有效手段，热阻越大，型材阻止热的传递的能力就越强，就能减小在型材部位产生冷桥效应，避免在型材部位结露现象的发生。

（2）玻璃隔热设计。

多腔中空玻璃是玻璃隔热设计的首选，在此基础上根据门窗整体节能实际需求选择 Low-E 膜或是充惰性气体。为了获得更好的隔热性能，可选择真空与中空组成的复合玻璃。为了阻止玻璃的边部结露现象，应在中空玻璃边部采用暖边胶条，避免玻璃边部冷桥现象发生。

（3）节点构造隔热设计。

门窗节点构造设计是门窗节能设计的重要内容，其隔热设计同样遵循多腔设计原则。门窗的节点构造包括固定节点和开启节点。

对于固定节点构造的隔热设计主要存在于玻璃镶嵌槽口边部，玻璃边部余隙主要通过对流的方式进行热量交换，是产生热桥的主要原因（图 6-21），隔热设计时应采取措施对玻璃余隙进行阻隔。为了取得更好的隔热性能，同样在固定节点应进行多腔隔热设计。开启腔的隔热设计应遵循多腔设计及冷腔和热腔分隔的原则。

（4）安装节点隔热设计。

门窗安装位置应与建筑主体保温方式相符，并使门窗的等温线与墙体等温线重合设计。门窗与墙体之间的密封保温处理，应使门窗尽量贴近保温层或被保温层包住，安装间隙填充保温材料，以达到减少热桥的目的。门窗与墙体安装部位应采取雨水密封措施，防止向室内侧渗漏。

防结露设计是门窗节能设计的内容深化，门窗的防结露设计应进行系统性考虑。门窗的节能设计还应放在建筑整体节能设计里综合考虑，因此，安装位置对门窗整体节能性能的发挥有着重要影响。

# 第7章
# 工程设计规则

建筑工程对门窗的技术要求包括，门窗的安装位置、门窗形式诸如材质、颜色、风格、尺寸、开启方式、有无纱窗及各项延伸功能要求以及门窗的性能如安全性、节能性、适用性、耐久性的性能指标要求。

系统门窗的技术研发设计应在系统门窗方案设计及性能模拟优化计算后，进行系统门窗的工程设计规则的建立。建立系统门窗工程设计规则，利于系统门窗产品制造技术人员进行工程设计选用。

## 7.1 抗风压计算规则

抗风压计算规则（中竖框和中横框配置规则），应符合抗风压性能及结构计算要求，并包括系列内容：

系统门窗产品族中最大增强中竖框或中横框配置下，设定抗风压指标的门窗极限尺寸。

系统门窗产品族中不同增强中竖框和中横框配置下，达到设定抗风压指标的门窗极限尺寸。

系统门窗产品族在一定风压情况下，更换不同规格的中竖框和中横框，可以实现的门窗极限尺寸图表。

### 1. 设定抗风压指标的门窗极限尺寸

在门窗开启形式及分格确定条件下，设定抗风压指标的门窗极限尺寸为，在中竖框或中横框型材配置下，给定某一抗风压指标，计算门窗主要受力杆件所能承受的最大尺寸，也即门窗的极限尺寸。

建筑门窗主要承受风荷载作用，但是随着门窗节能要求的不断提高，门窗玻璃也越来越重，因此对于承受门窗玻璃自重的主要受力杆件还应计算玻璃自重对受力杆件的影响。门窗的抗风压计算可参照第 5 章进行。

门窗受力杆件作为细长杆件，受荷载后起控制作用的往往是杆件的挠度，进行门窗设计计算时，可先按门窗杆件挠度计算选取合适的杆件，然后进行杆件强度复核。

随着门窗分格设计的增大，玻璃板块面积也越来越大，在进行门窗极限尺寸设计计算时，还应进行玻璃的强度计算。

### 2. 设定抗风压指标时不同受力杆件的门窗极限尺寸

门窗受力构件的承载能力主要取决于截面的惯性矩和抵抗矩。惯性矩与材料本身无关，只与截面几何形状、面积有关，截面抵抗矩是截面对其形心轴惯性矩与截面上最远点至形心轴距离的比值。

因此，为了得到门窗构件更大的抗荷载能力，增大作为门窗主要受力构件的中横框或中竖框的截面设计，可以提高门窗的抗风荷载和自重荷载的能力。

当设计系统门窗适用于不同的地域环境要求和建筑高度要求的抗荷载能力，特别是抗风压能力时，在其他设计不变的情况下，增强中横框或中竖框设计，是提高门窗的抗风压性能的常用有效的技术和材料措施。

不同的受力构件，应进行门窗极限尺寸计算。

### 3. 绘制设定抗风压指标下的门窗极限尺寸图表

在设定抗风压指标条件下，通过更换不同的中竖框和中横框，确定达到设定抗风压指标时的门窗极限尺寸。

工程设计时，为了方便快速确定门窗的极限尺寸是否满足抗风压性能要求，应根据门窗不同风压作用下的门窗极限尺寸画出关系曲线表。

## 7.2 五金配置规则

五金配置规则，应包括系统门窗产品族的门窗开启形式与五金应用规则，并包括下列内容：

（1）同一开启形式、不同门窗扇尺寸下五金件列表，包括物料名称、型号、编码、适用条件、锁点数量、规格、数量和安装位置。

（2）五金件承重等级描述。

（3）五金件安装槽孔形状、安装位置尺寸、锁闭装置的固定方式。

（4）锁点、合页的最大间距。

### 1. U 槽五金配置规则

以常见的内平开下悬窗为例说明。

（1）内平开下悬窗型材节点图。

U 槽内平开下悬窗型材节点图，如图 7-1 所示。

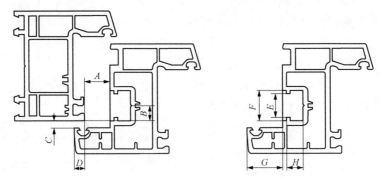

图 7-1　U 槽内平开下悬窗型材节点图

（2）配置简表（示例）。

五金配置可采用表 7-1 数据。

表 7-1　　　　　　　　　　　　　　　U 槽五金配置简表

| 简图 | 序号 | 名称 | 型号 | 物料编码 | 数量 | 安装位置 | 备注 |
|---|---|---|---|---|---|---|---|
| | 1 | 传动锁闭器 | | | 1 | | |
| | 2 | 传动机构用执手 | | | 1 | | |
| | 3 | 防误操作器 | | | 1 | | |
| | 4 | 锁座 | | | 1 | | |
| | 5 | 转角器 | | | 1 | | |
| | 6 | 边传动杆 | | | 1 | | |
| | 7 | 斜拉杆 | | | 1 | | |
| | 8 | 上合页 | | | 1 | | |
| | 9 | 下合页 | | | 1 | | |
| | 10 | 中间锁 | | | 1 | | |
| | 11 | 支撑座 | | | 1 | | |

注 1. 图示为外视图。

　2. 表中的简图和名称仅用于示例，各五金子系统供应商可根据自己的实际情况进行更改。

（3）五金件选择要求。

1）根据型材断面构造要求，选择 12/20—9 及 12/20—13 系列，且型材符合 JG/T 176—2015《塑料门窗及型材功能结构尺寸》的要求。

2）根据不同的窗高及窗宽，应选择对应的合适尺寸的传动锁闭器和斜拉杆。传动锁闭器及斜拉杆的选择应符合第 4 条的规定。

3）根据型材断面大小，选择合适中心距的传动锁闭器。

4）根据窗扇的总质量以及窗宽和窗高确定相应承载级别的合页。

5）锁点数量应根据窗扇的设计风荷载标准值、尺寸、锁点和锁座受力能力确定，宜按下述公式计算，锁点宜受力均匀。

$$n_1 \geqslant W_k S / f_a \qquad (7\text{-}1)$$

式中　$n_1$——锁点的个数，取不小于计算值的自然数；

　　　$W_k$——风荷载标准值（kN/m$^2$）；

　　　$S$——门窗扇面积（m$^2$）；

　　　$f_a$——单个锁点允许使用的剪切力，取 800N 值计算。

根据实际使用情况，可参考沿扇型材槽口方向，每 400~600mm 布置一个锁点，且锁点数量不得少于上述公式计算值。

6）根据五金子系统供应商提供的内平开下悬窗宽、高、承载关系示意图（图7-2）（以承重 80kg 为例）或五金件应用范围表（见表 7-2），并结合窗扇开启力要求，确定合适的窗尺寸和质量。

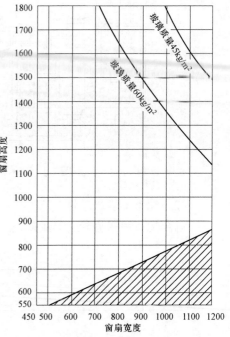

图 7-2　U 槽内平开下悬窗窗宽、高、承载关系示意图

表 7-2　　　　　　　　　U 槽五金件应用范围表

| 宽度适用范围 | 高度适用范围 | 宽高比 | 最大承重 | 备注 |
|---|---|---|---|---|
|  |  |  |  |  |

（4）内平开下悬五金系统中，窗扇宽、高变化时，斜拉杆和传动锁闭器需进行相应地选择应用，可采用表 7-3。

表 7-3　　　　窗扇宽、窗高变化时，斜拉杆和传动锁闭器选择示意表

|  | $A{\sim}B$ mm | $C{\sim}D$ mm | $E{\sim}F$ mm |
|---|---|---|---|
| $A{\sim}B$ mm | 斜拉杆型号：1、2、…<br>传动锁闭器型号：1、2、… |  |  |
| $C{\sim}D$ mm |  |  |  |
| $E{\sim}F$ mm |  |  |  |
| $G{\sim}H$ mm |  |  |  |
| $I{\sim}J$ mm |  |  |  |
| $K{\sim}L$ mm |  |  |  |

## 2. C 槽五金配置规则

以常见的内平开下悬窗为例说明。

（1）内平开下悬窗型材节点图。

C 槽内平开下悬窗型材节点图如图 7-3 所示。

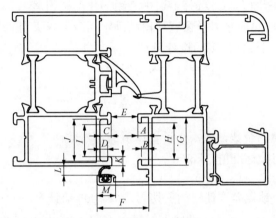

图 7-3　C 槽内平开下悬窗型材节点图

（2）配置简表。

五金配置输出可采用表 7-4。

表 7-4　　　　　　　　　　C 槽五金配置简表

| 简图 | 序号 | 名称 | 型号 | 物料编码 | 数量 | 安装位置 | 备注 |
|---|---|---|---|---|---|---|---|
| | 1 | 传动锁闭器 | | | 1 | | |
| | 2 | 传动机构用执手 | | | 1 | | |
| | 3 | 转角器 | | | 1 | | |
| | 4 | 斜拉杆 | | | 1 | | |
| | 5 | 合页 | | | 1 | | |
| | 6 | 撑挡 | | | 1 | | |
| | 7 | 翻转支撑 | | | 1 | | |
| | 8 | 防脱器 | | | 1 | | |
| | 9 | 支撑块 | | | 1 | | |
| | 10 | 锁座 | | | n | | |

注 1. 图示为外视图。
　 2. 表中的简图和名称仅用于示例，各五金子系统供应商可根据自己的实际情况进行更改。

（3）选择要求。

1）应选择与指定型材槽口匹配的五金件系统。

2）适用于窗扇槽口宽度 350～1600mm，高度 500～2000mm 的窗型。

3）根据不同窗宽应选择对应的合适尺寸的斜拉杆。

4）根据型材断面大小，选择合适中心距的传动锁闭器。

5）根据窗扇的总质量以及窗宽和窗高确定相应承载级别的合页。

6）锁点数量应根据窗扇的设计风荷载标准值、尺寸、锁点和锁座受力能力确定，宜按下述公式计算，锁点宜受力均匀。

$$n_1 \geqslant W_k S / f_a \tag{7-2}$$

式中　$n_1$——锁点的个数，取不小于计算值的自然数；

　　　$W_k$——风荷载标准值，kN/m²；

　　　$S$——门窗扇面积（m²）；

　　　$f_a$——单个锁点允许使用的剪切力，取 800N 值计算。

据实际使用情况，可参考沿扇型材槽口方向，每 400～600mm 布置一个锁点，且锁点数量不得少于上述公式计算值。

7）根据五金子系统供应商提供的内平开下悬窗窗宽、高、承载关系示意图（以承重 80kg 为例）（图 7-2）或五金件应用范围表（表 7-4），并结合窗扇开启力要求，确定合适窗尺寸及重量。

（4）内平开下悬五金系统中，窗扇宽、高变化时，斜拉杆需进行相应的选择应用（表 7-5）。

表 7-5　　　　　　　　　　窗扇宽、变化时，斜拉杆选择示意表

| 窗宽 | $A\sim B$ mm | $C\sim D$ mm | $E\sim F$ mm |
|---|---|---|---|
| 斜拉杆型号 | 型号 1、型号 2…. | 型号 1、型号 2… | 型号 1、型号 2… |

注：与斜拉杆和转角器配合的铝传动杆长度=窗宽–329mm。

# 7.3　热工设计规则

热工计算的方法及采用标准，系统门窗产品族不同开启形式下，采用不同中空玻璃组成的门窗的节能性能指标列表，包括传热系数、太阳能总透射比、可见光透射比、遮阳系数等指标。

## 1. 热工计算方法及采用标准

系统门窗的热工计算采用标准及计算方法参照 JGJ/T 151—2008《建筑门窗玻璃幕墙热工计算规程》。

### 2. 系统门窗产品族不同配置下的热工性能表

建筑门窗中，框型材面积占比为 20%～30%，玻璃面积占比为 70%～80%。面积占比较大的玻璃对门窗的节能性能和隔声性能有着较大的影响。因此，门窗的设计中，在型材及门窗形式确定的情况下，通过配置不同的玻璃，可以得到门窗整体性能不同的节能性能和隔声性能。

影响门窗玻璃节能性能的因素主要有多腔中空玻璃及充入惰性气体和玻璃腔体厚度、Low-E 玻璃（单银、双银或三银）、真空玻璃、中空和真空复合玻璃等。

热量的传导途径主要有三种：对流、传导和辐射，因此，要降低玻璃的传热系数，就要从减少玻璃的热辐射、对流传热及热传导。在中空玻璃腔体内充入氩气等惰性气体、增加腔体数量或采用 Low-E 膜及采用真空复合玻璃是有效降低热量通过玻璃的有效方法。

分别列出不同开启形式下，采用不同玻璃配置下的系统门窗产品族的热工性能列表，以供工程设计时参考选用。工程设计时采用何种玻璃配置方案，应与系统门窗整体节能设计要求相符，还要与工程设计要求及经济效益相一致。

## 7.4 隔声计算规则

隔声计算规则，应包含隔声计算的算法及采用标准，系统门窗产品族不同开启形式下，不同配置中空玻璃组成的门窗的声学性能指标列表。

影响门窗玻璃隔声性能的因素主要有中空玻璃的腔数及腔体厚度和玻璃厚度、夹层玻璃、真空玻璃及其组成的复合玻璃。

声音的传播需要介质，无论是固体、液体还是气体都可以传声，但没有介质的真空环境下，声音却是无法传播的，因此真空玻璃的真空层有效地阻隔了声音的传播。真空玻璃在中低频表现出良好的隔声性能，在 100～5000Hz（包含低、中、高频）的计权隔声量比中空玻璃高 2dB；在 100～1000Hz（包含低、中频）的计权隔声量计算中，真空玻璃计权隔声量比中空玻璃高 4dB，夹层玻璃和真空玻璃在中低频表现相近，都明显高于中空玻璃。真空玻璃在低频段隔声量较高，这主要是因为真空玻璃的四边是刚性连接，所以较其他形式的玻璃抗变形能力强、劲度大。低频段的隔声量受劲度大小的影响，劲度越大，隔声性能越好。在低频段，随着频率的增加隔声量略有减少，这是劲度和质量共同作用的结果。

声音传播以声波的形式传递，因此，玻璃隔声有三种方法，一是将声波硬性反射回去；二是通过阻尼将声波吸收；三是取消声波传递介质（真空），最终达到阻隔声波通过玻璃传递的效果。

系统设计时，应给出不同的隔声性能玻璃配置方案，以供工程设计时根据不同的工程实际要求选用。

# 7.5 加工尺寸计算方法

门窗加工尺寸的计算方法，应包括系统门窗产品族不同开启方式下，框型材、扇型材、中横（竖）框型材、玻璃压条、切割角码型材及拼樘料型材等在不同组装工艺下的不同下料计算方法。

不同的加工工艺，加工尺寸计算方法不同。

## 1. 铝合金门窗的组装工艺

（1）框扇组装方式。

铝合金门窗的框扇组装方式有 45°角对接、90°对接和垂直插接三种。如图 7-4 所示。

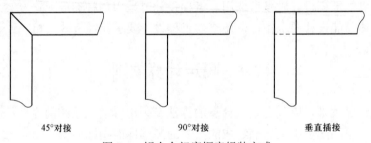

45°对接          90°对接          垂直插接

图 7-4　铝合金门窗框扇组装方式

（2）中横框（中竖框）组装方式。

一种采用全榫接连接方式，一种是翼边端铣其他部位 90°连接，如图 7-5 所示。

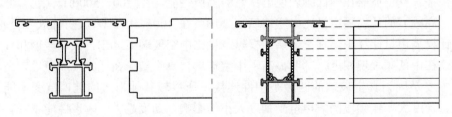

图 7-5　中竖（横）框端铣组装方式

（3）拼樘窗组装方式。

拼樘连接组装方式一种是 45°组装，另一种是 90°组装。

（4）玻璃压条组装方式。

玻璃压条对接方式一种是 45°组装，另一种是 90°组装，还与是否带有压条安装卡件有关。

### 2. 塑料门窗的组装工艺

（1）全部采用热熔融焊接成型。

塑料门窗全部焊接成型的组装方式是下料后包括框扇及中横（竖）框等主要构件全部采用热熔焊接成型工艺，下料计算要考虑热容量及中横（竖）框 V 型焊接的长度计算。

（2）焊接与机械连接（螺接）相结合成型。

塑料门窗的焊接与机械连接（螺接）相结合成型，主要是框扇采用焊接成型，中横（竖）框采用螺接，下料计算时中横（竖）框是 90°拼接，拼接的方式同样要考虑图 7-6 所示不同的组装方式引起的下料长度不同。

（3）整窗全部采用机械连接成型。

塑料门窗全部采用机械连接成型，下料计算时不用考虑焊接时的热容量，但中横（竖）框采用螺接，下料计算时中横（竖）框是 90°拼接，拼接的方式同样要考虑图 7-6 所示的不同组装方式带来的计算长度变化。

（4）拼樘组装方式。

拼樘连接组装方式一种是 45°组装，另一种是 90°组装。

（5）玻璃压条组装方式。

玻璃压条对接方式一种是 45°组装，另一种是 90°组装。

从上面不同材质的系统门窗、不同的组装方式可知，不同的组装工艺，门窗的下料尺寸计算是不同的。制定工程设计规则时应根据组装工艺来给出下料尺寸计算方法和工艺。稳定的加工工艺是系统门窗区别于非系统门窗的特征之一，也是系统门窗质量稳定的保证。

# 7.6 其他设计规则

（1）连接构造、拼樘构造、延伸功能构造的加工孔槽的设计，包括形状、尺寸、位置和数量。

（2）气压平衡孔和排水孔的设计，包括尺寸、位置、数量、孔和槽的形状和尺寸。

（3）排水通道的说明或示意图。

（4）异形门窗的加工设计说明，包括尺寸、位置、构造、材料。

（5）用图集、图表或软件明确表达出门窗形式、构造、材料、技术和性能的逻辑关系。

# 第8章
# 加工工艺设计

## 8.1 工艺及工艺文件

工艺是指劳动者利用各类生产工具对各种原材料、半成品进行加工或处理，最终使之成为成品的方法与过程。

制订工艺的原则是技术先进和经济合理。由于不同工厂的设备生产能力、精度以及工人熟练程度等因素都大不相同，所以对于同一种产品而言，不同的工厂制定的工艺是不同的，甚至同一个工厂在不同的时期制定的工艺也不同。

### 8.1.1 工艺文件

工艺文件主要是指如何在过程中实现最终产品的操作文件。应用于生产的叫生产工艺文件，有的称为标准作业流程，也有称为作业指导书。

#### 1. 工艺文件内容

工艺文件包括工艺目录、工艺文件变更记录表、工艺流程图、工位/工序工艺卡片。

（1）工艺目录。整个文件的目录，需要标明当前各文件的有效版本。

（2）变更记录。在文件内容变更后，进行走变更流程的记录，这些主要内容有：变更的内容页名称、变更的依据文件编号、变更前和变更后的版本。

（3）流程图。是指事物特定的内在逻辑先后顺序关系，建立在事物的物理模型基础之上，必要时提供这些流程中的操作者及对操作的素质要求、需要的人力、每一个工序花费时间、操作要点、达到的标准、采用工具等。

（4）工位/工序的工艺卡片。具体到每一个工序环节，为操作者使用，要写明本工位（或工序）名称、前工位（或工序）名称、后工位（或工序）名称、所用材料、使用工具、操作要点、标准要求、操作步骤和方法等。

#### 2. 工艺文件编写

材料清单、产品结构设计输出的图样、技术参数、质量验收标准、总装工艺说明、总装工艺要点、部件安装标准等是生产工艺文件编写的输入信息。

编写生产工艺文件，首先按流程图的要求，对整个过程有一个明确而清晰的流程勾画，流程图要细分到一个工位（或工序）。工位的工艺卡片，是按流程中的工位进行一对一地编写，一个工位一张工艺卡（必要时配上图片说明），每张卡片上的产品型号、产品版本、文件编号、工位名称和前后工位的名称都要与流程图相对应，每张工艺卡片的版本是可以互不相同的，因为每张工艺卡可能都存在内容变更的可能（主要是操作方法），也有可能是相关联的几张卡片都有变更。

要使工艺文件真正行之有效，需要经过初稿——验证——优化——最终定型。因此，编写、审核、批准等手续要齐全。在编写审批的过程中要有为改进工艺而提供参考的问题记录及解决办法建议的记录表。

如果在产品设计阶段编写生产工艺输出的工艺性文件，可以简单一些，或不按产品（或整机系统）的安装顺序来编写，可以是按各自学科的内容来编写，按功能模块来编写。

门窗公司在建立开发团队时，可以安排一个生产工艺人员，在团队中指导设计人员输出的工艺文件对生产逻辑过程的合理性，或让生产工艺人员直接在设计完成输出生产工艺文件。工艺文件的编写技术，需要熟悉生产管理、技术文件设计、产品标准、生产设备、检验设备及产品质量控制等知识。

## 8.1.2　工艺设计

工艺设计是指工艺规程设计和工艺装备设计的总称。工艺设计是生产性建设项目设计的核心，是根据工业生产的特点、生产性质和功能来确定的。

### 1. 工艺设计内容

（1）确定车间的生产纲领，说明产品的规格与产量，确定原材料、水、电、劳动力等供应条件。

（2）拟定车间的生产工艺过程，说明生产工艺流程、主要生产设备和辅助设备的规格及数量，确定车间的面积、设备的平面布置和剖面高度，明确动力、空气、电力等需要量和采取的供应方法，拟定安全技术与劳动保护措施。

（3）计算工厂原材料和半成品的需求量，以及运输、通信、照明、取暖、给水排水等需求量，确定必要的工时与劳动力消耗量，计算固定资产、流动资金、产品成本和投资效益。

（4）确定全厂生产经营管理体系，明确各车间的生产任务和相互之间的协作联系，编制生产经营计划、产品质量检验、产品供销订货等制度，拟定劳动和生产组织及工作制度等。

### 2. 拟订工艺路线

拟订工艺路线是设计工艺规程最为关键的一步，需按顺序完成以下几方面的工作。

（1）选择定位基准。

1）基准重合原则。应尽可能选择被加工表面的设计基准为精基准，这样可以避免由于基准不重合引起的定位误差。统一基准原则应尽可能选择用同一组精基准加工工件上尽可能多的加工表面，以保证各加工表面之间的相对位置关系。

2）互为基准原则。当工件上两个加工表面之间的位置精度要求比较高时，可以采用两个加工表面互为基准反复加工的方法。

3）自为基准原则。一些表面的精加工工序，要求加工余量小而均匀，常以加工表面自身为基准。

4）粗基准的选择原则。保证零件加工表面相对于不加工表面具有一定位置精度的原则，被加工零件上如有不加工表面应选不加工面作粗基准，这样可以保证不加工表面相对于加工表面具有较为精确的相对位置表面为不加工表面。当零件上有几个不加工表面时，应选择与加工面相对位置精度要求较高的不加工表面作粗基准。

5）合理分配加工余量的原则。从保证重要表面加工余量均匀考虑，应选择重要表面作粗基准。

6）加工粗基准选择便于装夹的原则。为使工件定位稳定，夹紧可靠，要求所选用的粗基准尽可能平整、光洁，不允许有锻造飞边、铸造浇冒口切痕或其他缺陷，并有足够的支承面积。

7）粗基准一般不得重复使用的原则。在同一尺寸方向上粗基准通常只允许使用一次，这是因为粗基准一般都很粗糙，重复使用同一粗基准所加工的两组表面之间位置误差会相当大，因此，粗基一般不得重复使用。

（2）表面加工方法的选择。

首先根据零件表面的技术要求和工厂具体条件，先选定它的最终工序方法，然后再逐一选定该表面各有关前导工序的加工方法。同一种表面可以选用各种不同的加工方法加工，但每种加工方法所能获得的加工质量、加工时间和所花费的费用却是各不相同的，技术人员要根据具体加工条件（生产类型、设备状况、工人的技术水平等）选用合适的加工方法，加工出满足图样要求的零件。具有一定技术要求的加工表面，一般都不是只通过一次加工就能达到图样要求的，对于精密零件的主要表面，往往要通过多次加工才能逐步达到加工质量要求。

（3）加工阶段的划分。

1）粗加工阶段。将零件的加工过程划分为加工阶段的主要目的是：①保证零件加工质量；②有利于及早发现零件缺陷并得到及时处理；③有利于合理利用机床设备。此外，将工件加工划分为几个阶段，还有利于保护精加工过的表面少受磕碰损坏。

2）半精加工阶段、精加工、光整加工阶段，工序的集中与分散。①工序集中原则。按工序集中原则组织工艺过程，使每个工序所包括的加工内容尽量多些，将许多工序组成一个集中工序，最大限度地工序集中；②工序分散原则。按工序分散原则组织工艺过程，就是使每个工序所包括的加工内容尽量少些，最大限度地工序分散就是每个工序只包括一个简单工步。

传统的流水线、自动线生产基本是按工序分散原则组织工艺过程的，这种组织方式可以实现高生产率生产，但对产品改型的适应性较差；采用数控机床、加工中心按工序集中原则组织工艺过程，生产适应性反而好，转产相对容易，虽然设备的一次性投资较高，但由于有足够的柔性，仍然受到愈来愈多的重视。

3）工序顺序的安排。机械加工的工序是先安排加工定位基准面，再加工其他表面；先加工主要表面，后加工次要表面；先安排粗加工工序，后安排精加工工序；先加工平面，后加工孔；热处理工序及表面处理工序的安排为改善工件材料切削性能安排的热处理工序。例如，退火、正火、调质等，应在切削加工之前进行。

（4）机床设备与工艺装备的选择。

选择机床设备的尺寸规格应与工件的形体尺寸相适应，精度等级应与本工序加工要求相适应，电机功率应与本工序加工所需功率相适应，机床设备的自动化程度和生产效率应与工件生产类型相适应。

工艺装备的选择将直接影响工件的加工精度、生产效率和制造成本，应根据不同情况适当选择。在中小批生产条件下，应首先考虑选用通用工艺装备（包括夹具、刀具、量具和辅具）；在大批大量生产中，可根据加工要求设计制造专用工艺装备。

机床设备和工艺装备的选择不仅要考虑设备投资的当前效益，还要考虑产品改型及转产的可能性，应使其具有足够的柔性。

**3. 尺寸及其公差确定**

零件图上所标注的尺寸公差是零件加工最终所要求达到的尺寸要求，工艺过程中许多中间工序的尺寸公差，必须在设计工艺过程中予以确定。工序尺寸及其公差一般都是通过解算工艺尺寸链确定的。

**4. 尺寸链分析**

（1）定位基准与设计不重合时，工序尺寸公差的计算。

（2）一次加工满足多个设计尺寸要求时，工序尺寸及其公差的计算。

（3）用工艺尺寸图表追迹法计算工序尺寸和余量。

在制定工艺过程或分析现行工艺时，经常会遇到既有基准不重合的工艺尺寸换算，又有工艺基准的多次转换，还有工序余量变化的影响，整个工艺过程中有着较复杂的基准关系和尺寸关系。

为了经济合理地完成零件的加工工艺过程,必须制定一套正确而合理的工艺尺寸。

### 8.1.3 工艺规程

工艺规程是用文字、图表和其他载体确定下来,指导产品加工和工人操作的主要工艺文件。它是企业计划、组织和控制生产的基本依据,是企业保证产品质量,提高劳动生产率的重要保证。工艺规程是组成技术文件的主要部分,是工艺装备、材料定额、工时定额设计与计算的主要依据,是直接指导工人操作的生产法规,它对产品成本、劳动生产率、原材料消耗有直接关系。工艺规程编制的质量高低,对保证产品质量起着重要作用。

工艺规程的形式主要有三种:工艺过程卡 (或称工艺路线卡)、工艺卡和工序卡。实际生产中应用什么样的工艺规程要视产品的生产类型和所加工的零部件具体情况而定。一般而言,单件小批生产的一般零件只编制工艺过程卡,内容比较简单,个别关键零件可编制工艺卡;成批生产的零件一般多采用工艺卡片,对关键零件则需编制工序卡片;大批量生产中的绝大多数零件,则要求有完整详细的工艺规程文件,往往需要为每一道工序编制工序卡片。

工艺规程的主要内容包括:①产品特征,质量标准;②原材料、辅助原料特征及用于生产应符合的质量标准;③生产工艺流程;④主要工艺技术条件、半成品质量标准;⑤生产工艺主要工作要点;⑥主要技术经济指标和成品质量指标的检查项目及次数;⑦工艺技术指标的检查项目及次数;⑧专用器材特征及质量标准。

#### 1. 工艺过程卡

工艺过程卡 (或称工艺路线卡)按零件编制,规定着每个零件在制造过程中所要经过的工艺路线、工序名称、所使用的设备和工艺装备等,是指导零件加工的概略的综合性文件。

工艺过程卡是一种最简单和最基本的工艺规程形式,它对零件制造全过程作出粗略的描述。卡片按零件编写,标明零件加工路线、各工序采用的设备和主要工装以及工时定额。

#### 2. 工艺卡

工艺卡按零件分车间 (工艺阶段)编制,规定着零件在一个车间(工艺阶段)内所要经过的各道工序以及每道工序所用设备、工艺装备和加工规范等,是各车间进行作业准备和组织生产的依据。

工艺卡一般是按零件的工艺阶段分车间、分零件编写,包括工艺过程卡的全部内容,只是更详细地说明了零件的加工步骤。卡片上对毛坯性质、加工顺序、各工序所需设备、工艺装备的要求、切削用量、检验工具及方法、工时定额都作出具体规定，有时还需附有零件简图。

### 3. 工序卡

工序卡按零件的每道工序编制，详细规定着各道工序的操作方法、技术要求和注意事项等，并附有加工简图，是用来具体指导工人操作的工艺文件。

工序卡是一种最详细的工艺规程，它是以指导工人操作为目的进行编制的，一般按零件分工序编号。卡片上包括本工序的工序简图、装夹方式、切削用量、检验工具、工艺装备以及工时定额的详细说明。

### 4. 工艺规程作用

工艺规程是规定产品或零部件加工工艺过程和操作方法等的工艺文件。因此，加工工艺规程在机加工中起着重要的作用，主要包括以下的几个方面：

（1）指导生产。机械加工车间生产的计划、调度，工人的操作，零件的加工质量检验，加工成本的核算，都是以工艺规程为依据的。处理生产中的问题，也常以工艺规程作为共同依据。如处理质量事故，应按工艺规程来确定各有关单位、人员的责任。

（2）生产准备工作的依据。车间要生产新零件时，首先要制订该零件的机械加工工艺规程，再根据工艺规程进行生产准备。如:新零件加工工艺中的关键工序的分析研究；准备所需的刀、夹、量具（外购或自行制造）；原材料及毛坯的采购或制造；新设备的购置或旧设备改装等，均必须根据工艺来进行。

（3）新厂（车间）的技术文件。新建（改建、扩建）批量或大批量机械加工车间（工段）时，应根据工艺规程确定所需机床的种类和数量以及在车间的布置，再由此确定车间的面积大小、动力和吊装设备配置以及所需工人的工种、技术等级、数量等。

此外，先进的工艺规程还起着交流和推广先进制造技术的作用。典型工艺规程可以缩短工厂摸索和试制的过程。因此，工艺规程的制订是对于工厂的生产和发展起到非常重要的作用，是工厂的基本技术文件。

### 5. 设计原则

工艺规程设计需要相关资料，包括产品装配图、零件图，产品验收质量标准，产品的年生产能力，原材料生产条件，制造厂的生产条件，包括机床设备和工艺装备的规格、性能和当前的技术状态，工人的技术水平，工厂自制工艺装备的能力以及工厂供电、供气的能力等有关资料，工艺规程设计、工艺装备设计所用设计手册和有关标准，国内外有关制造技术资料等。

工艺规程设计原则包括：

（1）所设计的工艺规程必须保证机器零件的加工质量和装配质量，达到设计图样上规定的各项技术要求。

（2）工艺过程应具有较高的生产效率。

（3）尽量降低制造成本。

（4）注意减轻工人的劳动强度，保证生产安全。

## 8.2 系统门窗的加工工艺设计

在系统门窗总体方案和子系统设计方案初步设计完成后，应进行系统门窗的加工工艺研发设计。

### 8.2.1 工艺设计依据

#### 1. 相关标准规定

系统门窗的工艺设计应符合相关标准要求，包括产品标准、技术标准、工艺设计标准等。对于制定有企业标准的，还应符合企业标准要求。

企业标准的制定应根据本企业所生产产品的质量要求、技术要求及生产工艺水平，同时还应满足相关标准要求。企业标准的质量要求或技术要求应高于国标要求，企业标准还应及时修订，修订的依据可随国标的修订或企业产品的质量要求升级而修订。制定了企业标准后就应按照企业标准进行产品质量控制。

#### 2. 产品技术手册

系统门窗技术手册包括以下内容：

（1）系统型材规格、型号、尺寸。

（2）五金配置要求。

（3）玻璃配置要求。

（4）密封材料配置要求。

（5）门窗产品立面图、剖面图、节点图及大样图等。

（6）构件、部件加工及产品组装等工艺技术要求。

（7）门窗产品设备工装要求。

（8）门窗产品安装节点图及安装工艺要求。

可见，产品技术手册是系统门窗产品的材料及技术要求的汇总，包括系统门窗的材料、构造、门窗形式及其逻辑关系的材料手册、系统门窗加工工艺及工装手册、系统门窗安装工艺手册等，是系统门窗工艺设计的技术依据。

## 8.2.2  工艺流程设计

工艺流程设计包括工序设计和设备布局。

### 1. 工序设计

工艺流程是指生产某种门窗产品过程中，全部工序的转接程序，是指导全部工序先后顺序优化排列组合的工序文件，一般用工艺流程图来表示。门窗的整个生产工艺流程中每个工序用一个小方框表示，众多的工序小方框之间用箭头表示前后顺序和位置。这种工序与工序之间的有序排列组合并在关键工序上注明标记就是工艺流程。

一种门窗产品加工首先要确定由多少工序组成，哪道工序在前，哪道工序在后。各工序之间是怎样的对应关系，工艺流程的方向如何走法，这些都是一个企业重大的技术问题。必须认真对待，否则加工的产品就不能保证质量，生产效率就不能得到保证。正确的工艺流程是保证产品质量、节约材料、节约人力、提高工效的前提条件。因此，工艺流程是生产工艺中的纲领性文件，是技术宏观控制性文件。

（1）铝合金门窗加工工艺流程。

隔热平开铝合金窗加工工艺流程如图 8-1 所示。

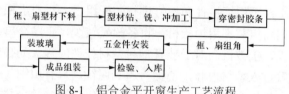

图 8-1  铝合金平开窗生产工艺流程

不同的产品系列，加工工艺不同，如推拉门窗与平开门窗；不同的组装方式，加工工艺不同，如平开门窗挤角组角和销钉组装；不同的技术要求，加工工艺不同，如系统门窗与非系统门窗。

（2）塑料门窗加工工艺流程。

PVC 塑料门窗加工工艺技术有两种，采用焊接机热熔焊接和采用螺钉机械连接。其工艺方案有三种：整窗（门）全部采用热熔融焊接成型、焊接与机械连接（螺接）相结合成型及整窗全部采用机械连接成型。

1）全焊接工艺。全焊接成形工艺是将 PVC 型材按门窗规格进行各杆件的下料切割后，将排水孔、气压平衡孔、五金安装孔、槽等须预先机加工的零部件进行加工出来，将增强衬钢按要求在各杆件内固定好，然后焊接成窗（门）框和窗（门）扇，最后装配五金件使框扇合拢并装玻璃。这种工艺方案的主要特征是窗（门）框和窗（门）扇及它们的分格型材全部焊接成形。

PVC 平开塑料门窗全焊成形工艺螺接组流程如图 8-2 所示。

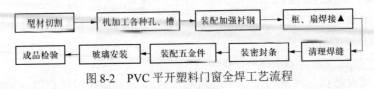

图 8-2　PVC 平开塑料门窗全焊工艺流程

2）焊接－螺接组合工艺。焊接－螺接组合工艺与全焊接工艺的最大不同是对门窗承受风荷载的主要受力杆件，如中横框和中竖框两端铣加工工艺，然后通过螺接件形成 T 型或十字型连接，增强主要受力杆件抵抗风荷载的能力。

PVC 平开塑料门窗焊接-螺接成形工艺流程如图 8-3 所示。

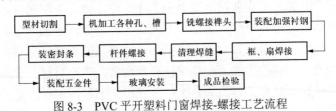

图 8-3　PVC 平开塑料门窗焊接-螺接工艺流程

3）全部机械连接组装成形工艺。全部机械连接组装成形工艺又称为螺接组装工艺。其主要方法是：将各种型材杆件按门窗规格进行下料切割后，将各型材杆件进行机械加工，再用插接件和螺钉进行装配组合，类似于铝合金门窗的装配方法。其优点是门窗组装不用焊接机，设备投资较少，工序简单；其缺点是手工操作量大，费时大，工效低。对于装有钢衬型材杆件的接头处必须做密封处理，以防止雨水或潮气进入型材内腔，使钢衬遭到腐蚀，只有塑钢（铝）复合共挤型材必须采用这种全机械连接组装方法。除生产塑钢（铝）复合共挤门窗外，我国PVC 塑料门窗生产还没有采用全部机械连接组装成形工艺。

（3）铝木门窗加工工艺流程。

铝木门窗包括铝木复合（a 型，俗称木包铝）门窗、实木门窗和铝木复合（b 型，俗称铝包木）门窗。其生产工艺差距较大，甚至完全不同。

1）铝木复合（a 型，木包铝）门窗生产工艺流程。

铝木复合形式不同，复合门窗的生产工艺有所区别。对于铝合金型材和木材先期复合在一起的塑桥式铝木复合型材和胶条压合式铝木型材，由于复合型材作为一个整体材料可以同时加工，因此由其生产的复合门窗生产工艺同作为主材的铝合金型材加工工艺基本相同，也即同铝合金门窗的生产工艺基本相同。而对于后期复合的卡扣式铝木复合型材，由其制作的复合门窗分两部分，即铝合金部分和木材部分。铝合金部分的加工完全与铝合金门窗的生产工艺相同。

对于没有木材烘干、成型加工及表面喷漆的门窗生产企业，复合门窗的木框加工可以通过铝木复合型材生产企业配套购买铝合金型材和木材，木框的加工成型仅仅像铝合金型材的加工一样，通过增加木材切割下料工序、木框组角工序及后期整窗的木铝复合工序。

①木材切割下料工序。通过木材锯切设备将木型材 45°切割，用于木框的组装。

②木框组角工序。将切割好的木型材用专用组角设备（码钉机）码钉合框。

③木铝复合工序。将组合好的木框按照要求装好卡扣，并与铝合金框体复合成型。

2）实木门窗生产工艺流程。

实木门窗的生产工艺较复杂，其中牵涉到木材的烘干、木材的成型加工及木材的表面处理等较复杂的工艺过程。

实木门窗的生产工艺流程如图 8-4 所示。

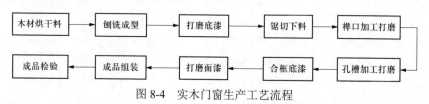

图 8-4　实木门窗生产工艺流程

3）铝木复合（b 型）门窗生产工艺流程。

铝木复合（b 型）门窗生产工艺分为两部分，木型材部分的生产工艺流程同实木门窗的生产加工工艺相同，只是在木框扇组装成型后需按要求在木框上装好复合连接卡扣。铝合金部分的加工工艺同铝合金门窗生产加工工艺相同，组装成型的铝合金部分通过连接卡扣与木框框体复合成型。

（4）加工能力与加工工艺流程。

门窗的加工工艺流程还与企业的年加工能力有关。在门窗加工工艺过程中，存在着有的工序加工能力过盈，有的工序加工能力饱和的情况，因此，在设计大量生产的多条加工工艺生产线过程中，应根据本企业的年生产能力，对不同工序的加工能力统筹设计，最大限度地提高设备的利用效率。

（5）数控技术与加工工艺流程。

随着数控技术及智能制造技术在门窗生产中的应用，给门窗的生产工艺带来了革命性的变化。如数控技术的应用，使门窗制造设备的自动化水平有了较大的提高，普遍应用的锯切加工中心、端铣加工中心、机加工中心等加工中心技术的应用，将门窗生产过程中的很多工序进行的整合，减少了加工工序。

目前，塑料门窗已经有全自动数控生产线，其加工工艺除了必要的加工设备外，还有配套的自动工艺流转传输设备。

### 2. 设备布局

生产设备的布局主要根据生产工艺流程和生产车间的面积及生产能力进行。不同加工设备布置的先后顺序应根据工序加工要求进行，一般按照工艺加工顺序进行布置，这样可以保证上一道工序加工完成的构件就近转移到下一道工序，可以保证工序衔接的最优化。每一道工序之间，各加工构件应通过工艺流转车转接，既提高了工作效率，又可以保护构件。工艺流转车的流转应有专用的通道。所以，对于门窗生产企业来说，生产厂房的面积，应根据生产产品的种类、生产工艺布局和生产规模的大小（生产线的数量）等情况来综合考虑。

对于数控自动化生产线，加工工艺的布局还应考虑各工序之间构件的传输及构件的转移与获取，原料在物料库的存放等。

图 8-5 是生产厂区面积 $1800m^2$ 的铝合金门窗生产工艺流程及设备布局图，图中，型材运输车①3 台，锯切加工中心②1 台，型材运输车③13 台，端面铣床④1 台，双头切割锯⑤1 台，碎屑回收设备⑥2 台，水槽铣⑦2 台，数控仿型铣床⑧1 台，组角机⑨3 台，配件运输车⑩12 台，装配操作台⑪6 个，移动操作台⑫3 个，框型材运输⑬18 个，装配平台⑭6 个，橡胶保护运输车⑮12 台，重物搬运⑯3 台，垂直移动平台⑰8 个，带导轨垂直移动平台⑱2 个，多功能架⑲3 个，成品运输架⑳28 个，玻璃运输架㉑9 个，单头切割锯㉒4 台，包装机㉓1 台。

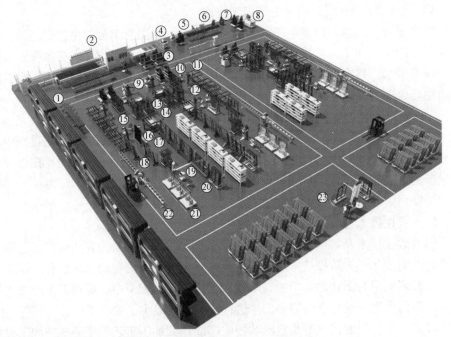

图 8-5　铝合金门窗生产工艺平面布局图

操作人员 19 人，生产能力为每班 8h，生产 110～120 樘推拉窗，平开窗 80～90 樘。

图 8-6 为天辰 MES-TCI 系统，已实现从人工上料后到组角台前的生产过程无人化生产，包括锯切中心自动优化切割、出料、智能分拣传输、钻铣中心自动上下料、钻铣中心自动更新加工内容、输送料台的全自动传输。在端铣工序实现自动加载加工数据的一键式加工，在冲床实现加工数据的看板功能。

图 8-6　天辰 MES-TCI 铝门窗智能加工系统

### 3. 数控技术与智能制造在门窗加工中的应用

（1）数控加工简介。

数字控制（Numerical Control）是近代发展起来的一种自动控制技术，是用数字化的信息实现机床控制的一种方法。数控系统能方便地完成加工信息的输入、自动译码、运算、控制，从而控制机床的运动和加工过程。

数控机床对零件的加工过程，是严格按照加工程序中所规定的参数及动作执行的。它是一种高效的能自动或半自动运行的机床。数控系统的核心是计算机，由于数控装置采用计算机来完成管理和运算功能，使数控系统的可靠性大大提高，价格也大幅度下降。

数控装置要完成的工作包括开机初始化、数控程序的编译、启动机床、进行刀具轨迹的计算、插补计算等项工作，然后将计算结果送给每个坐标轴。

数控机床是高度机电一体化、自动化的产品，最早应用在数控钻床、车床、铣术等要求精度较高的机床上。数控技术在门窗加工行业的应用在近几年才逐渐开始，随着门窗技术的发展，门窗加工行业对数控加工技术的需求逐渐增加。

（2）门窗加工对数控加工技术的需求。

1）自动化程度高，生产效率高。

门窗企业承揽工程时，往往面临工期短，生产量大，供货要求急，原有的生产模式，老式的加工设备已经严重的制约企业的发展。

只要更换一下刀具，数控加工中心即可实现各种动作，可铣、钻、镗等，节省了工序之间运输及重新装夹等辅助空间和时间，并且更换加工品种极其方便，通过变换控制程序就可以实现，大大缩短了换型的周期。由于数控机床在结构设计上采用了有针对性的设计，因此，效率是普通机床的十几倍，加上自动换刀等辅助动作的自动化，使得数控机床的生产效率非常高。

2）加工精度提高，保障产品质量。

国家对建筑门窗节能提出了严格的要求，满足节能要求的新型节能门窗如隔热铝合金门窗、铝木复合门窗、多腔三密封塑料门窗及近年较快发展的铝塑复合门窗和玻璃钢门窗等得到了较快发展。为了达到良好的节能效果，对节能门窗产品质量及加工、组装提出了更高的要求，包括产品质量要求、加工精度要求、操作人员素质的要求及质量管理水平的要求等。

数控机床在进给机构中采用了滚珠杠螺母机构，使机械传动误差尽可能小，利用软件进行精度校正和补偿，使传动误差进一步减少。由于加工过程是程序控制，减少了人为因素对加工精度的影响。这些措施不仅保证了较高的加工精度，同时还保证了较高的质量稳定性。

3）合理使用生产资源，加大设备的有效使用面积。

虽然数控加工设备整体较大，但在一台设备上能够完成多个加工工序。相对于传统的加工设备，生产资源和使用面积的综合使用效率有所提高，减少了设备，简化了工序。

4）市场竞争激烈，提高综合能力。

现今门窗行业竞争激烈，特别是一些中小企业星罗棋布，他们靠拼设备，拼人力在市场上占有一席之地，但从长久考虑，人力成本在增大，一个企业在设计、加工能力上需要具有一定的实力。虽然采用先进设备的前期投入较大，但通过降低人工成本及规模化生产可增强企业的市场竞争能力，增加利润。因此对于大中规模的门窗加工企业来说，选用先进的设备，提高生产效率，提高加工质量，提高市场竞争能力刻不容缓。

（3）数控门窗加工设备发展。

门窗加工工艺中主要的几个加工工序是型材下料、各种孔槽钻铣、组装等，针对这些工序的设备有数控切割锯、多轴数控钻铣床、多轴加工中心等。

目前，门窗设备生产企业生产的数控设备有数控双头切割锯、数控摆角双头切割锯、数控钻铣床、加工中心等。数控摆角双头切割锯、塑料门窗数控清角机、塑料门窗数控四角焊机等可实现三轴运动控制。双头加工中心及数控钻铣床采用 3×2 轴运动控制，可双头同时操作，大大提高工作效率。数控钻铣床、加工中心可完成六轴运动控制。用于门窗加工行业的设备主要有以下几种：

1）数控双头切割锯。

①用于自动完成铝型材 22.5°、45°、90°的定尺定角切割加工。

②自动切割定尺，自动实现锯切角度转换，自动程度高。

③具有尺寸补偿功能，重复定位精度高，锯切尺寸精度高。

④可与上位管理计算机进行通信，实现门窗加工计算机辅助设计，辅助制造。

⑤打印产品标签，便于企业生产管理。

2）加工中心。

铝合金型材数控加工中心。①按预先设置程序自动完成各种孔槽的钻铣加工，可以攻螺纹，减少人工操作，自动化程度高；②自动刀具库，实现换刀自动化；③可与上位管理计算机进行通信，自动编程，自动选择最佳加工顺序，提高生产效率；④打印产品标签，便于企业生产管理，使产品标签与产品相对应，便于下一流程检验，有效避免物料混乱和加工错误；⑤由传统的 3 轴到 4 轴、5 轴，功能逐渐加强。

②PVC 型材加工中心。PVC 型材锯切加工中心，可根据输入的参数自动完成型材的 45°切割加工的全过程，适用于大批量、自动化程度要求较高的生产需要，并带有一维线性优化设计软件，具有优化下料功能而实现余料最短。

PVC 型材锯切铣削加工中心，具有锯切类设备及铣削类设备的大部分功能，能自动完成一系列钻削、铣削、切割等型材焊接前的机械加工过程，即自动完成门窗不同构件和不同部位排水孔、气压平衡孔、安装孔、五金配件槽孔的钻、铣加工及型材端头定尺切割，型材 V 形切割。

焊接—清角自动线，由门窗数控四角焊接机、中间运输装置及门窗数控清角机组成。①当贴有标识的型材转到焊接工序时，焊接机的控制部分根据标识的含义，命令机器执行标识所代表的窗尺寸并自动完成焊接过程；②焊接后的框、扇被输送装置送至清角工位，数控清角机根据框、扇规格等信息自动调到相应的清角程序，自动完成焊后角缝清理，依次自动换角；③待四角全部清理后自动取出。

PVC 型材锯切铣削加工中心与焊接清角自动线匹配使用，能够极大的提高 PVC 塑料门窗生产加工效率。

3）数控门窗加工设备发展。

①智能化。门窗生产企业通过信息化、自动化、机械化、网络化技术，实现门窗从订单开始，到设计、加工、组装、储存、交货的所有流程通过网络化实现。

②柔性加工系统。多台数控机床在统一的管理下，实现统一输送、统一下料、统一钻铣、统一组装、入库等工序，这样就构成柔性加工系统（FMS）。

随着物联网络技术的发展，信息化、网络化将促进门窗智能制造的大力发

展。客户在门店下单，

网络技术将客户的需求实时传递到设计中心，经确认后自动传递到智能制造生产线，并且生产线信息系统自动将客户的订单反馈到信息中心，客户通过网络技术实时监控自己订单的进展情况。

（4）智能制造对门窗行业的影响。

智能制造，通过嵌入式的处理器、存储器、传感器、通信模块，把设备、产品、原材料、软件联系在一起，使得产品和不同的生产设备能够互联互通并交换命令，实现智能化生产。"互联网＋"工业而成的工业 4.0 覆盖智能化工厂，智能化生产、智能化物流、智能化服务。

建筑门窗企业工业 4.0 的实现，会使门窗行业的格局发生翻天覆地的变化，跨界竞争成为经济新常态，营销模式被重塑，人工智能取代劳动力，一切都被精准化所控制。然而铝合金门窗厂家要实现工业 4.0 还存在难以预测的风险，还有智能制造背后大数据控制与黑客的防御、连接系统标准化的缺失等也是目前难以克服的难题。

# 8.3　工艺规程设计

工艺规程是用文字、图表和其他载体确定下来，指导产品加工和工人操作的主要工艺文件。它是企业计划、组织和控制生产的基本依据，是企业保证产品质量，提高劳动生产率的重要保证。工艺规程是组成技术文件的主要部分，是工艺装备、材料定额、工时定额设计与计算的主要依据，是直接指导工人操作的生产法规，它对产品成本、劳动生产率、原材料消耗有直接关系。工艺规程编制的质量高低。对保证产品质量第一起着重要作用。

工艺规程的形式主要有三种：工艺过程卡（或称工艺路线卡）、工艺卡和工序卡。实际生产中应用什么样的工艺规程要视产品的生产类型和所加工的零部件具体情况而定。一般而言，单件小批生产的一般零件只编制工艺过程卡，内容比较简单，个别关键零件可编制工艺卡；成批生产的零件一般多采用工艺卡片，对关键零件则需编制工序卡片；大批量生产中的绝大多数零件，则要求有完整详细的工艺规程文件，往往需要为每一道工序编制工序卡片。

工艺规程的主要内容包括：

（1）产品特征，质量标准。

（2）原材料、辅助原料特征及用于生产应符合的质量标准。

（3）生产工艺流程。

（4）主要工艺技术条件、半成品质量标准。

（5）生产工艺主要工作要点。

（6）主要技术经济指标和成品质量指标的检查项目及次数。

（7）工艺技术指标的检查项目及次数。

（8）专用器材特征及质量标准。

建筑门窗加工工艺规程应按大批量生产编写，即工艺规程设计应按工序卡设计要求进行。

### 8.3.1　工序卡设计

工序卡按零件的每道工序编制，详细规定着各道工序的操作方法、技术要求和注意事项等，并附有加工草图，是用来具体指导工人操作的工艺文件。

工序卡片的内容有：产品名称、型号、零部件名称、图号、设备名称、设备编号、设备型号、工装编号、工序名称、工序编号、工序简图、工序标准、操作要求、工艺装备、检测方法、工装定位基准等。工序卡片的绘制以每一种门窗的零部件图样为依据，每个工序一卡，见表 8-1。

在工序卡上，对关键工序应有特殊符号标明。"关键工序"是指在门窗的生产加工过程中，对产品的最终质量起着至关重要的影响的工序，如果该工序出现质量事故，则最终的产品质量必然不合格。在关键工序中，对操作要求、工序标准、检测方法等要写得特别详细，以保证关键工序中加工的产品质量。另外将关键工序以文字形式单独出卡也可以。不管以哪种形式，一定要对关键工序写明、写细，以利于操作人员看懂、看明白。对关键工序上的岗位人员应进行培训上岗，实行挂牌制，以增加岗位人员的工作责任和纪律。

#### 1. 工序简图

工序简图就是要在工序卡片上对零部件的形状画明，注明定位基准、夹紧位置，并对尺寸、公差标出要求。对于简单的零部件，可以在工序卡片上画出，工序简图不要求严格的比例，只要与原零件相似即可，工序简图加工部位用粗实线画出，但一定要标明各种加工的尺寸、开榫和钻孔的位置、形状、数量与尺寸。有些复杂的零部件，在工序卡片上用简图表示有困难时，可以将零部件的原图样附在工序卡片的后面。

#### 2. 工序名称

工序名称是指这一道加工工序是做什么（如下料、组装等）。工序名称是工序卡的要领，其操作要求、工艺装备、检测方法都是在这一要领要求下派生的，一定要明确，不可不填，否则这道工序加工的主要意图就难以明确，甚至出现误解。

表 8-1 扇梃下料工序工艺卡片

| 工艺卡片 | | 产品型号 | WBW55 PLC | 型材规格 | 55 系列 | 每樘件数 | 横竖各 4 | 设备名称 | 双头切割锯 | 设备编号 | | 工序名称 | 扇梃下料 |
|---|---|---|---|---|---|---|---|---|---|---|---|---|---|
| 产品名称 | 平开铝合金窗 | 产品规格 | 150150 | 型材代号 | GR6302 | 每批数量 | | 设备型号 | | 工装编号 | | 工序编号 | 01 |
| 型材米重 | 1.247 kg/m | 构件单重 | | 单件工时 | | 技术要求 | 1. 加工精度：下料长度 $L \leq 2000mm$ 时，允许偏差±0.2mm；$L > 2000mm$ 时，允许偏差-0.3mm；角度允许偏差-5′；<br>2. 切割后型材断面应规整光洁，无变形，无毛刺；<br>3. 型材外表面不得有划伤，色泽一致 | | | | | | |
| | | | | | | 操作要求 | 1. 加工前检查设备运转是否正常；<br>2. 加工时型材要放平，压紧后，注意型材是否变形，型材大面距平台或侧立面是否有间隙，应保证装饰面与设备台面平整；<br>3. 装夹时注意夹紧力适当，防止型材变形，要使用与型材形状相符的垫块；<br>4. 加工和搬运及存放过程中应防止型材变形及饰面划伤；<br>5. 首件必须严格检验，合格后方可生产；<br>6. 异常情况应立即停车，关闭电源检修；<br>7. 对不合格品作出标识，单独存放 | | | | | | |
| 工序简图 | | | | | | 工夹量具 | 专用气动夹具、$\phi420 \times 5$ 锯片铣刀、游标卡卷尺 5m、万能角度尺 | | | | | | |
| | | | | | | 检验方法 | 1. 用卡卷尺测量长度；<br>2. 用万能角度尺测量角度；<br>3. 目测外观；<br>4. 每 10 件抽检 3 件 | | | | | | |
| | | | | | | 注意事项 | 1. 按生产工号将材料存放整齐；<br>2. 型材加工完成后，须放置在安全处，避免型材尖角处碰伤或划伤工作人员 | | | | | | |
| | | | | | | 编制（日期） | | | | | | | |
| | | | | | | 审核（日期） | | | | | | | |
| | | | | | | 会签（日期） | | | | | | | |
| | | | | | | 批准（日期） | | 标记 | 处数 | 更改文件号 | | 签字 | 日期 |

### 3. 工序标准

工序标准是对加工某一零部件在技术上提出的控制要求和达到的质量目标，一般是指加工型材的长度公差，孔和榫的位置公差，或加工表面的粗糙度等要求。技术要求应当以企业所规定的内控质量标准为依据。企业内控质量标准是在满足国家标准要求且高于国家标准的一种企业内部控制标准，是为了确保达到或超过国家标准的标准，因而要按企业内控标准提出的技术要求填写。技术要求的标注一定要有工艺性，要保证企业现有技术水平和规定的工具、度量条件下，可以实现检验的要求。

### 4. 工艺装备

工艺装备简称工装，包括工具、量具、刀具、模具、夹具、组装工作台、型材存放架、运料小车等。

### 5. 检测方法

检测方法是指对加工某个零部件并按照技术要求指导工人，用什么样的检测工具和什么样的检验方法去实现和检验所加工的零部件是否达到技术要求的规定，是指导工人用正确的操作方法去检查验证质量，防止由于检验方法不正确，导致检测数据出现误差。

### 6. 操作要求

操作要求是指工人在加工某一零部件时应采用合理的步骤和方法，明确在加工操作中的注意事项和操作要领。操作要求要指明工装定位基准，以指导工人在加工这一零部件时首先找出零部件加工的基准面，并以这个基准面展开其他工序的加工。一个零部件找不到合理的定位基准，零部件的加工很可能造成废品。除了确定基准面外还应确定夹紧面和定位面。但不是所有工序都有定位基准。需要确定定位基准的工序是指加工复杂的零部件，如下料、打孔开榫等，因为在这些工序中要求的尺寸精度较高，因此必须确定定位基准。对于装密封条、毛条等不复杂、比较简单的工序，可以不列定位基准。

## 8.3.2　工序卡制订原则

工序卡片是指导操作人员进行具体操作加工的强制性技术文件，不同规格的窗型有不同的加工要求，应制订不同的工序卡片。

工序卡片的制订必须由企业的工艺管理部门和技术管理部门统一进行。制订的程序和批准手续一定要符合企业工艺管理制度的要求。

工序卡片的制订以零部件的图样为基础，要以生产设备和工具条件为实施手段。

工序卡片制订原则：

（1）每一种规格窗型要建立一套完整的工序卡。

（2）每一道工序一张工序卡片。

（3）每一张工序卡片包括的内容应填写完整、正确，与工艺流程图统一、一致，与设备台账编号统一、一致，整个工序卡片要有设计、校对、审核人员签字和日期以示责任。

随着门窗生产技术的不断发展，生产工艺必然有所改进、提高，因此工序卡片应随着生产工艺的改进、提高而适时更新。

工序卡片的制订中一定要满足上述要求，填写要完整，内容要正确，可操作性要强，同时还要有一定的先进性。

# 8.4　生产设备与工艺装备设计

## 8.4.1　生产设备

### 1. 生产装备与加工精度

（1）加工误差与加工精度。

零件实际几何参数与理想几何参数的偏离数值称为加工误差。加工精度是指零件加工后的实际几何参数（尺寸、形状和位置）与理想几何参数相符合的程度。加工精度与加工误差都是评价加工表面几何参数的术语。加工误差用数值表示，数值越大，其误差越大。加工精度高，就是加工误差小，反之亦然。

在门窗加工中，构件图上所标注的尺寸偏差是构件加工最终所要求达到的尺寸要求，工艺过程中许多中间工序的尺寸偏差，也必须在设计工艺过程中予以确定。

（2）影响加工精度的原因。

1）机床误差。指机床的制造误差、安装误差和磨损，主要包括机床导轨导向误差、机床主轴回转误差、机床传动链的传动误差。

2）刀具的制造精度和磨损。

3）工艺系统受力变形。工艺系统在切削力、夹紧力、重力和惯性力等作用下会产生变形，从而破坏了已调整好的工艺系统各组成部分的相互位置关系，导致加工误差的产生，并影响加工过程的稳定性。

4）加工现场环境影响。加工现场往往有许多细小金属屑，这些金属屑如果存在与零件定位面或定位孔位置就会影响零件加工精度，对于高精度加工，一些细小的金属屑都会影响到精度。

最终产品的质量取决于零件的加工质量和产品的装配质量，零件加工质量包含零件加工精度和表面质量两大部分。从铝合金门窗的加工组装工艺看，影响门窗产品的尺寸偏差主要有以下几方面：设备加工精度、工艺组装精度、检测设备测量精度及操作人员的素质等。

产品的质量成本与产品的加工精度往往成正比。质量要求高，则要求产品的加工精度高；加工精度高，要求加工设备的加工精度、检测设备的测量精度及操作人员的技术素质高，则产品的设备成本、人力成本相应提高。

在其他条件不变的情况下，设备的加工精度决定了产品尺寸偏差。因此，设备选择是影响工艺设计的重要因素。在确定门窗加工设备精度条件下，门窗产品最终组装尺寸偏差即由各工序尺寸及其偏差累积而来。因此，门窗各加工工序尺寸偏差的指标设置是门窗生产质量控制的精髓，是与各工序加工设备精度、检测设备精度及质量控制要求相辅相成的。

### 2. 生产设备的调试

正常生产的设备应定期进行维护保养，并设置调试周期。随着数控技术在门窗生产中的大量应用，门窗生产过程中大量应用了数控加工设备，这些设备通过数显生产过程中的各种测量及控制参数，包括温度、压力、夹紧力、质量、尺寸、角度等，所有的测控参数都是通过传感器测量并经数字信号转换在显示屏上显示的，这些参数对应的测量传感器存在测量误差，在一定时间内需要进行校准。因此，门窗生产过程中，应根据设备手册定期进行设备校准，才能保证设备测量的准确度，才能保证加工误差在控制要求范围内。

## 8.4.2　工艺装备

工艺装备简称工装，包括工具、量具、刀具、模具、夹具、组装工作台、型材存放架、运料小车等。

工艺装备应与门窗产品规格、型号及加工工艺相匹配，特殊的工装，如模具、夹具等根据工艺要求预先定制。

### 1. 工艺装备要求

（1）工具。手持电、气动钻和手持电、气螺丝刀，手电钻，风钻，手锤，木锤，橡皮锤，尖嘴钳，划笔，铅笔等。

（2）量具。卷尺、游标卡尺、钢板尺、万能角度尺。

（3）刀具和夹具。各种规格的钻头、木工凿子、扁铲、锉刀、铣刀、玻璃切割刀、台钳、虎钳。

（4）模具。定位模板、仿形模板、清角机和端头铣床上专用组合铣刀。这些专用模板和铣刀一部分可以在组装设备订货时由设备生产厂家按门窗生产厂所用的型材系列设计、配套提供。钻模部分由门窗组装厂自行设计制作。

（5）辅助设备和设施。组装工作台、型材存放架、周转运料车、固定货架等，由组装厂自行准备。

（6）专用工装模板和刀具。各门窗组装厂根据所选用的型材断面形状、尺寸及所选用的组装工艺技术路线，必须配备若干种专用工装件。

1）定位模板。有的型材需在双角锯、玻璃压条锯切机床及焊接设备上配置专用的装夹定位模板，平开窗框扇合拢定位模板等。

2）仿形模板。在仿形铣床上要根据型材断面形状、尺寸和五金件的尺寸配置仿形模板。

3）钻模模板。用于安装五金配件，以保证安装位置正确。在焊接—螺接组装工艺路线中用于装配分格型材或组装框扇。

4）组合铣刀。在清角机床和端头铣床上需要配备适合于各系列型材断面形状、尺寸的专用组合铣刀。

## 2. 生产车间要求

（1）门窗加工车间应宽敞明亮，地面光滑、平整清洁。

（2）门窗加工环境应满足加工门窗产品的工艺要求，塑料门窗的加工对环境温度有严格的工艺要求。为保证门窗的加工精度和外观质量，在冬季如果加工塑料门窗、铝塑复合门窗时，应采取必要的措施，保证加工车间室内温度不应低于15℃；实木、铝木复合门窗的木材加工及喷漆环境温度不宜低于15℃，相对湿度应控制在40%～60%；铝合金门窗的加工温度不宜低于5℃；玻璃钢门窗喷漆环境温度不宜低于15℃，相对湿度应控制在40%～60%。

（3）门窗加工车间应有足够的区域存放待加工的型材。冬季加工时应保证型材在适宜的加工环境下存放足够的时间，如塑料型材、铝塑复合型材、玻璃钢型材及木材加工前应在室内放置16h后，方可进行加工；低温存放的铝合金型材在加工前应在加工环境存放4h以上。因冬季加工时，如将在库房内的型材直接用于下料，一是会造成崩料的现象；二是加工的精度会受到影响，因型材有一定的热胀冷缩的现象，要有应力的释放。

（4）门窗加工车间应满足各类加工设备的动力及气源需要，应保持压力和流量的稳定性。

# 8.5 下料尺寸计算

门窗的下料尺寸计算与门窗的开启方式及生产工艺密切相关。门窗的开启方式不同，组装工艺不同，下料尺寸方式不同；即使同一开启方式的产品，由于加工工艺不同，对门窗构件的下料尺寸要求也不同。如平开铝合金系统门窗中横（竖）框螺接工艺不同，其中横（竖）框组装的尺寸要求不同；塑料门窗的中横（竖）框组装有焊接工艺和螺接工艺两种，其下料计算尺寸也有较大不同。因此，门窗的下料计算必须与生产工艺相匹配；即使平开门窗框也分 90°组装和 45°组装，不同的组装工艺，其下料尺寸计算方法也是不同。

## 8.5.1 铝合金门窗的下料计算

（1）框扇下料尺寸。

外框为 45°下料组装时，框横料和竖料的下料尺寸=门窗的宽度（$L$）和高度（$H$）。

扇宽度尺寸：$a = (L-2\times$外框料宽$-$中竖框料宽$+$总搭接量$)/2$。

扇高度尺寸：$b = H-2\times$外框料宽$+$总搭接量。

（2）扇宽度总搭接量=2×（与边框的搭接量＋与中竖框的每边搭接量）。

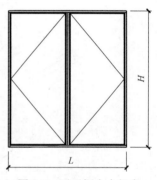

图 8-7 平开铝合金门窗

扇高度总搭接量=2×与边框的搭接量。

（3）玻璃尺寸=内扇的见光尺寸＋2×玻璃镶嵌深度。

【示例】

根据上述下料计算原理，以图 8-8 所示 GR55 隔热铝合金型材按图 8-9 窗型计算各构件下料尺寸。

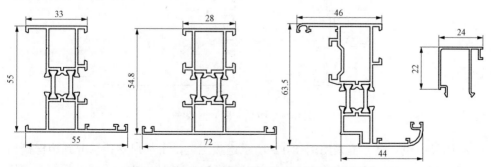

图 8-8 GR55 系列隔热平开铝合金型材断面图

图 8-9 中，中横框、中竖框的下料尺寸计算使用于图 8-10 组装工艺。中横（竖）框下料尺寸计算取到边框槽口底部，连接部位经专用铣床进行与框料配合的榫口铣削加工，如图 8-11 所示。

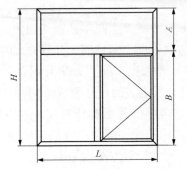

上、下框=$L$（45°）
竖边框=$H$（45°）
中竖框=$B-37$（90°）
中横框=$L-57$（90°）
上、下梃=$L/2-35$（45°）
中、边梃=$B-35$（45°）
亮窗横压条=$L-110$（45°）
亮窗竖压条=$A-47$（45°）
扇横压条=$L/2-171$（45°）
扇竖压条=$B-127$（45°）
固窗横压条=$L/2-91$（45°）
固窗竖压条=$B-47$（45°）

图 8-9　GR55 平开铝合金窗下料计算图

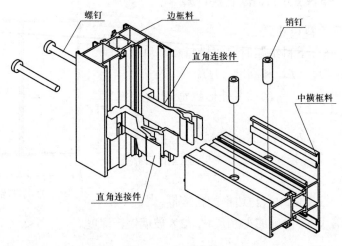

图 8-10　T 形连接

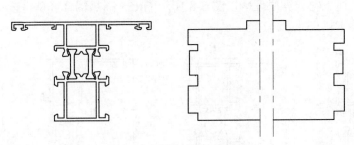

图 8-11　中竖（横）框端铣

如果中横（竖）框采用图 8-12 所示连接工艺，下料尺寸计算取到边框槽口顶部，即留出槽口深度尺寸（5mm），加工时只需经铣床对中横（竖）框料边翼铣削加工，无需进行复杂的榫口加工，简化加工工艺，型材端部与边框连接部位为90°锯切端头，在连接部位安装专用 EPDM 密封发泡胶垫，完全密封端接间隙。

按照图 8-9 所示中横框下料尺寸=边框宽度尺寸−边框内宽尺寸×2

按照图 8-12 所示，中横框下料尺寸=边框宽度尺寸−边框内宽尺寸×2＋边框槽口高度尺寸×2

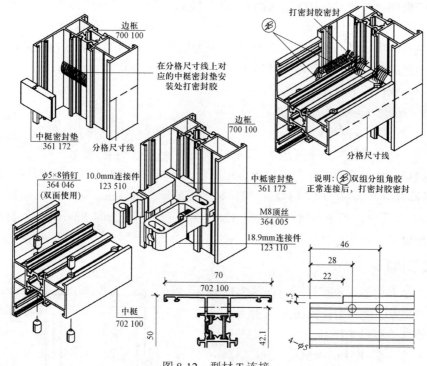

图 8-12 型材 T 连接

## 8.5.2 塑料门窗的下料计算

平开塑料门窗（图 8-13，全焊接）下料计算如下：

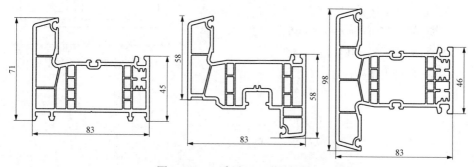

图 8-13 83 系列 PVC 塑料型材

（1）框扇的下料尺寸。

框的下料尺寸=成窗构造尺寸＋焊熔量×2。

扇的下料尺寸=框总高（宽）−框两个小面高＋搭接量×2＋焊熔量×2。

（2）中横（竖）框料的下料计算。

中横（竖）框料的最小长度=中框的下料尺寸＋相应中框的大面宽度。

中框的下料尺寸=中框宽（高）−框大面高×2＋中框的大面宽×2＋焊熔量×2。

注：中横（竖）框料大于下料尺寸不说明能得到所需要的料长度，所以，在计算中框的下料尺寸时下料尺寸要多加一个中框的大面宽尺寸。

（3）V口的下料计算。

V口深度 $h_v$=中框大面宽/2−3。

V口位置=成窗位置+3。

（4）压条的计算。平开压条=框的数量＋中横（竖）框数量×2。

成窗尺寸指窗户制作完成后的实际尺寸，下料尺寸指门窗制作之前材料的切割尺寸，焊接熔量是 PVC 材料在焊接时消耗的量，按 3mm 取：PVC 塑料门窗采用 U 槽五金，其型材槽口配合按 12/20-9 系列，搭接量取 8mm。当型材槽口配合变更时，应注意搭接量的变化。

**【示例】**

根据上述下料计算原理，以图 8-13 所示 83 系列 PVC 塑料型材按图 8-14 所示窗型计算各构件下料尺寸如下。

上、下框=$W$+6（45º）。

左、右边框=$H$+6（45º）。

中竖框=$H$+60（90º）。

上、下挺=$W_2$−46（45º）。

左右挺=$H$−68（45º）。

固定上、下压条=$W_1$−68（45º）。

固定左、右压条=$H$−90（45º）。

扇上、下压条= $W_2$−174（45º）。

扇左、右压条=$H$−206（45º）。

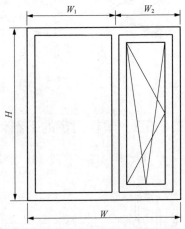

图 8-14　PVC 平开窗下料计算图

# 第9章
# 性能测试优化

系统门窗的性能测试优化是指对构成系统门窗的材料、构造的强度、刚度及整体门窗的性能等进行实验室测试与优化。

## 9.1 材料及连接的测试优化

完成系统门窗技术设计后，应按设计图样进行型材开模，按设计工艺加工制作测试样品。然后对制作样品的材料、构造的强度、刚度和稳定性以及框扇连接强度进行实验室测试，并根据测试结果进行优化、改进，对达不到设计要求或设计过剩的情况，应进行反复设计、计算、测试、优化设计，直到符合设计要求。

对门窗材料及连接构造的测试，应当采用拉伸、压缩、弯曲、剪切、冲击、疲劳、磨损、硬度等检测手段，重点测试门窗的材料、杆件、节点构造、角部连接构造、中竖框和中横框连接构造、框扇连接构造、拼接构造、安装构造的材料本身的强度、耐磨性能，并测试材料与材料之间连接强度、杆件刚度、疲劳等。

### 9.1.1 型材的测试

#### 1. 铝合金型材的测试

（1）铝合金型材的力学性能项目及要求见表 9-1。

表 9-1　　　　　　　　　建筑用铝合金型材力学性能表

| 合金牌号 | 状态 | | 壁厚/mm | 室温纵向拉伸试验结果 | | | | 硬度 | | |
|---|---|---|---|---|---|---|---|---|---|---|
| | | | | 抗拉强度 $R_m$ /(N/mm²) | 规定非比例延伸强度 $R_{p0.2}$/(N/mm²) | 断后伸长率（%） | | 试样厚度/mm | 维氏硬度/HV | 韦氏硬度/HW |
| | | | | | | $A$ | $A_{50\,mm}$ | | | |
| | | | | 不小于 | | | | | | |
| 6005 | T5 | | ≤6.3 | 260 | 240 | — | 8 | — | — | — |
| | T6 | 实心型材 | ≤5 | 270 | 225 | — | 6 | — | — | — |
| | | 空心型材 | ≤5 | 255 | 215 | — | 6 | — | — | — |

| 合金牌号 | 状态 | 壁厚/mm | 室温纵向拉伸试验结果 | | | | 硬度 | | |
|---|---|---|---|---|---|---|---|---|---|
| | | | 抗拉强度 $R_m$ /(N/mm²) | 规定非比例延伸强度 $R_{p0.2}$/(N/mm²) | 断后伸长率（%） | | 试样厚度/mm | 维氏硬度/HV | 韦氏硬度/HW |
| | | | | | $A$ | $A_{50\,mm}$ | | | |
| | | | 不小于 | | | | | | |
| 6060 | T5 | ≤5 | 160 | 120 | — | 6 | — | — | — |
| | T6 | ≤3 | 190 | 150 | — | 6 | — | — | — |
| | T66 | ≤3 | 215 | 160 | — | 6 | — | — | — |
| 6061 | T4 | 所有 | 180 | 110 | 16 | 16 | — | — | — |
| | T6 | 所有 | 265 | 245 | 8 | 8 | — | — | — |
| 6063 | T5 | 所有 | 160 | 110 | 8 | 8 | 0.8 | 58 | 8 |
| | T6 | 所有 | 205 | 180 | 8 | 8 | — | — | — |
| | T66 | ≤10 | 245 | 200 | — | 6 | — | — | — |
| 6063A | T5 | ≤10 | 200 | 160 | — | 5 | 0.8 | 65 | 10 |
| | T6 | ≤10 | 230 | 190 | — | 5 | — | — | — |
| 6463 | T5 | ≤50 | 150 | 110 | 8 | 6 | — | — | — |
| | T6 | ≤50 | 195 | 160 | 10 | 8 | — | — | — |
| 6463A | T5 | ≤12 | 150 | 110 | — | 6 | — | — | — |
| | T6 | ≤3 | 205 | 170 | — | 6 | — | — | — |

室温纵向拉伸试验方法按照 GB/T 16865—2013 的规定进行，维氏硬度的试验方法按照 GB/T 4340.1—2009 的规定进行，韦氏硬度的试验方法按照 YS/T 420—2000 的规定进行。

（2）隔热铝型材的性能。

隔热铝型材的性能包括型材的力学性能、隔热材料性能、传热系数及复合性能。其中，复合性能包括：①穿条型材：纵向抗剪特征值、室温横向抗拉特征值、高温持久荷载性能、弹性系数、蠕变系数、抗弯（抗扭）性能、热循环疲劳性能等；②浇注型材：纵向抗剪特征值、横向抗拉特征值、抗弯性能、热循环变形性能等。

隔热型材的力学性能试验方法按照 GB/T 5237.1—2017 的规定进行，传热系数试验方法按照 GB/T 34482—2017 的规定进行，传热系数的测定方法按照 GB/T 34482—2017 的规定进行，复合性能的测定方法按照 GB/T 28289—2012 的规定进行。

（3）穿条式隔热铝型材抗剪强度对门窗抗风压性能的影响。

隔热铝合金型材具有较好的隔热性能，是目前建筑门窗、幕墙的主要材料。

作为主要受力杆件的隔热铝合金型材，在材料和截面受荷状态确定的情况下，构件的承载能力主要取决于截面的惯性矩和抵抗矩。截面的惯性矩与材料的弹性模量共同决定着构件的挠度即抗风压性能。

穿条式隔热铝合金型材指通过开齿、穿条、滚压工序，将条形隔热材料穿入铝合金型材穿条槽口内，并使之被铝合金型材牢固咬合的复合方式。由于隔热条与铝合金型材复合而成，在进行门窗、幕墙结构计算时，应以其等效惯性矩作为隔热型材的惯性矩。

在隔热型材等效惯性矩的计算时，组合弹性值是影响等效惯性矩的关键参数，组合弹性值与隔热型材的纵向抗剪强度有直接的关系。

1）穿条隔热型材纵向抗剪强度与组合弹性值。

①穿条隔热型材的纵向抗剪强度是指在垂直隔热型材横截面方向作用的单位长度的纵向剪切极限值，按式（9-1）计算：

$$T = F_{max} / L \qquad\qquad (9\text{-}1)$$

式中　$T$——试样长度上所能承受的最大剪切力（N/mm）；

　　$F_{max}$——最大剪切力（N）；

　　$L$——试样长度（mm）。

穿条隔热型材的纵向抗剪特征值：

$$T_c = \overline{T} - 2.02S \qquad\qquad (9\text{-}2)$$

式中　$T_c$——抗剪特征值（N/mm）；

　　$S$——10 个试样单位长度承受的最大剪切力的标准差。

②组合弹性值是在纵向抗剪试验中负荷—位移曲线的弹性变形范围内的纵向剪切增量与相对应的两侧铝合金型材出现的相对应的位移增量和试样长度乘积的比值，是表征铝合金型材和隔热条组合后的弹性特征值。组合弹性值 $c$ 按式（9-3）计算，计算取值如图 9-1 所示。

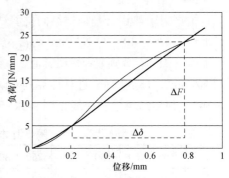

图 9-1　组合弹性值 $c$ 的计算

$$c = \frac{\Delta F}{\Delta \delta L} \qquad\qquad (9\text{-}3)$$

式中　$\Delta F$——负荷—位移曲线上弹性变形范围内的纵向剪切力增量（N）；

　　$\Delta\delta$——负荷—位移曲线上弹性变形范围内的纵向剪切力增量相对应的两

侧铝合金型材的位移增量（mm）；

$L$——试样长度（mm）。

从式（9-3）知，组合弹性值 $c$ 取自隔热型材纵向抗剪曲线，其值的大小与纵向抗剪强度密切相关。

2）组合弹性值 $c$ 对隔热型材等效惯性矩的影响。

①穿条式隔热型材等效惯性矩的计算。

穿条式隔热型材等效惯性矩 $I_{ef}$ 按式（2-2）计算。

②组合弹性值 $c$ 对隔热型材等效惯性矩影响。

图 9-2 所示型材截面为例，其截面参数如下：

$A_1 = 198.72\ mm^2$

$A_2 = 230.19\ mm^2$

$I_1 = 21109.67\ mm^4$

$I_2 = 15122.65\ mm^4$

$a_1 = 22.10\ mm$

$a_2 = 19.57\ mm$

$E = 70000\ N/mm^2$

$L = 1500\ mm$

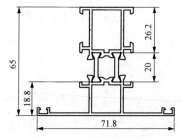

图 9-2　隔热型材竖框截面图

则由式（2-2）求得：

$I_s = I_1 + I_2 + A_1 a_1^2 + A_2 a_2^2$

$= 211448.45\ mm^4$

$v = (A_1 a_1^2 + A_2 a_2^2)/I_s = 0.836$

根据对隔热铝合金型材纵向抗剪试验数据分析，弹性组合值 $c$ 在 80 N/mm² 以上约占 8%，40～79 N/mm² 约占 45%，24～39 N/mm² 约占 26%，24 N/mm² 以下约占 21%。分别取弹性组合值 $c$ 室温时的典型代表值 80 N/mm²、50 N/mm²、24 N/mm²、15 N/mm² 进行计算其对隔热型材的等效惯性矩的影响，计算结果见表 9-2，根据结果绘制曲线见图 9-3。

表 9-2　　典型 $c$ 代表值时，隔热型材惯性矩随受力杆件支承间距变化

| $L$/cm | | 50 | 100 | 150 | 200 | 250 | 300 | 350 | 400 | 450 | 500 | 550 | 600 | 650 |
|---|---|---|---|---|---|---|---|---|---|---|---|---|---|---|
| $c=80$ | $\lambda^2$ | 17.1 | 68.5 | 154.0 | 273.8 | 427.8 | 616.1 | 838.5 | 1095 | 1386 | 1711 | 2071 | 2464 | 2892 |
| | $\beta$ | 0.634 | 0.874 | 0.940 | 0.965 | 0.977 | 0.984 | 0.988 | 0.991 | 0.993 | 0.994 | 0.995 | 0.996 | 0.997 |
| | $I_{ef}$ | 7.38 | 12.88 | 16.18 | 17.96 | 18.96 | 19.57 | 19.96 | 20.22 | 20.41 | 20.54 | 20.64 | 20.72 | 20.78 |
| $c=50$ | $\lambda^2$ | 10.7 | 42.8 | 96.3 | 171.1 | 267.4 | 385.0 | 524.1 | 684.5 | 866.3 | 1069 | 1294 | 1540 | 1807 |
| | $\beta$ | 0.520 | 0.813 | 0.907 | 0.946 | 0.964 | 0.975 | 0.982 | 0.986 | 0.989 | 0.991 | 0.992 | 0.994 | 0.995 |
| | $I_{ef}$ | 6.14 | 10.81 | 14.35 | 16.55 | 17.90 | 18.75 | 19.32 | 19.71 | 19.99 | 20.20 | 20.36 | 20.48 | 20.57 |

续表

| L/cm | | 50 | 100 | 150 | 200 | 250 | 300 | 350 | 400 | 450 | 500 | 550 | 600 | 650 |
|---|---|---|---|---|---|---|---|---|---|---|---|---|---|---|
| c=24 | $\lambda^2$ | 5.1 | 20.5 | 46.2 | 82.1 | 128.3 | 184.8 | 251.6 | 328.6 | 415.8 | 513.4 | 621.2 | 739.3 | 867.6 |
| | $\beta$ | 0.342 | 0.676 | 0.824 | 0.893 | 0.929 | 0.949 | 0.962 | 0.971 | 0.977 | 0.981 | 0.984 | 0.987 | 0.989 |
| | $I_{ef}$ | 4.86 | 7.97 | 11.15 | 13.67 | 15.50 | 16.80 | 17.73 | 18.41 | 18.91 | 19.29 | 19.58 | 19.81 | 19.99 |
| c=15 | $\lambda^2$ | 3.2 | 12.8 | 28.9 | 51.3 | 80.2 | 115.5 | 157.2 | 205.4 | 259.9 | 320.9 | 388.2 | 462.0 | 542.3 |
| | $\beta$ | 0.246 | 0.566 | 0.745 | 0.839 | 0.891 | 0.921 | 0.941 | 0.954 | 0.963 | 0.970 | 0.975 | 0.979 | 0.982 |
| | $I_{ef}$ | 4.36 | 6.58 | 9.20 | 11.61 | 13.57 | 15.09 | 16.25 | 17.14 | 17.82 | 18.35 | 18.77 | 19.11 | 19.38 |

从表 9-2 及图 9-3 可以看出：

隔热铝合金型材的等效惯性矩与受力杆件跨度及弹性组合值 $c$ 成正比例关系。对于较大的跨度，等效惯性矩接近刚性值。

受力杆件支承间距越小，组合弹性值 $c$ 对等效惯性矩的影响越大，由式（9-3）知，组合弹性值 $c$ 又取自隔热型材纵向抗剪曲线，因此，纵向抗剪强度对隔热型材的等效惯性矩影响很大。

随着弹性组合值 $c$ 的减小，也即，随着隔热型材的纵向抗剪强度的减小，隔热型材的等效惯性矩大幅减少。

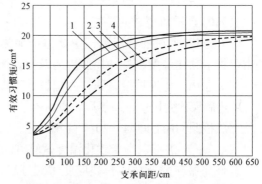

图 9-3　组合弹性值 $c$ 与有效惯性矩关系曲线
1—$c$=80 N/ mm²；2—$c$=50 N/ mm²；3—$c$=24 N/ mm²；4—$c$=15 N/ mm²

③隔热型材等效惯性矩值与受力杆件的挠度成反比例关系，即惯性矩越大，杆件挠度变形越小。而纵向剪切强度（弹性组合值 $c$）的值又影响等效惯性矩大小，因此，在复合型材承受荷载已定的情况下，则型材的惯性矩可确定，如果选用小截面的铝型材及大复合强度的隔热型材，其复合惯性矩较大且满足承载要求，若选用较小的复合强度，则需较大的铝型材截面对于隔热型材的优化设计不利。

3）组合弹性值 $c$ 对门窗抗风压性能的影响。

以图 9-2 所示隔热型材为例，主要受力杆件支承间距 1500mm 时，当 $c$ 值分别取 80 N/mm²、50 N/mm²、24 N/mm² 及 15 N/mm² 时，其对应的等效惯性矩分别为 16.18 cm⁴、14.35 cm⁴、11.15 cm⁴ 和 9.20 cm⁴。此时，$c$ 值为 50 N/mm²、24 N/mm² 及 15 N/mm² 时的等效惯性矩分别相当于 $c$ 值为 80 N/mm² 时等效惯性矩的 88.6%、68.9% 及 56.8%。根据门窗受力杆件挠度计算公式，则相应的抗风压能力分别是 $c$ 值为 80 N/mm² 时的抗风压能力的 88.6%、68.9% 及 56.8%。

对于图 9-4 所示的外形尺寸为 1500mm×1500mm 的平开窗，采用图 9-3 所示的中竖框料，在 $c$ 值分别取 80 N/mm²、50 N/mm²、24 N/mm² 及 15 N/mm² 时，经计算其对应的最大抗风压性能分别为：5076Pa、4497 Pa、3497Pa 及 2883Pa，抗风压性能差别很大。

铝合金隔热型材杆件的抗风压性能取决于型材的有效惯性矩及弹性模量，穿条式铝合金隔热型材的有效惯性矩与受力杆件跨度及弹性组合值 $C$ 成正比例关系，而弹性组合值 $C$ 的大小取决于纵向抗剪强度。因此，合理调整穿条复合工艺，是穿条式隔热铝型材发挥性能的保证。

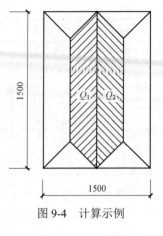

图 9-4　计算示例

### 2. PVC 塑料型材的测试

（1）PVC 塑料型材的性能。

PVC 塑料型材的性能测试主要包括加热后尺寸变化率、加热后状态、落锤冲击、维卡软化温度、拉伸屈服应力及拉伸断裂应变、弯曲弹性模量、简支梁冲击强度、老化、短期焊接系数、主型材的可焊性、主型材的传热系数等。

加热后尺寸变化率、加热后状态、落锤冲击、短期焊接系数及主型材的可焊性试验方法按照 GB/T 8814—2017 的规定进行，老化试验方法按照 GB/T 16422.2—2014 中方法 A 进行，维卡软化温度试验方法按照 GB/T 1633—2000 中 $B_{50}$ 法进行，拉伸屈服应力及拉伸断裂应变试验方法按照 GB/T 1040.2—2006 的规定进行，弯曲弹性模量试验方法按照 GB/T 9341—2008 的规定进行，简支梁冲击强度试验方法安装 GB/T 1043.1—2008 的规定进行，主型材的传热系数试验方法按照 GB/T 8484—2020 附录 F 的规定进行。

（2）塑料异型材各项力学性能的影响因素。

GB/T 8814—2017《门窗用未增塑聚氯乙烯（PVC-U）型材》性能指标中，除老化性能、加热后状态外，其他性能指标按功能分，大致可分为刚性指标与韧性指标两大类。其中弯曲弹性模量、维卡软化温度、可视面加热后尺寸变化率、两可视面加热后尺寸变化率之差大致属于刚性指标范畴；落锤冲击、简支梁冲击强度、拉伸冲击强度大致属于韧性指标范畴，其中可焊性同时属于刚性和韧性两大指标范畴。

1）维卡软化温度影响因素。

塑料软化温度，主要指无定形聚合物开始变软时温度。不仅与高聚物的结构有关，而且与其分子量的大小有关。

维卡软化点适用于热塑性塑料控制质量和作为鉴定产品热性能一个指标，但不能作为材料最高使用温度。最高使用温度应随使用环境、使用状态不同而异。对于 PVC 门窗框这种构件或受力部件应重点考虑弹性模量大小。同弹性模量一样，PVC 分子量决定维卡软化温度高低。

2）弯曲弹性模量的影响因素。

PVC-U 型材弯曲弹性模量主要由 PVC 树脂弹性模量所决定。不同聚合度、不同牌号 PVC 树脂有不同弹性模量，聚合度越高，牌号越低，弹性模量越大。常用 PVC 树脂弹性模量一般在 2500～3000MPa 之间。

3）加热后尺寸变化率和两个相对可视面变化率差值的影响因素。

两个相对可视面尺寸变化率差值，说明型材上下或左右两侧所承受内应力是不均衡的，主要由温度和熔体压力不均所致。温度变化将会使型材截面上冷凝过大内应力。不同内应力又会导致型材截面上尺寸变化率差值超标。

加热后尺寸变化率超标标志着型材内部冷凝后储存过大内应力。型材内筋和可视面外壁连接部位直角过渡，存在应力集中，对尺寸变化率是不利的。

4）落锤冲击、拉伸冲击与简支梁冲击强度的影响因素。

脆性是 PVC 树脂固有的特性，不仅对温度比较敏感，同时对试件（试片缺口），承载情况也比较敏感。落锤冲击、拉伸冲击与简支梁冲击性能三项指标都是表征型材韧性的。

落锤冲击指标是从型材截面上截取具有完整型材断面型材，在一定温度条件下、通过规定重锤直径、下落高度，测量试件破裂个数试验。当不同冲击高度所产生能量对型材进行冲击，以型材破裂个数作为衡量试样性能优劣的标准。

简支梁冲击强度指标和拉伸冲击强度都是从型材上截取一段规定长度作为试片，试片壁厚同型材原壁厚，按规定式样制作，测定试片在受到简支梁冲击机摆锤冲击时，试片被破坏时所吸收能量，也称材料所产生抵抗力。试片在冲击负荷作用下，受缺口尖端半径影响较大，冲击强度是冲击能($J$)与缺口处横截面积之比。简支梁冲击性能和拉伸冲击性能都是在不同加荷载状态下，以试片被冲击破坏时，产生能量大小来衡量试片性能优劣的标准。所不同的是拉伸冲击试验适用于因材料太软或壁厚太薄，不能进行简支梁或悬臂梁冲击试验塑料材料。

经国家化学建材检测中心统计资料表明：不少企业型材落锤冲击指标较差，并且存在尺寸变化率偏高，弹性模量偏低现象，但简支梁冲击问题不是太大。究其原因，落锤冲击指标超标，并非碳酸钙引起的问题，而是型材截面和挤出工艺存在问题所占比重较大，且因碳酸钙剂量较低，对简支梁冲击性能有利，却不利于弹性模量和加热后尺寸变化率。

塑料异型材中三项标志材料韧性指标的试验还表明：低温落锤冲击，不仅取决于材料的韧性，还受型材壁厚、截面结构（内筋壁厚、位置、过度角大小等），即材料刚性、截面应力和拉伸应力的制约和影响。当以上因素有问题时，即使材料韧性良好，型材冲击时也会发生破裂。要提高低温抗冲性能，除型材应具有的韧性、壁厚、良好塑化外，还需要改进制品截面结构、调整牵引速度，通过增强其刚性，减缓或消除型材结构应力和拉伸应力。

5）焊接性能的影响因素。

标准 GB/T 8814—2017《门窗用未增塑聚氯乙烯（PVC-U）型材》中，焊接性能指标被定义为"可焊性-受压弯曲应力"，并以压强 MPa 为计量单位。标准 GB/T 28886—2012《建筑用塑料门》和 GB/T 28887—2012《建筑用塑料窗》中，焊接性能指标被定义为"焊接角最小破坏力"，以压力 N 为计量单位。

焊接角最小破坏力是以试件允许弯曲应力为基准，带入公式计算所得。不同规格、壁厚、截面结构试件，计算值是不同的。检验指标为平开门框焊接角最小破坏力计算值不应小于 3000N，门扇焊接角最小破坏力计算值不应小于 6000N；推拉门框焊接角最小破坏力计算值不应小于 3000N，门扇焊接角最小破坏力计算值不应小于 4000N；平开窗框焊接角最小破坏力计算值不应小于 2000N，窗扇焊接角最小破坏力计算值不应小于 2500N；推拉窗框焊接角最小破坏力计算值不应小于 2500N，窗扇焊接角最小破坏力计算值不应小于 1800N。

受压弯曲应力使不同规格型材的焊接性能有一个明确的量化标准，能真实反映试件塑化和焊接性能优劣。当试件受压弯曲应力较低时，可以排除其他因素影响，直接通过改善型材配方、促进塑化或改善门窗焊接等参数来提高焊接性能。

在三项冲击性能试验中，试件承受仅是冲击作用力，作用时间较短。焊接性能试验，试件承受是静压力，作用时间较长，工作环节和影响因素较多。从宏观上讲焊接性能亦从属于韧性材料范畴，但相对于三项冲击性能而言，微观上对刚性依附程度较高，不仅和材料韧性、型材截面结构、牵引速度有关，还和截面形状、规格，即惯性矩 $I$ 值与中性轴到危险截面的距离 $e$ 值及门窗焊接有关。

6）老化性能的影响因素。

标准 GB/T 28886—2012《建筑用塑料门》和 GB/T 28887—2012《建筑用塑料窗》中标准规定外门窗用型材老化性能指标为 6000h。众所周知，影响型材老化性能主要因素是稳定剂、金红石钛白粉、抗氧剂与紫外线吸收剂等。在配方中添加足量上述助剂是型材老化性能根本保证。同时应该清楚：塑料老化是指塑料在对空气、水、紫外线光辐射作用下发生降解现象，主要表现为两个方面：外观颜色和光泽改变，黄色指数增加是衡量塑料是否老化表观依据；机械性能下降，主要是弹性模量与抗冲击性能下降。

### 9.1.2　五金的测试

#### 1. 五金性能

五金性能包括：五金件的耐蚀性和耐候性，主要反映了五金件的适应环境能力；五金件的力学性能，主要反映了五金件的力学性能和五金件基本配置的力学性能。

五金件的力学性能包括：执手、锁闭装置、滑撑、滑轮、插销、撑挡的操作力（操作力矩）和反复启闭性能，合页（铰链）的转动力、反复启闭，合页（铰链）的承载性能等。

五金性能的试验方法详见相关标准规定要求。

#### 2. 五金对门窗性能影响

为保持室内安静、舒适的生活环境，要求外门窗具有较好的抗风压性、气密性、水密性、保温隔热性、隔声性能及使用安全和耐久性等。而门窗是由型材、玻璃、五金件及密封胶条组成的系统，五金配件是负责将门窗的框与扇紧密连接的部件，没有它的存在，门窗就变成了死扇，失去了门窗的通风功能。

外门窗各项物理性能之间有很大的关联性。门窗的隔热、保温性能除与所用材料有关外，气密性能对门窗的保温隔热性能有很大的影响，气密性能又与水密性能和隔声性能有很大的关联性。因此，建筑门窗要想节能除选用传热系数小的框扇材料、中空玻璃外，还要考虑根据门窗材料配置合适的五金配件。

（1）五金件的配置对建筑门窗性能的影响。

对门窗密封性能产生影响的门窗五金件种类很多。按照对门窗密封性能的影响，大体可分为两类：多锁点五金件和单锁点五金件。

多锁点五金件的锁点和锁座分布在整个门窗的四周，当门窗锁闭后，锁点、锁座牢牢地扣在一起，与铰链（合页）或滑撑配合，共同产生强大的密封压紧力，使密封条弹性变形，从而提供给门窗足够的密封性能，使扇、框形成一体。因此，使用多锁点五金件可以提高门窗的密封性能。

单锁点五金件所产生的密封性能相对来说就要差很多。由于单锁点只能在门窗扇开启侧提供单点锁闭，与铰链（合页）或滑撑配合只能产生 3、4 处锁闭点，致使门窗扇 4 角处于无约束状态。而无约束角到锁点之间的缝隙，降低了门窗的密封性能。

下面以执手侧锁点的布置数量为例，分别计算窗扇自由角的变形情况来分别说明锁点数量对气密性能的影响。

设窗宽为 $B$，窗高为 $H$，窗扇抗弯刚度为 $EI$，分为单锁点、两锁点、三锁点三种情况（锁点距扇边不小于 0.1mm），按力学公式分别给出窗扇执手侧在密封

方向的最大变形值 $f$。

单锁点：

$$f_1 = \frac{q_d H \times (H/2)^3}{8EI}$$

$$= \frac{q_d H (H/2)^3}{8EI} = \frac{q_d H^4}{64EI} = 0.0156 \frac{q_d H^4}{EI}$$

两锁点：

$$f_2 = \frac{5q_d (H - 0.2)^4}{384EI} = 0.013 \frac{q_d (H - 0.2)^4}{EI}$$

三锁点（均匀分布）：

$$f_3 = 0.00521 \frac{q_d [(H - 0.2)/2]^4}{EI} = 0.00033 \frac{q_d (H - 0.2)^4}{EI}$$

式中　　$q_d$——执手侧线荷载值。

为对上式做一个概念性的比较，忽略 $f_2$、$f_3$ 式中锁点边距的影响，可得：$f_1 : f_2 : f_3 = 47.3 : 39.3 : 1$。

由此可见：采用三锁点后已可大大减少门窗扇的变形，提高密封性能。当然在满足强度和密封要求的条件下，不宜采用过多的锁点，否则会造成浪费。

门窗的气密性能不好，主要表现在开启扇和固定框之间密封较差。而这又将引起门窗的水密性能和保温性能较差，同时对门窗的空气隔声性能影响较大。

（2）五金件的质量对门窗性能的影响。

门窗如果选用了质量低劣的五金件或五金件选用不合理，也将对门窗的气密性能产生影响。请看以下案例：

【示例 1】外平开窗执手设计、选用错误，必须将窗扇做窄 5~6mm，窗扇开启时，执手柄才不会碰窗框，而这样，执手侧窗扇与窗框几乎无密封搭接，严重影响了门窗的气密性能。

【示例 2】将承载能力低、质量较差的滑撑用在外平开窗上，造成窗扇关闭后，窗扇执手侧下坠严重，使窗扇与窗框四周不能达到合理的密封配合，无法保证整个窗的气密性能。

【示例 3】内平开下悬窗使用劣质的五金件，安装后，下合页部位变形严重，窗扇合页侧扇框搭接量由设计的 5.5~6mm 减少到 1~2mm，整窗气密性能也将无法保证。

如果门窗采用的是质量低劣的锁闭五金件时，当门窗锁闭后，锁点、锁座无法紧扣在一起，无法产生密封压紧力，将导致门窗密封性能的降低。

（3）五金件的安装方式对门窗保温性能的影响。

　　系统门窗的节能效果是通过对其整体性能的综合设计，是型材、玻璃、五金件及密封的协调匹配。中空玻璃仅解决了玻璃面积上的能耗问题，而占到门窗面积约 30% 的框扇型材上的节能课题却一直是一个颇受争议与困扰的问题。以图 9-5 和图 9-6 所示铝合金门窗锁闭系统的安装方式为例，来看一个相同结构的窗型，在配置不同的五金件时的效果是不一样的。

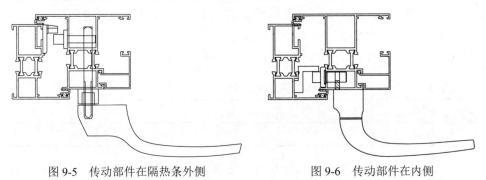

图 9-5　传动部件在隔热条外侧　　　　　　图 9-6　传动部件在内侧

　　图 9-5 中是将传动部件放在隔热条的外侧，执手的方钢部分穿过隔热条，使得两个本来用隔热条隔开的腔体通过执手方钢连接起来，隔热条隔开的两个腔体之间形成了"热桥"，造成隔热型材隔热条不能形成环形连续隔断，没有起到断桥的作用，降低了门窗的保温、隔热性能，造成整窗的节能性能降低。执手的方钢部分穿过隔热条还损伤了隔热条。

　　图 9-6 是将传动部件放在隔热条的内侧，执手的拨叉部分不需要穿过隔热条，没有损伤隔热条，两个独立腔体之间没有形成热桥，型材隔热条形成环形连续隔断，保证了断桥的作用，使整窗的节能设计得到了有效发挥。

　　（4）五金件的配置对门窗功能的决定作用。

　　门窗有多种类型和结构形式，而窗型的各种功能全部依赖于五金件的配置来实现。平开下悬窗具有既平开又内倒的功能，推拉折叠门窗具有既推拉又折叠的功能，平移内倒、活动百叶等，都是靠五金件的作用达到它独有的特定功能。可以说五金件对门窗的功能起决定性作用。

### 3. 铝合金门窗五金件的锈蚀

　　由于腐蚀电位不同，造成同一介质中异种金属接触处的局部腐蚀，就是电偶腐蚀，亦称接触腐蚀或双金属腐蚀。该两种金属构成宏电池，产生电偶电流，使电位较低（负）的金属（阳极）溶解速度增加，电位较高（正）的金属（阴极）溶解速度减小。阴阳极面积比增大，介质电导率减小，都使阳极腐蚀加重。

　　铝合金门窗一般是由铝（型材）、不锈钢（五金件）、锌合金（五金件）、碳素钢（五金件）等组成。这些不同电极电位又相互接触的金属在腐蚀介质中组成原电池，从而发生电化学腐蚀。尤其在海洋大气、工业大气中，铝合金门窗的这种材质结构就决定了发生电化学腐蚀的必然性。铝合金型材由于本身易于钝化，电位相对其他材料讲出负变正，从而减缓或停止腐蚀，而电位较负的钢制零件会加剧腐蚀，而造成五金件的损坏。

（1）影响五金件腐蚀的气象因素。

1）湿度。由于空气中的水分凝聚成液态水膜是形成腐蚀原电池的必要条件，因此空气的湿度是主要因素，当湿度达到某一临界值时表面形成水膜，腐蚀速度加剧。五金件常用金属的腐蚀临界相对湿度见表9-3。

表9-3 五金件常用金属腐蚀临界相对湿度

| 材料 | 钢铁 | 锌 | 铝 | 镍 |
|---|---|---|---|---|
| 临界相对湿度（%） | 65 | 70 | 76 | 70 |

2）温度。高温高湿时，气温升高加速腐蚀。温度交变由高温骤降时（晚间），使大气中的水汽凝聚成膜，也可加速腐蚀过程。潮湿时间愈长，腐蚀也愈严重。一般讲昼夜温差大于 6℃，气温在 5～50℃的范围内变化时，只要相对湿度达到65%～75%就会出现凝雾现象。

3）大气污染。正常情况下，空气中的腐蚀介质很少，只有氧对金属的腐蚀是经常性的，但随着工业废气排放的不断增多，空气中的有害气体和粉尘也大量增加，如煤、煤油、柴油燃烧后生成的二氧化碳、二氧化硫等气体。有大量的尘埃，如烟雾、煤灰、氯化物和其他酸、碱、盐颗粒等也散布到大气中，有的本身就具有腐蚀性，有的是凝在水珠中对金属具有腐蚀作用。

（2）普通碳素钢五金件锈蚀的机理及形态。

铝合金门窗安装碳素钢五金件属于大阴极面积和小阳极面积的组合，当腐蚀开始时，锈蚀产物总是在五金件与门窗型材接触的边缘部位出现，而且最初是围绕接触点的周边，而后连成一片。这是因为铝型材与碳素钢五金件之间的电位差通过接触构成原电池，在冷凝水膜的介入下接触部位产生铁的氧化反应生成 $Fe^{2+}$，非接触部位发生氧的还原反应出现 $OH^-$，在电场的驱动下两者向中间移动，在边缘相遇生成人们可以见到的腐蚀产物。其实腐蚀的最严重区在接触面，只是见不到腐蚀产物罢了。由于大气中氯、二氧化硫等介质的加入，会促进碳素钢材的溶解，从而加快五金件的损坏速度。

（3）铝合金门窗碳素钢五金件表面保护的难点。

1）镀锌是碳素钢五金件典型的阳极保护镀膜。在正常的大气条件下，由于碳素钢的标准电极电位是-0.326V，锌的标准电极电位是-0.736V，锌的电位负于碳素钢，当电化学腐蚀条件形成时，锌作为阳极首先溶解，从而防止或延缓五金件因锈蚀而损坏的时间。然而并非什么情况下都能对五金件起到阳极保护作用。

①当温度超过 70℃以上时，锌就会变成阴极，从而对五金件失去电化学保护作用。

②当五金件被海水浸湿或有氯离子等多种有害离子组成的冷凝水膜覆盖时，镀锌层也会削弱或失去对五金件的保护作用。

2）涂装。涂非金属膜层可以阻断铝型材与五金件之间产生腐蚀原电池，避免五金件产生电化学腐蚀，但由于非金属涂层硬度一般都很低（H4～H8），耐磨性差，在五金件的使用过程中往往因磨损而使钢铁基体部分暴露，裸露的部分在工业大气中与铝型材组成原电池，从而产生电化学腐蚀。

（4）铝合金门窗五金件防腐措施。

1）采用与铝型材电位差相近的材料或采用耐蚀性较好的材料是最佳选择之一。如采用铝合金制作执手、铰链及各种连接件。这种同金属组合是避免产生自偶电池的理想设计。但也有许多零件因为强度或制作难度的原因，不易采用铝及铝合金，那么耐蚀性较好的不锈钢也应是首选材料之一，只要钢中铬（Cr）的化学成分大于 12，不锈钢一般都具有防锈效果。但在钢中只含有铬（Cr）一种单一元素的不锈钢，其耐蚀性能并不十分好，也易生锈。只有钢中含有钛，促使碳化物稳定，才具有较高的抗腐蚀性能，如 1Cr18Ni9Ti 不锈钢。

耐蚀性好的不锈钢一般是在钢中含有铬、镍、钛等成分，其本身就是一个复杂的原电池结构，故而化学稳定性好。在许多酸、碱、盐的溶液中，在有机酸、蒸汽及湿空气中耐腐蚀性高，采用不锈钢会减少或避免型材产生电偶腐蚀的危害性。

2）锌合金在酸、碱、盐溶液中易被腐蚀，只是在大气中表面易钝化而抗氧化性能好。锌合金件的表面保护一般采用金属镀膜或非金属涂膜，典型的处理工艺包括锌合金钝化处理、镀锌钝化、涂漆、喷塑粉等，其中前者的耐磨性好，钝化膜有一定的耐酸碱性能，可以延长零件的耐腐蚀时间；后者属非金属膜层，具有较好的绝缘性，可以避免出现电偶腐蚀。

3）因为碳素钢本身不具备表面钝化的性能，在电化学腐蚀过程中是铝合金门窗中的牺牲阳极。较好的措施是表面镀覆金属膜层后，在与铝型材接触部位增加绝缘材料或非金属涂层，以避免或减少电偶腐蚀对五金件的破坏性。

4）采用新技术、新工艺、新材料。采用新技术、新工艺、新材料是提高门窗五金配件耐腐蚀性的必由之路。国外五金生产商采用物理气相镀（简称PVD，亦称真空镀）生产出外观和防腐性极佳的五金配件。真空镀具有的优点是：附着力强、镀层不易脱落；绕射性好，镀层厚度均匀；镀层致密，针孔气泡少；镀前易处理，工艺简单；用料省，无公害等。可在金属或非金属表面上镀制单质、合金或化合物。曾广泛用于航空、宇航、电子和光学等工业部门中制备各种特殊性能的镀层。随着真空镀设备的不断完善、大型化和连续化，以及涂料涂装技术的发展，可获得结合力好、耐磨性强、光亮度高的装饰性镀层。国外在执手、铰链等一些配件表面，采用真空镀 Au、Ag、Al、Zr、TiN、1Cr18Ni9 等，而获得综合性能极佳的外表面，使执手、铰链等这些单一功能性配件成为具有使用功能和装饰双重性能的配件。

通过 PVD 技术也可改变如执手类配件单一用金属制造的观念，国外很多配件，特别是执手类都采用工程塑料来制造，由于采用注塑工艺可大大提高劳动生产率和降低产品成本，再通过 PVD 技术使其外观金属化。其次，如氟碳喷涂、阴极电泳等表面处理的新技术、新工艺在门窗铝型材已有应用，用此生产出耐老化性、耐腐蚀性都极好的铝合金门窗，因此门窗配件也应随着型材性能的不断提高，改变单一镀锌、喷涂这一表面处理工艺，尽快采用新技术、新工艺、新材料。

### 9.1.3 玻璃的测试

#### 1. 玻璃性能

门窗玻璃性能包括钢化玻璃性能、镀膜玻璃（阳光控制和低辐射）性能、夹层玻璃性能、中空玻璃性能、真空玻璃性能及玻璃的光热学性能、抗结露性能等。

玻璃性能的检测方法按照相关标准规定进行。

#### 2. 影响中空玻璃的质量问题分析

中空玻璃的节能效果和使用寿命依赖于产品质量。中空玻璃的节能性能是通过构造中空玻璃的空间结构实现的，其中干燥的不对流的空气层，可阻断热传导的通道，从而可以有效降低中空玻璃的传热系数，以达到节能的目的。

中空玻璃的性能包括：露点、密封性能、耐紫外线辐照性能、气候循环耐久性能和高温高湿耐久性能。中空玻璃的质量问题主要有以下几个方面。

（1）露点不达标。

一般中空玻璃生产企业生产操作都是在自然环境中进行，不对生产环境的湿度进行控制，如果干燥剂暴露在空气中时间过长，干燥剂的吸附能力就会降低，甚至完全丧失干燥能力。失效的干燥剂，无法吸附中空玻璃内气体中的水分，不能保持玻璃内气体应有的干燥程度，露点就很难达到标准要求。

（2）中空玻璃耐紫外线辐照性能有待提高。

耐紫外线辐照性能是考核中空玻璃密封胶的耐老化能力。中空玻璃产品标准规定，经过 168h 的紫外线照射试验后，中空玻璃内表面不得有结雾或有污染的痕迹，玻璃原片无明显错位和产生胶条蠕变。影响中空玻璃耐紫外线辐照性能的主要原因是密封胶，特别是丁基胶中含有挥发性的溶剂而干燥剂又没有吸附这些溶剂的能力造成的。如果系统门窗使用了这样的中空玻璃，由于长时间的阳光照射，密封胶中的挥发性溶剂逐渐挥发出来，会在玻璃内表面形成一层妨碍透视的油膜，影响使用效果。

（3）中空玻璃的耐久性能差，使用寿命短。

国外中空玻璃的使用寿命一般都可以达到 20 年以上，而我国一些中空玻璃企业生产的中空玻璃只能保证 5 年的使用寿命，甚至更短。中空玻璃的失效主要表现为：

1）露点升高、内部结雾甚至凝水。

中空玻璃在使用过程中露点升高，耐久性达不到标准要求，主要是由于密封胶质量差、干燥剂的有效吸附能力低、生产工艺控制不严格造成的。

中空玻璃系统的密封和结构的稳定是靠中空玻璃密封胶来实现的。在双道槽铝式中空玻璃系统中，用第一道密封胶（丁基胶）防止水汽的侵入，用二道密封胶保持结构的稳定。因此，密封胶能否与玻璃保持很好的粘结，阻止水汽的入侵，是保持中空玻璃使用的耐久性的关键。而密封胶与内外品玻璃保持很好的黏结性则取决于密封胶的质量好坏及密封胶与相接触材料（内、外片玻璃、铝隔框、丁基胶）的相容性和黏结性。

中空玻璃使用干燥剂的目的一是吸附中空玻璃生产时密封于间隔层内的水分及挥发性有机溶剂；二是在中空玻璃使用过程中，不断吸附通过密封胶进入间隔层内的水分，以保持中空玻璃内气体的干燥。干燥剂的有效吸附能力指的是干燥剂被密封于间隔层之后所具有的吸附能力。它受分子筛的性能、空气湿度、装填量以及在空气中放置的时间等因素的影响，干燥剂的有效吸附能力的高低很大程度上影响着中空玻璃的使用寿命。

2）中空玻璃炸裂。

导致中空玻璃炸裂的原因既有生产、选材方面的，也有安装方面的。选择干燥剂的型号不当，使中空玻璃密封后，间隔层气体产生负压，造成玻璃挠曲变形，加之环境的影响，当这种变形产生的应力超过了玻璃能够承受的最大应力时，中空玻璃的炸裂也就发生了。

使用吸热玻璃和镀膜玻璃制作的中空玻璃，在太阳光的照射下，在玻璃的不同位置存在较大温差，产生热应力，也可能引起玻璃的破坏。

中空玻璃密封胶硬度较大，弹性不好会制约玻璃因环境温度变化而产生的变形，使中空玻璃边部应力增大，而有些低质量的密封胶挥发成分较多，在打胶固化时，胶体收缩过大，尤其会增加受冻炸裂的可能。

在中空玻璃安装过程中，要求在玻璃的四周及前后部位要留有足够的余隙，并且这些余隙应采用密封胶条或密封胶镶嵌，使玻璃与四周槽口弹性相接触，保证玻璃在环境温度变化时产生变形引起的边部应力因弹性接触而释放。如果在玻璃四周硬性固定，这种应力超过了玻璃能够承受的最大应力时，必然引起玻璃的炸裂。

### 3. 中空玻璃的物理和光学现象

中空玻璃在使用过程中经常会出现一些奇特的物理或光学现象，由于人们对这些物理或光学现象认识不足，常常引起人们对中空玻璃的产品质量产生误会。中空玻璃使用中最常见的物理或光学现象主要有：中空玻璃外部冷凝、由温度和大气压力变化引起的玻璃挠曲、牛顿环及布鲁斯特阴影。

（1）外部冷凝。

在中空玻璃的外部冷凝在室内外均可发生。如果发生在室内，主要原因是室外温度过低，室内湿度过大。如果是在室外发生冷凝，主要是由于夜间通过红外线辐射使玻璃外表面上的热量散发到室外，使外片玻璃温度低于环境温度，加之外部环境湿度较大造成的。这些现象不是中空玻璃质量缺陷，而是由于气候条件和中空玻璃结构造成的。

（2）由温度和大气压力变化引起的玻璃挠曲。

由于温度、环境或海拔高度的变化，会使中空玻璃中空腔内的气体产生收缩或膨胀，从而引起玻璃的挠曲变形，导致反射影像变形。这种挠曲变形是不能避免的，随时间和环境的变化会有所变化。挠曲变形的程度既取决于玻璃的刚度和尺寸，也取决于间隙的宽度。当中空玻璃尺寸小、中空腔薄、单片玻璃厚度大时，挠曲变形可以明显减小。

（3）牛顿环。

中空玻璃由于制造或环境条件等原因，其两块玻璃在中心部位相接触或接近相接触时，会出现一系列由于光干涉产生的彩色同心圆环，这种光学效应称作牛顿环。其中心是在两块玻璃的接触点或接近的点。这些环基本上都是圆形或椭圆形的。

牛顿环是在两片玻璃相接触时出现的干涉纹，比布鲁斯特阴影更容易被看见。改变观察角度可以使干涉纹轻微移动，而且亮度和颜色可能随着改变。最常见的是彩虹一样的颜色，不过可能有点暗淡，如轻压玻璃，空气间隙会更薄，同时干涉纹会更加多彩，面积更大，条纹分的更开。空气膜越厚，条纹越窄，越相互贴近，并且色彩上更倾向于暗淡。在中空玻璃上，如果空气层缩到两片玻璃在中部接触，牛顿环可能变得清晰。

（4）中空玻璃布鲁斯特阴影。

在中空玻璃表面几乎完全平行且玻璃表面质量高时，中空玻璃表面由于光的干涉和衍射会出现布鲁斯特阴影。这些阴影是直线，颜色不同，是由于光谱的分解产生。如果光源来自太阳，颜色由红到蓝。这种现象不是缺陷，是中空玻璃结构所固有的。通过选用不同厚度的两片玻璃制成中空玻璃能够减轻这一现象。

"牛顿环"和"布鲁斯特阴影"两种中空玻璃光学现象是由于光的干涉产生的特殊干涉纹。中空玻璃的干涉纹是因光波相交产生的反应结果。由于中空玻璃多个玻璃表面的反射，光波分开并沿不同路径再次相交。当光波再次重合，干涉纹就有可能看见。事实上，光越纯玻璃厚度越一致，两片或几片玻璃放在一起则越容易出现干涉纹。

（5）中空玻璃光的干涉产生原理。

1）光路。中空玻璃上有两种不同光路可能产生布鲁斯特阴影，它们产生两种不同的干涉纹，暂称为一类干涉纹和二类干涉纹。

一类干涉纹是一种相当强的光学现象，通常比二类干涉纹明亮。一类干涉纹经常因彩色或像彩虹而引起人的注意。如果中空玻璃的两块玻璃厚度非常接近，光路基本相同，那就会出现一类干涉纹。

二类干涉纹是一种相对较弱的光学现象，并且可以认为忽略不计，虽然所有浮法玻璃制成的中空玻璃上都可能以某个角度看见，甚至不同厚度玻璃制成的中空玻璃也会出现。二类干涉纹颜色通常倾向于灰暗，或者是暗淡的几乎不能发觉的彩虹状。

图 9-7 是产生一类干涉纹的原理图。首先中空玻璃两单片的厚度和折射率几乎完全相同，光通过第一片玻璃后，部分到达第二片，部分被第二界面反射回第一界面，又从第一界面反射，到达第三界面。原来到达第二片玻璃的光通过第二片玻璃时，被第四界面反射。由于两片玻璃的厚度几乎相等，反射的光在第三界面相会，从而产生干涉纹。

由于浮法玻璃的厚度变化非常小，如相邻近的两片玻璃从同一浮法玻璃带切下，并合成中空玻璃，则以某视角可能可以看见一类干涉纹。

图 9-8 是产生二类干涉纹的原理图。

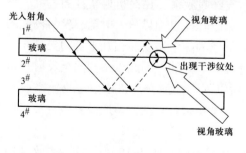

图 9-7　一类干涉纹原理图

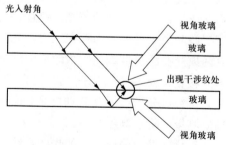

图 9-8　二类干涉纹原理图

光通过第一片玻璃后，部分到达第二片，部分被第二界面反射回第一界面，又从第一界面反射，通过第一片玻璃到达第三界面。接着又被第三界面反射回，通过第一片玻璃，被第一界反射射回第二界面。同时，另一部分光通过界第一片玻璃，被第二界面反射回到第一片玻璃后，又被第一界面反射，到达第三界面，接着又被反射回第二界曲，与其他部分光结合，从而产生干涉纹。

第二类干涉纹可以在不同玻片厚度的中空玻璃中见到，由于通常显得颜色灰暗，它们不如一类干涉纹显而易见。它们可能存在，但可能完全不被发觉。

2）观察。如果存在干涉纹，在一定观察条件下，可以通过反射侧或透过侧见到。

从反射侧观察。一类纹最常见为：光源倾角 60°左右或与玻璃面法线交角 0°～30°；二类纹最常见为：光源倾角 75°左右或观察角与玻璃面法线交角大于 30°，如果正视，二类纹可能不能看见。

从透过侧观察。如从透过侧观察，一二类干涉纹都在光源入射与玻璃法线交角大于 80°时更可能看见。

3）控制干涉纹。一类干涉纹可以通过下面方式减少光干涉程度：

①使用两块不同厚度玻璃组成中空玻璃。

②相同厚度但不同玻璃带生产的内、外片玻璃组成中空玻璃。

③相同玻璃带生产的内、外片玻璃，但内、外片玻璃前后面反转。

二类干涉纹不能消除，通常被忽略或不易觉察。但是在一定照光及观察条件下可导致出现二类干涉纹。

### 4. 钢化玻璃表面应力的检测

目前，测定钢化玻璃表面压应力的方法主要有两种：差量表面折射仪法（简称 DSR）和临界角表面偏光仪法（简称 GASP）。本书以差量表面折射仪法为例简述钢化玻璃应力的测量。

DSR 表面应力仪的测试原理是利用浮法玻璃表面锡扩散层的光波导效应来进行测量。从光源（白炽灯）发出的发散光经过狭缝，由高折射率柱面棱镜汇聚后变成平行光，通过调节光源位置，使一束平行光以临界角入射至玻璃与棱镜的交界面，由于玻璃表面存在应力，光线分解成为两个振动面相互垂直的矢量光，这两束光在浮法玻璃的锡扩散层中传播速度是不同的，因此以不同的全反射角折射到棱镜。从棱镜射出的光经反光镜反射进入干涉滤光片，由望远物镜系统聚焦，再经过分析镜后在分划板呈像而形成一个明暗台阶图像。通过测微目镜可以精确测量台阶的高度。

钢化玻璃表面应力仪的光学系统如图 9-9 所示，图 9-10 为表面应力仪视场中不同应力状态示意图。

GB 15763.2—2005《建筑用安全玻璃　第 2 部分：钢化玻璃》规定了建筑用钢化玻璃的表面应力不小于 90MPa；对钢化玻璃破碎后 50mm×50mm 区域内的

最少碎片数规定见表 9-4。

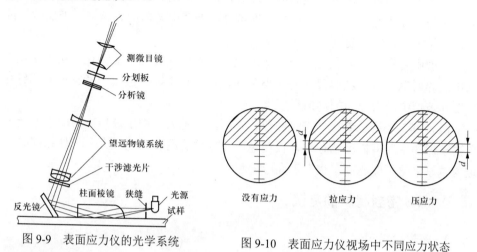

图 9-9　表面应力仪的光学系统

图 9-10　表面应力仪视场中不同应力状态

表 9-4　　　　　　　　　50mm×50mm 区域内的最少碎片数

| 玻璃品种 | 公称厚度/mm | 最少碎片数/片 |
|---|---|---|
| 平面钢化玻璃 | 3 | 30 |
| | 4～12 | 40 |
| | ≥15 | 30 |
| 曲面钢化玻璃 | ≥4 | 30 |

在钢化玻璃的检测中，通过采用 SSM-2 型玻璃表面应力仪对 6mm、8mm 和 10mm 三组各三块钢化玻璃的表面应力和破碎后的碎片数进行统计，结果见表 9-5。

表 9-5　　　　　　　　　　玻璃表面应力与碎片数

| 玻璃规格/mm | 样品编号 | 表面应力值/MPa | 50×50mm 内碎片数/片 |
|---|---|---|---|
| 6 | 1 | 93 | 48 |
| | 2 | 95 | 50 |
| | 3 | 95 | 51 |
| 8 | 1 | 102 | 58 |
| | 2 | 104 | 62 |
| | 3 | 103 | 60 |
| 10 | 1 | 114 | 69 |
| | 2 | 114 | 70 |
| | 3 | 113 | 68 |

从表 9-5 中可以得出：表面应力越大，破碎后的碎片数越多。钢化程度是衡量钢化玻璃性能的重要之一，钢化程度越高，玻璃中的内应力越大，玻璃的抗冲击强度越大，破碎后的颗粒尺寸也就越小。

玻璃中内应力的大小与分布的均匀程度是钢化程度的重要特征，所以宏观上利用破碎后钢化玻璃颗粒尺寸的大小及均匀程度来表征、检验、考核玻璃的钢化程度和玻璃中应力分布的均匀程度。

由表 9-5 还可以看出，玻璃越厚，表面应力越大。由于玻璃中内应力的产生取决于玻璃中温度梯度的存在，玻璃越厚淬冷时的温度梯度越大。条件相同时，玻璃越厚钢化程度越高，也即表面应力越大。

### 9.1.4 密封材料的测试

#### 1. 密封材料测试

门窗密封材料的测试包括密封胶条测试和密封胶测试。密封材料本身的性能主要查验复核生产单位出具的检验报告。

密封胶条的性能指密封材料制品的性能，不同种类的密封胶条，其性能要求各不相同，试验方法按照相关标准规定进行。

密封胶的性能试验方法按照相关标准规定要求进行。

#### 2. 复合型密封胶条的特性及在系统门窗中应用

目前，国内外系统门窗所采用的密封胶条材质主要以耐老化性能和物理性能均十分优异的三元乙丙橡胶为主，达 85% 以上。随着对系统门窗性能的要求越来越高，单一的三元乙丙密实胶条已不能满足市场的需要，根据密封胶条在门窗的不同安装位置及用途，将密封条进行细分，采用密实橡胶、海绵橡胶复合，密实橡胶、玻纤复合、密实橡胶，海绵橡胶、玻纤三复合以及海绵表面附加光滑涂层等方法，来解决各种密封和隔热问题。这些将不同材料复合在一起的胶条，统称为复合型密封胶条。

（1）三元乙丙海绵橡胶的特性。

三元乙丙发泡海绵胶条是通过将化学发泡剂加入三元乙丙橡胶之中，经过高温发泡并硫化定型后得到的一种截面呈蜂窝状结构的发泡胶条，具有以下特点：

1）密度低。海绵橡胶中有大量气泡存在，其密度约为 $0.5\sim0.6\text{g/cm}^3$，为普通胶条的二分之一甚至更低。

2）隔热性优良。由于海绵橡胶中有大量泡孔，泡孔中气体的热导率比实心橡胶低很多，所以发泡胶条的导热率很低。

3）隔声效果好。海绵橡胶的隔声效果是通过吸收声波能量，使声波不能反射传递而达到的。

4）比强度高。由于海绵橡胶密度低，比强度自然要比非发泡制品高。发泡胶条的机械强度随发泡倍数的增加而下降。

5）优异的耐热、耐化学药品性能，比密实橡胶更加优秀的压缩回弹性，低温柔软性。

海绵橡胶和实心橡胶的性能对比见表 9-6。

表 9-6　　　　　　　　　　海绵橡胶和实心橡胶性能对比

| 项目 | 海绵橡胶 | 实心橡胶 |
| --- | --- | --- |
| 邵尔 A 型硬度 | 25 | 70 |
| 拉伸强度/MPa | 2.5 | 7 |
| 伸长率（%） | 350 | 250 |
| 密度/(g/cm$^3$) | 0.65 | 1.3 |
| 导热系数/[W/(m·K)] | 0.1 | 0.25 |
| 70° 24h 压变（%） | 30 | 45 |

由表 9-6 可以看出，海绵橡胶的硬度远低于实心橡胶，压缩永久变形也优于实心橡胶，由此可以获得更好的密封性能，而导热系数只相当于实心橡胶的三分之一，是保温隔热的理想材料，不足之处在于拉伸强度低于密实橡胶。所以，海绵橡胶更加适合用于密封部位而不适合用在安装部位。

（2）三元乙丙实心橡胶和海绵橡胶复合产品的特性及应用。

1）鉴于海绵橡胶自身的柔软性和良好的压缩变形性能，出现了应用于开启扇上的实心海绵复合胶条，如图 9-10（b）所示，将密封条的密封部位由实心橡胶更换为海绵发泡橡胶，以提供更加优秀的气密性和水密性以及防尘效果，减小关窗力度。同时，安装部位依然采用硬度较高、物理性能优秀的实心橡胶，以保证胶条的安装牢固性，经过长期的使用后不易脱落。

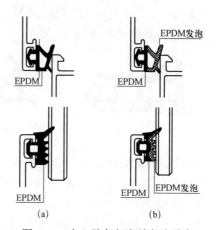

图 9-11　实心胶条与海绵复合胶条

由于型材表面上总是存在着微观的凹凸不平，为了保证密封，就必须对密封条的密封部位施加足够大的压力，使其发生弹性或塑性变形以填充型材表面的间隙。海绵橡胶的优势在于：在较低的压紧力的作用下，即可发生较大的弹性形变，并且由于其质地柔软，可以良好地填充型材表面的间隙，达到有效的密封。

同时，窗户更加容易开启和关闭。海绵橡胶和实心橡胶的压缩应力曲线如图 9-12 所示。海绵橡胶的压缩永久变形优于实心橡胶，这就意味着在长期的压缩密封中，海绵橡胶的应力松弛损失更小。对海绵橡胶进行压缩方式的应力松弛试验，通过阿伦尼乌兹公式计算得出：在 47℃ 的条件下，至少需要 30 年，其压缩应力才会损失 15%。

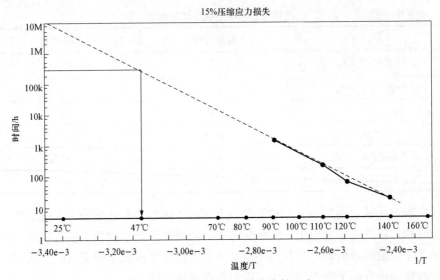

图 9-12　海绵橡胶的压缩应力松弛表

2）除了在开启扇上的应用，实心/海绵复合密封胶条还应用于系统门窗中的等压胶条，如图 9-13 所示。

图 9-13　实心、海绵复合密封条

通常用 $K$ 值的大小来表征整窗的节能性能，等压胶条在型材中起到阻断空气对流和热辐射的功能，对于降低整窗的 $K$ 值，起着至关重要的作用，而实心胶条的导热系数在 0.25W/(m·K) 左右，略显偏大，海绵橡胶的导热系数为 0.1W/(m·K)，若将等压胶条中空腔部位的实心橡胶更换为海绵橡胶后，可以明显降低窗户的 $K$ 值。

如图 9-14 所示，在型材、玻璃、隔热条等条件相同情况下，利用热工软件对 EPDM 实心胶条、复合胶条的进行了对比分析，结果纯密实橡胶整框 $K$=1.8W/(m²·K)，密实海绵复合整框 $K$=1.55W/(m²·K)。分析结果表明，使用复合型等压胶条，最

高可以将整窗的 $K$ 值降低 0.25 左右。

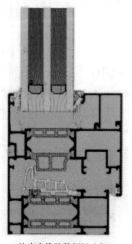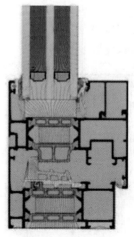

纯密实橡胶整框$U$=1.8　　　　密实海绵复合整框$U$=1.55

图 9-14　纯实心和复合型等压胶条整窗 $K$ 值对比

（3）三元乙丙实心橡胶、玻纤绳复合产品的特性及应用。

通常情况下，将密封条安装在型材框架上的方式有两种，一种是穿入式安装；另一种为压入式安装。当安装方法为穿入式时，由于密封条在穿入时受到拉力，安装完成后，密封条内部会残留有收缩的应力无法消除，在一段时间后就会在这种应力的作用下产生收缩，造成端头的拉伸断裂，严重影响密封效果。将玻纤绳与三元乙丙复合的密封条可以完美解决这一问题。图 9-15 所示，这种密封条通过特殊的模具和挤出机机头挤出，将无法延伸的玻纤绳复合进三元乙丙橡胶，二者通过胶粘剂牢固地黏结在一起，在胶条受到拉伸时，内部的玻纤将承受外部的拉力，从而使胶条不会产生延伸，避免了密封条后期的收缩问题。目前市面上已经衍生出了玻纤与密实橡胶双复合胶条、玻纤与密实胶、海绵胶三复合胶条等各类产品。

图 9-15　实心橡胶、玻纤双复合密封条

（4）三元乙丙实心橡胶、遇水膨胀橡胶复合产品的特性及应用。

遇水膨胀橡胶是一种独特的橡胶新产品，该种橡胶在遇水后产生 6～7 倍的膨胀变形，并充满接缝的所有不规则表面、空穴及间隙，同时产生巨大的接触压力，彻底防止渗漏。

遇水膨胀橡胶较普通橡胶具有更卓越的特性和优点。当接缝或施工缝发生位移，造成间隙超出材料的弹性范围时，普通型橡胶止水材料则失去止水作用。该材料还可以通过吸水膨胀来止水。使用遇水膨胀橡胶作为堵漏密封止水材料，不仅用量节省，而且还可以消除一般弹性材料因过大压缩而引起弹性疲劳的特点，使防水效果更为可靠。

与遇水膨胀橡胶复合的胶条（图9-16）通常用在玻璃批水条上，膨胀橡胶被设计用于第二、三道密封。由于第一道防水密封的作用，其在平时一般不会与水接触。一旦第一道防水密封失效，当水进入第二道密封遇到膨胀橡胶后，膨胀橡胶与水反应，发生膨胀，体积变为原来的 3 倍以上，从而加强密封面积和密封力，彻底防止渗漏。更为可贵的是，当膨胀后的胶条处于干燥环境时，其体积会慢慢地恢复到未膨胀之前的状态，并且可以反复膨胀，长期使用。

膨胀橡胶

图9-16　实心橡胶和遇水膨胀橡胶双复合密封条

（5）其他复合型密封胶条。

除了上述几种常见的复合密封胶条外，还有其他各种类型的复合密封条：

1）密封部位复合有光滑涂层或者绒毛的，以降低开关窗户时的涩感，以及开关窗时的噪声，并且加强密封。

2）在胶条的安装部位复合一层硬质 PP，增加安装部位的牢固度，使胶条更易安装，不易脱落。

3）胶条表面复合一层彩胶，使其与窗户型材颜色相似，整体更加美观，更加协调。

目前，国内门窗密封条生产厂家众多，生产的产品档次和质量良莠不齐，导致密封条市场鱼龙混杂，而能够利用资源优势进行整合并形成自主品牌的企业，才能做大做强。门窗密封条生产厂家不仅仅是为门窗企业提供产品配套，还是系统门窗研发设计过程重要参与。

### 9.1.5　连接强度测试

#### 1. 连接强度测试

门窗连接构造的测试，主要测试门窗的杆件、节点构造、角部连接构造、中竖框和中横框连接构造、框扇连接构造、拼接构造、安装构造的强度、耐磨性能及材料与材料之间连接强度、杆件刚度、疲劳等。

门窗连接构造的试验方法按照相关标准规定进行。

### 2. 门窗框扇角部连接强度的测试方法

门窗框扇（图 9-16）通过上合页（铰链）A 和下合页（铰链）B 连接，在重力 G 作用下，门窗框扇处于静平衡时，铰链 B 处于力矩平衡点，则铰链 A 受到的横向拉力 $F_1$ 与重力 G 产生的力矩处于平衡，即

$$F_1H = GL / 2$$
$$F_1 = GL / 2H$$

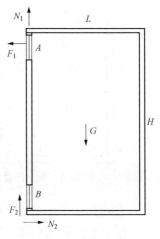

图 9-17　扇受力分析

式中　$H$——门窗扇高度尺寸；

　　　$L$——门窗扇宽度尺寸。

（1）合页（铰链）受力分析。

上部合页（铰链）A 的连接强度检测包括三个部位：合页与框的连接强度、合页轴的强度及合页与扇的连接强度。

因此，在门窗扇承受最大重量时，在重量荷载作用下，合页的强度试验用从三个方面检测，即分别检测在合页与框的连接强度、合页轴的连接强度及合页与扇的连接强度能否满足标准要求。

（2）门窗扇的角部连接受力分析。

在重力荷载作用下，扇的 A 角承受力 F［见图 9-18（a）］与 B 角承受力 F［见图 9-18（b）］方式完全不同。对于图 9-18（b），在门窗实际使用过程中，力 F 是扇自重产生的矩形均布荷载，因此，在试验时应采用合适的试验方法，图 9-19 所示为德国罗森海姆门窗幕墙技术研究院（简称 ift）检测原理示意图。

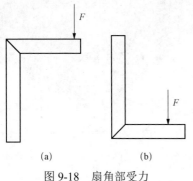

图 9-18　扇角部受力

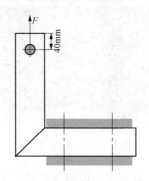

图 9-19　扇角部试验

（3）门窗框的角部连接受力分析。

门窗框受力主要考虑在地震作用下，产生的平面内变形对框产生的影响。从

图 9-20 所示可知，在地震力作用下，门窗框受到的力 $F$ 可看作是对框角部的压力，如图 9-21 所示。

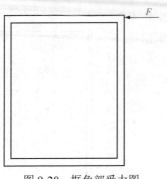

图 9-20 框角部受力图

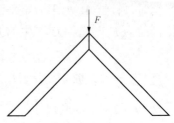

图 9-21 框角部试验图

塑料门窗角部连接强度的检测方法在标准中规定采用图 9-21 所示方法。

铝合金门窗的角部连接强度并没有明确的规定，目前，很多铝门窗系统公司采用图 9-22 所示的塑料门窗角强度试验方法进行角部连接强度的检测，也有部分公司采用图 9-18（a）、（b）的受力方法进行检测。

鉴于铝合金门窗相关标准没有对角部连接强度进行规定，根据框、扇受力的不同，对扇的角部连接强度检测可分别按图 9-18（a）、（b）两种受力情况检测，对门窗框的角强度试验可采用图 9-21 的试验方法进行，并根据不同试验方法下角部连接强度的检测结果分析，优化设计与加工工艺。

图 9-22 挤角组角图

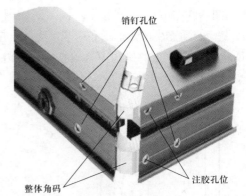

图 9-23 销钉组角图

### 3. 铝合金门窗组装工艺与下料计算

铝合金门窗组装工艺中有两个重要的工序，即中梃组装工序和组角工序。这两个组装工序的质量决定着铝合金门窗的产品质量和使用耐久性。这两个工序也是目前铝合金系统门窗与非系统门窗在组装过程中的存在主要区别的工序。

（1）组角工艺。

铝合金门窗组角工艺目前主要有挤角组角（图 9-22）和销钉组角（图 9-23）两种工艺最为常见。不管采用哪种组角工艺，都要用到角码。角码又分为整体角码（图 9-24）和活动角码（图 9-25）两类，而整体角码又分为铸铝角码 [（图 9-24（a）]和切割铝角码 [图 9-24（b）]。

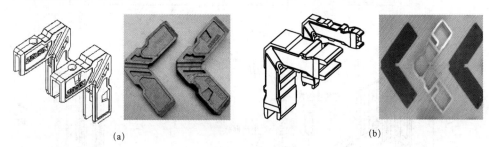

(a)　　　　　　　　　　　　　　　　(b)

图 9-24　整体角码

从图 9-22 和图 9-23 看出，不管是挤角组角还是销钉组角，组角工艺都是组角+注胶两道工序，在非系统门窗生产过程中，将注胶工序省略了，这是造成实际工程门窗质量下降，发生漏水等问题的主因。

图 9-25　活动角码

活动角码由两片组成，采用螺丝链接，且自带定位器，使用简单方便，经济又实用。然而，活动角码使用单螺钉紧固，在运输途中及窗的使用过程中，可能会发生松动、错位，从而导致窗框或窗扇产生缝隙、变形，使得窗的密封、隔声及抗风压性能都有所降低。

（2）中梃组装工艺。

目前，我国铝合金门窗生产中，中梃组装工艺有两种，一种是梃框料 90°锯切，只需铣削梃料翼边，然后与边框（T 连接）或梃框（十字形）连接；另一种是梃料 90°锯切，经过端铣多道榫口，然后与边框（T 连接）或梃框（十字形）连接。

1）梃框料 90°锯切，经过端面榫口铣削后与边框或梃框连接（图 9-26～图 9-28），目前非系统门窗组装均采用这种组装工艺，工艺缺点：

①梃框料须经专用铣床进行与框料配合的榫口铣削加工，增加了工序复杂性。

②不同的型材，需配置不同铣刀，并根据型材截面调整铣刀位置，工艺繁琐。

③型材榫口和榫头须按照槽口端部最大部位铣削，造成装配时装配间隙较大，留下漏气、漏水隐患。

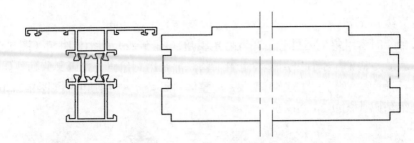

图 9-26　中竖（横）框端铣

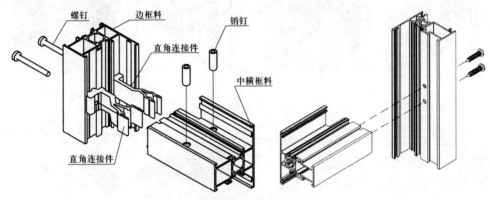

图 9-27　T 型连接

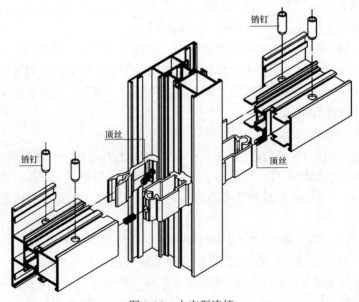

图 9-28　十字型连接

　　④横竖框料装配后，装配间隙只能打胶密封，因型材壁厚较薄，造成注胶部位不密实，这也是装配部位漏水、漏气的主因。

⑤装配后的横竖料两翼边不能有效固定，翼边装配间隙留下漏水隐患。

⑥因型材的不确定性，装配部位无法定制密封效果佳的 EPDM 发泡胶密封。

⑦横竖框料之间因硬性接触，对于铝合金型材因温度变化产生的应力变形无法有效释放。

2）梃框料 90°锯切，无须端铣榫口直接与边框或梃框连接（图 9-29～图 9-31）。目前系统门窗组装均采用这种组装工艺，工艺优点如下：

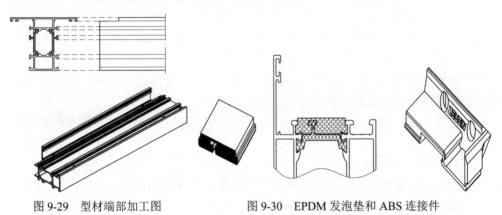

图 9-29　型材端部加工图　　　　　图 9-30　EPDM 发泡垫和 ABS 连接件

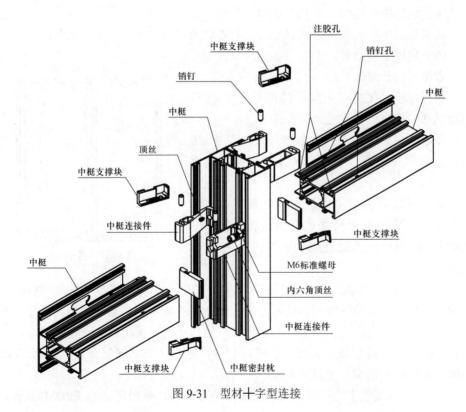

图 9-31　型材十字型连接

①梃框料只需经铣床对梃料边翼铣削加工（俗称一刀铣），无须进行复杂的榫口加工，简化加工工艺。

②型材端部与边框或梃框连接部位为 90°锯切端头，在连接部位安装专用 EPDM 密封发泡胶垫，完全密封端接间隙，杜绝漏水隐患。

③横竖框料通过连接件装配后，通过注胶孔注胶密封固定，在四周端接部位打胶密实、牢固。

④装配后的横竖料两翼边通过专用的 ABS 连接件固定并注胶密封。

⑤横竖框料之间通过 EPDM 柔性接触，对于铝合金型材因温度变化产生的应力变形可有效释放。

⑥EPDM 发泡垫具有弹性、孔隙密闭、不吸水的特点，ABS 连接件刚度足，保证两型材边翼的连接稳定性。

工艺缺点：EPDM 发泡密封胶垫、中梃专用 ABS 连接件需根据型材专门定制，通用性差。

3）通过分析可知：

①非系统窗中挺组装工序及端铣刀具复杂，刀具通用性差。

②非系统窗中挺连接部位密封性差。

③系统窗中挺组装工序及端铣刀具简单，刀具通用。

④系统窗中梃连接部分密封性好，有效解决了连接部位漏水、漏气问题。

（3）中梃下料计算。

中梃下料计算，以图 9-32 所示窗型为例。

系统窗组装工艺：中竖框料长度尺寸=边框高度尺寸—边框内宽尺寸×2。

非系统窗组装工艺：中竖框料长度尺寸=边框高度尺寸—边框内宽尺寸×2+边框槽口高度尺寸×2。

从上面计算公式可以看出，非系统窗中竖框料下料长度应加上两端边框槽口高度尺寸，也即中竖框料榫口端铣加工深度尺寸。

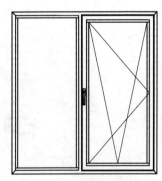

图 9-32　窗型示例

（4）工艺选择。

1）非系统窗组装工艺繁杂，密封性差，特别是不同规格型号的框型材槽口形状的不统一，造成铣床刀具的不定性。生产企业需根据工程所用型材型号的不同定制、变换刀具，工艺稳定性差；因型材槽口上部宽度尺寸大于下部尺寸，铣削加工时，造成榫口按最大尺寸加工，与端接框料槽口下部配合有 2.0～2.5mm 的间隙，打胶不密实，密封效果差。

2）系统窗组装工艺简单，因型材规格型号预知，采用定制的 EPDM 胶垫和

ABS 翼边连接件，组装完成后在注胶孔注胶，使得连接部位密封效果好，连接牢固；同时端部无须复杂的铣削刀具，工艺简单，提高生产效率。

3）非系统窗梃料下料计算时要考虑型材槽口尺寸，系统窗梃料下料计算简单，无需考虑型材榫口尺寸，节省用料成本。

4）从铝合金窗组角及中挺组装工艺、用料成本及密封效果等方面考虑，生产企业应尽可能选择系统窗组装工艺。

（5）玻璃压条的下料计算。

玻璃压条的下料计算与压条的对接方式及安装方式有关。

1）对接方式。

玻璃压条对接有 45°对接和 90°对接两种方式。

①当压条以 45°对接时，玻璃压条下料计算尺寸应为框或扇料内侧净尺寸。

②当压条以 90°对接时，玻璃压条下料计算尺寸一边为框或扇料内侧净尺寸，相邻一边为框或扇料内侧净尺寸—压条高度尺寸×2。

2）安装方式。

玻璃压条安装方式有压条直接扣在槽口内安装和压条通过压条卡件安装（图 9-33）两种方式。

①压条直接安装在槽口内时，压条下料计算按照对接方式进行。

②压条通过压条卡件安装时，相邻边压条下料计算尺寸 –10mm（10mm 为两边槽口深度尺寸）。

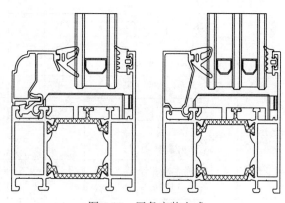

图 9-33 压条安装方式

## 9.2 整窗的性能测试优化

### 9.2.1 整窗的性能测试

系统门窗成品试制完成后，应进行成品的型式试验，验证系统门窗技术设计的总体方案和加工工艺合理性及先进性。

建筑门窗常见性能及检验标准见表 9-7，性能分级见附录 B。并应按型式检验结果和设定的研发目标对总体方案和加工工艺进行优化。

表 9-7 建筑门窗常见性能及检验标准

| 分类 | 性能及指标 | 门 | | 窗 | | 性能分级及检验标准 |
|---|---|---|---|---|---|---|
| | | 外门 | 内门 | 外窗 | 内窗 | |
| 安全性 | 抗风压性能（$P_3$） | ◎ | — | ◎ | — | GB/T 7106 |
| | 耐撞击性能 | ◎ | ○ | ○ | — | GB/T 14155 |
| | 抗风携碎物冲击性能 | ○ | — | ○ | — | GB/T 29738 |
| | 抗爆炸冲击波性能 | ○ | — | ○ | — | GB/T 29908 |
| | 耐火完整性 | ○ | — | ○ | — | GB/T 38252 |
| | 防侵入性能 | | | | | |
| 节能性 | 气密性能（$q_1$，$q_2$） | ◎ | — | ◎ | — | GB/T 7106 |
| | 保温性能（$K$） | ◎ | — | ◎ | — | GB/T 8484 |
| | 隔热性能（SHGC） | ○ | — | ◎ | — | JG/T 440、GB/T30592 |
| 适用性 | 启闭力（$F$） | ◎ | ◎ | ◎ | ◎ | GB/T 29555、GB/T 29048 |
| | 水密性能（$\Delta P$） | ◎ | — | ◎ | — | GB/T 7106 |
| | 空气声隔声性能（$R_w+C_{tr}$；$R_w+C$） | ◎ | ○ | ◎ | ○ | GB/T 8485 |
| | 采光性能（$T_r$） | — | — | ◎ | ○ | GB/T 11976 |
| | 防沙尘性能 | ○ | — | ○ | — | GB/T 29737 |
| | 抗垂直荷载性能（平开旋转类门） | ○ | ○ | — | — | GB/T 29049 |
| | 抗静扭曲性能（平开旋转类门） | ○ | ○ | — | — | GB/T 29530 |
| | 抗对角线变形性能 | ○ | ○ | — | — | GB/T 9158 |
| | 抗大力关闭性能 | ○ | ○ | — | — | GB/T 9158 |
| | 开启限位 | — | — | ○ | — | GB/T 9158 |
| | 撑挡试验 | — | — | ○ | — | GB/T 9158 |
| 耐久性 | 反复启闭性能 | ◎ | ◎ | ◎ | ◎ | GB/T 29739 |
| | 耐候性能 | | | | | |

注："◎"为必需性能；"○"为选择性能；"—"为不要求。

系统门窗整体性能测试及性能优化应符合下列规定：

（1）按照相似设计的原理，根据设定的系统门窗研发目标，规划出系统门窗开启形式及分格的产品族。

（2）完成系统门窗产品族的极限尺寸门窗的设计，并按照所设计的极限尺寸制造测试用的样品窗。测试用的样品窗，不是传统意义上测试用的标准窗，而是具有最不利性能条件组合的样品门窗（极限尺寸门窗、极限尺寸开启扇以及最重玻璃、其他面板）。

（3）对所制造的样品窗进行性能测试，并检查系统门窗产品族是否达到设定的性能指标。

（4）系统门窗性能类型以及对应的试件数量应符合各类门窗产品标准中的型式检验的相关规定，见表 9-8。

表 9-8　　　　　　　　　　　　性能类型及试件数量

| 性能 | 门 | | 窗 | |
|---|---|---|---|---|
| | 类型 | 数量 | 类型 | 数量 |
| 抗风压性能 | 破坏 | 3 | 破坏 | 3 |
| 平面内变形性能 | 破坏 | 1 | — | — |
| 耐撞击性能 | 破坏 | 1 | — | — |
| 抗风携碎物冲击性能 | 破坏 | 1 | 破坏 | 1 |
| 抗爆炸冲击波性能 | 破坏 | 1 | 破坏 | 1 |
| 耐火完整性 | 破坏 | 1 | 破坏 | 1 |
| 气密性能 | 非破坏 | 3 | 非破坏 | 3 |
| 保温性能 | 非破坏 | 1 | 非破坏 | 1 |
| 遮阳性能 | 非破坏 | 1 | 非破坏 | 1 |
| 启闭力 | 非破坏 | 3 | 非破坏 | 3 |
| 水密性能 | 非破坏 | 3 | 非破坏 | 3 |
| 空气声隔声性能 | 非破坏 | 3 | 非破坏 | 3 |
| 采光性能 | 非破坏 | 1 | 非破坏 | 1 |
| 防沙尘性能 | 非破坏 | 1 | 非破坏 | 1 |
| 耐垂直荷载性能 | 破坏 | 1 | 破坏 | 1 |
| 抗静扭曲性能 | 破坏 | 1 | — | — |
| 抗扭曲变形性能 | 破坏 | 1 | — | — |
| 抗对角线变形性能 | 破坏 | 1 | — | — |
| 抗大力关闭性能 | 破坏 | 1 | — | — |
| 开启限位 | — | — | 破坏 | 1 |
| 撑挡试验 | — | — | 破坏 | 1 |
| 反复启闭性能 | 破坏 | 1 | 破坏 | 1 |
| 热循环性能 | — | — | — | — |

（5）试验方法应符合表 9-9 的规定。

表 9-9 试验方法

| 项目 | 门 | 窗 |
|------|------|------|
| 抗风压性能 | GB/T 7106—2019《建筑外门窗气密、水密、抗风压性能检测方法》 | GB/T 7106—2019《建筑外门窗气密、水密、抗风压性能检测方法》 |
| 平面内变形性能 | ISO 15822—207《对角变形时门具开启性能试验方法 地震方面》 | — |
| 耐撞击性能 | GB/T 14155—2008《整樘门 软重物体撞击试验》 | |
| 抗风携碎物冲击性能 | GB/T 29738—2013《建筑幕墙和门窗抗风携碎物冲击性能分级及检测方法》 | GB/T 29738—2013《建筑幕墙和门窗抗风携碎物冲击性能分级及检测方法》 |
| 抗爆炸冲击波性能 | GB/T 29908—2013《玻璃幕墙和门窗抗爆炸冲击波性能分级及检测方法》 | GB/T 29908—2013《玻璃幕墙和门窗抗爆炸冲击波性能分级及检测方法》 |
| 耐火完整性 | GB/T 38252—2019《建筑门窗耐火完整性试验方法》 | GB/T 38252—2019《建筑门窗耐火完整性试验方法》 |
| 气密性能 | GB/T 7106—2019《建筑外门窗气密、水密、抗风压性能检测方法》 | GB/T 7106—2019《建筑外门窗气密、水密、抗风压性能检测方法》 |
| 保温性能 | GB/T 8484—2020《建筑外门窗保温性能分级及检测方法》 | GB/T 8484—2020《建筑外门窗保温性能分级及检测方法》 |
| 隔热性能 | JG/T 440—2014《建筑门窗遮阳性能检测方法》、GB/T 30592—2014《透光围护结构太阳热系数检测方法》 | JG/T 440—2014《建筑门窗遮阳性能检测方法》、GB/T 30592—2014《透光围护结构太阳热系数检测方法》 |
| 启闭力 | GB/T 9158—2015《建筑门窗力学性能检测方法》 | GB/T 9158—2015《建筑门窗力学性能检测方法》 |
| 水密性能 | GB/T 7106—2019《建筑外门窗气密、水密、抗风压性能检测方法》 | GB/T 7106—2019《建筑外门窗气密、水密、抗风压性能检测方法》 |
| 空气声隔声性能 | GB/T 8485—2008《建筑门窗空气声隔声性能分级及检测方法》 | GB/T 8485—2008《建筑门窗空气声隔声性能分级及检测方法》 |
| 采光性能 | GB/T 11976—2015《建筑外窗采光性能分级及检测方法》 | GB/T 11976—2015《建筑外窗采光性能分级及检测方法》 |
| 防沙尘性能 | GB/T 29737—2013《建筑门窗防沙尘性能分级及检测方法》 | GB/T 29737—2013《建筑门窗防沙尘性能分级及检测方法》 |
| 耐垂直荷载性能 | GB/T 29049—2012《整樘门垂直荷载试验》 | GB/T 11793—2008《未增塑聚氯乙烯（PVC—U）塑料门窗力学性能及耐候性试验方法》 |
| 抗静扭曲性能 | GB/T 29530—2013《平开门和旋转门 抗静扭曲性能的测定》 | — |

续表

| 项目 | 门 | 窗 |
|------|-----|-----|
| 抗扭曲<br>变形性能 | GB/T 9158—2015《建筑门窗力学<br>性能检测方法》 | GB/T 9158—2015《建筑门窗力学<br>性能检测方法》 |
| 抗对角线<br>变形性能 | GB/T 9158—2015《建筑门窗力学<br>性能检测方法》 | GB/T 9158—2015《建筑门窗力学<br>性能检测方法》 |
| 抗大力<br>关闭性能 | GB/T 9158—2015《建筑门窗力学<br>性能检测方法》 | GB/T 9158—2015《建筑门窗力学<br>性能检测方法》 |
| 开启限位 | GB/T 9158—2015《建筑门窗力学<br>性能检测方法》 | GB/T 9158—2015《建筑门窗力学<br>性能检测方法》 |
| 撑挡试验 | GB/T 9158—2015《建筑门窗力学<br>性能检测方法》 | GB/T 9158—2015《建筑门窗力学<br>性能检测方法》 |
| 反复启闭<br>性能 | GB/T 29739—2013《门窗反复启闭<br>耐久性试验方法》 | GB/T 29739—2013《门窗反复启<br>闭耐久性试验方法》 |
| 热循环性能 | — | — |

（6）性能测试过程中，应记录所有测试数据，以及出现的样品门窗的永久变形、损坏和失效情况。

（7）性能测试结束后，应对测试数据和测试结果进行分析，并对测试用的样品门窗进行拆解分析，协同子系统供应商，对构成该系统门窗产品族的材料、构造、门窗形式进行改进和优化设计。如此反复进行数次整体或部分测试。最终确定该系统门窗产品族达到所设定的性能指标，并且不冗余。

（8）记录系统门窗产品族的极限尺寸和所能达到的性能指标，并最终确定该系统门窗产品族的设计方案。

## 9.2.2　组装工艺对塑料门窗抗风压性能的影响

### 1. 塑料窗的抗风压性能

《建筑外门窗气密、水密、抗风压性能检测方法》（GB/T 7106—2019）规定了抗风压性能检测分为变形检测、反复加压检测和安全检测三部分。

变形检测时，根据风压荷载分级加压，以窗主要受力杆件的相对面法线挠度达到杆件长度的 $L/250$（单层玻璃）或 $L/375$（中空玻璃）时的风荷载值为变形检测压力差值 $P_1$，检测时正、负压分别进行，以此来评价外窗的结构变形情况；以 $1.5P_1$ 作为反复加压检测压力差值 $P_2$，检查在正负交替风荷载 $P_2$ 作用下外窗是否发生损坏或功能障碍。以 $2.5P_1$ 作为定级检测压力差值 $P_3$，检测在正负风荷载 $P_3$ 作用下外窗抵抗损坏或功能障碍的能力。

工程检测是验证实际工程用外窗能否满足工程设计要求的检测。

变形检测时，首先要确定主要受力杆件。主要受力杆件是指外窗立面内承受并传递外窗自身重力及水平风荷载等作用的中横框、中竖框、扇梃等主型材。图 9-34 所示主要受力杆件选择图中 1 和 2 为测试杆件，3 为玻璃。

测试杆件的测点布局如图 9-35 所示。

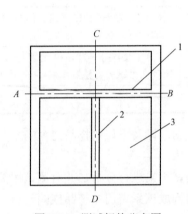

图 9-34　测试杆件分布图

1、2—测试杆件；3—玻璃

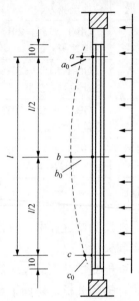

图 9-35　测试杆件测点分布图

$a_0$、$b_0$、$c_0$—各测点初始数值；

$a$、$b$、$c$—压力差作用下的各测点读数值；

$l$—杆件两端测点 $a$、$c$ 之间的长度

杆件中点的面法线挠度：

$$f = \left(b - b_0\right) - \frac{\left(a - a_0\right) + \left(c - c_0\right)}{2}$$

式中　$a_0$、$b_0$、$c_0$——各测点初始读数值（mm）；

　　　$a$、$b$、$c$——压力作用下的测点读数（mm）；

　　　$f$——杆件中间点面法线挠度。

测点位置规定为：中间测点在测试杆件的中点位置，两端测点在距该杆件端点向中点方向 10mm 处。

### 2. 塑料窗的制作工艺

塑料窗是指由未增塑聚氯乙烯型材按规定要求使用增强型钢制作的窗。

目前，塑料窗的框扇制作一般采用焊接工艺，即通过加热板将两根型材料熔

融，然后对接、加压，使两根塑料型材粘结在一起。由于塑料型材的刚性较差，不能满足整个塑料窗的抗风压强度。因此，需要在塑料窗型材腔中加入增强型钢来提高其刚性和抗变形能力。但目前塑料窗生产企业普遍采用焊接工艺生产的塑料窗的增强型钢之间是不连续的，各增强型钢不能连接成一个整体，影响了整个塑料窗的抗风压性能。

图 9-36 为典型的塑料窗型图，图中实线表示窗框的外形，虚线表示型材内腔增强型钢，各塑料型材之间通过 45° 或 90° 角焊接在一起，各型材内增强型钢之间相互独立。

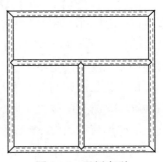

图 9-36　示例窗型

### 3. 窗型对主要受力杆件挠度的影响

塑料窗在风荷载作用下，承受与窗平面垂直的横向水平力。塑料窗各框料间构成的受荷单元可视为四边铰接的简支板。以图 9-36 所示窗型为例，其对应风荷载分布如图 9-37 所示。主要受力杆件 C-D 承受 $Q_4$ 和 $Q_5$ 两个梯形均布荷载，杆件 A-B 承受梯形荷载 $Q_1$ 和两个三角形荷载 $Q_2$、$Q_3$ 产生的复合均布荷载及杆件 C-D 传来的集中荷载。

外窗受力构件受荷情况近似简化为简支梁承受矩形、梯形和三角形的均布荷载及集中荷载时产生的挠度，计算如下：

（1）三角形荷载作用下，挠度计算如下：

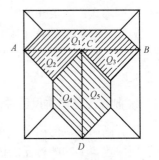

图 9-37　荷载分布

$$f_{max} = (QL^3)/(60EI)$$

（2）梯形荷载作用下，挠度计算见表 9-10，其中 $K=K_L/L$。

表 9-10　　　　　　　　梯形荷载简支梁的挠度

| 系数 | $K=0$ | $K=0.1$ |
|---|---|---|
| $f_{max}$ | $(QL^3)/(76.8EI)$ | $(QL^3)/(70.2EI)$ |
| 系数 | $K=0.2$ | $K=0.3$ |
| $f_{max}$ | $(QL^3)/(65.6EI)$ | $(QL^3)/(62.4EI)$ |
| 系数 | $K=0.4$ | $K=0.5$ |
| $f_{max}$ | $(QL^3)/(60.6EI)$ | $(QL^3)/(60EI)$ |

（3）集中荷载作用于简支梁时，产生挠度计算如下：

$$f_{max} = \{PL_1L_2(L_1 + L_2)[3L_1(L_1 + L_2)]^{1/2}\} / (27EIL)$$

如图 9-37 所示，受力杆件 C-D 在风荷载作用下产生的挠度为两个梯形荷载 $Q_4$、$Q_5$ 产生挠度的代数和，杆件 A-B 在风荷载作用下产生的挠度为梯形荷载 $Q_1$、三角形荷载 $Q_2$、$Q_3$ 及由杆件 C-D 产生的集中荷载 P 产生挠度的代数和。

通过对杆件 A-B 和 C-D 在风荷载作用下产生的挠度计算公式分析可知：在塑料窗选用材料（弹性模量 E）、截面积（惯性矩 I）和受荷状态（单位风荷载 W）确定的情况下，主要受力杆件挠度与该杆件长度呈正三次方关系。因此，主要受力杆件的长度是决定塑料窗抗风压性能的关键因素。

杆件的长度则与窗型设计有关。如图 9-37 所示，塑料窗主要受力杆件 A-B 和 C-D 所受的荷载大小除杆件长度和受荷面积外，还与其偏离边框的距离有关。从梯形荷载系数 $K = K_L/L$ 可知，K 值反映的是主要受力杆件在长度一定条件下，偏离窗边框的程度。矩形荷载和三角形荷载是梯形荷载的两种极端情况。K=0 时，反映杆件与边框重合，按矩形荷载计算；随着 K 值的增大，标志杆件偏离边框程度增大；当 K=0.5 时，梯形荷载变为三角形荷载，按三角形荷载计算。

因此，塑料窗的抗风压强度与主要受力杆件偏离边框的距离密切相关。在进行窗型设计时应合理分格中横框、中竖框与边框的距离，做到强度、美观、经济综合兼顾。

### 4. 制作工艺对抗风压性能的影响

随着高层建筑的增多，塑料窗在高层建筑上的应用越来越普遍。因此，对应用于高层建筑上的塑料窗的抗风压性能就提出了更高的要求。

一般来说，门窗受力杆件的抗风压计算包括挠度计算、弯曲应力计算、剪切应力计算、最少螺钉数量计算等。

（1）挠度计算是以受力杆件弯曲变形量为判断基准，弯曲应力计算是以受力杆件承受的弯曲应力为判断基准，一般风压计算时，计算了挠度计算就无须再进行弯曲应力计算。

（2）剪切应力计算指的是受力杆件端部连接焊缝的剪切力计算。

（3）最少螺钉数量计算是计算连接螺钉的剪切力。就剪切应力和最少螺钉数量两项计算，一般情况下，对于安装在风荷载较低（低层建筑）条件下的塑料窗，只要严格按照塑料窗制作规程进行制作，构件焊缝的剪切应力基本都能满足抗风压要求，无须进行计算。但对于安装于风荷载较大（高层建筑）情况下的塑料窗或制作特大规格塑料窗时，由于受力杆件在风荷载作用下产生的剪切应力集中于端部焊接部位。如果此时采用焊接工艺生产的塑料窗，由于焊接工艺的限制，各受力钢衬之间相互独立，如图 9-36 中杆件 A-B 与两边框之间，杆件 C-D 与 A-B 及下边框之间（图 9-35）。此时受力杆件承受风荷载产生的剪切应力仅仅

是塑料型材本身，起加强作用的钢衬却没有起到应有的作用。当风荷载产生的剪
切应力大于型材自身的抗剪允许应力时，必然对塑料窗产生结构性破坏，这一切
都源于加强钢衬的孤立、断续。由于塑料窗钢衬的抗剪能力远大于塑料型材，只
要采取适当的组装工艺即关键部位采取无切角主次梁 T 型节点（图 9-38），目前
主要采用螺接工艺，可克服单纯的焊接工艺产生的缺陷。螺接工艺是将杆件的连
接通过连接件螺接在一起的制作工艺。一般来说，塑料窗主要受力杆件（中横
框、中竖框）与边框采用螺接方式连接与焊接结构连接方式相比，可使杆件挠度
变化降低 5 倍左右，提高了塑料窗的抗风压性能。

　　对于图 9-38 所示窗型，如果采用无切角主次梁 T 型节点即螺接方式连接，
那么作为主要受力杆件的中横框与中竖框之间、中横框及中竖框与边框之间的连
接如图 9-39 所示。起加强作用的钢衬与边框钢衬之间形成了刚性整体连接。

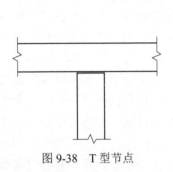

图 9-38　T 型节点

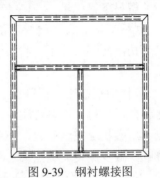

图 9-39　钢衬螺接图

　　对于角部焊接部位（特别是窗扇）应采用增强块增强角部连接强度。通过采
用增强块可使焊角强度提高 40% 左右。

### 9.2.3　焊接工艺对 PVC 塑料门窗焊接质量的影响

　　PVC 塑料门窗在加工组装中最常见的质量问题是门窗的焊角开裂，主要是
由于 PVC 门窗的焊接质量差，焊角强度不够造成的。

#### 1. 焊角开裂的一般特点

（1）沿焊缝开裂的多，沿型材本体开裂的少。

（2）框底部裂的多，上部裂的少。

（3）壁薄型材裂的多，壁厚裂的少。

（4）"V"口处开裂的多，直角开裂的少。

（5）冬天低温施工裂的多，高温施工裂的少。

（6）型材小面开裂的多，大面开裂的少。

（7）压条长的裂的多，短的裂的少。

**2. 开裂的基本表现形式**

（1）型材小面沿焊缝整齐开裂，并且裂缝小于焊缝长度的 1/2。

（2）沿焊缝整齐开裂，并一直扩展到焊角根部。

（3）起始从焊缝开裂，当开裂到 1/2～1/3 处时，向型材方向开裂。

（4）距焊缝 3～4mm 处沿型材断面方向开裂。

**3. 开裂的原因分析**

（1）型材质量。

型材质量直接决定了焊角强度，型材原料、配方和挤出工艺决定了型材本身的质量，也间接地决定焊角强度的质量。同时，型材横断面的尺寸精度越高，影响焊接质量的因素越小；横断面尺寸和壁厚越大，焊角强度越大。

（2）型材下料质量。

1）型材下料的表面质量。型材切割面应光滑平整，不宜有崩口、缺口的现象。型材切割面凹凸不平，将使熔接面受热不均匀，物料熔融不一致，使型材焊接质量下降。

2）型材切割精度。提高型材切割角度精度及确保下料面与型材底面的垂直度。这将使得型材在熔融过程中熔接面上各点所受的压力和受热时间完全相同，使各点的熔融状况完全一致，避免在窗框内、外角或某一面出现熔接不良或物料发黄降解，减少撕裂突破点。

3）下料尺寸的准确性。下料尺寸的偏差过大会造成焊接出来的门窗框产生对角线误差，给焊角开裂埋下隐患。

（3）焊接工艺及其参数。

1）焊板的质量。焊板的质量包括焊板上各点温度是否均匀一致、温控是否稳定以及实际温度与设计温度的一致性。

焊板温度的分布不均匀，型材熔接面上各点加热温度的不同，造成熔接面上各点熔融程度差异，致使型材焊角强度下降。焊板温度的波动过大（超过 ±2℃），容易造成型材焊角强度的波动。焊板实际温度与设计温度偏差过大，会造成型材熔融量不够或过热变色等现象，造成焊角强度下降。

2）焊布的质量和清洁。焊布是型材实现焊接的重要辅助手段，应该选择高强度、耐热、易导热、不易粘料的高质量焊布，粘料或穿孔后要及时更换。

3）压钳平台间的相对位置。如果焊机前面与后面的下压钳平台的表面不在一个水平面上，型材在熔融对接后，将导致焊角在型材宽度方面产生错位。压钳平台接缝后，钳口间隙应均匀一致，最好做到紧密贴合，否则将影响到型材的对接挤压量，直接影响型材的焊角强度。

4）型材靠板的直线度、垂直度及其高度。在焊接过程中，因左右机头的侧型材靠板不平行，并且与后型材靠板不垂直，往往会造成型材在焊接过程中的定位产生偏差，造成对角线误差较大而影响焊角强度。还要注意使靠板与钳口的夹角成 45°，两型材靠板内侧延长线交点应位于钳口正中。当型材靠板高度不够时，将使型材的侧面与靠板接触不均，或靠板距型材最上端的侧定位有距离，致使型材焊接时型材上部分外倾，导致焊接面上部分因桥压力不足而焊接面粘结不牢，影响整个焊角的强度。

　　5）对接挤压量。对接挤压量是指第二次进给距离减去第一次进给距离，挤压量一般应在 1mm 左右。如果挤压量过小，在型材对接时，被熔融的对接面只是前段软层对接，二次进给力传递衰减过大使型材焊接面粘结时，因挤压力过小而导致焊接面粘接不牢。如果挤压量过大，又会因在对接时型材被熔融，对接面方向开裂。

　　6）焊接温度，压力的时间设置。焊板对异型材截面加热，使其升温达到黏流温度以上，进入黏流态，两熔融端面在压力下对接。宏观表现为熔融的表面融合，界面消失。微观表现为两被焊型材上的 PVC 聚合物分子链相互扩散，扩散过来的 PVC 聚合物分子链就承担焊角的应力。

　　①加热温度和加热时间。加热温度和加热时间为物料达到黏流态提供能量和动力，使物料达到黏流态，形成物料的熔融和流动。焊接温度低，加热时间短，物料熔融不理想，流动性差，大分子间的相互渗透困难。加热温度过高或加热时间过长，大分子链吸收过多能量产生降解，分子链的作用力迅速降低。因此，必须给予足够的加热温度和时间，但应以物料不发黄降解为前提。

　　②熔接时间。因为 PVC 分子链的扩散是需要时间的，熔融时间是影响聚合物分子链接触、扩散的主要因素，所以保持供给压力状态下适当延长熔接时间，有利于 PVC 分子链的扩散，有利于焊角强度的提高。

　　③进给气压及前后压钳气压的设置。进给气压作用有两种：一是促进熔融；二是促进分子链的扩散。但并非压力越大越好，压力过大，两被焊接的低黏度熔融表层受挤压向外翻卷，形成翻边。前后压钳压力的设置，应以保证型材不变形、不移位为原则，一般前压钳压力应略大于后压钳压力。

　　④焊板拔出速度及型材对接进行速度。焊板拔出速度快压钳板对接进行速度太慢，会使型材对接面产生冷膜，降低表面黏性，使型材粘合不牢，降低焊角强度。

　　（4）环境温度。

　　在焊接过程中，如果焊接温度过低，不利于分子链的扩散，操作环境温度以不低于 15℃为宜。

# 第 10 章
# 安装工艺设计

　　系统门窗应对不同墙体构造时的安装工艺进行设计，安装工艺研发应包括安装工序设计和每道工序的技术要求设计，安装工艺设计应形成不同墙体构造下的安装工艺流程图、安装节点和安装工序要求。

## 10.1　安装准备

### 10.1.1　材料准备

　　（1）复核准备安装的门窗的规格、型号、数量、开启形式等是否符合设计要求，且应有出厂合格证。

　　（2）检查门窗的装配质量及外观是否满足设计要求。

　　（3）检查各种安装附件、五金件等是否配套齐全。

　　（4）检查辅助材料的规格、品种、数量是否满足施工要求。

　　（5）复核所有材料是否有出厂合格证及必需的质量检测报告。

　　（6）填写材料进场验收记录和复检报告。

　　（7）门窗安装所需的机具、辅助材料和安全设施，应齐全、安全可靠。

　　（8）门窗附框材料应符合 GB/T 39866《建筑门窗附框技术要求》的规定。

### 10.1.2　确定安装位置

#### 1. 检查安装洞口

安装洞口施工质量应符合现行国家施工质量验收规范的要求。

　　（1）洞口尺寸检查。

　　门窗框安装都是后塞口，所以要根据不同的材料品种和门窗框的宽、高尺寸，逐个检查门窗洞口的尺寸，核对所有门窗洞口尺寸与门窗框的规格尺寸是否相适应，能否满足安装要求。安装门窗时，要求洞口宽度与高度尺寸偏差不超过表 10-1 的规定。

表 10-1　　　　　　　　　　洞口宽度与高度尺寸偏差要求　　　　　　　　　　mm

| 项目 | 尺寸范围 | 允许偏差 | |
| --- | --- | --- | --- |
| | | 未粉刷墙面 | 已粉刷墙面 |
| 洞口宽度、高度 | <2400 | ≤10 | ≤5 |
| | 2400~4800 | ≤15 | ≤10 |
| | >4800 | ≤20 | ≤15 |

若洞口尺寸达不到要求，将会给门窗安装带来很大的困难，有的门窗可能因洞口太小放不进去或因无伸缩缝造成门窗使用过程中变形；有的可能因洞口太大，造成连接困难，使安装强度降低，且伸缩缝太宽加大聚氨酯发泡胶的用量，安装成本上升。

门、窗的构造尺寸应考虑预留洞口与待安装的门、窗框的伸缩缝间隙及墙体饰面材料的厚度，应视不同的墙面饰面材料而定，可参照表 10-2 规定。

表 10-2　　　　　　　　　　洞口与门、窗框伸缩缝间隙　　　　　　　　　　mm

| 墙体饰面材料 | 洞口与门、窗框的伸缩缝间隙 |
| --- | --- |
| 清水墙或附框 | 10 |
| 墙体外饰面抹水泥砂浆或贴瓷砖 | 15~20 |
| 墙体外饰面贴釉面瓷砖贴面 | 20~25 |
| 墙体外饰面贴大理石或花岗石石板 | 40~50 |
| 若墙体采用外保温处理，则应统筹考虑外保温材料情况予以处置 | |

对于膨胀系数较大的门、窗，如塑料门窗，其线形膨胀系数为（7~8）× $10^{-5}[m/(m \cdot ℃)]$，受冬、夏日及室内、外温差的影响，门窗框的长度会发生较大变化。以温差 50℃计算，长度 2m 的窗框，长度变化可达 8mm。因此，安装门、窗要在门窗框及洞口间预留伸缩缝，调节门、窗因温度变化导致的变形。对于一般单樘门窗，两边各留出 10mm 的缝隙即可满足要求。但对于带饰面的墙体材料，如陶瓷面砖、大理石、保温材料等，若仍留 10mm 的缝隙，必然给安装带来困难，也会影响到门窗的开启等使用功能。因此，当饰面材料厚度大于 5mm 时，门窗框和洞口的预留间隙也应相应增加。

（2）洞口位置检查。

由安装人员会同土建人员按照设计图样检查洞口的位置和标高，若发现洞口位置与设计图样不符或偏差太大，则应进行必要的修正处理。

2. 确定安装基准

按室内地面弹出的 500mm 水平线和垂直线，标出门窗框安装基准线，作为门窗框安装时的标准，要求同一立面上门、窗的水平及垂直方向应做到整齐一致。

测量放线。对于多层建筑，可在最高层找出门窗口边线，用大线坠沿门窗口边线下引，并在每层门窗口处划线标记，对个别不直的口边应剔凿处理。高层建筑可用经纬仪找垂直线。门窗口的水平位置应以楼层+500mm 水平线为准，往上返，量出窗下皮标高，弹线找直，每层窗下皮（若标高相同）则应在同一水平线上。如在弹线时发现预留洞口的位置、尺寸有较大偏差，应及时调整、处理。

确定墙厚方向的安装位置。根据外墙大样图及窗台板的宽度，确定门窗在墙厚方向的安装位置。如外墙厚度有偏差时，原则上应以同一房间窗台板外露尺寸一致为准，窗台板应伸入门窗的窗下 5mm 为宜。

### 3. 检查预留孔洞或预埋铁件

逐个检查门窗洞口四周的预留孔洞或预埋铁件的位置和数量是否与门窗框上的连接铁脚匹配吻合。

逐个检查门窗洞口防雷连接件的预留位置并标记。

对于门窗，除以上提到的确定位置外，还要特别注意室内地面标高，地弹簧门的地弹簧上表面应与室内地面饰面标高一致。

## 10.1.3 作业条件要求

在门窗框上墙安装前，应确保以下各方面条件均已达到要求。

（1）结构工程质量已经验收合格。

（2）门窗洞口的位置、尺寸已核对无误，或已经过修补、整修合格。

（3）预留铁脚孔洞或预埋铁件的数量、尺寸已核对无误。

（4）管理人员已进行了技术、质量、安全交底。

（5）门窗及其配件、辅助材料已全部运至施工现场，且数量、规格、质量完全符合设计要求。

（6）已具备了垂直运输条件，并接通了电源。

（7）各种安装保护措施等齐全可靠。

（8）节能门窗的安装施工宜在室内侧或洞口内进行。

（9）节能门窗安装施工的环境温度不宜低于 5℃。

（10）节能门窗附框或门窗框与洞口连接固定时应符合下列规定：

1）砌体墙洞口严禁采用射钉固定，应采用膨胀螺栓固定，并不得固定在砖缝处。

2）轻质砌块或加气混凝土墙洞口，应在门窗框与墙体的连接部位提前设置预埋件。

# 10.2　安装工艺

门窗的安装方法有预留洞口法、精洞口法和衬套法等。国外多采用精洞口法安装，我国大多采用预留洞口法安装和衬套法安装。

精洞口法安装，就是在门窗安装前先将洞口全部制作粉刷完毕，留有一个装饰好的洞口，将组装好门窗装入其中，通过专用的固定螺丝将门窗与墙体固定。门窗固定后用聚氨酯发泡剂及密封胶进行密封后就可以直接使用了，无须后期的水泥嵌缝及墙面粉刷，具有无污染和损坏门窗的特点，特别适合于实木门窗、铝木复合等高档门窗的安装。

预留洞口法安装又称湿法安装，是将门窗直接安装在未经表面装饰的墙体门窗洞口上，在墙体表面湿作业装饰时对门窗框与洞口的间隙进行填充和防水密封处理。

衬套法又称干法安装，是在墙体门窗洞口预先安置附加外框并对墙体缝隙进行填充、防水密封处理，在墙体洞口表面装饰湿作业完成后，将门窗固定在附框上的安装方法。

干法安装与精洞口法安装非常相似，可以说干法安装中的衬套附框是对安装洞口尺寸的校正。不管采用何种方法进行门窗的安装，都要进行事前准备、安装施工、收尾清洁等大部分工作。

## 10.2.1　安装节点设计

### 1. 附框安装

（1）附框安装的洞口质量应符合本要求。

（2）附框安装前应复核洞口尺寸和附框尺寸，有预埋件混凝土砌块的应先找准位置，确认无误后再安装。

（3）附框与混凝土墙体连接时宜采用固定片、射钉固定，附框与非混凝土墙体连接时宜采用固定片或尼龙膨胀螺钉固定。附框固定片安装位置应满足标准规定要求。使用单向固定片时，固定片应双向交叉安装。使用尼龙膨胀螺钉与非混凝土墙体连接时，应采用钻孔拧入，不得直接锤击钉入。

（4）附框与墙体连接时不能产生弯曲或变形，应在附框与墙体之间连接位置旁加衬支撑块。安装过程中应随时检查附框的垂直度和水平度，或在变形部位补加尼龙膨胀螺钉调节变形尺寸。

（5）附框安装后的尺寸应符合标准规定要求。

### 2. 门窗安装节点

（1）门窗与墙体固定时，应先固定上下框，后固定两侧边框，严禁用长脚膨胀螺栓穿透型材固定门窗框。

（2）门窗框与混凝土墙体连接时宜采用固定片、射钉固定，门窗框与非混凝土墙体连接时宜采用固定片或尼龙膨胀螺钉直接固定。使用尼龙膨胀螺钉与非混凝土墙体连接时，应采用钻孔拧入，不得直接锤击钉入。

（3）不同墙体的门窗安装。

1）建筑围护结构墙体外饰面有不同材料装饰要求，目前常遇到的如：清水墙、瓷砖墙、理石墙、外保温墙等。对不同墙体外饰面要求了解和实际勘查测量是门窗设计、制作最终成型尺寸的基本依据。

2）保温墙体分外保温、内保温和夹心保温等结构方式，通常以外保温墙体结构方式居多。如图 10-1 外保温墙体窗下框安装节点，由于不同的节能建筑保温性能要求不同，保温材料的厚度也就不同，所以在门窗设计初期和门窗安装前，要了解掌握该工程的保温材料要求，便于预留伸缩缝间隙的选择。

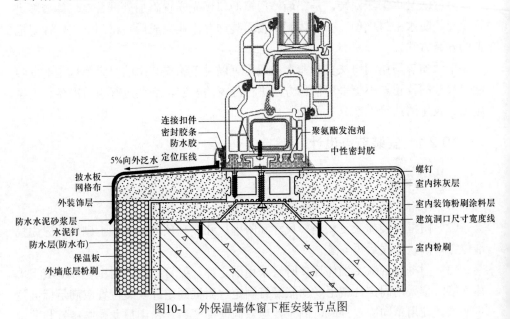

图10-1 外保温墙体窗下框安装节点图

### 3. 拼樘料的安装节点

安装组合窗时，应从洞口的一端按顺序安装，拼樘料与洞口的连接应符合下列要求：

（1）不带附框的组合窗洞口，拼樘料连接与混凝土过梁或柱的连接应符合标准的规定，拼樘量可与连接件搭接，也可以与预埋件或连接件焊接。拼樘料与连接件的搭接量不应小于 30mm，如图 10-2 和图 10-3 所示。

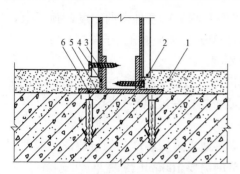

图 10-2　拼樘料安装节点图 1

1—伸缩缝填充物；2—拼樘料；3—自攻螺钉；
4—增强型钢；5—连接件；6—膨胀螺栓或射钉

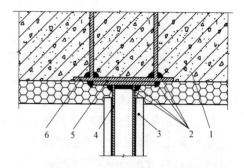

图 10-3　拼樘料安装节点图 2

1—墙体；2—焊接点；3—拼樘料；
4—增强型钢；5—调整垫块；6—预埋件

（2）当拼樘料与砖墙连接时，应采用预留洞口连接法安装。拼樘料两端应插入预留洞口中，插入深度不应小于 30mm，插入后应用水泥砂浆填充，如图 10-4 所示。

（3）当门窗与拼樘料连接时，应先将两窗框与拼樘料卡接，然后用自钻自攻螺钉拧紧，其间距应符合设计及标准规定要求，紧固件端

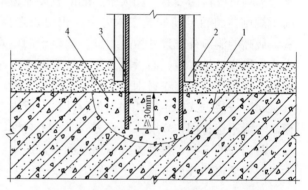

图 10-4　预留洞口法法拼樘料与墙体的固定

1—伸缩缝填充物；2—拼樘料；3—增强型钢；4—水泥砂浆

头应加盖工艺盖帽，并用密封胶进行密封处理。拼樘料与窗框间的缝隙也应采用密封胶进行密封处理，如图 10-5 所示。

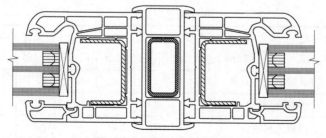

图 10-5　拼樘料连接节点图

（4）当门连窗的安装需要与门与窗拼接时，应采用拼樘料，拼樘料下端应固定在窗台上。

### 4. 遮阳安装节点

（1）确定尺寸测量外框尺寸宽度从左到右测量窗子外框的宽度，窗子上、中、下最宽的尺寸，即为外框适合宽度。高度从上到下测量窗子外框高度，窗子左、中、右最大的尺寸，即为外框的适合高度。

（2）测量内框尺寸用测量外框尺寸的同样方法测量内框尺寸确定窗口深度足够百叶窗叶片自由活动，不同的安装方式要求窗口深度也不相同：

1）固定或平开安装时需要 80mm 深度。

2）推拉安装时除了考虑产品叶片宽度还要考虑安装产品的层数，一般两层推拉要保证叶片活动需要 150mm 深度，单扇需要 100mm 深度。

3）折叠安装需要预留 100mm 深度。

（3）窗口不是规则的矩形窗口各测量位置的宽度或高度相差在 5mm 以内，不会影响百叶窗的安装；如大于 5mm 就要在窗口两侧或上下加木方来弥补窗口的不规则，将百叶窗安装在木方上；也可以选择外挂式安装方式，也就是按最宽、最高的洞口外框尺寸做一木框，固定于洞口外侧墙壁，将百叶窗固定在木框上。如果窗口是水泥、石板或其他比较难固定百叶窗的结构，需要做衬木与墙壁固定，再将产品安装在衬木上。

（4）安装方式固定方式如果把百叶窗安成固定的，会给清洗窗户玻璃带来不便，一般不选择固定安装。平开方式具有密封性好的特点，适于小型窗户或者单扇、两扇窗的安装。推拉方式占用空间少，适于一般窗口的安装方式。折叠方式适于做多扇窗的开启方式，一般做隔断或落地窗时采用。

## 10.2.2 安装工艺流程

### 1. 安装工艺流程

干法施工的门窗安装工序工艺流程见表 10-3。

表 10-3　　　　　　　　　　　干法施工安装工序

| 序号 | 门窗类型<br>工序名称 | 铝合金门窗 | 塑料门窗 | 实木门窗 | 铝木复合门窗 | 玻璃钢门窗 | 铝塑复合门窗 |
|---|---|---|---|---|---|---|---|
| 1 | 确认附框安装基准 | √ | √ | √ | √ | √ | √ |
| 2 | 附框进洞口 | √ | √ | √ | √ | √ | √ |
| 3 | 附框调整定位 | √ | √ | √ | √ | √ | √ |
| 4 | 附框与墙体连接固定 | √ | √ | √ | √ | √ | √ |
| 5 | 防雷施工（中、高层建筑） | √ | √ | √ | √ | √ | √ |
| 6 | 附框与墙体填充弹性保温材料 | √ | ○ | ○ | √ | ○ | √ |

续表

| 序号 | 工序名称 | 铝合金门窗 | 塑料门窗 | 实木门窗 | 铝木复合门窗 | 玻璃钢门窗 | 铝塑复合门窗 |
|---|---|---|---|---|---|---|---|
| 7 | 洞口收口处理（非门窗专业工序） | — | — | — | — | — | — |
| 8 | 确认窗框安装基准 | √ | √ | √ | √ | √ | √ |
| 9 | 门窗框进洞口 | √ | √ | √ | √ | √ | √ |
| 10 | 安装拼樘料（组合门窗） | √ | √ | √ | √ | √ | √ |
| 11 | 窗框调整定位 | √ | √ | √ | √ | √ | √ |
| 12 | 门窗框与附框连接固定 | √ | √ | √ | √ | √ | √ |
| 13 | 门窗框与附框、洞口嵌缝、打胶 | √ | √ | √ | √ | √ | √ |
| 14 | 安装玻璃 | √ | √ | √ | √ | √ | √ |
| 15 | 玻璃与门窗框密封处理 | √ | √ | √ | √ | √ | √ |
| 16 | 安装、调试五金件 | √ | √ | √ | √ | √ | √ |
| 17 | 安装纱窗（门） | √ | √ | √ | √ | √ | √ |
| 18 | 表面清洁 | √ | √ | √ | √ | √ | √ |

注：1. 表中"√"表示门窗企业应进行的工序，"○"表示门窗企业可不进行的工序，"—"为其他专业应进行的他途工序。

2. 如玻璃、五金件在工厂内安装，则第 14、15 项省略，第 16 项的五金件安装工序省略。

### 2. 门窗框分配

（1）门窗框在安装前应根据设计图样将不同窗型、规格、开启方向及数量的门窗分配到各楼层、各洞口处，或统一放置于安全、便捷的场所，有利于搬运和避免遗失、遗漏、损坏等现象发生。

（2）对门窗框分配结果作再次检查，并根据土建施工方提供的墨线和最终的洞口尺寸、安装条件、安装位置进行确认。

### 3. 门窗框安装后调整方法

（1）水平调整（使用水平尺、红外线水平仪等工具）。

（2）根据技术交底要求参照现场基准墨线在门窗框表面水平方向做标记，用红外线经纬仪调整水平方向与墙体水平墨线平行，红外线经纬仪显示的水平线与门窗框水平标记线之间的差别即为需要调整的范围。选择合适的木楔进行定位，应使门窗框上的水平标记线高出红外线经纬仪显示的水平线 1～2mm。木楔应尽量放置在门窗框四周角部，防止调整时变形。

（3）精度要求如下：

1）水平位置使用水管（标线仪）找平，确定门窗水平线。

2）测量用尺精度不低于 1mm。

3）使用标线仪确认基准线及检测水平，速度快，精度高，使用方便。

（4）左右调整。

1）根据施工安装技术中对门窗框安装中线位置要求，做好垂直中线标记。

2）用卷尺或拐尺和水平尺配合使用，对门窗框左右位置进行测量，根据垂直中线进行调整。当调节与垂直中线误差在 1~2mm 时，在其偏差方向的反方向先塞放置木楔做临时定位，通过敲击偏差木楔来校正 1~2mm 的误差并达到固定定位效果。

3）安装调整完毕后再重新检查确认门窗框是否发生位移，若有误差通过再次调整直至符合标准。

（5）进出调整。

1）根据在施工安装技术交底中说明门窗框安装位置要求（门窗框距内墙或外墙的距离），使用卷尺或拐尺进行门窗框进出位置的测量，并标出进出基准线。

2）将门窗框调整与基准线一个平面，调整时应保证门窗框在木楔的平面上移动，可使用木锤、塑胶锤调整，注意成品保护，禁止使用铁锤直接敲击门窗框表面。

（6）门窗框临时定位对木楔的要求如下：

1）对门窗框在洞口中做临时固定应采用三角形木楔，可采用木质或塑料材质。木楔位置必须位于门窗框的端头，不得位于框的中间悬空处。

2）固定力量不可过大，以能够固定门窗的力量为宜，不得使门窗框发生变形和损坏。当门窗宽度较大时，为防止因门窗自重发生变形，应在下框部中间做临时支撑，其间距不应大于 900mm，且应尽量位于中梃下方。

3）门窗的下框最大挠度不得大于 3mm。为防止门窗损伤，应由 2 人以上进行此项作业。

4）门窗的临时固定必须稳定可靠，不得对门窗造成损伤，禁止使用临时性不规则物体作临时固定的支撑物。

### 4. 门窗框安装固定方法

（1）门窗安装固定可采用固定片或膨胀螺栓固定。

（2）固定片或膨胀螺栓的位置距门窗端角、中竖框、中横框的距离应符合标准规定要求。

（3）固定片或膨胀螺栓的间距应符合标准规定要求。

（4）不得将固定片直接装在中横框或中竖框的挡头上。

（5）固定片固定：

1）门窗框与洞口采用固定片固定时，门窗框都应采用单向固定片，固定片宜朝向室内。固定片与门窗框连接应采用十字槽盘头自钻自攻螺钉 ST4.2×19 直接钻入固定，不得直接锤击钉入或仅靠卡紧方式固定。

2）门连窗与洞口固定时，为避免两侧门边框向内弯曲，可采用双向固定片。固定片与洞口连接时无论采用射钉或膨胀螺栓，其深入墙体的深度不应小于 30mm。固定片与墙体固定时，应先固定上框，后固定边框。固定片形状应预先弯曲至贴近洞口固定面，不得在安装时直接锤打固定片使其弯曲。

（6）膨胀螺栓（钉）固定：

1）门窗框与墙体间采用膨胀螺钉直接固定时，应按膨胀螺钉规格先在门窗框上打好基孔，安装膨胀螺钉时应在伸缩缝中膨胀螺钉位置两边加塞支撑块。

2）膨胀螺钉端头应加盖工艺孔帽，并用密封胶进行密封。膨胀螺钉深入墙体长度应不小于30mm。用$\phi 5$的钻头在门窗框各固定点的中心钻孔，钻过门窗框，墙体留孔痕，取下门窗框，再用$\phi 12$电锤或冲击钻按墙体上留下的钻孔痕迹，继续钻成$\phi 12$的孔，深约50mm，清除孔内粉末后，放入$\phi 12$的塑料胀管，再将门窗框放置原处，重新找正位置并固定，然后按对称顺序拧入膨胀螺钉。

（7）固定片或膨胀螺钉与墙体的固定方法应符合下列要求：

1）混凝土墙洞口应采用射钉或膨胀螺钉固定，射钉应在预埋的水泥砌块上进行固定。

2）砖墙洞口或空心砖洞口应用膨胀螺钉固定，并不得固定在砖缝处。

3）轻质砌块或加气混凝土洞口可在预埋混凝土块上用射钉或膨胀螺钉固定。

4）设有预埋铁件的洞口应采用焊接的方法固定，也可先在预埋件上按紧固件规格打基孔，然后用紧固件固定。

5）窗下框不宜采用膨胀螺栓（钉）固定，应采用固定片连接固定。在特殊的情况下，采用膨胀螺栓（钉）时，其在窗框上的工艺孔必须采用工艺孔盖和密封胶可靠密封，防止雨水进入型钢腔。

6）冲击钻使用过程中应防止磨损窗框和密封胶条，安装膨胀螺栓时参照水平垂直度注意防止窗框受力变形。

## 10.3　安装位置对建筑节能的影响

门窗作为建筑围护结构，其能耗占建筑总能耗的 50%左右，建筑门窗的节能应服从于建筑节能要求。门窗的安装位置对建筑整体的节能效果有较大的影响。

门窗安装位置应服从于建筑保温体系的要求，服从于建筑节能的整体要求。

建筑保温墙体形式有外保温、内保温及夹心保温。建筑门窗安装方式主要有居中、沿墙外侧、沿墙内侧及沿墙外挂安装。

以最常见的建筑外保温为例，图 10-6 为窗安装的不同位置与建筑外保温的配合关系 A、B、C、D。

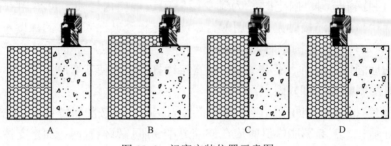

图 10-6  门窗安装位置示意图

A 方案中窗安装在结构洞口的居中位置，保温没有对窗框体进行覆盖；B 方案中窗安装在结构洞口居中位置，保温对窗框体进行覆盖；C 方案中窗安装在结构洞口内靠外侧，保温对窗框体进行覆盖；D 方案中窗安装在结构洞口外侧，保温材料对其进行覆盖。

### 1. A 方案

安装位置关系为是目前较为普遍的沿墙居中安装方式，此种安装便于窗的快速定位和安装，便于保温的施工，作为建筑围护结构的最薄弱环节，保温没有对窗框进行有效的包覆，不仅会造成很大的热损失，还会在洞口的位置存在较大的结露风险，同时影响整个外围护结构的热工性能，热工分析结果如图 10-7 所示。

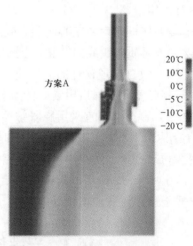

图 10-7  A 方案温度梯度图

### 2. B 方案

同样是居中安装，由于保温层对窗框体进行了包覆，对门窗的保温性能有了一定的提高，有效地提高了窗室内的表面温度，对窗的防结露性能有了一定的作用，但是由于窗的安装位置太靠近室内，窗与结构之间结露发霉的问题已然没有有效解决，13℃等温线依然穿过结构，热工分析结果及 13℃等温线图如图 10-8 所示。

### 3. C 方案

将窗的安装位置更靠近室外侧，有利于采光，可提高建筑得热；可根据洞口结构的改变提高防水性能，根据热工计算可以看出，其温度梯度进一步减小，有效的将其等温线移向室外侧，很大程度改善室内热环境，同时 13℃等温线从结构边缘掠过，即能够有效地避免霉菌的产生。热工分析结果如图 10-9 所示。

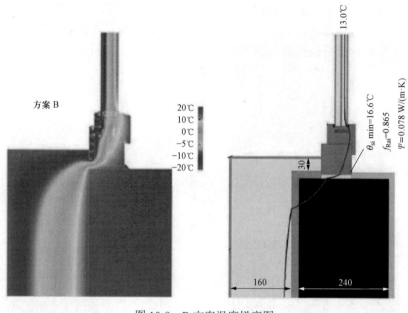

图 10-8　B 方案温度梯度图

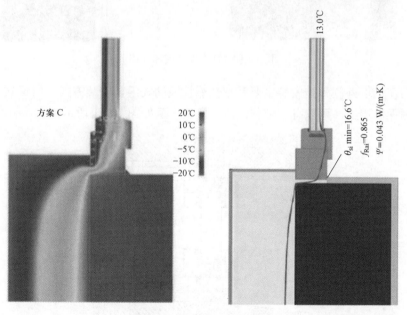

图 10-9　C 方案温度梯度图

### 4. D 方案

D 方案是一种新的窗安装方法，这种安装方法是把窗整体移向建筑结构外侧，并使用外墙保温材料对窗框进行包覆，可有效提高窗与结构之间的保温性能，避免窗框及洞口周边结露现象的产生，13°等温线分布均匀且不在建筑结构上，可有效避免门窗结构位置的结露发霉等问题。热工分析结果如图 10-10 所示。

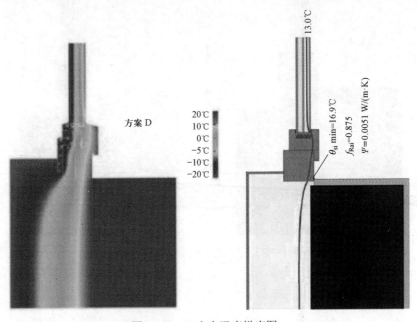

图 10-10　D 方案温度梯度图

门窗沿墙外侧外挂安装主要是超低能耗被动式门窗安装方式，门窗安装在墙体外侧保温层上，可以有效控制热桥。安装示意如图 10-11 所示。

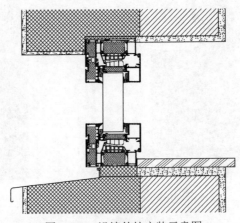

图 10-11　沿墙外挂安装示意图

# 10.4  既有门窗拆卸、安装

## 10.4.1  门窗拆卸/安装

### 1. 门窗拆卸

（1）工具及基础材料准备。

1）工具准备。充电钻、射钉枪、羊角锤、螺丝锥、切割锯、钢卷尺、铁撬杆、水平仪、射胶枪、直角尺、发泡剂枪。

2）基础材料准备。膨胀螺栓、发泡剂、木楔垫片、密封膏、清洗剂、抹布、水泥。

（2）门窗拆除前准备工作。

1）技术交底。门窗拆除工作开始前，技术人员对施工人员要进行全面的安全、技术交底。使每一施工人员都能掌握门拆除施工中应注意的各种注意事项。

2）场地搭设。为方便前期旧门窗拆除及后期新门窗安装，施工现场准备临时门窗放置用地并搭设好脚手架及安全防护网，并防止对用户家庭设施造成损坏，同时以便于旧门窗的拆除工作及保护拆除人员安全问题。

3）安全防护。施工前，清理影响施工范围内的生活设施，考虑拆装过程中可能出现坠物，要提前向周围群众出安民告示，在拆除危险区周围设禁区围栏、警戒标志，派专人监护，禁止非拆除人员进入施工现场，以保证路人的安全。

### 2. 洞口尺寸测量

用钢卷尺（激光测距仪）分别在窗洞口高、宽各测 3 个点后（洞口不规则，可多测几个点），采用左右对角线测量的方式，从门窗的内侧边框测量窗子的矩形度情况，记录所测量的具体数字，以最小距离确定成窗尺寸；测量结束后根据确认后尺寸进行窗型设计，经业主确认窗型、尺寸、颜色后进行生产制作。

### 3. 门窗拆卸程序（图 10-12）

（1）做好安全防护措施，防止高空坠落。

（2）玻璃、门窗扇拆除。将固定部分玻璃拆除后，用扁铲、螺钉旋具和橡皮锤等工具将

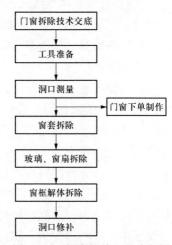

图 10-12  门窗拆除工艺流程图

门窗扇卸下。拆卸过程中，应一人拆卸，另一人负责门窗的稳定，扇拆除后需轻放，严禁高空推倒。

（3）门窗框架拆除程序。

1）带中梃门窗或拼接窗应先将拼接部分和中梃锯断。

2）用皮带刀把门窗框内、外侧部位的密封胶切开，然后确定门窗与墙体的连接方式。

3）膨胀螺栓与墙体连接方式。可直接用螺钉旋具把膨胀螺栓取下；如膨胀螺栓生锈，则用切割机进行切除。

4）采用连接片连接方式。先用手电钻沿窗框边钻孔确定粉刷层深度，然后根据测量深度用切割机沿框两侧进行切口（切口深度在 15mm 左右），将固定片锯断，最后对窗框进行解体拆除。

## 4. 洞口清理修复

门窗拆卸时，可能对门窗洞口造成一定破损，因此，门窗拆卸完毕后，需清理门窗洞口并修复，复核洞口尺寸是否正确、是否横平竖直，对不符合要求的洞口进行处理。

## 5. 门窗安装

（1）门窗进场。运送至现场的门窗规格、型号应符合设计要求，各类配件均需配套齐全。

（2）材料要求。防腐材料、填缝材料、密封材料、防锈漆、水泥、砂、连接铁脚、连接板等材料应符合设计要求和相关标准规定。

（3）门窗安装作业条件：

1）确认三线：水平线、洞口中线（上下通线）、外墙粉刷线。

2）检查门窗洞口尺寸及标高是否符合设计要求。有预埋件的门窗洞口还应检查预埋件的数量、位置及埋设方法是否符合设计要求，如不符合设计要求，则应及时处理。

（4）门窗安装施工操作工艺。

1）定位。依据门窗中线向两边量出门窗边线。多层建筑，以顶层门窗边线为准，用线坠或经纬仪将门窗边线下引，并在各层门窗口处划线标记，对个别不直的窗边应剔凿处理。门窗的水平位置应以楼层室内+50cm 的水平线为准向上量出窗下皮标高，弹线找直。每一层必须保持窗下皮标高一致。

2）安装就位。拼接窗拼樘时需清除焊接处的焊渣及杂物，将拼接材料两侧用专用密封胶涂匀，两框拼接时，要保持两框、拼接材料在同一平面上。

将拼接完毕的门窗放入洞口，找出安装标高，用木塞垫水平；查找出洞口中线和进出位并调整到位后，进行正侧面的垂直校正，用木楔临时固定，再次复核水平标高；确定竖向垂直线进出位、正侧面垂直和框正侧面平整度，对角线达标后，再进行下一道工序。

3）门窗框的固定。通常门窗框与墙体的连接方式有固定片连接和膨胀螺栓连接。

不同的墙体需使用不同的固定方法：

①固定片连接：将固定片的一端用自钻钉固定在门窗框上，另一端用射钉固定到墙体上。

②膨胀螺栓连接：使用膨胀螺栓穿过门窗框，将框固定在墙体或地面上；膨胀螺栓孔须做防水处理，防止雨水渗入造成增强型钢锈蚀，原则上，下框不用膨胀螺栓，选用固定片安装。

### 6. 打发泡剂、密封胶

（1）将框与基面上粘接不牢的水泥浮灰清理干净后，才可以进行发泡剂施工；打出的发泡剂要求从下至上，中间密实两边饱满、无空洞且与框边相平齐、与底边水泥砂浆处相接紧密；灌注发泡剂时，必须从窗的内外侧注入窗框周边，当发泡剂发泡凸窗框边 2～3mm 时，随后将凸窗部分压实至窗框边平齐，禁止切割外侧发泡剂，防止渗水，保证发泡剂的整体效果，并与窗框内外周边形成"软连接"。

（2）待发泡胶固化后（一般需要 2～3h，冬天需要的时间更长），将多余的发泡胶切割掉，清理洞口浮灰，在门窗框的周边均匀抹上密封胶，以防止雨水从门窗和墙体的安装缝隙渗入室内。

### 7. 门窗扇及门窗玻璃的安装

（1）推拉门窗在门窗框安装固定后，将配好玻璃的门窗扇整体安入框内滑道，调整好框与扇的缝隙，安装上口的密封块即可。

（2）平开门窗框与扇组装上墙（也可以框扇分离安装）、安装固定好后将玻璃安入扇或固定框内，按规定垫好玻璃垫块，安装压条后调整好框与扇的缝隙即可。

### 8. 五金配件与门窗

连接用镀锌螺钉，安装的五金配件应结实牢固，使用灵活。

### 9. 施工注意事项

（1）采用多组组合门窗时注意拼装质量，拼头应平整。

（2）施工时必须严格做好产品保护，及时补封破损掉落的保护胶纸和薄膜，及时清除溅落在门窗表面的灰浆污物，以免塑料门窗面层污染。

（3）门窗玻璃厚度与扇梃镶嵌槽及密封条和尺寸配合要符合国家标准及设计

要求，安装密封条时要留有伸缩余地，以免密封条脱落。

（4）门窗表面胶污尘迹应用专门清洗剂或用棉纱蘸干净水清洗掉，不得划伤塑料门窗表面，并确保完工的门窗表面整洁美观。

### 10.4.2　窗套安装

（1）主材材料。连接材、辅框、15mm 方木条。

（2）安装工艺。

1）用冲击钻头在墙壁上钻孔，用硬质木料进行钻孔填充，再选用厚 15mm 方木条，用圆钉钉入硬质木料填充处，同时要调整方木条的水平和垂直度，然后对门窗套进行试装，用手工裁切或修平连接材 45°角，再确定墙体上固定片对应的塑料膨胀螺丝位置。

2）把硬质木料连接材卸下来，在长木条的正面和连接材的反面涂上万能胶，待胶半干后，再重新粘结安装，粘贴过后用硬质小料垫实，确保连接材的牢固性，以及 45°角外的平滑、紧密与牢固。

# 第11章

# 使用与维护保养

随着门窗性能的提高及门窗功能的复杂性，门窗的使用操作说明及维护保养对门窗性能的发挥及功能的正常使用越来越重要。因此，系统门窗供应部门应提供正常使用时的操作要点，并提供出现典型问题时的维护方案，形成完整的门窗使用与维护说明书。

## 11.1 使用操作说明

### 11.1.1 一般规定

为了使建筑节能门窗在使用过程中达到和保持设计要求的预定功能，确保不发生安全事故，门窗供应商应向采购方提供门窗使用维护说明书，作为工程竣工交付内容的组成部分。

门窗使用维护说明书应包括以下内容：

（1）门窗产品名称、特点、主要性能参数。

（2）门窗开启和关闭操作方法。

（3）门窗使用注意事项，易出现的误操作和防范措施。

（4）门窗日常清洁、维护，定期保养要求。

（5）门窗易损零配件的名称、规格及更换方法。

### 11.1.2 门窗的使用说明

#### 1. 使用说明要求

系统门窗复合功能的增多，门窗的启闭复杂性增加，特别是智能门窗的出现，对门窗的操作要求越来越高。因此，为了更好地发挥门窗的各种功能，保证正常使用，应制定门窗的使用操作说明，随门窗的安装到户，门窗使用操作说明，应简单明了，易于看懂，便于不同用户熟悉、了解，利于门窗的正常操作使用。对于操作复杂的门窗，还应配有操作简图，以助住户看懂操作说明。

系统门窗在开启时，应注意以下事项：

（1）建筑门窗开启时要注意在其运动轨迹上和其他物品不产生碰撞。

（2）当门窗处于开启状态时，严禁门窗扇体再受力，以防扇体脱落。

（3）门窗扇开启时，勿将门窗扇向洞口方向强制施压与挤压，勿将异物置于框扇之间开启缝隙处。

（4）不得将身体任何部位置于框扇开启缝隙处。

（5）为防止儿童和智障人员的跃窗行为，需加强开启扇开启时的安全性管理。

（6）推拉门窗在推拉时用力点宜在门窗扇中部或偏下位置，推拉时切勿用力过猛，以免降低门窗扇的使用寿命。

雨天或四级以上风力的天气情况下不应开启窗扇。多种开启方式组合的窗，在改变开启方式或转动执手前，必须将开启扇关闭，再将执手旋转至相应位置。

严禁儿童单独操作门窗的开启和关闭，严禁对玻璃进行强烈冲击，严禁在门窗框体上安装固定物（如护栏等）。

### 2. 内平开下悬窗使用说明示例

（1）平开。

执手按图 11-1 所示，由锁闭状态向玻璃一侧旋转 90°至平开状态，此时向内拉动执手开启扇可以平开。关闭时，先将开启扇完全闭合后，再将执手反向旋转 90°，锁闭开启扇。

（2）下悬（内倒）。

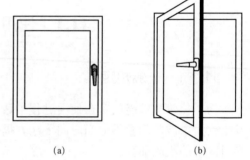

图 11-1　锁闭→平开示意图

执手按图 11-2 所示，由锁闭状态向玻璃一侧旋转 180°至内倒状态，此时向内拉动执手开启扇可以内倒。关闭时，先将开启扇推至完全闭合后，再将执手反向旋转 180°，锁闭开启扇。

（3）平开→下悬（内倒）。

先将开启扇完全闭合后，再将执手按图 11-3 所示方向继续旋转 90°，由平开状态到内倒状态，此时向内拉动执手开启扇可以内倒。

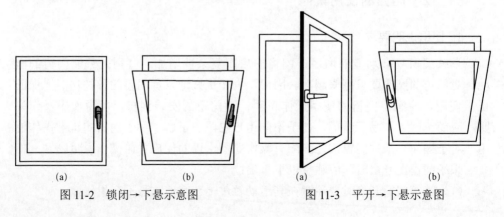

图 11-2　锁闭→下悬示意图　　　　　图 11-3　平开→下悬示意图

（4）下悬（内倒）→平开。

先将开启扇推至完全闭合后，再将执手反向旋转 90°，由内倒状态到平开状态，此时向内拉动执手开启扇可以平开。

# 11.2　维护与保养

构成门窗的型材、玻璃、五金及密封型材等需要经常的维护与保养，才能发挥其功能作用。系统门窗的维护与保养包括日常使用维护与定期保养。

## 11.2.1　日常维护

（1）建筑门窗在使用过程中禁止将门窗的排水孔堵住。

（2）不得用利器碰击门窗表面。

（3）不得在开启扇上悬挂物品。

（4）不得让非专业人员对门窗进行拆卸和改装。

## 11.2.2　维护与保养

### 1. 门窗表面清洁

门窗表面清洁工作，包括对内外框体、玻璃的表面清洁。

（1）建筑门窗在日常使用中，内外表面如沾有油污，可以使用中性的水溶性洗剂擦洗，型材表面不可用砂纸打磨或硬物刷蹭，以免损坏门窗的表面，严禁使用腐蚀性强或溶剂型的化学液体擦拭。

（2）塑料（PVC-U）门窗和木窗的清洁宜选用专用清洁剂。

（3）宜定期对门窗框扇结合处的沟槽以及推拉式、折叠式的滑轨进行清理，防止沉积物对五金件使用造成不良影响，可采用软毛刷或吸尘器清理。

### 2. 门窗五金件维护保养

为了使业主及用户更好地使用门窗五金件以防不正确操作，应根据系统门窗的功能要求及五金件开启方式等技术参数及性能要求，制定五金件的维护保养细则。

（1）应提供五金件产品使用说明书，包括：

1）产品的主要性能参数。

2）使用方法、注意事项。

3）日常与定期维护保养得要求。

（2）风雨天气情况下不宜开启门窗。

（3）检查与维护应符合下列要求：

1）门窗五金件按产品说明书要求进行定期调整。

2）按产品说明书要求对有润滑要求的部位进行定期润滑。

3）在使用过程中如发现门窗五金件运行不畅或损坏时，应及时报修或更换。

4）结构部件的拆装应由专业人员进行。

（4）清洁与清洗应符合下列要求：

1）应经常清除灰尘杂物，保持工作面清洁。

2）门窗五金件清洗时应使用中性清洗剂。

（5）门窗五金件的更换和维修必须由具有专业知识的人员进行。

### 3. 门控五金件维护保养

（1）应提供五金件产品使用说明书，包括：

1）产品的主要性能参数。

2）使用方法、注意事项。

3）日常与定期维护保养得要求。

（2）使用要求应符合下列规定：

1）在使用中应正确操作门控五金件，严禁蛮力启闭。

2）应防止异物进入锁芯弹子槽内，影响开启。

3）应经常保持清洁，不应使灰尘存积或杂物进入。

4）不应在门扇或门控五金件上悬挂重物，锐器物不应磕碰、划伤门控五金件。

5）不应将含有腐蚀性的溶剂溅到门控五金件上。

（3）定期检查与维护应符合下列要求：

1）正常情况下每半年检查所有门控五金件：原配置应齐全，固定螺丝不得松动，功能正常。

2）维护。

①对门控五金件应进行清洁，保证表面的洁净，应使用中性清洁剂进行清洁。

②当因温度、湿度或气压变化引起的门控五金件功能异常时，应有专业人员对五金件进行调节。

③涉电五金件日常保养应有电工进行，检查项目包括：电控平开门机运行应顺畅，功能和声音应正常，接头应无松脱。经常使用的涉电门控五金件保养频次应每 3 个月一次。

### 4. 密封胶条维护保养

（1）应定期进行启闭性检查。

（2）应根据使用环境定期对胶条进行清洗。

（3）出现问题时应及时进行修补或更换，在更换玻璃时，胶条应随之更换。

（4）对门窗五金件进行注油时，不应溅落在胶条上。

### 5. 密封毛条维护保养

（1）应及时清理绒毛上的泥沙、灰尘，保持密封毛条的洁净。

（2）密封毛条更换时必须由具有专业知识的人员进行。

### 6. 密封胶维护

（1）门窗正常使用时，应定期对密封胶进行检查，发现出现开裂、裂缝、脱粘、表面粉化等情况时应及时重新注密封胶。

（2）正常使用情况下，密封胶使用前 10 年应每隔 2 年检查一次，10 年后应每年检查一次。

### 7. 隔热条维护保养

（1）不应在隔热条上打孔，不应用小刀等锋利工具刻划。

（2）不应长期在水中浸泡，不应用酸碱度较高的化学品接触隔热条。

（3）不应长期在阳光下曝晒。

# 第 12 章
# 系统文件

当完成系统门窗技术的研发设计后，还有一项重要的工作需要完成，即将研发完成的系统门窗所有技术资料按照要求进行归类、输出、存档。目的一是对系统门窗技术研发结果的技术冻结；二是完成技术归档，包括纸版和电子版归档；三是利于第三方认证机构进行系统门窗技术评价时资料审查；四是利于系统门窗技术供应商向系统门窗产品制造商进行系统技术文件输出。

## 12.1　系统文件描述

### 12.1.1　文件描述内容

#### 1. 系统门窗技术总结应包括以下技术文件

（1）编制系统门窗的技术手册、图集。

1）系统门窗的材料、构造、门窗形式及其逻辑关系的材料手册。

2）系统门窗加工工艺及工装手册。

3）系统门窗安装工艺手册等。

（2）采用设计、计算系统门窗的专业软件，建立起构成系统门窗技术体系各要素，如材料、构造、门窗形式、技术、性能的明确逻辑关系的数据库，各要素在数据库中的编码、名称及代号应保持唯一性，以便实现系统门窗技术、物料的封闭，并实现模块化的、"搭积木式"的系统门窗智能化设计。

（3）对研发的系统门窗进行成本测算，与设定的经济性指标进行比较，并对其经济性进行评价。

#### 2. 系统门窗文件描述内容

（1）总体描述。包括系统门窗产品族的材质、门窗形式、型材颜色、型材表面处理方式、特点、性能（安全性、节能性、适用性、耐久性）、面板、框架部分和整窗传热系数表。

（2）分类描述。应在总体描述的基础上，按照木、铝合金、塑料系统门窗等分类，对构成系统门窗技术体系的各要素按照材料、构造、门窗形式和技术分别进行详细分类描述。

## 12.1.2　文件描述格式

（1）系统文件应包括系统描述、子系统描述、加工工艺描述和安装工艺描述等文件，系统门窗描述示例见表 12-1、表 12-2。

表 12-1　　　　　　　　常见系统门窗产品技能描述参考表

| 系统门窗 | | | 性能指标 | | | | | |
|---|---|---|---|---|---|---|---|---|
| 系统 | 产品族 | 系列产品 | 抗风压 | 气密 | 水密 | 保温 | 隔声 | 采光 |
| ×系统窗 | 平开旋转族 | ×系列内平开××窗 | ×级 | ×级 | ×级 | ×级 | ×级 | ×级 |
| | | ×系列上悬××窗 | ×级 | ×级 | ×级 | ×级 | ×级 | ×级 |
| | | ×系列内平开下悬××窗 | ×级 | ×级 | ×级 | ×级 | ×级 | ×级 |
| | | ×系列立转××窗 | ×级 | ×级 | ×级 | ×级 | ×级 | ×级 |
| | 推拉平移族 | ×系列提升推拉××窗 | ×级 | ×级 | ×级 | ×级 | ×级 | ×级 |
| | | ×系列推拉下悬××窗 | ×级 | ×级 | ×级 | ×级 | ×级 | ×级 |
| | | ×系列提拉××窗 | ×级 | ×级 | ×级 | ×级 | ×级 | ×级 |
| | 折叠族 | ×系列折叠推拉××窗 | ×级 | ×级 | ×级 | ×级 | ×级 | ×级 |
| ×系统门 | 平开旋转族 | ×系列内平开××门 | ×级 | ×级 | ×级 | ×级 | ×级 | ×级 |
| | | ×系列地弹簧平开××门 | ×级 | ×级 | ×级 | ×级 | ×级 | ×级 |
| | 推拉平移族 | ×系列推拉××门 | ×级 | ×级 | ×级 | ×级 | ×级 | ×级 |
| | 折叠族 | ×系列折叠平开××门 | ×级 | ×级 | ×级 | ×级 | ×级 | ×级 |

表 12-2　　　　　　　　系统门窗常见窗型及最大尺寸

| 系列产品 | 常见窗型及最大尺寸 | | |
|---|---|---|---|
| | 窗型 | | 最大适用尺寸（宽×高） |
| ×系列内平开下悬××窗 | 窗型 1 | 示意图 | 1200mm×1800mm |
| | 窗型 2 | 示意图 | 2000mm×2400mm |
| | 窗型 3 | 示意图 | 2400mm×3200mm |
| | …… | …… | …… |

（2）系统描述应唯一确定及明确系统、产品族、系列产品的性能及必要的构造。

（3）子系统描述应唯一确定及明确支撑系统门窗的型材、玻璃、五金、密封材料及其构造及性能。

（4）加工工艺描述应明确系统门窗加工工艺流程和工序要求。

（5）安装工艺描述应明确系统门窗安装工序和工序要求。

## 12.2 铝合金系统门窗描述

### 12.2.1 材料

铝合金系统门窗的材料包括型材、附件、密封、五金及玻璃等。

#### 1. 型材子系统

铝合金系统门窗的型材包括构成门窗主要受力杆件的框、扇、中横框和中竖框、拼樘料、辅助型材、延伸功能型材及安装构造型材等，型材子系统的描述见表 12-3、表 12-4，应包括下列内容：

表 12-3　　　　　　　　　　主型材子系统描述示例

| 名称 | 截面图（功能槽口尺寸） | 壁厚 | 截面积 | 米重 | 惯性矩 $I_x$ 和 $I_y$ | 抵抗矩 $W_x$ 和 $W_y$ | 表面处理 | 应用位置 |
|------|------|------|------|------|------|------|------|------|
| …… | …… | …… | …… | …… | …… | …… | …… | …… |

表 12-4　　　　　　　　　　其他型材子系统描述示例

| 名称 | 截面图（功能槽口尺寸） | 壁厚 | 截面积 | 米重 | 表面处理 | 应用位置 |
|------|------|------|------|------|------|------|
| …… | …… | …… | …… | …… | …… | …… |

（1）构成系统门窗产品族的主型材和辅型材的目录，包括图标、物料编码和型材名称。

（2）主型材和辅助型材的断面图，包括物料编码、型材名称、匹配的角码、导流板、连接件、组角钢片、惯性矩 $I_x$ 和 $I_y$、抵抗矩 $W_x$ 和 $W_y$、壁厚、应用位置和主要结构尺寸。

（3）相同系列组合窗之间的拼接、转角拼接等连接构造型材的目录，包括图标、物料编码和型材名称。

（4）相同系列组合窗之间的拼接、转角拼接等连接构造型材的断面图，包括物料编码、型材名称、应用位置和主要结构尺寸。

（5）独立的延伸功能部分型材的目录，包括图标、物料编码和型材名称。

（6）独立的延伸功能部分型材的断面图，包括物料编码、型材名称、应用位置和主要结构尺寸。

（7）安装构造型材（附框、窗台板、窗套等）的目录，包括图标、物料编码和型材名称。

（8）安装构造型材（附框、窗台板、窗套等）的材料断面图，包括物料编码、型材名称、应用位置和主要结构尺寸。

（9）型材的表面处理类型。

### 2. 附件

系统文件对附件的描述应包括下列内容：

（1）构成系统门窗产品族的附件的目录，包括图标、物料编码、名称和材质。

（2）附件的图形，包括物料编码、名称和主要结构尺寸。

（3）附件与型材的逻辑关系图。

### 3. 密封子系统

系统门窗用密封子系统包括密封胶条、密封毛条及密封胶，密封子系统的描述示例见表 12-5，应包括下列内容。

表 12-5　　　　　　　　　　密封子系统描述示例

| 名称 | 材质 | 硬度 | 非工作状态和工作状态尺寸 | 颜色 | 密封胶条断面图 | 安装位置 | 节点图 |
|------|------|------|--------------------------|------|----------------|----------|--------|
| …… | …… | …… | …… | …… | …… | …… | …… |

（1）构成系统门窗产品族的密封材料的供应商列表。

（2）密封材料的目录，包括图标、物料编码和名称。

（3）按照表 12-5 规定的密封子系统的断面图，包括物料编码、名称、材质、硬度、安装位置、工作状态和非工作状态尺寸、颜色。

（4）密封胶条的角部连接构造（例如：工艺切口、模压拐角、焊接、注射整框等）。

（5）密封胶条的位置节点图。

### 4. 五金件子系统

系统门窗用五金子系统包括五金和紧固件，五金件子系统的描述见表 12-6，应包括系列内容：

（1）构成系统门窗产品族的五金件的供应商列表。

（2）按照表 12-6 规定的不同开启形式的五金件列表，包括物料名称、型号、编码、适用条件、锁点数量、规格、数量和安装位置。

（3）所使用的紧固螺钉的名称、型号、规格、材质和应用位置。

表 12-6                                                五金件子系统描述示例

| 序号 | 名称 | 型号 | 使用条件（扇槽宽、扇槽高、扇宽，扇高、扇重） | 下限 | 上限 | 锁点数量 | 规格（长度、中心距、承重） | 数量 | 安装位置 | 简图 |
|---|---|---|---|---|---|---|---|---|---|---|
| …… | …… | …… | …… | … | … | …… | …… | …… | …… | …… |

### 5. 玻璃子系统

系统门窗用玻璃子系统包括玻璃、组成节能玻璃所用间隔条、密封胶及玻璃安装所用的各种垫块等，玻璃子系统的描述见表 12-7～表 12-9。应包括下列内容：

表 12-7                                                玻璃子系统描述示例

| 玻璃配置 | 厚度/mm | 面密度/(kg/m²) | 颜色 | 是否钢化 | 紫外线透射比 $\tau_{uv}$（%） | 可见光透射比 $\tau_v$（%） | 太阳能总透射比 $g$（%） | 太阳得热系数 SHGC | 传热系数 $K$/[W/(m²·K)] | 综合隔声量 |
|---|---|---|---|---|---|---|---|---|---|---|
| …… | …… | …… | …… | …… | …… | …… | …… | …… | …… | …… |

表 12-8                                                玻璃装配尺寸描述示例

| 玻璃公称厚度 | 前部余隙和后部余隙 $a$ | | 嵌入深度 $b$ | 边缘间隙 $c$ |
|---|---|---|---|---|
| | 密封胶 | 胶条 | | |
| …… | …… | …… | …… | …… |

表 12-9                                                玻璃所用垫块描述示例

| 名称 | 规格 | 材质 | 硬度 | 尺寸 | 组合关系 | 用途 | 位置及数量示意图 |
|---|---|---|---|---|---|---|---|
| …… | …… | …… | …… | …… | …… | …… | …… |

（1）构成系统门窗产品族的玻璃的供应商列表。

（2）按照表 12-7 规定的玻璃配置列表，包括物料编码、玻璃配置、厚度、面密度、颜色、紫外线透射比、可见光透射比、太阳红外热能总透射比、太阳热能总透射比、遮阳系数、传热系数、综合隔声量、内部气体、中空玻璃间隔条的材质、间隔条角部构造。对应的密封胶条和玻璃压条列表。

（3）中空玻璃的厚度偏差值（偏差值应≤0.8mm）。

（4）不同结构玻璃所用玻璃垫块列表，包括物料编码、名称、规格、材质、组合关系、硬度、尺寸和用途。

（5）玻璃垫块放置的方式包括承重垫块、止动块和限位块的位置、数量图示。

（6）防止玻璃垫块移动的方法。

## 12.2.2　构造

铝合金系统门窗的构造包括各材料组成的节点构造、角部以及中竖框和中横框连接构造、拼樘构造、安装构造、各材料与构造的装配逻辑关系等。

### 1. 构造节点图

（1）系统门窗产品族所有开启形式下主、辅型材组合逻辑节点图，包括两个方向的搭接尺寸、五金件安装尺寸、密封胶条间隙、玻璃安装尺寸、所用全部物料编码和名称。

（2）组合窗之间的拼樘连接构造节点图，包括主要结构尺寸、所用全部物料的编码和名称。

（3）延伸功能部分连接构造逻辑节点图，包括主要结构尺寸、所用全部物料的编码和名称。

### 2. 框、扇角部连接构造，框与中竖框、中横框以及中横框和中竖框之间的连接构造

（1）系统门窗产品族所有立面分格形式下的框与框、扇与扇的角部连接方式图，包括主要结构尺寸、所用全部物料的编码和名称。

（2）系统门窗产品族所有立面分格形式下的框与中竖框、框与中横框的角部连接方式图，包括主要结构尺寸、所用全部物料的编码和名称。

（3）系统门窗产品族所有立面分格形式下的中横框和中竖框连接方式图，包括主要结构尺寸、所用全部物料的编码和名称。

### 3. 安装构造

（1）用于不同墙体材料的安装构造节点图，包括主要结构尺寸、所用全部物料的编码、名称和材质。

（2）与墙体的连接构造、排水构造、防水构造等。

## 12.2.3　门窗形式

门窗形式包括门窗的材质、形状、尺寸、材质、颜色、开启形式、组合、分格等功能结构，纱窗、遮阳、安全防护等延伸功能结构等。

（1）构成系统门窗产品族的开启形式、分格列表。

（2）构成系统门窗产品族的各开启形式之间相互组合形式列表。

（3）系统门窗产品族开启形式、分格以及组合形式对应的节点构造、角部连接构造以及中横框、中竖框连接构造之间的逻辑关系。

（4）构成系统门窗产品族的延伸功能列表。

### 12.2.4 技术

系统门窗技术包括系统门窗工程设计规则、系统门窗的加工工艺及工装、系统门窗的安装工艺。

#### 1. 系统门窗工程设计规则

在制定系统门窗工程设计规则时，应遵循相关标准的规定要求，并包含下列内容：

（1）系统门窗产品族同一开启形式，不同分格下允许的门窗极限尺寸和极限面积。

（2）系统门窗产品族同一开启形式，不同分格下允许的门窗扇极限尺寸和最大宽高比。

（3）五金件应用规则：

1）同一开启形式、不同门窗扇尺寸下五金件列表，包括物料名称、型号、编码、适用条件、锁点数量、规格、数量和安装位置。

2）五金件承重等级描述。

3）五金件安装槽孔形状、安装位置尺寸、锁闭装置的固定方式。

4）锁点、合页的最大间距。

（4）铝合金门窗加工尺寸的计算算法。

（5）风压计算的方法及采用标准，系统门窗产品族在一定风压情况下，更换不同规格的中竖框和中横框，可以实现的门窗极限尺寸图表。

（6）热工计算的方法及采用标准，系统门窗产品族不同开启形式下，采用不同中空玻璃组成的门窗的节能性能指标列表，包括传热系数、太阳能总透射比、可见光透射比、遮阳系数等指标。

（7）隔声计算的算法及采用标准，系统门窗产品族不同开启形式下，不同配置中空玻璃组成的门窗的声学性能指标列表。

（8）连接构造、拼樘构造、延伸功能构造的加工孔槽的设计，包括形状、尺寸、位置和数量。

（9）气压平衡孔和排水孔的设计，包括尺寸、位置、数量、孔和槽的形状和尺寸。

（10）排水通道的说明或示意图。

（11）异形门窗的加工设计说明，包括尺寸、位置、构造、材料。

（12）用图集、图表或软件明确表达出门窗形式、构造、材料、技术和性能的逻辑关系。

## 2. 系统门窗的加工工艺和工装

（1）根据相关标准的规定要求，制定的系统门窗产品族常规的构件加工、部件加工、整窗装配工艺流程和工艺规程。加工工艺流程采用流程图表示，关键工序描述示例见表 12-10。

表 12-10　　　　　　　　　　加工工艺描述示例

| 构件名称 | 工序名称 | 设备 | 加工步骤 | 质量要求 | 工序检验 |
|---|---|---|---|---|---|
| …… | …… | …… | …… | …… | …… |

（2）为确保高效率、高品质地制造系统门窗产品族制定的特殊的构件加工、部件加工、整窗装配工艺流程、工艺规程，以及专用工装、设备列表，包括工装和设备编码、名称、应用场所。

（3）门窗组装过程中使用的黏合剂和清洁剂。

## 3.系统门窗的安装工法

（1）根据相关标准的规定要求，制定的系统门窗产品族的常规安装工艺流程图和安装工法。安装工艺流程采用流程图表示，关键工序描述示例见表 12-11。

表 12-11　　　　　　　　　　安装工法描述示例

| 工序名称 | 安装工具要求 | 操作步骤 | 质量要求 | 工序检验 |
|---|---|---|---|---|
| …… | …… | …… | …… | …… |

（2）根据不同墙体的安装构造，制定相应的安装工艺流程图和安装工法。

（3）针对系统门窗产品族专有的安装构造（如外窗台板排水构造、窗套、防水构造等），制定安装工艺流程图和安装工法。

（4）不同墙体的安装构造所需的专用工装器具列表。

（5）结合不同的墙体、不同的外墙装修材料，宜采用干法施工工艺。

## 4. 系统门窗的运输和储存指南

系统门窗文件描述应包括制定的门窗运输和储存指南，以便在系统门窗实现的全过程中采取防护措施，消除在生产、转运、储存和安装等过程中发生的损伤。

## 5. 系统门窗的维修保养指南

（1）开启注意事项。

（2）门窗清洁、清理注意事项。

（3）五金维护保养方法、保养周期及使用注意事项。

（4）密封胶条更换和维修的说明。

（5）玻璃压条安装和拆卸说明或图样（需要维修玻璃或更换密封胶条时）。

（6）不同开启方式门窗操作指南及儿童防误操作方法。

# 12.3 塑料系统门窗描述

## 12.3.1 材料

塑料系统门窗的材料包括型材、增强、附件、密封、五金及玻璃等。

### 1. 型材子系统

塑料系统门窗的型材包括构成门窗主要受力杆件的框、扇、中横框和中竖框、拼樘料、增强型材钢、辅助型材、延伸功能型材及安装构造型材等，型材子系统的描述示例参考表 12-3 和表 12-4，应包括下列内容：

（1）构成系统门窗产品族的主型材和辅型材的目录，包括图标、物料编码和型材名称。

（2）主型材和辅型材的断面图，包括物料编码、型材名称、匹配的增强型钢逻辑、应用位置和主要结构尺寸。

（3）相同系列组合窗之间的拼接、转角拼接等连接构造型材的目录，包括图标、物料编码和型材名称。

（4）相同系列组合窗之间的拼接、转角拼接等连接构造型材的断面图，包括物料编码、型材名称、匹配的增强型钢逻辑、应用位置和主要结构尺寸。

（5）独立延伸功能部分型材的目录，包括图标、物料编码和型材名称。

（6）独立延伸功能部分型材的断面图，包括物料编码、型材名称、匹配的增强型钢逻辑、应用位置和主要结构尺寸。

（7）安装构造型材（附框、窗台板、窗套等）的目录，包括图标、物料编码和型材名称。

（8）安装构造型材（附框、窗台板、窗套等）的断面图，包括物料编码、型材名称、应用位置和主要结构尺寸。

（9）型材的彩色化表述。

（10）型材标识（主型材），以及在型材上的位置。

### 2. 增强型钢

（1）构成系统门窗产品族的增强型钢的目录，包括图标、物料编码和名称。

（2）增强型钢的断面图，包括物料编码、名称、尺寸、壁厚、材质、镀锌层厚度、惯性矩 $I_x$ 和 $I_y$、抵抗矩 $W_x$ 和 $W_y$。

（3）增强型钢在型材中的位置（节点图）。

（4）所使用的紧固螺钉的名称、型号、规格、材质和应用位置。

（5）特定情况下（如使用深色型材时）增强型钢的使用要求。

### 3. 附件

（1）构成系统门窗产品族的附件的目录，包括图标、物料编码、名称和材质。

（2）附件的图形，包括物料编码、名称和主要结构尺寸。

（3）附件与型材的组合逻辑图。

### 4. 密封子系统

塑料系统门窗用密封子系统包括密封胶条、密封毛条及密封胶，密封子系统的描述示例参考表 12-5，应包括下列内容：

（1）构成系统门窗产品族的密封材料的供应商列表。

（2）密封材料的目录，包括图标、物料编码和名称。

（3）按照表 12-5 规定的密封胶条的断面图，包括物料编码、名称、材质、硬度、安装位置、非工作状态和工作状态尺寸、颜色。

（4）密封胶条的角部连接结构（例如：工艺切口、模压拐角、焊接、注射整框等）。

（5）密封胶条的安装位置节点图。

### 5. 五金件子系统

系统门窗用五金子系统包括五金和紧固件，五金件子系统的描述参考表 12-6，应包括系列内容：

（1）构成系统门窗产品族的五金件的供应商列表。

（2）按照表 12-6 规定的不同开启形式下的五金件列表，包括物料名称、型号、编码、适用条件、锁点数量、规格、数量和安装位置。

（3）所使用的紧固螺钉的名称、型号、规格、材质和应用位置。

### 6. 玻璃子系统

系统门窗用玻璃子系统包括玻璃、组成节能玻璃所用间隔条、密封胶及玻璃安装所用的各种垫块等，玻璃子系统的描述示例参考表 12-7～表 12-9，应包括系列内容：

（1）构成系统门窗产品族的玻璃的供应商列表。

（2）按照表 12-7 规定的玻璃配置列表，包括物料编码、玻璃配置、厚度、面密度、颜色、紫外线透射比、可见光透射比、太阳红外热能总透射比、太阳热能总透射比、遮阳系数、传热系数、综合隔声量、内部气体、中空玻璃间隔条的材质、间隔条角部构造。对应的密封胶条和玻璃压条列表。

（3）中空玻璃的厚度偏差值（偏差值应≤0.8mm）。

（4）个同结构玻璃所用玻璃垫块列表，包括物料编码、名称、规格、材质、组合关系、硬度、尺寸和用途。

（5）在门窗上的玻璃垫块的位置、数量图示。

（6）防止玻璃垫块移动的方法。

### 12.3.2　构造

塑料系统门窗的构造包括各材料组成的节点构造、角部以及中竖框和中横框连接构造、角部增强连接方式、拼樘构造、安装构造、各材料与构造的装配逻辑关系等。

#### 1. 构造节点图

（1）系统门窗产品族所有开启形式下主型材组合逻辑节点图，包括两个方向的搭接尺寸、五金件安装尺寸、密封胶条间隙、玻璃安装尺寸、所用全部物料编码和名称。

（2）组合窗之间的拼樘连接构造节点图，包括主要结构尺寸、所用全部物料的编码和名称。

（3）延伸功能部分连接构造逻辑节点图，包括主要结构尺寸、所用全部物料的编码和名称。

#### 2. 框扇角部连接构造，框与中竖框、中横框以及中横框和中竖框之间的连接构造

（1）系统门窗产品族所有立面分格形式下的框与框、扇与扇的角部连接方式图、包括主要结构尺寸、所用全部物料的编码和名称。

（2）主型材焊接角最小破坏力（计算书）。

（3）塑料门窗角部增强的连接方式图，包括主要结构尺、所用全部物料的编码和名称。

（4）系统门窗产品族所有立面分格形式下的框与中竖框、框与中横框的角部连接方式图、包括主要结构尺寸、所用全部物料的编码和名称。

（5）系统门窗产品族所有立面分格形式下的中横框和中竖框连接方式图、包括主要结构尺寸、所用全部物料的编码和名称。

#### 3. 安装构造

（1）用于不同墙体材料的安装构造节点图，包括主要结构尺寸、所用全部物料的编码、名称和材质。

（2）与墙体的连接构造、排水构造、防水构造等。

### 12.3.3　门窗形式

门窗形式包括门窗的材质，形状、尺寸、材质、颜色、开启形式、组合、分格等功能结构，纱窗、遮阳、安全防护等延伸功能结构等。

（1）构成系统门窗产品族的开启形式、分格、形状列表。

（2）构成系统门窗产品族的各开启形式之间相互组合形式列表。

（3）系统门窗产品族开启形式、分格以及组合形式对应的节点构造、角部连接构造以及中横框、中竖框连接构造之间的逻辑关系。

（4）构成系统门窗产品族的延伸功能列表。

### 12.3.4　技术

系统门窗技术包括系统门窗工程设计规则、系统门窗的加工工艺及工装、系统门窗的安装工艺。

#### 1. 系统门窗工程设计规则

在制定系统门窗工程设计规则时，应遵循相关标准的规定要求，并包含下列内容：

（1）系统门窗产品族同一开启形式，不同分格下允许的门窗极限尺寸和极限面积。

（2）系统门窗产品族同一开启形式，不同分格下允许的极限门窗扇尺寸和最大宽高比。

（3）五金件应用规则：

1）同一开启形式、不同门窗扇尺寸下五金件列表，包括物料名称、型号、编码、适用条件、锁点数量、规格、数量和安装位置。

2）五金件承重等级描述。

3）五金件安装槽孔形状、安装位置尺寸、锁闭装置的固定方式。

4）锁点、合页的最大间距。

（4）塑料门窗加工尺寸的计算方法。

1）风压计算的方法及采用标准，系统门窗产品族在一定风压情况下，更换不同规格的中竖框和中横框，可以实现的门窗极限尺寸图表。

2）热工计算的方法及采用标准，系统门窗产品族不同开启形式下，采用不同中空玻璃组成的门窗的节能性能指标列表，包括传热系数、太阳能总透射比、可见光透射比、遮阳系数等指标。

3）隔声计算的算法及采用标准，系统门窗产品族不同开启形式下，不同配置中空玻璃组成的门窗的声学性能指标列表。

4）连接构造、拼樘构造、延伸功能构造的加工孔槽的设计，包括形状、尺寸、位置和数量。

5）气压平衡孔和排水孔的设计，包括尺寸、位置、数量、孔和槽的形状和尺寸。

6）排水通道的说明或示意图。

7）异形门窗的加工设计说明，包括尺寸、位置、构造、材料。

8）用图集、图表或软件明确表达出门窗形式、构造、材料、技术和性能的逻辑关系。

### 2. 系统门窗的加工工艺和工装

（1）根据相关标准的规定要求，制定的系统门窗产品族常规的构件加工、部件加工、整窗装配工艺流程和工艺规程。加工工艺流程采用流程图表示，关键工序描述示例参见表 12-10。

（2）为确保高效率、高品质地制造系统门窗产品族，制定的特殊的构件加工、部件加工、整窗装配工艺流程、工艺规程以及专用工装、设备列表，包括工装和设备编码、名称、应用场所。

（3）门窗组装过程中使用的黏合剂和清洁剂。

### 3. 系统门窗的安装工法

（1）根据相关标准的规定要求，制定的系统门窗产品族常规的安装工艺流程图和安装工法。安装工艺流程采用流程图表示，关键工序描述示例参见表 12-11。

（2）根据不同墙体的安装构造，制定相应的安装工艺流程图和安装工法。

（3）针对系统门窗产品族专有的安装构造（如外窗台板排水构造、窗套、防水构造等），制定安装工艺流程图和安装工法。

（4）不同墙体的安装构造所需的专用工装器具列表。

（5）结合不同的墙体、不同的外墙装修材料，宜采用干法施工工艺。

### 4. 系统门窗的运输和储存指南

系统门窗描述应包括制定的塑料门窗运输和储存指南，以便在系统门窗实现的全过程中采取防护措施，消除在生产、转运、储存和安装等过程中发生的损伤。

### 5. 系统门窗的维修保养指南

（1）开启注意事项。

（2）门窗清洁、清理注意事项。

（3）五金维护保养方法、保养周期及使用注意事项。

（4）密封胶条更换和维修的说明。

（5）玻璃压条安装和拆卸说明或图样（需要维修玻璃或更换密封胶条时）。

（6）不同开启方式门窗操作指南及儿童防误操作方法。

# 12.4 木系统门窗描述

## 12.4.1 材料

木系统门窗的材料包括集成材、附件、密封、五金及玻璃等。

### 1. 铣型后集成材

（1）构成系统门窗产品族的铣型后集成材的目录，包括图标、物料编码和名称。

（2）铣型后集成材的断面图，包括物料编码、名称、应用位置和主要结构尺寸。

（3）与铣型后集成材相配套的物料目录，包括图标、编码和名称。

（4）与铣型后集成材相配套的物料断面图，包括物料编码、名称、应用位置和主要结构尺寸。

（5）相同系列组合窗之间的拼接、转角拼接等连接构造所用物料的目录，包括图标、物料编码和名称。

（6）相同系列组合窗之间的拼接、转角拼接等连接构造所用物料的断面图，包括物料编码、名称、应用位置和主要结构尺寸。

（7）独立的延伸功能部分所用物料的目录，包括图标、物料编码和名称。

（8）独立的延伸功能部分所用的物料的断面图，包括物料编码、名称、应用位置和主要结构尺寸。

（9）安装构造所用物料（附框、窗台板、窗套等）的目录，包括图标、物料编码和名称。

（10）安装构造所用物料（附框、窗台板、窗套等）的断面图，包括物料编码、名称、应用位置和主要结构尺寸。

（11）铣型后集成材的标识及其位置。

### 2. 附件

系统文件对附件的描述应包括下列内容：

（1）构成系统门窗产品族的附件的目录，包括图标、物料编码、名称和材质。

（2）附件的图形，包括物料编码、名称和主要结构尺寸。

（3）附件与铣型后集成材的组合逻辑图。

### 3. 密封子系统

系统门窗用密封子系统包括密封胶条、密封毛条及密封胶，密封子系统的描述参考表 12-5，应包括下列内容：

（1）构成系统门窗产品族的密封材料的供应商列表。

（2）密封材料的目录，包括图标、物料编码和名称。

（3）按照表 12-5 规定的密封胶条的断面图，包括物料编码、名称、材质、硬度、安装位置、非工作状态和工作状态尺寸、颜色。

（4）密封胶条的角部连接构造（例如：工艺切口、模压拐角、焊接、注射整框等）。

（5）密封胶条的安装位置节点图。

### 4. 五金件子系统

系统门窗用五金子系统包括五金和紧固件，五金件子系统的描述参考表 12-6，应包括系列内容：

（1）构成系统门窗产品族的五金件的供应商列表。

（2）按照表 12-6，规定的不同开启形式的五金件列表，包括物料名称、型号、编码、适用条件、锁点数量、规格、数量和安装位置。

（3）所使用的紧固螺钉的名称、型号、规格、材质和应用位置。

### 5. 玻璃子系统

系统门窗用玻璃子系统包括玻璃、组成节能玻璃所用间隔条、密封胶及玻璃安装所用的各种垫块等，玻璃子系统的描述参考表 12-7～表 12-9，应包括系列内容：

（1）构成系统门窗产品族的玻璃的供应商列表。

（2）按照表 12-7，规定的玻璃配置列表，包括物料编码、玻璃配置、厚度、面密度、颜色、紫外线透射比、可见光透射比、太阳红外热能总透射比、太阳热能总透射比、遮阳系数、传热系数、综合隔声量、内部气体、中空玻璃间隔条的材质、间隔条角部构造。对应的密封胶条和玻璃压条列表。

（3）中空玻璃的厚度偏差值（厚度偏差值应≤0.8mm）。

（4）不同结构玻璃所用玻璃垫块列表，包括物料编码、名称、规格、材质、组合关系、硬度、尺寸和用途。

（5）玻璃垫块放置的方式包括承重垫块、止动块和限位块的位置、数量图示。

（6）防止玻璃垫块移动的方法。

### 6. 涂料

（1）构成系统门窗产品族的涂料应符合 GB/T 23999—2009 和 GB 18584—2001 的要求。

（2）构成系统门窗产品族的涂料的供应商。

（3）涂料的色号列表，包括物料编码、名称。

## 12.4.2　构造

木系统门窗的构造包括各材料组成的节点构造、角部以及中竖框和中横框连接构造、拼樘构造、安装构造、各材料与构造的装配逻辑关系等。

### 1. 构造节点图

（1）系统门窗产品族所有开启形式下物料的组合逻辑节点图，包括两个方向的搭接尺寸、五金件安装尺寸、密封胶条间隙、玻璃安装尺寸、所用全部物料编码和名称。

（2）组合窗之间的拼樘连接构造节点图，包括主要结构尺寸、所用全部物料的编码和名称。

（3）延伸功能部分连接构造逻辑节点图，包括主要结构尺寸、所用全部物料的编码和名称。

### 2. 框扇角部，框与中竖框、中横框以及中横框和中竖框之间的连接构造

（1）系统门窗产品族所有立面分格形式下的框与框、扇与扇的角部连接方式图、包括主要结构尺寸、所用全部物料的编码和名称。

（2）系统门窗产品族所有立面分格形式下的框与中竖框、框与中横框的角部连接方式图、包括主要结构尺寸、所用全部物料的编码和名称。

（3）系统门窗产品族所有立面分格形式下的中横框和中竖框连接方式图、包括主要结构尺寸、所用全部物料的编码和名称。

### 3. 安装构造

（1）用于不同墙体材料的安装构造节点图，包括主要结构尺寸、所用全部物料的编码、名称和材质。

（2）与墙体的连接构造、排水构造、防水构造等。

## 12.4.3　门窗形式

门窗形式包括门窗的材质，形状、尺寸、材质、颜色、开启形式、组合、分格等功能结构，纱窗、遮阳、安全防护等延伸功能结构等。

（1）构成系统门窗产品族的开启形式、分格、形状列表。

（2）构成系统门窗产品族的各开启形式之间相互组合形式列表。

（3）系统门窗产品族开启形式、分格以及组合形式对应的节点构造、角部连接构造以及中竖框连接构造之间的逻辑关系。

（4）构成系统门窗产品族的延伸功能列表。

### 12.4.4 技术

系统门窗技术包括系统门窗工程设计规则、系统门窗的加工工艺及工装、系统门窗的安装工艺。

**1. 系统门窗工程设计规则**

（1）系统门窗产品族同一开启形式，不同分格下允许的门窗极限尺寸和极限面积。

（2）系统门窗产品族同一开启形式，不同分格下允许的门窗扇极限尺寸和最大宽高比。

（3）五金件应用规则：

1）同一开启形式、不同门窗扇尺寸下五金件列表，包括物料名称、型号、编码、适用条件、锁点数量、规格、数量和安装位置。

2）五金件承重等级描述。

3）五金件安装槽孔形状、安装位置尺寸、锁闭装置的固定方式。

4）锁点、合页的最大间距。

（4）木门窗加工尺寸的计算方法。

（5）风压计算的方法及采用标准，系统门窗产品族在一定风压情况下，更换不同规格的中竖框和中横框、加强拼框，可以实现的门窗极限尺寸图表。

（6）热工计算的方法及采用标准，系统门窗产品族不同开启形式下，不同配置中空玻璃组成的门窗的节能性能指标列表，包括传热系数、太阳能总透射比、可见光透射比、遮阳系数等指标。

（7）隔声计算的算法及采用标准，系统门窗产品族不同开启形式下，不同配置中空玻璃组成的门窗的声学性能指标列表。

（8）连接构造、拼樘构造、延伸功能构造的加工孔槽的设计，包括形状、尺寸、位置和数量。

（9）气压平衡孔和排水孔的设计，包括尺寸、位置、数量、孔和槽的形状和尺寸。

（10）排水通道的说明或示意图。

（11）涂料喷涂环境要求，底、中、面层涂料的喷涂厚度、喷涂技术要求。

（12）异形门窗的加工设计说明，包括尺寸、位置、构造、材料。

（13）用图集、图表或软件明确表达出门窗形式、构造、材料、技术和性能的逻辑关系。

### 2. 系统门窗的加工工艺和工装

（1）系统门窗产品族常规的构件加工、部件加工、整窗装配工艺流程和工艺规程。加工工艺流程采用流程图表示，关键工序描述示例参见表 12-10。

（2）为确保高效率、高品质地制造系统门窗产品族制定的特殊的构件加工、部件加工、整窗装配工艺流程、工艺规程以及专用工装、设备列表，包括工装和设备编码、名称、应用场所。

（3）门窗组装过程中使用的黏合剂和清洁剂。

### 3. 系统门窗的安装工法

（1）系统门窗产品族常规的安装工艺流程图和安装工法。安装工艺流程采用流程图表示，关键工序描述示例见表 12-11。

（2）根据不同墙体的安装构造，制订的相应的安装工艺流程图和安装工法。

（3）针对系统门窗产品族专有的安装构造（如外窗台板排水构造、窗套、防水构造等），制定的安装工艺流程图和安装工法。

（4）不同墙体的安装构造所需的专用工装器具列表。

（5）应结合不同的墙体、不同的外墙装修材料，宜采用干法施工工艺。

（6）根据应用地点差异，对安装材料的性能、质量及相互关系提出明确的要求，确保安装材料的性能与门窗主要材料的使用寿命协调一致。

### 4. 系统门窗的运输和储存指南

系统门窗描述应包括制订的木门窗的运输和储存指南，以便在系统门窗实现的全过程中采取防护措施，消除在生产、转运、储存和安装等过程中发生的损伤。

### 5. 系统门窗维修保养指南

（1）开启注意事项。

（2）门窗清洁、清理注意事项。

（3）五金维护保养方法、保养周期及使用注意事项。

（4）密封胶条更换和维修的说明。

（5）玻璃压条安装和拆卸说明或图样（需要维修玻璃或更换密封胶条时）。

（6）不同开启方式门窗操作指南及儿童防误操作方法。

（7）木材表面的保养和翻新建议。

# 12.5 系统门窗产品图集

产品图集是系统门窗产品专用的一种技术文件。图集是系统门窗生产企业向用户展示本企业可提供订货选择的产品的汇总技术文件，图集中所提供的立面图、型材断面图、节点图等具有体现工厂化生产、标准化、定型、通用的作用，凡是图集已列入的门窗形式，应当是系统设计的定型产品，用户订货时，不需再提供特殊要求，直接选择即可。因此，建筑门窗的产品图集，实际上是向用户展示自己产品种类和生产规模、能力的产品样本，也是双方合同确立的有效凭证之一。

图集应按以下要求建立：

（1）以国家或省标准图集为依据，也就是说要有国家或省标准图集，同时企业必须建立自己的图集，而不得以国家或省的标准图集代替企业自己的图集。

（2）图集应依照 GB/T 5823—2008《建筑门窗术语》及 GB/T 5824—2008《建筑门窗洞口尺寸系列》明确窗型高、宽尺寸系列规格，并以其尺寸系列标明窗型代号。

（3）应有图集编制说明。内容应包括：型材厚度、构造、尺寸系列；选用的型材厂家。门窗的物理性能（抗风压性能、气密性能，水密性能、保温性能、隔声性能、采光性能、隔热性能）的最低保证值。

（4）注明图集的设计、制图、校核负责人。

（5）每种不同的型材原则上都要建立一套完整的图集，包括立面图、剖面图、节点图、构件图、安装图。

## 12.5.1 材料图集的组成

产品图集主要由设计说明、型材断面图、立面图、剖面图、节点图、施工安装图等内容组成。

## 12.5.2 图集的规格尺寸

图集文本的规格尺寸为：260mm×185mm，图集名称根据产品确定，如铝合金门窗图集或塑料窗图集。图集中每一页右下角均应有图名及页次，左上角均应有签字栏，具体可参照国家或省发行的相关产品图集。

## 12.5.3 图集的绘制要求

图集绘制应按 GB/T 50001—2017《房屋建筑制图统一标准》、GB/T 50104—

2010《建筑制图标准》要求绘制。图集中的门窗的洞口尺寸、术语代号等均应符合 GB/T 5823—2008《建筑门窗术语》、GB/T 5824—2008《建筑门窗洞口尺寸系列》的要求。

### 12.5.4 图集内容的编制

#### 1. 图集目录

所编制的图集其内容应编排页次，起到使用户查看方便的作用。

#### 2. 编制说明

图集的编制说明是十分重要的一项内容，凡是在图集中不易用图表示的内容和要求，或者是在图中已有表示，但需要特别强调的内容均应在设计说明中叙述清楚。设计说明一般包括以下内容：

（1）适用范围。对于系统门窗来说，由于采用的型材材质不同、表面处理方式的不同、采用玻璃的不同、采用门窗的开启方式不同，从而使得门窗产品的性能不同，适应的用途及范围也因此不同。因此，在编写产品图集时应提出适用范围。

（2）设计依据。应将所设计产品的门窗在制作加工时所依据的标准、规范及所使用的配套件相关标准分别在此项中列出。

（3）图集的内容。产品图集一般包括设计说明、型材断面图、立面图、剖面图、节点图、安装图等内容。

（4）材料要求。材料要求主要是对所用型材、玻璃、密封胶条、毛条、锁、执手、滑轮等配件提出要求。

（5）技术要求。应根据 GB 50009—2012《建筑结构荷载规范》，按照 50 年一遇基本风压等规定，对门窗进行抗风压计算，规定出各种门窗允许的极限制作尺寸。

（6）成品质量要求。应根据门窗产品性能不同，依据产品的国家标准、行业标准、企业标准编写产品质量要求。如框、扇配合、搭接要求，框、扇构造尺寸偏差要求，框、扇杆件装配间隙及接缝高低差等要求，窗附件安装位置要求等。

（7）成品包装与标志。应根据 GB 6388—1986《运输包装发货标志》及 GB/T 191—2008《包装储运标志》或企业标准要求编写。

（8）运输与储存要求。应根据 GB 6388—1986《运输包装发货标志》及 GB 191—2008《包装储运标志》或企业标准要求编写或与上一条合并编写。

（9）安装要求。应根据所设计的门窗产品，按照国家标准、规范及设计的安装工法编写安装要求。

（10）维护保养。应当按照所设计的门窗产品、性能特点、企业标准及有关规定提出维护及保养要求。

（11）选用方法。主要是为用户（施工单位、建设单位等）选择图集中某一种型材、某一种窗型较方便、简明的一种表示方法。

### 3. 型材断面图

应对产品图集中的型材分别绘制断面图。断面图应分别用粗实线画出剖切面切到的部分图形，如框、扇、框梃、压条、密封条等断面图。型材断面图应注意是什么系列的平开窗或推拉窗。

### 4. 立面图

门窗立面图应按 GB/T 50104—2010《建筑制图标准》绘制，按 GB/T 5824—2008《建筑门窗洞口尺寸系列》确定不同宽、高洞口的尺寸。立面图为外视图。为方便用户选用及施工安装操作方便，立面图应根据 GB 5823—2008《建筑门窗术语》及所设计的系统门窗产品标准的规定，标明门窗立面的代号、窗的开启形式。

### 5. 剖面图

剖面图除应画出剖切面切到部分的图形外，还应画出沿投射方向看到的部分。被剖切面切到部分的轮廓线用粗实线绘制，剖切面没有切到，但沿投射方向可以看到的部分，用中实线表示。窗的剖面图应包括剖切面和投射方向可见的窗框扇、玻璃、胶条等配件的轮廓线。

每一种窗型，如推拉窗、平开窗，带亮窗或不带亮窗的均应有剖面图。一般剖面图要剖两个方向，在窗的水平方向剖开的，称为横剖面，竖向剖开的称纵剖面。不论是横剖面还是纵剖面其剖切位置一般为：左、右、上、下边框与扇的连接部位，开启扇与固定扇连接部位，开启扇与开启扇连接部位等，剖切的部位均应表示出密封条、玻璃。剖面图的剖视方向、线型、图例标注等应符合 GB/T 50104—2010《建筑制图标准》的规定。

### 6. 节点图

节点图是建筑详图的一部分，表示建筑构件间或与结构构件间连接处相互固定的详细做法和连接用料的规格。

节点图又称"节点大样图"，通称大样图或"详图"。当图样中某部分由于比例过小，不能清楚表达时，可将该部分另以较大比例（一般用 1∶1～1∶10）绘制。详图是图集中不可缺少的部分，为施工时准确完成设计意图的依据之一。

窗的节点图是反映两个或多个部件（或材料）相互连接、装配关系的构造图。在建筑外窗加工行业中，节点图的构造与型材断面和工艺加工方式密切相关。节点图与剖面图是完全不同的两种图形，节点图表示了窗的某一连接部位如何连接、搭配、固定及相互间关系，包括配合的间隙尺寸，螺钉的规格尺寸、玻璃厚度等均应表示清楚，其节点图的比例也应相应加大，不同材料的图例均应表示清楚。

### 7．安装图

安装图与节点图的表示方法及要求是一样的。安装图是表示窗框与窗洞口四周的砖墙或混凝土墙、梁板、窗台等部位的连接固定做法、方式及详细的连接材料尺寸、连接固定的间距、窗框与洞口间缝隙填充材料等，均应在图中表示清楚，以方便施工安装人员规范化操作。

# 第13章
# 系统门窗评价

系统门窗评价包括技术评价和一致性评价。

## 13.1　技术评价

### 13.1.1　技术评价内容

系统门窗技术评价是对某一系列系统门窗的研发成果的质量，即"设计质量"进行预见性的技术评价，以保证按照该系列系统门窗的要求生产的门窗产品符合设计（设定）的性能（水密、气密、抗风压、保温、隔声、采光等）要求。基于定量（性能检测和计算数据）和定性分析，系统门窗技术评价旨在对门窗产品的设计、制造和安装的科学性、产品性能及其持久性、产品适用范围等进行综合评价。

技术评价的对象是系统门窗的"设计"，而不是门窗产品的"制造"，后者的质量将通过产品质量认证得到保障。

系统门窗技术评价包括系统文件完整性评价、系统和子系统方案评价、性能评价、加工工艺评价、安装工艺评价、使用维护评价等内容。

### 13.1.2　系统文件完整性评价

系统门窗文件的完整性评价通常采用查阅资料方法进行，包括下列内容：

（1）系统门窗描述，包括系统、产品族、系列产品描述，产品性能描述，产品构造描述。

（2）子系统描述，如型材、玻璃、五金、密封等子系统构造、性能参数描述。

（3）加工工艺文件。

（4）安装工艺文件。

（5）使用维护文件。

### 13.1.3　性能评价

系统门窗性能评价是根据门窗类别按表 4-2 规定的性能进行评价，通过查验检测报告/计算报告确认，必要时可再次进行测评确认。

### 13.1.4　子系统评价

子系统评价是对型材、玻璃、五金、密封和其他子系统的产品质量和性能参数进行评价，产品质量可通过查阅型式检验报告等质量证明文件进行评价，性能参数可通过查阅专项检测/计算报告进行评价，必要时可再次测评确认。

### 13.1.5　设计目标评价

系统门窗设计目标评价主要对设定的物理性能指标的合理性、总方案和子系统方案、性能模拟和测试优化进行评价，评价通常采用资料审阅分析、复核计算等方法进行。

### 13.1.6　加工工艺评价

加工工艺评价是对系统门窗工艺流程、工序要求、设备工装等合理性进行评价，通过资料查阅分析或现场考察进行评价。

### 13.1.7　安装工艺评价

安装工艺评价是对系统门窗安装工艺、关键工序及安装质量控制要求的合理性进行评价，通过资料查阅分析或现场考察进行评价。

### 13.1.8　使用与维护评价

使用维护评价是对使用中的注意点和常见问题维护的合理性进行评价，通过资料查阅分析或现场考察进行评价。

## 13.2　一致性评价

### 13.2.1　评价内容

一致性评价是对系统门窗产品形成过程和系统门窗文件的一致性进行评价，包括工厂产品质量保证能力的评价、产品性能一致性评价。

### 13.2.2　工厂产品质量保证能力评价

工厂产品质量保证能力评价是对工厂质量管理体系的完整性和有效性进行评价，通过核查工厂质量保证体系运行有效性进行评价；还针对产品形成过程与系统门窗文件的一致性进行评价，通过核查产品形成过程与系统门窗文件资料要求是否相符进行评价。

### 13.2.3 产品性能一致性评价

产品性能一致性评价是对企业生产产品的性能进行测评，并对系统门窗设定目标一致性进行评价，通过查验相应测试/计算报告进行评价。

## 13.3 评价的表达形式

系统门窗的评价通过证书的形式确认，证书至少包含以下内容：

（1）申请方和评价机构名称、地址。

（2）产品名称、系列、规格型号。

（3）认证标准。

（4）产品规格尺寸、玻璃配置、性能。

（5）产品的详细信息，如型材、面板、五金、密封材料关键信息，规格尺寸、典型节点图。

# 附录 A
# 门窗产品族

**A.0.1** 产品族 1：内平开窗（或外门）、内平开下悬窗（或外门）、内开下悬窗（或外门）、固定玻璃窗（或固定玻璃门）以及相互组合而成的组合窗（或外门），组合方式不限。

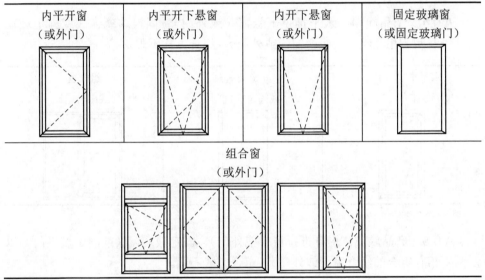

注：图示为外视图。

**A.0.2** 产品族 2：外平开窗（或外门）、外平开上悬窗、外开上悬窗、固定玻璃窗（或固定玻璃门）。当组成组合窗时，其中一个窗必须是前三种开启方式中的任意一种，另一个窗则为固定玻璃窗，组合方式不限。

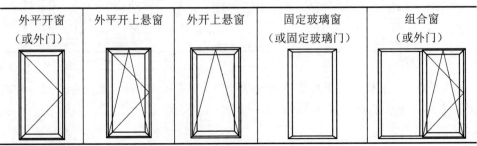

注：图示为外视图。

**A.0.3** 产品族 3：水平推拉窗（或外门）、固定玻璃窗（或固定玻璃门）以及两者相互组合的一组窗（或外门），组合方式不限。

| 水平推拉窗<br>（或外门） | 固定玻璃窗<br>（固定玻璃门） | 组合窗<br>（或外门） |

注：图示为外视图。

**A.0.4** 产品族 4：水平推拉下悬窗（或外门）、固定玻璃窗（或固定玻璃门）以及两者相互组合的组合窗（或外门），组合方式不限。

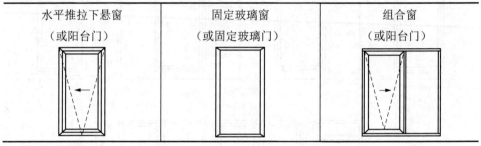

| 水平推拉下悬窗<br>（或阳台门） | 固定玻璃窗<br>（或固定玻璃门） | 组合窗<br>（或阳台门） |

注：图示为外视图。

**A.0.5** 产品族 5：提升推拉窗（或外门）、固定玻璃窗（或固定玻璃门）以及两者相互组合的组合窗（或外门），组合方式不限。

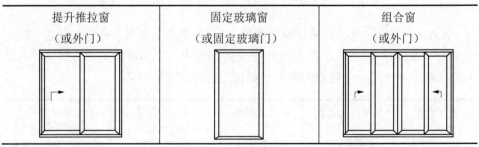

| 提升推拉窗<br>（或外门） | 固定玻璃窗<br>（或固定玻璃门） | 组合窗<br>（或外门） |

注：图示为外视图。

**A.0.6** 产品族 6：折叠推拉窗（或外门）、固定玻璃窗（或固定玻璃门）以及两者相互组合的组合窗（或外门），组合方式不限。

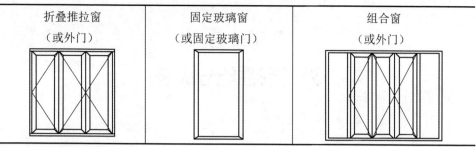

注：图示为外视图。

A.0.7  产品族 7：水平旋转窗、立转窗、固定玻璃窗以及两者相互组合的组合窗，组合方式不限。

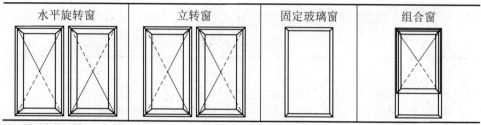

注：图示为外视图。

A.0.8  当出现不同于以上开启类型的窗（或外门）时，则需根据具体情况进行其他的产品族分类。

# 附录 B
# 外门窗性能分级表

## B.1 安全性

### B.1.1 抗风压性能

门窗抗风压性能以定级检测压力 $P_3$ 为分级指标，分级应符合表 B.1 的规定。

表 B.1　　　　　　　　　　　　　　抗风压性能分级

| 分级 | 1 | 2 | 3 | 4 | 5 | 6 | 7 | 8 | 9 |
|---|---|---|---|---|---|---|---|---|---|
| 分级指标值 $P_3$/kPa | $1.0{\leq}P_3$ $<1.5$ | $1.5{\leq}P_3$ $<2.0$ | $2.0{\leq}P_3$ $<2.5$ | $2.5{\leq}P_3$ $<3.0$ | $3.0{\leq}P_3$ $<3.5$ | $3.5{\leq}P_3$ $<4.0$ | $4.0{\leq}P_3$ $<4.5$ | $4.5{\leq}P_3$ $<5.0$ | $P_3{\geq}$ $5.0$ |

第 9 级应在分级后同时注明具体分级指标值

### B.1.2 平面内变形性能

外门平面内变形性能以层间位移角 γ 为指标，分级应符合表 B.2 的规定。

表 B.2　　　　　　　　　　　平面内变形性能分级

| 分级 | 1 | 2 | 3 | 4 | 5 |
|---|---|---|---|---|---|
| 分级指标值 γ | $1/400{\leq}\gamma<1/300$ | $1/300{\leq}\gamma<1/200$ | $1/200{\leq}\gamma<1/150$ | $1/150{\leq}\gamma<1/100$ | $\gamma{\geq}1/100$ |

### B.1.3 耐撞击性能

门窗耐软重物体撞击性能以所能承受的软重物体最大下落高度作为分级指标，分级应符合表 B.3 的规定。

表 B.3　　　　　　　　　　　耐软重物撞击分级

| 分级 | 1 | 2 | 3 | 4 | 5 | 6 |
|---|---|---|---|---|---|---|
| 软重物下落高/mm | 100 | 200 | 300 | 450 | 700 | 950 |

### B.1.4 抗风携碎物冲击性能

门窗抗风携碎物冲击性能以发射物的质量 $m$ 和速度 $V$ 为分级指标，分级应符合表 B.4 的规定。

表 B.4　　　　　　　　　门窗抗风携碎物冲击性能分级

| 分级 | 1 | 2 | 3 | 4 | 5 |
|------|---|---|---|---|---|
| 发射物 | 钢球 | 木块 | 木块 | 木块 | 木块 |
| 质量 $m$ | 2g±0.1g | 0.9kg±0.1kg | 2.1kg±0.1kg | 4.1kg±0.1kg | 4.1kg±0.1kg |
| 速度 $V$ | 39.6m/s | 15.3m/s | 12.2m/s | 15.3m/s | 24.4m/s |

## B.1.5　抗爆炸冲击波性能

门窗抗爆炸冲击波性能分为抗汽车炸弹级、抗手持炸药包级。以试件承受爆炸冲击波作用后的危险等级分级，分级应符合表 B.5 和表 B.6 的规定。

表 B.5　　　　　　　　　抗汽车炸弹级性能分级

| 汽车炸弹级等级代号 | 危险等级代号 | | | | | |
|------|------|------|------|------|------|------|
| | A | B | C | D | E | F |
| EXV1 | EXV1(A) | EXV1(B) | EXV1(C) | EXV1(D) | EXV1(E) | EXV1(F) |
| EXV2 | EXV2(A) | EXV2(B) | EXV2(C) | EXV2(D) | EXV2(E) | EXV2(F) |
| EXV3 | EXV3(A) | EXV3(B) | EXV3(C) | EXV3(D) | EXV3(E) | EXV3(F) |
| EXV4 | EXV4(A) | EXV4(B) | EXV4(C) | EXV4(D) | EXV4(E) | EXV4(F) |
| EXV5 | EXV5(A) | EXV5(B) | EXV5(C) | EXV5(D) | EXV5(E) | EXV5(F) |
| EXV6 | EXV6(A) | EXV6(B) | EXV6(C) | EXV6(D) | EXV6(E) | EXV6(F) |
| EXV7 | EXV7(A) | EXV7(B) | EXV7(C) | EXV7(D) | EXV7(E) | EXV7(F) |

表 B.6　　　　　　　　　抗手持炸药包级性能分级

| 手持炸药包级等级代号 | 危险等级代号 | | | | | |
|------|------|------|------|------|------|------|
| | A | B | C | D | E | F |
| SB1 | SB1(A) | SB1(B) | SB1(C) | SB1(D) | SB1(E) | SB1(F) |
| SB2 | SB2(A) | SB2(B) | SB2(C) | SB2(D) | SB2(E) | SB2(F) |
| SB3 | SB3(A) | SB3(B) | SB3(C) | SB3(D) | SB3(E) | SB3(F) |
| SB4 | SB4(A) | SB4(B) | SB4(C) | SB4(D) | SB4(E) | SB4(F) |
| SB5 | SB5(A) | SB5(B) | SB5(C) | SB5(D) | SB5(E) | SB5(F) |
| SB6 | SB6(A) | SB6(B) | SB6(C) | SB6(D) | SB6(E) | SB6(F) |
| SB7 | SB7(A) | SB7(B) | SB7(C) | SB7(D) | SB7(E) | SB7(F) |

# B.2 节能性

## B.2.1 气密性能

门窗气密性能以单位缝长空气渗透量 $q_1$ 或单位面积空气渗透量 $q_2$ 为分级指标，门窗气密性能分级应符合表 B.7 的规定。

表 B.7 门窗气密性能分级

| 分级 | 1 | 2 | 3 | 4 | 5 | 6 | 7 | 8 |
|---|---|---|---|---|---|---|---|---|
| 分级指标值 $q_1/[\mathrm{m^3/(m \cdot h)}]$ | $4.0 \geqslant q_1 > 3.5$ | $3.5 \geqslant q_1 > 3.0$ | $3.0 \geqslant q_1 > 2.5$ | $2.5 \geqslant q_1 > 2.0$ | $2.0 \geqslant q_1 > 1.5$ | $1.5 \geqslant q_1 > 1.0$ | $1.0 \geqslant q_1 > 0.5$ | $q_1 \leqslant 0.5$ |
| 分级指标值 $q_2/[\mathrm{m^3/(m^2 \cdot h)}]$ | $12 \geqslant q_2 > 10.5$ | $10.5 \geqslant q_2 > 9.0$ | $9.0 \geqslant q_2 > 7.5$ | $7.5 \geqslant q_2 > 6.0$ | $6.0 \geqslant q_2 > 4.5$ | $4.5 \geqslant q_2 > 3.0$ | $3.0 \geqslant q_2 > 1.5$ | $q_2 \leqslant 1.5$ |

## B.2.2 保温性能

门窗保温性能以传热系数 $K$ 及抗结露因子 CRF 表征。传热系数 $K$ 的分级应符合表 B.8 的规定，抗结露因子 CRF 的分级应符合表 B.9 的规定。

表 B.8 传热系数 $K$ 分级 W/(m²·K)

| 分级 | 1 | 2 | 3 | 4 | 5 | 6 | 7 | 8 | 9 | 10 |
|---|---|---|---|---|---|---|---|---|---|---|
| 分级指标值 $K$ | $K \geqslant 5.0$ | $5.0 > K \geqslant 4.0$ | $4.0 > K \geqslant 3.5$ | $3.5 > K \geqslant 3.0$ | $3.0 > K \geqslant 2.5$ | $2.5 > K \geqslant 2.0$ | $2.0 > K \geqslant 1.6$ | $1.6 > K \geqslant 1.3$ | $1.3 > K \geqslant 1.1$ | $K < 1.1$ |

第 10 级应在分级后同时注明具体分级指标值。

表 B.9 玻璃门、外窗抗结露因子分级

| 分级 | 1 | 2 | 3 | 4 | 5 |
|---|---|---|---|---|---|
| 分级指标值 CRF | CRF $\leqslant 55$ | $55 <$ CRF $\leqslant 60$ | $60 <$ CRF $\leqslant 65$ | $65 <$ CRF $\leqslant 70$ | $70 <$ CRF $\leqslant 75$ |
| 分级 | 6 | 7 | 8 | 9 | 10 |
| 分级指标值 CRF | $75 <$ CRF $\leqslant 80$ | $80 <$ CRF $\leqslant 85$ | $85 <$ CRF $\leqslant 90$ | $90 <$ CRF $\leqslant 95$ | $95 <$ CRF |

## B.2.3 隔热性能

门窗的隔热性能以太阳得热系数 SHGC 为分级指标，分级应符合表 B.10 的规定。

表 B.10　　　　门窗隔热性能（太阳得热系数 SHGC）分级

| 分级 | 1 | 2 | 3 | 4 | 5 | 6 | 7 |
|---|---|---|---|---|---|---|---|
| 分级指标值 SHGC | 0.8≥ SHGC >0.7 | 0.7≥ SHGC >0.6 | 0.6≥ SHGC >0.5 | 0.5≥ SHGC >0.4 | 0.4≥ SHGC >0.3 | 0.3≥ SHGC >0.2 | SHGC≤0.2 |

门窗遮阳性能以遮阳系数 SC 为分级指标，分级应符合表 B.11 的规定。

表 B.11　　　　　　　　门窗遮阳性能分级

| 分级 | 1 | 2 | 3 | 4 | 5 | 6 | 7 |
|---|---|---|---|---|---|---|---|
| 分级指标值 SC | 0.8≥SC >0.7 | 0.7≥SC >0.6 | 0.6≥SC> 0.5 | 0.5≥SC >0.4 | 0.4≥SC> 0.3 | 0.3≥SC> 0.2 | SC≤0.2 |

# B.3　适用性

## B.3.1　启闭力

门窗可开启部位启闭力以活动扇操作力和锁闭装置操作力为分级指标，分级应符合表 B.12 的规定。

表 B.12　　　　　　　　　　启闭力分级

| 分级 | | | 1 | 2 | 3 | 4 | 5 | 6 |
|---|---|---|---|---|---|---|---|---|
| 活动扇操作力 $F_h$/N | | | 150≥$F_h$ >100 | 100≥$F_h$ >75 | 75≥$F_h$ >50 | 50≥$F_h$ >25 | 25≥$F_h$ >10 | $F_h$≤10 |
| 锁闭装置 操作力 | 手操作 | 最大力 $F_{s1}$/N | 150≥$F_{s1}$ >100 | 100≥$F_{s1}$ >75 | 75≥$F_{s1}$ >50 | 50≥$F_{s1}$ >25 | 25≥$F_{s1}$ >10 | $F_{s1}$≤10 |
| | | 最大力矩 $M_{s1}$/Nm | 15≥$M_{s1}$ >10 | 10≥$M_{s1}$ >7.5 | 7.5≥$M_{s1}$ >5 | 5≥$M_{s1}$ >2.5 | 2.5≥$M_{s1}$ >1 | $M_{s1}$≤1 |
| | 手指操作 | 最大力 $F_{s2}$/N | 30≥$F_{s2}$ >20 | 20≥$F_{s2}$ >15 | 15≥$F_{s2}$ >10 | 10≥$F_{s2}$ >6 | 6≥$F_{s2}$ >4 | $F_{s2}$≤4 |
| | | 最大力矩 $M_{s2}$/Nm | 7.5≥$M_{s2}$ >5 | 5≥$M_{s2}$ >4 | 4≥$M_{s2}$ >2.5 | 2.5≥$M_{s2}$ >1.5 | 1.5≥$M_{s2}$ >1 | $M_{s2}$≤1 |

注：活动扇操作力、锁闭装置操作力和力矩分别定级后，以最低分级定为启闭力分级特种规格、特种形式门窗，可由供需双方商定指标值

### B.3.2 水密性能

门窗的水密性能以严重渗漏压力差值的前一级压力差值 $\Delta P$ 为分级指标，分级应分别符合表 B.13 的规定。

表 B.13 门窗水密性能分级 Pa

| 分级 | 1 | 2 | 3 | 4 | 5 | 6 |
|------|---|---|---|---|---|---|
| 分级指标值 $\Delta P$ | $100 \leqslant \Delta P < 150$ | $150 \leqslant \Delta P < 250$ | $250 \leqslant \Delta P < 350$ | $350 \leqslant \Delta P < 500$ | $500 \leqslant \Delta P < 700$ | $\Delta P \geqslant 700$ |

### B.3.3 空气声隔声性能

外门窗空气声隔声性能以"计权隔声量和交通噪声频谱修正量之和（$R_w + C_{tr}$）"为分级指标，内门窗空气声隔声性能以"计权隔声量和粉红噪声频谱修正量之和（$R_w + C$）"为分级指标，分级应符合表 B.14 的规定。

表 B.14 门窗空气声隔声性能分级 dB

| 分级 | 外门窗的分级指标值 | 内门窗的分级指标值 |
|------|-------------------|-------------------|
| 1 | $20 \leqslant R_w + C_{tr} < 25$ | $20 \leqslant R_w + C < 25$ |
| 2 | $25 \leqslant R_w + C_{tr} < 30$ | $25 \leqslant R_w + C < 30$ |
| 3 | $30 \leqslant R_w + C_{tr} < 35$ | $30 \leqslant R_w + C < 35$ |
| 4 | $35 \leqslant R_w + C_{tr} < 40$ | $35 \leqslant R_w + C < 40$ |
| 5 | $40 \leqslant R_w + C_{tr} < 45$ | $40 \leqslant R_w + C < 45$ |
| 6 | $R_w + C_{tr} \geqslant 45$ | $R_w + C \geqslant 45$ |

### B.3.4 采光性能

门窗的采光性能以透光折减系数 $T_r$ 为分级指标，分级应符合表 B.15 的规定。

表 B.15 门窗采光性能分级

| 分级 | 1 | 2 | 3 | 4 | 5 |
|------|---|---|---|---|---|
| 分级指标值 $T_r$ | $0.20 \leqslant T_r < 0.30$ | $0.30 \leqslant T_r < 0.40$ | $0.40 \leqslant T_r < 0.50$ | $0.50 \leqslant T_r < 0.60$ | $T_r \geqslant 0.60$ |

### B.3.5 防沙尘性能

门窗的防沙尘性能以单位开启缝长进入室内沙的质量 $M$ 为分级指标，防沙尘性能以可吸入颗粒物透过量 $C$ 为分级指标，分级应分别符合表 B.16 和表 B.17 的规定。

**表 B.16** 门窗防沙性能分级 g/m

| 分级 | 1 | 2 | 3 | 4 |
|---|---|---|---|---|
| 分级指标值 $M$ | $6.0{\geqslant}M{>}4.5$ | $4.5{\geqslant}M{>}3.0$ | $3.0{\geqslant}M{>}1.5$ | $M{\leqslant}1.5$ |

**表 B.17** 门窗防尘性能分级 mg/m²

| 分级 | 1 | 2 | 3 | 4 | 5 | 6 |
|---|---|---|---|---|---|---|
| 分级指标值 $C$ | $60.0{\geqslant}C{>}50.0$ | $50.0{\geqslant}C{>}40.0$ | $40.0{\geqslant}C{>}30.0$ | $30.0{\geqslant}C{>}20.0$ | $20.0{\geqslant}C{>}10.0$ | $C{\leqslant}10.0$ |

### B.3.6 耐垂直荷载性能

平开旋转类门耐垂直荷载性能以开启状态下施加的垂直静荷载为指标，分级应符合表 B.18 的规定。

**表 B.18** 耐垂直荷载性能分级 N

| 分级 | 1 | 2 | 3 | 4 |
|---|---|---|---|---|
| $F$ | 100 | 300 | 500 | 800 |

### B.3.7 抗静扭曲性能

平开旋转类门门扇抗静扭曲性能以开启状态下施加的水平静荷载为指标，分级应符合表 B.19 的规定。

**表 B.19** 抗静扭曲性能分级 N

| 分级 | 1 | 2 | 3 | 4 |
|---|---|---|---|---|
| 静态试验荷载 $F$ | 200 | 250 | 300 | 350 |

# 附录C

# 各种类型玻璃的 $K$ 值、$S_c$ 等光热参数表

表 C.1　　　　　　　　　　单片玻璃

| 玻璃结构 | Low-E类型 | Low-E辐射率 $\varepsilon$ | 传热系数 $K/[W/(m^2 \cdot K)]$ | 遮阳系数 $S_c$ | 太阳能总透射比 $g$ | 红外能总透射比 $g_{IR}$ | 可见光透射比 $T_v$ | 可见光反射比 $R_v$ |
|---|---|---|---|---|---|---|---|---|
| 6mm 白玻 | — | — | 5.36 | 0.98 | 0.853 | 0.817 | 0.897 | 0.081 |
| 6mm 在线 | 在线 | 0.18 | 3.55 | 0.799 | 0.695 | 0.593 | 0.787 | 0.077 |
| 6mm 单银 Low-E | 离线 单银 | 0.13 | 3.40 | 0.723 | 0.629 | 0.435 | 0.8 | 0.059 |
| | | 0.103 | 3.31 | 0.634 | 0.551 | 0.35 | 0.726 | 0.096 |
| | | 0.072 | 3.21 | 0.754 | 0.656 | 0.413 | 0.894 | 0.060 |
| 6mm 双银 Low-E | 离线 双银 | 0.055 | 3.16 | 0.486 | 0.423 | 0.149 | 0.683 | 0.067 |
| | | 0.054 | 3.15 | 0.391 | 0.34 | 0.122 | 0.53 | 0.107 |
| | | 0.065 | 3.19 | 0.414 | 0.361 | 0.116 | 0.593 | 0.090 |
| 6mm 三银 Low-E | 离线 三银 | 0.021 | 3.05 | 0.42 | 0.365 | 0.041 | 0.753 | 0.048 |
| | | 0.024 | 3.06 | 0.333 | 0.289 | 0.033 | 0.583 | 0.086 |

表 C.2　　　　　　　　　　双玻中空玻璃

| 玻璃结构 | Low-E类型 | Low-E辐射率 $\varepsilon$ | 传热系数 $K/[W/(m^2 \cdot K)]$ | 遮阳系数 $S_c$ | 太阳能总透射比 $g$ | 红外能总透射比 $g_{IR}$ | 可见光透射比 $T_v$ | 可见光反射比 $R_v$ |
|---|---|---|---|---|---|---|---|---|
| 6+9A+6 | — | — | 2.78 | 0.866 | 0.753 | 0.701 | 0.811 | 0.146 |
| 6+12A+6 | — | — | 2.67 | 0.866 | 0.754 | 0.702 | 0.811 | 0.146 |
| 6+16A+6 | — | — | 2.66 | 0.867 | 0.754 | 0.702 | 0.811 | 0.146 |
| 6+9Ar+6 | — | — | 2.61（Ar90%）2.62（Ar85%）2.63（Ar80%） | 0.867 | 0.754 | 0.702 | 0.811 | 0.146 |
| 6+12Ar+6 | — | — | 2.52（Ar90%）2.53（Ar85%）2.54（Ar80%） | 0.867 | 0.754 | 0.702 | 0.811 | 0.146 |
| 6+16Ar+6 | — | — | 2.54（Ar90%）2.54（Ar85%）2.55（Ar80%） | 0.868 | 0.755 | 0.703 | 0.811 | 0.146 |

| 玻璃结构 | Low-E 类型 | Low-E 辐射率 $\varepsilon$ | 传热系数 $K/[\mathrm{W/(m^2 \cdot K)}]$ | 遮阳系数 $S_c$ | 太阳能总透射比 $g$ | 红外能总透射比 $g_{IR}$ | 可见光透射比 $T_v$ | 可见光反射比 $R_v$ |
|---|---|---|---|---|---|---|---|---|
| 6Low-E+9A+6 | 在线 | 0.18 | 2.1 | 0.717 | 0.624 | 0.521 | 0.711 | 0.127 |
| | 单银 | 0.13 | 2.0 | 0.653 | 0.568 | 0.388 | 0.720 | 0.111 |
| | | 0.103 | 1.98 | 0.573 | 0.499 | 0.315 | 0.653 | 0.138 |
| | | 0.072 | 1.93 | 0.686 | 0.597 | 0.373 | 0.806 | 0.125 |
| | 双银 | 0.055 | 1.90 | 0.441 | 0.384 | 0.133 | 0.615 | 0.104 |
| | 三银 | 0.021 | 0.84 | 0.384 | 0.334 | 0.037 | 0.678 | 0.121 |
| 6Low-E+9Ar+6 | 在线 | 0.18 | 1.8 | 0.715 | 0.622 | 0.519 | 0.711 | 0.127 |
| | 单银 | 0.13 | 1.71 | 0.650 | 0.566 | 0.384 | 0.72 | 0.111 |
| | | 0.103 | 1.65 | 0.569 | 0.495 | 0.310 | 0.653 | 0.138 |
| | | 0.072 | 1.60 | 0.685 | 0.596 | 0.371 | 0.806 | 0.125 |
| | 双银 | 0.055 | 1.55（Ar90%）<br>1.57（Ar85%）<br>1.59（Ar80%） | 0.434 | 0.384 | 0.125 | 0.615 | 0.104 |
| | 三银 | 0.021 | 1.5（Ar90%） | 0.38 | 0.331 | 0.033 | 0.678 | 0.121 |
| 6Low-E+12A+6 | 在线 | 0.18 | 1.92 | 0.716 | 0.623 | 0.520 | 0.711 | 0.127 |
| | 单银 | 0.13 | 1.84 | 0.651 | 0.566 | 0.385 | 0.720 | 0.111 |
| | | 0.103 | 1.79 | 0.570 | 0.496 | 0.311 | 0.653 | 0.138 |
| | | 0.072 | 1.74 | 0.685 | 0.596 | 0.371 | 0.806 | 0.125 |
| | 双银 | 0.055 | 1.70 | 0.425 | 0.379 | 0.127 | 0.615 | 0.104 |
| | 三银 | 0.021 | 1.64 | 0.381 | 0.331 | 0.034 | 0.678 | 0.121 |
| 6Low-E+12Ar+6 | 单银 | 0.13 | 1.60 | 0.648 | 0.564 | 0.382 | 0.720 | 0.111 |
| | | 0.103 | 1.54 | 0.567 | 0.493 | 0.307 | 0.653 | 0.138 |
| | | 0.072 | 1.48 | 0.684 | 0.595 | 0.369 | 0.806 | 0.125 |
| | 双银 | 0.055 | 1.44（Ar90%）<br>1.45（Ar85%）<br>1.47（Ar80%） | 0.429 | 0.374 | 0.120 | 0.615 | 0.104 |
| | | 0.054 | 1.44 | 0.338 | 0.294 | 0.093 | 0.478 | 0.130 |
| | | 0.065 | 1.46 | 0.361 | 0.314 | 0.087 | 0.534 | 0.118 |
| | 三银 | 0.021 | 1.36 | 0.377 | 0.328 | 0.031 | 0.678 | 0.121 |
| | | 0.023 | 1.37 | 0.373 | 0.324 | 0.041 | 0.666 | 0.115 |
| | | 0.024 | 1.37 | 0.292 | 0.254 | 0.022 | 0.525 | 0.111 |

表 C.3　　　　　　　　　　　　　三玻两腔单 Low-E 中空玻璃

| 玻璃结构 | Low-E类型 | Low-E辐射率 $\varepsilon$ | 传热系数 $K$/[W/(m²·K)] | 遮阳系数 $S_c$ | 太阳能总透射比 $g$ | 红外能总透射比 $g_{IR}$ | 可见光透射比 $T_v$ | 可见光反射比 $R_v$ |
|---|---|---|---|---|---|---|---|---|
| 6Low-E+6A+6+9A+6 | 在线 | 0.18 | 1.76 | 0.644 | 0.561 | 0.456 | 0.646 | 0.169 |
| | 单银 | 0.103 | 1.72 | 0.519 | 0.452 | 0.279 | 0.592 | 0.173 |
| | 双银 | 0.055 | 1.69 | 0.403 | 0.351 | 0.12 | 0.557 | 0.135 |
| | 三银 | 0.021 | 1.67 | 0.354 | 0.308 | 0.034 | 0.615 | 0.158 |
| 6Low-E+9A+6+9A+6 | 在线 | 0.18 | 1.55 | 0.647 | 0.563 | 0.459 | 0.646 | 0.169 |
| | 单银 | 0.103 | 1.49 | 0.519 | 0.452 | 0.279 | 0.592 | 0.173 |
| | 双银 | 0.055 | 1.44 | 0.399 | 0.347 | 0.115 | 0.557 | 0.135 |
| | 三银 | 0.021 | 1.40 | 0.351 | 0.306 | 0.031 | 0.615 | 0.158 |
| 6Low-E+9A+6+12A+6 | 在线 | 0.18 | 1.51 | 0.645 | 0.562 | 0.458 | 0.646 | 0.169 |
| | 单银 | 0.103 | 1.44 | 0.518 | 0.451 | 0.278 | 0.592 | 0.173 |
| | 双银 | 0.055 | 1.40 | 0.398 | 0.347 | 0.114 | 0.557 | 0.135 |
| | 三银 | 0.021 | 1.37 | 0.351 | 0.305 | 0.031 | 0.615 | 0.158 |
| 6Low-E+12A+6+12A+6 | 在线 | 0.18 | 1.39 | 0.647 | 0.563 | 0.460 | 0.646 | 0.169 |
| | 单银 | 0.103 | 1.32 | 0.518 | 0.451 | 0.278 | 0.592 | 0.173 |
| | 双银 | 0.055 | 1.27 | 0.396 | 0.345 | 0.112 | 0.557 | 0.135 |
| | 三银 | 0.021 | 1.23 | 0.350 | 0.304 | 0.029 | 0.615 | 0.158 |
| 6Low-E+6Ar+6+9Ar+6 | 在线 | 0.18 | 1.52 | 0.645 | 0.561 | 0.457 | 0.646 | 0.169 |
| | 单银 | 0.103 | 1.47 | 0.518 | 0.451 | 0.278 | 0.592 | 0.173 |
| | 双银 | 0.055 | 1.42 | 0.399 | 0.347 | 0.115 | 0.557 | 0.135 |
| | 三银 | 0.021 | 1.40 | 0.351 | 0.305 | 0.031 | 0.615 | 0.158 |
| 6Low-E+9Ar+6+9Ar+6 | 在线 | 0.18 | 1.34 | 0.647 | 0.563 | 0.46 | 0.646 | 0.169 |
| | 单银 | 0.103 | 1.25 | 0.518 | 0.451 | 0.278 | 0.592 | 0.173 |
| | 双银 | 0.055 | 1.20 | 0.395 | 0.344 | 0.111 | 0.557 | 0.135 |
| | 三银 | 0.021 | 1.15 | 0.349 | 0.304 | 0.029 | 0.615 | 0.158 |
| 6Low-E+9Ar+6+12Ar+6 | 在线 | 0.18 | 1.31 | 0.646 | 0.560 | 0.46 | 0.646 | 0.169 |
| | 单银 | 0.103 | 1.23 | 0.517 | 0.45 | 0.277 | 0.592 | 0.173 |
| | 双银 | 0.055 | 1.17 | 0.395 | 0.343 | 0.110 | 0.557 | 0.135 |
| | 三银 | 0.021 | 1.13 | 0.349 | 0.303 | 0.029 | 0.615 | 0.158 |

| 玻璃结构 | Low-E类型 | Low-E辐射率 $\varepsilon$ | 传热系数 $K/[W/(m^2 \cdot K)]$ | 遮阳系数 $S_c$ | 太阳能总透射比 $g$ | 红外能总透射比 $g_{IR}$ | 可见光透射比 $T_v$ | 可见光反射比 $R_v$ |
|---|---|---|---|---|---|---|---|---|
| 6Low-E+12Ar+6+12Ar+6 | 在线 | 0.18 | 1.22 | 0.648 | 0.564 | 0.461 | 0.646 | 0.169 |
| | 单银 | 0.13 | 1.17 | 0.591 | 0.514 | 0.344 | 0.652 | 0.153 |
| | | 0.103 | 1.14 | 0.517 | 0.45 | 0.277 | 0.592 | 0.173 |
| | | 0.072 | 1.10 | 0.628 | 0.546 | 0.336 | 0.73 | 0.178 |
| | 双银 | 0.055 | 1.08（Ar90%）1.09（Ar85%）1.10（Ar80%） | 0.393 | 0.342 | 0.108 | 0.557 | 0.135 |
| | | 0.054 | 1.08（Ar90%）1.09（Ar85%）1.10（Ar80%） | 0.308 | 0.268 | 0.082 | 0.433 | 0.149 |
| | | 0.065 | 1.09（Ar90%）1.10（Ar85%）1.12（Ar80%） | 0.329 | 0.286 | 0.076 | 0.484 | 0.142 |
| | 三银 | 0.021 | 1.03 | 0.348 | 0.302 | 0.027 | 0.615 | 0.158 |
| | | 0.023 | 1.04 | 0.343 | 0.298 | 0.035 | 0.604 | 0.152 |
| | | 0.024 | 1.04 | 0.268 | 0.233 | 0.019 | 0.475 | 0.133 |
| 6Low-E+16Ar+6+16Ar+6 | 在线 | 0.18 | 1.22 | 0.648 | 0.564 | 0.462 | 0.646 | 0.169 |
| | 单银 | 0.103 | 1.14 | 0.517 | 0.45 | 0.277 | 0.592 | 0.173 |
| | 双银 | 0.055 | 1.09 | 0.391 | 0.340 | 0.105 | 0.557 | 0.135 |
| | 三银 | 0.021 | 1.05 | 0.346 | 0.301 | 0.026 | 0.615 | 0.158 |

表 C.4 三玻两腔双 Low-E 中空玻璃

| 玻璃结构 | Low-E类型 | Low-E辐射率 $\varepsilon$ | 传热系数 $K/[W/(m^2 \cdot K)]$ | 遮阳系数 $S_c$ | 太阳能总透射比 $g$ | 红外能总透射比 $g_{IR}$ | 可见光透射比 $T_v$ | 可见光反射比 $R_v$ |
|---|---|---|---|---|---|---|---|---|
| 6Low-E+9Ar+6+9Ar+6Low-E | 在线+在线 | 0.18, 0.18 | 1.07 | 0.616 | 0.536 | 0.426 | 0.568 | 0.175 |
| | 单银+单银 | 0.103, 0.103 | 0.97 | 0.478 | 0.416 | 0.214 | 0.477 | 0.152 |
| | | 0.072, 0.072 | 0.92 | 0.587 | 0.510 | 0.260 | 0.725 | 0.158 |
| | 双银+双银 | 0.055, 0.055 | 0.89 | 0.368 | 0.320 | 0.077 | 0.423 | 0.120 |
| | 三银+单银 | 0.021, 0.072 | 0.88 | 0.346 | 0.301 | 0.025 | 0.610 | 0.145 |

| 玻璃结构 | Low-E类型 | Low-E辐射率 $\varepsilon$ | 传热系数 $K$/[W/(m²·K)] | 遮阳系数 $S_c$ | 太阳能总透射比 $g$ | 红外能总透射比 $g_{IR}$ | 可见光透射比 $T_v$ | 可见光反射比 $R_v$ |
|---|---|---|---|---|---|---|---|---|
| 6Low-E+12Ar+6+12Ar+6Low-E | 在线+在线 | 0.18, 0.18 | 0.94 | 0.617 | 0.537 | 0.427 | 0.568 | 0.175 |
| | 单银+单银 | 0.103, 0.103 | 0.83 | 0.478 | 0.416 | 0.213 | 0.477 | 0.152 |
| | | 0.072, 0.072 | 0.78 | 0.587 | 0.511 | 0.259 | 0.725 | 0.158 |
| | 双银+双银 | 0.055, 0.055 | 0.75 | 0.367 | 0.319 | 0.074 | 0.423 | 0.120 |
| | 三银+单银 | 0.021, 0.072 | 0.74 | 0.345 | 0.300 | 0.023 | 0.610 | 0.145 |
| 6Low-E+16Ar+6+16Ar+6Low-E | 在线+在线 | 0.18, 0.18 | 0.92 | 0.618 | 0.537 | 0.427 | 0.568 | 0.175 |
| | 单银+单银 | 0.103, 0.103 | 0.81 | 0.478 | 0.416 | 0.213 | 0.477 | 0.152 |
| | | 0.072, 0.072 | 0.76 | 0.587 | 0.511 | 0.259 | 0.725 | 0.158 |
| | 双银+双银 | 0.055, 0.055 | 0.74 | 0.366 | 0.319 | 0.072 | 0.423 | 0.120 |
| | 三银+单银 | 0.021, 0.072 | 0.72 | 0.344 | 0.299 | 0.022 | 0.610 | 0.145 |

表 C.5　　　　真空复合中空玻璃

| 玻璃结构 | Low-E类型 | Low-E辐射率 $\varepsilon$ | 传热系数 $K$/[W/(m²·K)] | 遮阳系数 $S_c$ | 太阳能总透射比 $g$ | 红外能总透射比 $g_{IR}$ | 可见光透射比 $T_v$ | 可见光反射比 $R_v$ |
|---|---|---|---|---|---|---|---|---|
| 6+12A+6Low-E+V+6 | 在线 | 0.18 | 0.83 | 0.642 | 0.558 | 0.450 | 0.645 | 0.184 |
| | 单银 | 0.13 | 0.72 | 0.586 | 0.510 | 0.338 | 0.652 | 0.171 |
| | | 0.103 | 0.65 | 0.517 | 0.450 | 0.276 | 0.593 | 0.193 |
| | | 0.072 | 0.56 | 0.606 | 0.527 | 0.315 | 0.73 | 0.182 |
| | 双银 | 0.055 | 0.52 | 0.398 | 0.346 | 0.119 | 0.557 | 0.165 |
| | | 0.054 | 0.52 | 0.322 | 0.280 | 0.098 | 0.434 | 0.186 |
| | | 0.065 | 0.55 | 0.344 | 0.300 | 0.097 | 0.484 | 0.177 |
| | 三银 | 0.021 | 0.42 | 0.346 | 0.301 | 0.035 | 0.615 | 0.179 |
| | | 0.023 | 0042 | 0.344 | 0.299 | 0.045 | 0.604 | 0.175 |
| | | 0.024 | 0.43 | 0.273 | 0.237 | 0.028 | 0.476 | 0.171 |

续表

| 玻璃结构 | Low-E 类型 | Low-E 辐射率 $\varepsilon$ | 传热系数 $K/[\text{W}/(\text{m}^2\cdot\text{K})]$ | 遮阳系数 $S_c$ | 太阳能总透射比 $g$ | 红外能总透射比 $g_{\text{IR}}$ | 可见光透射比 $T_v$ | 可见光反射比 $R_v$ |
|---|---|---|---|---|---|---|---|---|
| 6+12Ar+ 6Low-E+ V+6 | 在线 | 0.18 | 0.81 | 0.645 | 0.561 | 0.453 | 0.645 | 0.184 |
| | 单银 | 0.103 | 0.64 | 0.519 | 0.452 | 0.279 | 0.593 | 0.193 |
| | 双银 | 0.055 | 0.52 | 0.401 | 0.348 | 0.121 | 0.557 | 0.165 |
| | 三银 | 0.021 | 0.41 | 0.348 | 0.302 | 0.036 | 0.615 | 0.179 |
| 6+16Ar+ 6Low-E+ V+6 | 在线 | 0.18 | 0.80 | 0.646 | 0.562 | 0.455 | 0.645 | 0.184 |
| | 单银 | 0.103 | 0.64 | 0.521 | 0.453 | 0.280 | 0.593 | 0.193 |
| | 双银 | 0.055 | 0.51 | 0.402 | 0.350 | 0.122 | 0.557 | 0.165 |
| | 三银 | 0.021 | 0.41 | 0.348 | 0.303 | 0.036 | 0.615 | 0.179 |

注：1. 该表格数据为 WINDOW7.3 和 GlasSmart1000 3.3 计算所得，边界条件依据中国标准 JGJ/T 151。

　　2. 符号说明：A—空气，Ar—氩气。

# 参考文献

1. 王洪涛，万成龙，刘会涛. 系统门窗通用技术要求解析[J]. 北京：建设科技，2018（10）.

2. 孙文迁. 建筑门窗的防结露设计[J]. 北京：中国建筑金属结构，2019（12）.

3. 孙文迁，等. 穿条式隔热铝型材抗剪强度对门窗性能的影响[J]. 北京：中国建筑金属结构，2018（11）.

4. 孙文迁. 铝合金门窗用型材的选择[J]. 北京：中国建筑金属结构，2012（9）.

5. 孙文迁，王波. 铝合金门窗设计与制作安装[M]. 北京：中国电力出版社，2013.

6. 王波，孙文迁. 建筑节能门窗设计与制作[M]. 北京：中国电力出版社，2016.

7. 刘万奇. 关于系统门窗的辨析与思考[J]. 北京：中国建筑金属结构，2019（3）.